上海市工程建设规范

建筑幕墙工程技术标准

Technical standard for building curtain wall

DG/TJ 08－56－2019

J 12028－2019

主编单位：上海市金属结构行业协会

批准部门：上海市住房和城乡建设管理委员会

施行日期：2020 年 4 月 1 日

U0832711

同济大学出版社

2020 上海

图书在版编目(CIP)数据

建筑幕墙工程技术标准/上海市金属结构行业协会主编. --上海:同济大学出版社,2020.7(2021.8 重印)

ISBN 978-7-5608-9003-6

Ⅰ. ①建… Ⅱ. ①上… Ⅲ. ①幕墙-建筑工程-技术标准 Ⅳ. ①TU227-65

中国版本图书馆 CIP 数据核字(2020)第 001591 号

建筑幕墙工程技术标准

上海市金属结构行业协会　主编

策划编辑　张平官

责任编辑　朱　勇

责任校对　徐春莲

封面设计　陈益平

出版发行　同济大学出版社　　www.tongjipress.com.cn

(地址:上海市四平路 1239 号　邮编:200092　电话:021-65985622)

经　　销　全国各地新华书店

印　　刷　常熟市大宏印刷有限公司

开　　本　889mm×1194mm　1/32

印　　张　16.25

字　　数　437000

版　　次　2020 年 7 月第 1 版　　2021 年 8 月第 3 次印刷

书　　号　ISBN 978-7-5608-9003-6

定　　价　150.00 元

本书若有印装质量问题,请向本社发行部调换　　版权所有　侵权必究

上海市住房和城乡建设管理委员会文件

沪建标定〔2019〕797 号

上海市住房和城乡建设管理委员会
关于批准《建筑幕墙工程技术标准》为
上海市工程建设规范的通知

各有关单位：

由上海市金属结构行业协会主编的《建筑幕墙工程技术标准》，经审核，现批准为上海市工程建设规范，统一编号为 DG/TJ 08－56－2019，自 2020 年 4 月 1 日起实施。原《建筑幕墙工程技术规范》（DGJ 08－56－2012）同时废止。

本规范由上海市住房和城乡建设管理委员会负责管理，上海市金属结构行业协会负责解释。

特此通知。

上海市住房和城乡建设管理委员会

二〇一九年十二月五日

前　言

本标准根据上海市城乡建设和管理委员会文件〔沪建管(2014)966 号〕印发的《2015 年上海市工程建设规范编制计划》，由上海市金属结构行业协会《建筑幕墙工程技术规范》修编工作组会同有关企业、设计、科研、高校、管理等单位，对上海市《建筑幕墙工程技术规范》DGJ 08－56－2012 进行了修订和增补。

原《建筑幕墙工程技术规范》DGJ 08－56－2012 明确并统一了大量的技术要求和措施，自 2012 年 5 月实施以来，在行业内取得了广泛共识。同时也发现幕墙行业内还有些急需面对和解决的技术问题，如全玻璃幕墙采用螺栓吊挂、钢结构在幕墙工程中的使用、幕墙防渗漏措施、隔热型材在幕墙工程中的使用、石材幕墙背栓承载力、大尺度单元式幕墙设计和构造要求、人造板材在本市幕墙工程中的安全使用、风荷载地面粗糙度划分等。此外，幕墙信息模型等技术也需及时引入本标准。

原《建筑幕墙工程技术规范》DGJ 08－56－2012 中行之有效、行业认同的条文，本次修编过程中均予保留；需要修改补充的内容，在充分分析讨论后予以修改；需要通过试验论证的项目，如玻璃肋、背栓、板槽式预埋件、消防救援窗玻璃等，开展试验，并将试验结果纳入标准。

本次修编增加了“幕墙防渗漏”“幕墙钢结构”“幕墙信息模型”三章和“地面粗糙度分类”“隔热型材”等附录。

编制成稿后，经行业内广泛征求意见，与相关规范和标准对照协调，并经多次讨论、征询、修改、送审和再修改后定稿。

本标准有正文二十六章、附录九个，并附条文说明。

本标准中所有引用，未注明标准名称和标准编号的，均指本标准。

本标准中所引用的标准、规范和规程，除特别注明外，均指现行版本。

在执行本标准时请及时将有关意见和建议反馈给上海市金属结构行业协会（地址：上海市洛川路701号）幕墙标准编制组，或上海市建筑建材业市场管理总站（地址：上海市小木桥路683号；邮编：200032；E-mail：bzglk@zjw.sh.gov.cn），供今后修订时参考。

主 编 单 位：上海市金属结构行业协会

参 编 单 位：上海市装饰装修行业协会
上海建筑设计研究院
华东建筑设计研究院
同济大学建筑设计研究院
同济大学
上海建科院建科检验有限公司
上海市消防局
上海市气象灾害防御技术中心
沈阳远大铝业工程有限公司
上海科胜幕墙有限公司
上海美特幕墙有限公司
上海筑联建筑工程设计咨询事务所
金刚幕墙集团有限公司
浙江中南建设集团有限公司
英海特工程咨询（北京）有限公司上海分公司
上海斯诺博建筑科技有限公司
上海东江建筑装饰工程有限公司
上海旭博建筑装饰工程有限公司
上海耀皮玻璃集团股份有限公司
上海江河幕墙系统工程有限公司

上海欣世纪幕墙工程有限公司
武汉凌云建筑装饰工程有限公司
上海市建设工程监理咨询有限公司
沈阳市兴业机械厂
上海和甲幕墙设计咨询有限公司
上海龙人建设发展集团有限公司
泰诺风保泰(苏州)隔热材料有限公司
苏州金螳螂幕墙有限公司
喜利得(中国)商贸有限公司
慧鱼(太仓)建筑锚栓有限公司
台州市旗鱼幕墙科技有限公司
上海谦木建材有限公司
上海易旋建筑设计咨询有限公司
正兴建设集团股份有限公司
上海京藤建设工程(集团)有限公司
南京倍立达新材料系统工程股份有限公司
上海安立得建设工程有限公司

主 要 起 草 人: 孙玉明　方忠华　孙宝莲　颜德姮

参 加 起 草 人: 孟根宝力高　杨仁杰　陈宗照　钱学昆
姜涤新　姚伟宏　梁方岭　车学娅　江霜英
潘　伟　马　哲　陆　彬　陆津龙　周开霖
黄拥军　胡忠明　杜平皆　陈　峻　席时葭
赵勋海　金志强　王明灯　朱齐飞　杨湧波
王治宁　唐雅芳　冯　滔　牟永来　成晓凌
刘　杰　龙红军　刘　军　梁珍贵　汪晓明
陈家晖　赵　枫　郭华赟　张陈泓　毛　栋
赵志林　薛锦平　马东林　李国平　梁曙光
顾　聪　黄庆文　叶　勇　王子衡　贾水钟
张　海　王文庆　王建杰　姜永海　胡益民

陆家明　付　叶　张　明　何　奇　王蔚梁
沈　扬　常保生　冯虹云

主要审查人:沈　恭　萧　愉　姜秀清　施伯年　杨　波
黄晓虹　周裕德　翁　皓　高承勇

上海市建筑建材业市场管理总站
2019 年 12 月

目　次

1　总　则 …………………………………………………… 1
2　术语和符号 ……………………………………………… 2
2.1　术　语 ………………………………………………… 2
2.2　符　号 ………………………………………………… 9
3　材　料 …………………………………………………… 12
3.1　一般规定 ……………………………………………… 12
3.2　材料力学性能 ………………………………………… 12
3.3　铝合金材料 …………………………………………… 23
3.4　钢材、钢制品 ………………………………………… 24
3.5　玻　璃 ………………………………………………… 26
3.6　金属板材 ……………………………………………… 28
3.7　石材板材 ……………………………………………… 29
3.8　人造板材 ……………………………………………… 30
3.9　复合板材 ……………………………………………… 31
3.10　金属连接件与紧固件 ………………………………… 34
3.11　结构胶与密封材料 …………………………………… 35
3.12　防火材料 ……………………………………………… 42
3.13　保温隔热材料 ………………………………………… 42
3.14　其他材料 ……………………………………………… 43
4　建筑设计 ………………………………………………… 45
4.1　一般规定 ……………………………………………… 45
4.2　性能设计 ……………………………………………… 46
4.3　安全措施 ……………………………………………… 48
4.4　构造设计 ……………………………………………… 49

4.5　建筑设计文件中的幕墙设计 …………………………… 50
4.6　幕墙专业设计文件 ………………………………………… 52
5　幕墙光反射 …………………………………………………… 55
5.1　一般规定 …………………………………………………… 55
5.2　建筑设计 …………………………………………………… 55
5.3　减少光反射影响的措施 ………………………………… 56
5.4　幕墙光反射的环境分析 ………………………………… 57
6　幕墙热工设计 ……………………………………………… 59
6.1　一般规定 …………………………………………………… 59
6.2　构造与设计 ……………………………………………… 60
7　幕墙防火构造 ……………………………………………… 62
7.1　一般规定 …………………………………………………… 62
7.2　构造设计 …………………………………………………… 63
7.3　双层幕墙的防火设计 …………………………………… 64
8　幕墙防雷 ……………………………………………………… 66
8.1　一般规定 …………………………………………………… 66
8.2　防雷构造设计 …………………………………………… 66
8.3　其他防雷要求 …………………………………………… 67
9　幕墙防渗漏 …………………………………………………… 69
9.1　一般规定 …………………………………………………… 69
9.2　墙面构造措施 …………………………………………… 70
9.3　开启窗 ……………………………………………………… 72
9.4　采光顶与金属屋面 ……………………………………… 73
10　结构设计的基本规定 ……………………………………… 75
10.1　一般规定 ………………………………………………… 75
10.2　荷载和地震作用 ……………………………………… 76
10.3　作用效应计算 ………………………………………… 78
10.4　作用效应组合 ………………………………………… 78
10.5　幕墙及其与主体结构的连接构造 ………………… 80

10.6 硅酮结构密封胶与玻璃面板安装 …………………… 82
10.7 紧固件连接 ……………………………………… 86
11 面板设计 ……………………………………………… 88
11.1 一般规定 ……………………………………………… 88
11.2 玻璃面板 ……………………………………………… 89
11.3 金属面板 …………………………………………… 100
11.4 石材面板 …………………………………………… 105
11.5 人造面板 …………………………………………… 116
11.6 复合面板 …………………………………………… 123
12 幕墙门窗 ……………………………………………… 128
12.1 一般规定 …………………………………………… 128
12.2 幕墙门窗构造 ……………………………………… 129
12.3 采光顶窗构造 ……………………………………… 132
13 构件式幕墙 ………………………………………… 133
13.1 一般规定 …………………………………………… 133
13.2 横梁构造设计 ……………………………………… 134
13.3 立柱构造设计 ……………………………………… 136
13.4 横梁结构设计 ……………………………………… 138
13.5 立柱结构设计 ……………………………………… 140
14 单元式幕墙 ………………………………………… 145
14.1 一般规定 …………………………………………… 145
14.2 构造设计 …………………………………………… 145
14.3 结构设计 …………………………………………… 149
14.4 连接设计 …………………………………………… 156
15 双层幕墙 …………………………………………… 159
15.1 一般规定 …………………………………………… 159
15.2 构造设计 …………………………………………… 160
15.3 通风量计算 ………………………………………… 161
15.4 热工设计 …………………………………………… 162

15.5 防水设计 …… 166
16 全玻璃幕墙 …… 168
16.1 一般规定 …… 168
16.2 构造设计 …… 169
16.3 结构设计 …… 169
17 点支承玻璃幕墙 …… 175
17.1 一般规定 …… 175
17.2 型钢及钢管桁架的构造与结构设计 …… 176
17.3 索结构设计 …… 177
17.4 索杆结构的构造和设计 …… 179
17.5 单层平面索网及单向拉索构造与结构设计 …… 179
17.6 驳接装置构造与结构设计 …… 180
18 采光顶、雨篷和金属屋面 …… 182
18.1 一般规定 …… 182
18.2 结构设计 …… 183
18.3 排水设计 …… 186
18.4 构造设计 …… 187
18.5 索结构采光顶 …… 189
19 幕墙钢结构 …… 191
19.1 一般规定 …… 191
19.2 结构与构造 …… 192
19.3 连接设计 …… 197
19.4 防腐蚀设计 …… 200
20 光伏幕墙 …… 202
20.1 一般规定 …… 202
20.2 系统设计 …… 202
21 幕墙信息模型 …… 204
21.1 一般规定 …… 204
21.2 模型创建 …… 204

21.3　模型应用 …………………………………… 207
21.4　模型交付 …………………………………… 209
21.5　模型精度 …………………………………… 209
22　检验与检测 …………………………………… 212
22.1　一般规定 …………………………………… 212
22.2　材料检验 …………………………………… 213
22.3　现场检测 …………………………………… 214
22.4　性能检测 …………………………………… 215
23　加工制作 …………………………………… 219
23.1　一般规定 …………………………………… 219
23.2　金属构件加工 ……………………………… 219
23.3　玻璃面板加工 ……………………………… 223
23.4　金属面板加工 ……………………………… 225
23.5　石材及其他板材加工 ……………………… 227
23.6　构件组装 …………………………………… 229
23.7　构件检验 …………………………………… 232
24　安装施工 …………………………………… 233
24.1　一般规定 …………………………………… 233
24.2　构件式幕墙安装 …………………………… 233
24.3　单元式幕墙安装 …………………………… 237
24.4　全玻璃幕墙安装 …………………………… 238
24.5　点支承玻璃幕墙安装 ……………………… 238
24.6　光伏幕墙安装 ……………………………… 239
24.7　安全规定 …………………………………… 239
25　工程验收 …………………………………… 241
25.1　一般规定 …………………………………… 241
25.2　进场验收 …………………………………… 241
25.3　中间验收 …………………………………… 242
25.4　竣工验收 …………………………………… 244

26 维护保养 …………………………………………………… 254
26.1 一般规定 ……………………………………………… 254
26.2 检查与维护 …………………………………………… 255
26.3 保养和清洗 …………………………………………… 256
附录A 地面粗糙度分类 ……………………………………… 257
附录B 幕墙光反射环境评价方法 …………………………… 260
附录C 隔热型材 ……………………………………………… 273
附录D 预埋件及后置埋件设计与构造 ……………………… 285
附录E 金属板和石板弯矩系数 ……………………………… 317
附录F 交叉肋的弯矩系数和剪力系数 ……………………… 319
附录G 多跨铰接梁弯矩、挠度和支座反力 ………………… 323
附录H 开口铝合金立柱强度折减系数 ……………………… 326
附录J 双层幕墙隔声计算 …………………………………… 330
本标准用词说明 ……………………………………………… 332
引用标准名录 ………………………………………………… 333
条文说明 ……………………………………………………… 341

Contents

1 General provisions …… 1
2 Terms and symbols …… 2
  2.1 Terms …… 2
  2.2 Main symbols …… 9
3 Materials …… 12
  3.1 General requirements …… 12
  3.2 Mechanical properties …… 12
  3.3 Aluminium …… 23
  3.4 Steel …… 24
  3.5 Glass …… 26
  3.6 Metal panels …… 28
  3.7 Stone panels …… 29
  3.8 Artificial panels …… 30
  3.9 Composite panels …… 31
  3.10 Connection and fixings …… 34
  3.11 Structural and weather sealant …… 35
  3.12 Fireproofing materials …… 42
  3.13 Thermal insulation materials …… 42
  3.14 Others …… 43
4 Architectural design …… 45
  4.1 General requirements …… 45
  4.2 Performance-based design …… 46
  4.3 Safety measures …… 48
  4.4 Detailing …… 49

4.5 Curtain wall design in architectural document …… 50
4.6 Principles of curtain wall design document ………… 52
5 Daylight reflection of curtain wall ……………………… 55
5.1 General requirements ……………………………… 55
5.2 Architectural design ……………………………… 55
5.3 Reduction measures of daylight reflection ………… 56
5.4 Environmental analysis …………………………… 57
6 Thermal performance design …………………………… 59
6.1 General requirements ……………………………… 59
6.2 Detailing ……………………………………………… 60
7 Fireproofing ……………………………………………… 62
7.1 General requirements ……………………………… 62
7.2 Detailing ……………………………………………… 63
7.3 Fireproofing design for double-skin facade ………… 64
8 Lightning protection ……………………………………… 66
8.1 General requirements ……………………………… 66
8.2 Detailing ……………………………………………… 66
8.3 Others ………………………………………………… 67
9 Water penetration and leaking prevention ……………… 69
9.1 General requirements ……………………………… 69
9.2 Exterior walls detailing requirements ……………… 70
9.3 Operable windows of curtain wall ………………… 72
9.4 Skylight and metal roofing ………………………… 73
10 Basic requirements for structural design ……………… 75
10.1 General requirements …………………………… 75
10.2 Loads and earthquake actions …………………… 76
10.3 Calculations of loads and earthquake actions ……… 78
10.4 Load combinations ……………………………… 78
10.5 Curtain wall connection design …………………… 80

10.6 Design for structural silicon sealant and glazing panel installation ······ 82
10.7 Design of fasteners connection ······ 86
11 Panel design ······ 88
11.1 General requirements ······ 88
11.2 Glass panels ······ 89
11.3 Metal panels ······ 100
11.4 Stone panels ······ 105
11.5 Artificial panels ······ 116
11.6 Composite panels ······ 123
12 Windows and doors ······ 128
12.1 General requirements ······ 128
12.2 Detailing ······ 129
12.3 Detailing of operable windows on skylight system ······ 132
13 Stick curtain wall ······ 133
13.1 General requirements ······ 133
13.2 Detailing: transom ······ 134
13.3 Detailing: mullion ······ 136
13.4 Structure design of transom ······ 138
13.5 Structure design of mullion ······ 140
14 Unitized curtain wall ······ 145
14.1 General requirements ······ 145
14.2 Detailing ······ 145
14.3 Structure design ······ 149
14.4 Connection design ······ 156
15 Double-skin facade ······ 159
15.1 General requirements ······ 159
15.2 Detailing ······ 160

15.3 Ventilation volume calculation …………………… 161
15.4 Thermal design ………………………………… 162
15.5 Water proofing ………………………………… 166
16 Full glass curtain wall ……………………………… 168
16.1 General requirements ………………………… 168
16.2 Detailing ………………………………………… 169
16.3 Structure design ……………………………… 169
17 Point supported glass curtain wall ………………… 175
17.1 General requirements ………………………… 175
17.2 Design of steel member/truss supported structures …………………………………………………… 176
17.3 Design of cable structure …………………… 177
17.4 Design of tension rods or cable-rod truss supported structures ……………………………………… 179
17.5 Design of one-way or two-way cable net supported structure …………………………………………… 179
17.6 Joint design and glass fittings ………………… 180
18 Skylight, canopy and metal roofing ……………… 182
18.1 General requirements ………………………… 182
18.2 Structure design ……………………………… 183
18.3 Drainage design ……………………………… 186
18.4 Detailing ………………………………………… 187
18.5 Cable-structure supported skylight …………… 189
19 Steel structure for curtain wall …………………… 191
19.1 General requirements ………………………… 191
19.2 Structure design and detailing ……………… 192
19.3 Connection design …………………………… 197
19.4 Corrosion protection ………………………… 200
20 Photovoltaic curtain wall ………………………… 202

20.1 General requirements …… 202
20.2 System design …… 202
21 Curtain wall information model …… 204
21.1 General requirements …… 204
21.2 Modeling …… 204
21.3 Model application …… 207
21.4 Deliverables …… 209
21.5 Levels of detail …… 209
22 Inspection and testing …… 212
22.1 General requirements …… 212
22.2 Material inspection …… 213
22.3 Site inspection …… 214
22.4 Performance testing …… 215
23 Manufacture and fabrication …… 219
23.1 General requirements …… 219
23.2 Fabrication of metal components …… 219
23.3 Processing of glass panels …… 223
23.4 Fabrication of metal panels …… 225
23.5 Fabrication of stone and other panels …… 227
23.6 Assembling …… 229
23.7 Components inspection …… 232
24 Erection and construction …… 233
24.1 General requirements …… 233
24.2 Stick curtain wall …… 233
24.3 Unitized curtain wall …… 237
24.4 Full glass curtain wall …… 238
24.5 Point supported glass curtain wall …… 238
24.6 Curtain wall with PV system …… 239
24.7 Safety requirements …… 239

25 Acceptance inspection ········· 241
25.1 General requirements ········· 241
25.2 Site entering inspection ········· 241
25.3 Mid-term inspection ········· 242
25.4 Acceptance inspection ········· 244
26 Maintenance ········· 254
26.1 General requirements ········· 254
26.2 Investigation and repairing ········· 255
26.3 Maintenance and cleaning ········· 256
Appendix A Exposure category for design wind load of curtain wall ········· 257
Appendix B Method for environmental evaluation of curtain wall daylight reflection ········· 260
Appendix C Insulating profile with thermal barrier ········· 273
Appendix D Design and details of embedment and post-installed fastenings ········· 285
Appendix E Moment-coefficients of metal and stone panels ········· 317
Appendix F Moment and shear coefficients of two-way ribbed panels ········· 319
Appendix G Coefficients of continuous beam with hinges ········· 323
Appendix H Strength reduction coefficients of aluminium mullions with open sections ········· 326
Appendix J Sound insulation calculation for double-skin facade ········· 330
Explanation of wording in this standard ········· 332
List of quoted standards ········· 333
Explanation of provisions ········· 341

1 总 则

1.0.1 为使上海地区的建筑幕墙技术可持续发展、安全适用、技术先进、经济合理、确保质量,制定本标准。

1.0.2 本标准适用于建筑幕墙工程的设计、制作、施工、检测、验收和维护保养。

1.0.3 本标准适用于高度不大于300m的玻璃幕墙、金属幕墙,高度不大于120m的花岗岩石材幕墙,高度不大于80m的其他面板材料的幕墙工程。

1.0.4 建筑幕墙工程设计、制作、施工及维护保养应实行全过程质量控制。

1.0.5 建筑幕墙设计使用年限不小于25年。不易拆换的幕墙支承结构设计使用年限不宜小于50年。

1.0.6 建筑幕墙工程设计、制作、施工、检测、验收及维护保养,除应符合本标准规定外,尚应符合国家、行业和本市有关标准规定。

2 术语和符号

2.1 术 语

2.1.1 建筑幕墙 curtain wall for building

由面板与支承结构组成，相对于主体结构有一定位移能力，除向主体结构传递自身所受荷载外，不承担主体结构所受作用的建筑外围护体系。本标准所指建筑幕墙，包括玻璃幕墙、金属幕墙、石材幕墙、人造板材幕墙、复合板材幕墙以及由上述不同材料组合的幕墙。

2.1.2 斜幕墙 inclined curtain wall

与水平方向夹角大于等于75°且小于90°的建筑幕墙。

2.1.3 采光顶 transparent roof system, skylight

由透光面板与支承结构组成，与水平方向夹角小于75°，且不承担主体结构所受作用的建筑围护结构。

2.1.4 金属屋面 metal roof

由金属面板与支承结构、防水及保温构造层组成的屋面系统。

2.1.5 直立锁边金属屋面 standing seam metal roof system

压型金属面板的相邻立边与T形支托咬合，并与屋面支承结构构成连续的屋面系统。

2.1.6 构件式幕墙 stick curtain wall

在主体结构上依次安装支承框架和面板的建筑幕墙。

2.1.7 单元式幕墙 unitized curtain wall

由面板与支承框架在工厂制成完整的基本结构单元，直接安装在主体结构上的建筑幕墙。

2.1.8 全玻璃幕墙 full glass curtain wall

由玻璃面板和玻璃肋构成的建筑幕墙。

2.1.9 点支承玻璃幕墙 point supported glass curtain wall

由玻璃面板、点支承装置及其支承结构构成的建筑幕墙。

2.1.10 双层幕墙 double-skin facade

由外层幕墙、空气有序流动的空气间层和内层幕墙构成的建筑幕墙。

2.1.11 外通风双层幕墙 exterior ventilated double-skin facade

进出风口均设于外层幕墙，使室外空气进入空气间层并有序流通的双层幕墙。

2.1.12 内通风双层幕墙 interior ventilated double-skin facade

进出风口均设于内层幕墙，由通风设备引导空气间层的空气有序流通的双层幕墙。

2.1.13 空气间层 air cavity

位于内外层幕墙之间的空气通道。

2.1.14 开放式幕墙 unsealed curtain wall system

不具有阻止空气渗透和雨水渗入功能的建筑幕墙。

2.1.15 面板 panel

建筑幕墙体系的墙面（或屋面）板材。

2.1.16 安全玻璃 safety glass

经特殊加工工艺，提高使用安全性的玻璃制品。与普通玻璃比较，发生破碎时，能减少对人体伤害的可能性。

2.1.17 钢化玻璃 fully tempered glass

玻璃经热处理工艺制作后，提高了机械强度和耐冲击能力，破裂时具有特殊的碎粒状态。

2.1.18 半钢化玻璃 heat-strengthened glass

通过控制加热和冷却过程，玻璃的机械强度和耐冲击能力有所提高。

2.1.19 夹层玻璃 laminated glass

在两片或多片玻璃之间，夹入化学膜片并经粘合制成的玻璃制品。

2.1.20 中空玻璃 insulated glass unit

两片或多片玻璃间以有效支撑均匀隔开，周边予以粘结密封的玻璃制品。玻璃层间为干燥气体空间。

2.1.21 低辐射镀膜玻璃 low emissivity coated glass

对波长范围为 4.5μm～25μm 的远红外线有较高反射比的镀膜玻璃制品。又称低辐射玻璃或 Low-E 玻璃。

2.1.22 真空玻璃 vacuum glass

两片或两片以上平板玻璃以支撑体隔开，周边密封，在玻璃间形成真空层的玻璃制品。

2.1.23 防火玻璃 fire-resistant glass

满足相应耐火性能的特种玻璃。

2.1.24 暖边间隔条 warm edge/thermally improved spacer

由低热导率材料组成，用于降低中空玻璃边部热传导的间隔条。

2.1.25 微晶玻璃 glass-ceramics

一定组分的玻璃颗粒经烧结和晶化制成微晶相和玻璃相均匀分布的复相材料。

2.1.26 玻璃纤维增强水泥板 glass fiber reinforced cement/concrete panel

以水泥砂浆为基体、耐碱玻璃纤维为增强材料制成的复合板材，简称 GRC。

2.1.27 铝蜂窝复合板 aluminum honeycomb composite panel

以铝蜂窝为芯材、两面粘合金属板的复合板材。

2.1.28 超薄型石材铝蜂窝复合板 aluminum honeycomb composite panel with ultra-thin stone veneer

以石材薄片为面板、铝蜂窝芯复合板为背板，经粘合而成的板材。

2.1.29 封闭式幕墙板缝　panel joint of sealed curtain wall

幕墙面板板块之间缝隙采取密封措施，包括注胶封闭式和胶条封闭式的幕墙板缝。

2.1.30 注胶封闭式幕墙板缝　sealant sealed panel joint

幕墙板块之间缝隙采用密封胶密封的封闭式幕墙面板接缝。

2.1.31 胶条封闭式幕墙板缝　gasket sealed panel joint

幕墙板块之间缝隙采用密封胶条镶嵌密封的封闭式幕墙面板接缝。

2.1.32 开放式幕墙板缝　panel joint of unsealed curtain wall

幕墙板块之间缝隙不采取密封措施的幕墙面板接缝，包括开缝式、遮挡式。

2.1.33 开缝式幕墙板缝　open panel joint

幕墙板块之间对接缝隙完全敞开，不采取任何密封措施，外部气流可直接通过的幕墙面板接缝。

2.1.34 遮挡式幕墙板缝　sheltered panel joint

幕墙板块之间对接缝隙采取非气密性遮蔽构造的开放式幕墙面板接缝，其中包括搭接遮挡式和嵌条遮挡式。

2.1.35 搭接遮挡式幕墙板缝　overlapped panel joint

幕墙板块之间非密封的平口或企口搭接缝隙，水平方向气流可绕行通过的开放式幕墙板缝。

2.1.36 嵌条遮挡式幕墙板缝　strip embedded panel joint

幕墙板块之间对接缝隙采用插条、压条等型材镶嵌遮蔽构造的开放式幕墙面板接缝。

2.1.37 支承结构　supporting structure

支承幕墙面板的构部件，如支承框架、玻璃肋、钢拉索和钢拉杆等，由连接件与主体结构相接。

2.1.38 硅酮结构密封胶　structural silicone sealant

用于粘结幕墙面板与面板、面板与金属框架、面板与玻璃肋的硅酮类结构性胶料，能承受荷载并传递作用力，又称硅酮结构胶。

2.1.39 硅酮建筑密封胶 weather proofing silicone sealant

用于填嵌构造缝隙的硅酮类密封性胶料，又称硅酮密封胶或耐候胶。

2.1.40 防火硅胶 fire proofing sealant

符合防火功能的硅酮类密封胶料，又称防火密封胶。

2.1.41 双面胶带 double-sided tape

双面涂胶的聚氨基甲酸乙酯或聚乙烯低泡材料。

2.1.42 型材表面处理 surface finish of profiles

在铝型材或钢材表面以特定的工艺方法形成一层不同于基体材质性能的新面层，具有耐蚀性、耐磨性、装饰性或其他特种功能。

2.1.43 阳极氧化 anodized coating

在铝材或铝合金型材表面以电化学方法形成一层具有一定厚度和硬度的氧化铝膜层。

2.1.44 电泳涂漆 electrophoretic coating

在铝材或铝合金型材表面以电化学方法形成一层具有一定厚度和硬度的漆膜。

2.1.45 粉末喷涂 powder coating

在铝材或铝合金型材表面以喷涂工艺形成一层具有一定厚度和硬度的粉末涂层。

2.1.46 氟碳喷涂 PVDF coating

以氟化碳树脂为基材的涂料，喷涂于金属板材或型材表面，经过加温固化程序，形成具有一定厚度和硬度的氟碳膜层。

2.1.47 热浸镀锌 hot-dip galvanizing

以熔融锌与铁基体反应的工艺过程，生成与基体相结合的具有一定厚度的锌镀层。

2.1.48 双金属腐蚀 bimetallic corrosion

不同电位的金属材料相接触或因其他电子导体作为电极而产生的电偶腐蚀现象。

2.1.49 相容性 compatibility

粘接用的密封胶料之间或密封胶料与其他材质的材料面接触时，相互不发生有害的物理化学反应的性能。

2.1.50 眩光 glare

观察某一物体时，视场中出现强烈刺眼的发光点，导致眼睛不适感觉，即为眩光现象。

2.1.51 敏感目标 sensitive target

对于光线舒适度有较高要求的处所，如住宅、中小学教学楼、托儿所、幼儿园、养老院、医院病房楼以及城市道路上的车辆等。

2.1.52 玻墙比 glass-wall ratio

立面上外露玻璃面积与该立面面积的比值。

2.1.53 遮阳系数 shading coefficent

太阳辐射至外窗或者幕墙玻璃后的室内得热量，与相同条件下太阳辐射透过相同面积的标准玻璃（3mm 厚透明玻璃）的得热量之比。

2.1.54 遮阳装置 solar shading devices

由构部件相连接，组成用以遮挡或调节进入室内太阳辐射的系统装置。

2.1.55 防雷装置 lightning protection system

建筑物外部与内部雷电防护设置的总称。

2.1.56 电涌保护器 surge protective device

用于限制瞬态过电压和分走电涌电流的器件。

2.1.57 共用接地系统 common earthing system

将防雷装置、建筑物的金属构件、低压配电保护线、等电位连接带、设备保护性接地、屏蔽体接地、防静电接地及接地装置等连接成的接地系统。

2.1.58 独立接地 separate earthing

独立于其他接地系统之外的接地装置。

2.1.59 隔声量 sound insulation index

声波在介质中传播时，透过的声压比入射声波的声压所降低的分贝（dB）数。

2.1.60 自平衡体系 self-balanced cable truss system

拉索（杆）所施加的预张力由体系内受压杆件承担，对主体结构不产生预张力的索杆桁架体系。

2.1.61 索杆桁架支承体系 cable-rod truss supported system

由正、反两个方向的弦向拉索（杆）和受压腹杆组成，施加预张力后能承受外力作用的预应力稳定体系。

2.1.62 单层索网体系 single-layer cable net system

支承结构由两个方向的连续拉索相交组成，施加预张力后构成平面或曲面的索网结构。

2.1.63 单向拉索体系 one way tension cable system

支承结构由同一方向的拉索组成的结构体系。拉索方向一般为竖直方向。

2.1.64 热斑效应 hot spot effect

串联支路中，有缺陷的或阴影中的光伏电池组件，以负载方式消耗光照电池组件产生的电能而导致自身发热的现象。

2.1.65 建筑信息模型技术 building information modeling (BIM)

创建并利用数字化模型对建设工程项目的设计、建造和运维全过程进行管理和优化的过程、方法和技术。

2.1.66 幕墙信息模型 curtain wall information model

使用建筑信息模型技术创建的数字化幕墙模型。

2.1.67 信息构件 component

组成建模软件中信息模型的基础元素，也是承载几何信息和非几何信息的最基础元素，在建模软件中构件可以是单个逻辑构件或多个构件的集合。

2.1.68 交付成果 deliverables

在工程项目工作中，利用建筑信息模型技术并按照一定工作流程所产生的并经过审核或批准的成果。

2.1.69 协同平台 project collaboration platform

实现工程项目中各参建方内部及外部协同工作的软硬件环境，具备工作成果的归档、共享、发布、交付及审核功能。

2.1.70 模型精度等级 levels of detail

模型中包含细节的层次及丰富程度。

2.1.71 高层建筑 high-rise building

高度大于 27m 的住宅建筑和高度大于 24m 的其他民用建筑。

2.1.72 超高层建筑 super high-rise building

建筑高度大于 100m 的民用建筑。

2.2 符 号

2.2.1 材料力学性能

C20——立方体强度标准值为 $20N/mm^2$ 的混凝土强度等级；

E——材料弹性模量；

f——材料强度设计值；

f_a——铝合金强度设计值；

f_c——混凝土轴心抗压强度设计值；

f_g——玻璃强度设计值；

f_s——钢材强度设计值。

2.2.2 作用和作用效应

d_f——作用标准值引起的幕墙构件挠度值；

$d_{f,lim}$——构件挠度限值；

G_k——重力荷载标准值；

M——弯矩设计值；

M_x——绕 x 轴的弯矩设计值；

M_y——绕 y 轴的弯矩设计值；

N——轴力设计值；

P_{Ek}——平行于幕墙平面的集中水平地震作用标准值；

q_{Ek}——垂直于幕墙平面的分布水平地震作用标准值；

R——结构构件抗力设计值；

S——作用效应组合设计值；

S_{Ek}——地震作用效应标准值；

S_{Gk}——永久荷载效应标准值；

S_{Wk}——风荷载效应标准值；

V——剪力设计值；

w_0——基本风压；

w_k——风荷载标准值；

σ_{wk}——风荷载作用下幕墙面板最大应力标准值；

σ_{Ek}——地震作用下幕墙面板最大应力标准值。

2.2.3 几何参数

a——矩形面板短边边长、面板区格短边边长；

A——构件截面面积或毛截面面积、幕墙板块面积；

A_n——立柱净截面面积；

b——矩形面板长边边长；

c_s——硅酮结构密封胶的粘结宽度；

l——跨度；

t——面板厚度、型材截面厚度；

t_s——硅酮结构密封胶粘结厚度；

W——毛截面抵抗矩；

W_n——净截面抵抗矩；

W_{nx}——绕 x 轴净截面抵抗矩；

W_{ny}——绕 y 轴净截面抵抗矩；

λ——长细比。

2.2.4 系数

α——材料线膨胀系数；

α_{max}——水平地震作用系数最大值；

β_E——地震作用动力放大系数；

β_{gz}——阵风系数；

β_z——风振系数；

φ——稳定系数；

γ——塑性发展系数；

γ_0——结构构件重要性系数；

γ_g——材料自重标准值；

γ_E——地震作用分项系数；

γ_G——永久荷载分项系数；

γ_{RE}——结构构件承载力抗震调整系数；

γ_w——风荷载分项系数；

η——折减系数；

μ_s——风荷载体型系数；

μ_z——风压高度变化系数；

ν——材料泊松比；

ψ_E——地震作用效应的组合值系数；

ψ_W——风荷载作用效应的组合值系数。

2.2.5 其他

K——传热系数；

SC——遮阳系数；

R_w——空气计权隔声量；

$SHGC$——太阳得热系数。

3 材 料

3.1 一般规定

3.1.1 建筑幕墙所选用的材料应符合国家、行业和本市有关标准规定，尚无相应标准的材料应满足设计要求，并经专项技术论证。

3.1.2 幕墙材料应满足安全性、耐久性、环境保护和防火要求。

3.1.3 建筑幕墙不应采用在燃烧或高温环境下产生有毒有害气体的材料。

3.1.4 积极采用鉴定合格的环保、节约资源及可循环利用的新材料。

3.1.5 幕墙材料应具有产品合格证、质量保证书及相关性能检测报告。进口材料应符合国家商检规定。

3.2 材料力学性能

3.2.1 玻璃强度设计值应按表 3.2.1 规定采用。

表 3.2.1 玻璃强度设计值 f_g(N/mm^2)

种类	厚度(mm)	短期荷载			长期荷载		
		中部强度	边缘强度	端面强度	中部强度	边缘强度	端面强度
平板玻璃 超白浮法玻璃	5～12	28	22	20	9	7	6
	15～19	24	19	17	7	6	5
	≥20	20	16	14	6	5	4

续表 3.2.1

<table>
<tr><td rowspan="2">种类</td><td rowspan="2">厚度
(mm)</td><td colspan="3">短期荷载</td><td colspan="3">长期荷载</td></tr>
<tr><td>中部强度</td><td>边缘强度</td><td>端面强度</td><td>中部强度</td><td>边缘强度</td><td>端面强度</td></tr>
<tr><td rowspan="3">半钢化玻璃</td><td>5～12</td><td>56</td><td>44</td><td>40</td><td>28</td><td>22</td><td>20</td></tr>
<tr><td>15～19</td><td>48</td><td>38</td><td>34</td><td>24</td><td>19</td><td>17</td></tr>
<tr><td>≥20</td><td>40</td><td>32</td><td>28</td><td>20</td><td>16</td><td>14</td></tr>
<tr><td rowspan="3">钢化玻璃</td><td>5～12</td><td>84</td><td>67</td><td>59</td><td>42</td><td>34</td><td>30</td></tr>
<tr><td>15～19</td><td>72</td><td>58</td><td>51</td><td>36</td><td>29</td><td>26</td></tr>
<tr><td>≥20</td><td>59</td><td>47</td><td>42</td><td>30</td><td>24</td><td>21</td></tr>
</table>

3.2.2 铝合金型材强度设计值应按《铝合金结构设计规范》GB 50429规定采用，也可按表 3.2.2 采用。

表 3.2.2 铝合金型材强度设计值 (N/mm^2)

<table>
<tr><td colspan="3">铝合金材料</td><td colspan="2">用于构件计算</td><td colspan="2">用于焊接连接计算</td><td>用于栓接计算</td></tr>
<tr><td>牌号</td><td>状态</td><td>厚度
(mm)</td><td>抗拉、抗压
和抗弯
f</td><td>抗剪
f_v</td><td>焊接热影响区
抗拉、抗压
和抗弯
$f_{u,haz}$</td><td>焊接
热影响区
抗剪
$f_{v,haz}$</td><td>局部承压
f_c^b</td></tr>
<tr><td>6061</td><td>T6</td><td>所有</td><td>200</td><td>115</td><td>100</td><td>60</td><td>305</td></tr>
<tr><td rowspan="2">6063</td><td>T5</td><td>所有</td><td>90</td><td>55</td><td>60</td><td>35</td><td>185</td></tr>
<tr><td>T6</td><td>所有</td><td>150</td><td>85</td><td>80</td><td>45</td><td>240</td></tr>
<tr><td rowspan="4">6063A</td><td rowspan="2">T5</td><td>≤10</td><td>135</td><td>75</td><td>75</td><td>45</td><td rowspan="2">220</td></tr>
<tr><td>>10</td><td>125</td><td>70</td><td>70</td><td>40</td></tr>
<tr><td rowspan="2">T6</td><td>≤10</td><td>160</td><td>90</td><td>90</td><td>50</td><td rowspan="2">255</td></tr>
<tr><td>>10</td><td>150</td><td>85</td><td>85</td><td>50</td></tr>
</table>

3.2.3 热轧钢材强度设计值应按《钢结构设计标准》GB 50017规定采用，也可按表 3.2.3 采用。

表 3.2.3 热轧钢材强度设计值（N/mm^2）

牌号	厚度或直径 d(mm)	抗拉、抗压、抗弯 f	抗剪 f_v	端面承压 f_{ce}（刨平顶紧）
Q235	$d \leqslant 16$	215	125	320
	$16 < d \leqslant 40$	205	120	
	$40 < d \leqslant 100$	200	115	
Q345	$d \leqslant 16$	305	175	400
	$16 < d \leqslant 40$	295	170	
	$40 < d \leqslant 63$	290	165	
	$63 < d \leqslant 80$	280	160	
	$80 < d \leqslant 100$	270	155	

注：表中厚度系指计算点的钢材厚度；对轴心受拉和轴心受压构件系指截面中较厚板件的厚度。

3.2.4 冷成型薄壁型钢强度设计值应按《冷弯薄壁型钢结构技术规范》GB 50018 规定采用，也可按表 3.2.4 采用。

表 3.2.4 冷成型薄壁型钢强度设计值（N/mm^2）

牌号	抗拉、抗压、抗弯 f	抗剪 f_v	端面承压（磨平顶紧）f_{ce}
Q235	205	120	310
Q345	300	175	400

3.2.5 耐候钢强度设计值可按表 3.2.5 采用。

表 3.2.5 耐候钢强度设计值（N/mm^2）

牌号	厚度(mm)	屈服强度 $\sigma_{0.2}$	抗拉强度 f	抗剪强度 f_v	承压强度 f_{ce}
Q235NH	≤16	235	216	125	295
	>16～40	225	207	120	295
	>40～60	215	198	115	295
	>60	215	198	115	295

续表 3.2.5

牌号	厚度(mm)	屈服强度 $\sigma_{0.2}$	抗拉强度 f	抗剪强度 f_v	承压强度 f_{ce}
Q295NH	≤16	295	271	157	344
	>16～40	285	262	152	344
	>40～60	275	253	147	344
	>60	255	235	136	344
Q355NH	≤16	355	327	189	402
	>16～40	345	317	184	402
	>40～60	335	308	179	402
	>60	325	299	173	402
Q460NH	≤16	460	414	240	451
	>16～40	450	405	235	451
	>40～60	440	396	230	451
	>60	430	387	224	451
Q295GNH（热轧）	≤6	295	271	157	320
	>6	295	271	157	320
Q295GNHL（热轧）	≤6	295	271	157	353
	>6	295	271	157	353
Q345GNH（热轧）	≤6	345	317	184	361
	>6	345	317	184	361
Q345GNHL（热轧）	≤6	345	317	184	394
	>6	345	317	184	394
Q390GNH（热轧）	≤6	390	359	208	402
	>6	390	359	208	402
Q295GNH（冷轧）	≤2.5	260	239	139	320
Q295GNHL（冷轧）	≤2.5	260	239	139	320
Q345GNHL（冷轧）	≤2.5	320	294	171	369

3.2.6 张拉杆、索的抗拉强度设计值按下列规定采用：

1 高强钢绞线或不锈钢绞线抗拉强度设计值应按其极限抗拉承载力标准值除以系数 2.0 采用。

2 钢拉杆应符合《钢拉杆》GB/T 20934 规定，屈服强度可选取 345MPa、460MPa、550MPa 或 650MPa 等级别。不锈钢拉杆应符合《不锈钢冷加工钢棒》GB/T 4226 规定，其材质应符合《不锈钢棒》GB/T 1220 规定。

3 拉杆抗拉强度设计值应取极限抗拉承载力标准值除以系数 1.7 和屈服强度标准值 $\sigma_{0.2}$ 除以系数 1.15 中的较小值。

3.2.7 不锈钢型材和棒材的抗拉、抗压强度设计值 f_{s1} 可按其屈服强度标准值 $\sigma_{0.2}$ 除以系数 1.15 采用，抗剪强度设计值 f_{s1}^{v} 可按抗拉强度设计值的 0.58 倍采用，部分型号也可按表 3.2.7 采用。

表 3.2.7 不锈钢型材和棒材强度设计值 (N/mm^2)

统一数字编号	牌号	屈服强度标准值 $\sigma_{0.2}$	抗拉强度 f_{s1}^{t}	抗剪强度 f_{s1}^{v}	端面承压强度 f_{s1}^{c}	备注	
						旧牌号	美标
S30408	06Cr19Ni10	205	178	103	246	0Cr18Ni9	304
S30458	06Cr19Ni10N	275	239	139	330	0Cr19Ni9N	304N
S30403	022Cr19Ni10	175	152	88	210	00Cr19Ni10	304L
S31608	06Cr17Ni12Mo2	205	178	103	246	0Cr17Ni12Mo2	316
S31658	06Cr17Ni12Mo2N	275	239	139	330	0Cr17Ni12Mo2N	316N
S31603	022Cr17Ni12Mo2	175	152	88	210	00Cr17Ni14Mo2	316L

3.2.8 不锈钢板抗拉、抗压强度设计值 f_{s2} 可按其屈服强度标准值 $\sigma_{0.2}$ 除以系数 1.15 采用，抗剪强度设计值 f_{s2}^{v} 可按抗拉强度设计值的 0.58 倍采用，也可按表 3.2.8 采用。

表 3.2.8 不锈钢板强度设计值（N/mm^2）

统一数字编号	牌号	屈服强度标准值 $\sigma_{0.2}$	抗拉强度 f_{s2}^t	抗剪强度 f_{s2}^v	端面承压强度 f_{s2}^c	备注	
						旧牌号	美标
S30408	06Cr19Ni10	205	178	103	246	0Cr18Ni9	304
S31608	06Cr17Ni12Mo2	205	178	103	246	0Cr17Ni12Mo2	316

3.2.9 单层铝合金板抗拉强度设计值可按《一般工业用铝及铝合金板、带材 第2部分：力学性能》GB/T 3880.2 规定的屈服强度标准值 $\sigma_{0.2}$除以系数 1.286 采用，抗剪强度设计值 f_{a1}^v 可按抗拉强度设计值的 0.58 倍采用，也可按表 3.2.9 采用。

表 3.2.9 单层铝合金板强度设计值（N/mm^2）

牌号	状态	规定非比例延伸应力 $\sigma_{p0.2}$	抗拉强度 f_{a1}^t	抗剪强度 f_{a1}^v
1060	H14,H24	70	54	32
1050	H14,H24	75	58	34
1100	H14,H24	95	74	43
3003	H14	125	97	56
3003	H24	115	89	52
3004	O	60	47	27
5005	H14	120	93	54
	H24,H34	110	86	50
5052	O	65	50	29

3.2.10 铝蜂窝复合板抗拉强度设计值可根据其强度试验平均值除以系数 1.428 取用。

3.2.11 搪瓷板强度设计值可按表 3.2.11 采用。

表 3.2.11 搪瓷板强度设计值（N/mm^2）

材 料	抗弯强度设计值	抗剪强度设计值
单体搪瓷板	215	125
复合搪瓷板	60	40

3.2.12 花岗岩板抗弯、抗剪强度设计值应按下列公式计算：

$$f_{g1}=f_{gm}/2.15 \quad (3.2.12\text{-}1)$$

$$f_{g2}=f_{gm}/4.30 \quad (3.2.12\text{-}2)$$

式中：f_{g1}——花岗岩板抗弯强度设计值（N/mm^2）；

f_{g2}——花岗岩板抗剪强度设计值（N/mm^2）；

f_{gm}——花岗岩板试验弯曲强度平均值（N/mm^2）。

花岗岩板弯曲强度试验中任一试件的弯曲强度试验值低于 8.0N/mm^2时，该批花岗岩板不得用于幕墙工程。

3.2.13 瓷板力学性能应符合《建筑幕墙用瓷板》JG/T 217 规定，并满足表 3.2.13 要求。

表 3.2.13 瓷板力学性能（N/mm^2）

项目	技术指标	设计值
弯曲强度（N/mm^2）	平均值（R）≥30.0；最小值（R_{min}）≥27.0	15.0
剪切强度（N/mm^2）	平均值（τ）≥15.0；最小值（τ_{min}）≥13.5	7.5

注：1 圆弧板力学性能检查，在用于弯制圆弧板的普型板上进行。

2 弯曲强度和剪切强度小于平均值要求的试样数量均不超过 2 个。

陶板、微晶玻璃的抗弯、抗剪强度设计值可按下列公式计算：

$$f_{p1}=f_{pm}/2.00 \quad (3.2.13\text{-}1)$$

$$f_{p2}=f_{pm}/10.00 \quad (3.2.13\text{-}2)$$

式中：f_{p1}——陶板、微晶玻璃抗弯强度设计值（N/mm^2）；

f_{p2}——陶板、微晶玻璃抗剪强度设计值（N/mm^2）；

f_{pm}——陶板、微晶玻璃弯曲强度试验平均值（N/mm^2）。

陶板弯曲强度试验中任一试件的弯曲强度试验值低于 8.0N/mm^2时，该批陶板不得用于幕墙工程。

3.2.14 玻璃纤维增强水泥外墙板（GRC）抗弯、抗剪强度设计值可按下列公式计算：

$$f_{p1}=f_{pm}/2.50 \quad (3.2.14\text{-}1)$$

$$f_{p2}=f_{pm}/10.00 \quad (3.2.14\text{-}2)$$

式中：f_{p1}——GRC 板抗弯强度设计值（N/mm^2）；

f_{p2}——GRC 板抗剪强度设计值（N/mm^2）；

f_{pm}——GRC 板弯曲强度试验平均值（N/mm^2）。

GRC 板的物理力学性能应符合表 3.8.4 规定。强度设计值 f_{p1} 不宜大于 11.5N/mm^2，f_{p2} 不宜大于 2.3N/mm^2。抗裂强度标准值可按抗弯强度设计值的 55%取用。按《玻璃纤维增强水泥(GRC)建筑应用技术标准》JGJ/T 423 厘定的 GRC 板抗弯、抗剪和抗裂强度设计值大于本标准规定时，可经专项技术验证确定。

3.2.15 硅酮结构胶强度设计值按表 3.2.15 采用。

表 3.2.15 硅酮结构胶强度设计值（N/mm^2）

项目	强度设计值	项目	强度设计值
短期荷载作用下强度设计值 f_1	0.20	长期荷载作用下强度设计值 f_2	0.01

3.2.16 螺栓、铆钉、焊缝等连接材料强度设计值应按《钢结构设计标准》GB 50017 规定采用，也可按表 3.2.16-1～表 3.2.16-4 采用。后锚固锚栓强度设计值可按《混凝土结构后锚固技术规程》JGJ 145 采用。

表 3.2.16-1 螺栓连接强度设计值（N/mm^2）

螺栓性能等级、锚栓和构件钢材牌号		普通螺栓						锚栓	承压型连接高强度螺栓		
		C 级螺栓			A 级、B 级螺栓						
		抗拉	抗剪	承压	抗拉	抗剪	承压	抗拉	抗拉	抗剪	承压
		f_t^b	f_v^b	f_c^b	f_t^b	f_v^b	f_c^b	f_t^a	f_t^b	f_v^b	f_c^b
普通螺栓	4.6,4.8 级	170	140	—	—	—	—	—	—	—	—
	5.6 级	—	—	—	210	190	—	—	—	—	—
	8.8 级	—	—	—	400	320	—	—	—	—	—
锚栓	Q235 钢	—	—	—	—	—	—	140	—	—	—
	Q345 钢	—	—	—	—	—	—	180	—	—	—

续表 3.2.16-1

螺栓的性能等级、锚栓和构件钢材的牌号		普通螺栓						锚栓	承压型连接高强度螺栓		
		C级螺栓			A级、B级螺栓						
		抗拉	抗剪	承压	抗拉	抗剪	承压	抗拉	抗拉	抗剪	承压
		f_t^b	f_v^b	f_c^b	f_t^b	f_v^b	f_c^b	f_t^a	f_t^b	f_v^b	f_c^b
承压型连接高强度螺栓	8.8级	—	—	—	—	—	—	—	400	250	—
	10.9级	—	—	—	—	—	—	—	500	310	—
构件	Q235钢	—	—	305	—	—	405	—	—	—	470
	Q345钢	—	—	385	—	—	510	—	—	—	590

注:1　A级螺栓用于 $d \leqslant 24$mm 和 $L \leqslant 10d$ 或 $L \leqslant 150$mm(按较小值)的螺栓;B级螺栓用于 $d > 24$mm 和 $L > 10d$ 或 $L > 150$mm(按较小值)的螺栓;d 为公称直径,L 为螺栓公称长度。

2　A级、B级螺栓孔精度和孔壁表面粗糙度,C级螺栓孔允许偏差和孔壁表面粗糙度,均应符合《钢结构工程施工质量验收规范》GB 50205 规定。

表 3.2.16-2　铆钉连接强度设计值 (N/mm²)

铆钉钢号和构件钢材牌号		抗拉(钉头拉脱) f_t^r	抗剪 f_v^r		承压 f_c^r	
			Ⅰ类孔	Ⅱ类孔	Ⅰ类孔	Ⅱ类孔
铆钉	BL2,BL3	120	185	155	—	
构件	Q235钢	—	—		450	365
	Q345钢	—	—		565	460

注:1　属于下列情况者为Ⅰ类孔:

1)在装配好的构件上按设计孔径钻成的孔;

2)在单个零件和构件上按设计孔径分别用钻模钻成的孔;

3)在单个零件上先钻成或冲成较小的孔径,然后在装配好的构件上再扩钻至设计孔径的孔。

2　在单个零件上一次冲成或不用钻模钻成设计孔径的孔属于Ⅱ类孔。

3　计算下列情况的连接时,表 3.2.16-2 规定的强度设计值应乘以相应的折减系数;几种情况同时存在时,折减系数应连乘:

1)施工条件较差的铆钉连接乘以系数 0.9;

2)沉头和半沉头铆钉连接乘以系数 0.8。

表 3.2.16-3 不锈钢螺栓连接强度设计值(N/mm²)

类别	组别	性能等级	极限抗拉强度 f_u^b	抗拉强度 f_t^b	抗剪强度 f_v^b
A(奥氏体)	A1,A2 A3,A4 A5	50	500	230	175
		70	700	320	245
		80	800	370	280
C(马氏体)	C1	50	500	230	175
		70	700	320	245
		100	1000	460	350
	C3	80	800	370	280
	C4	50	500	230	175
		70	700	320	245
F(铁素体)	F1	45	450	210	160
		60	600	275	210

表 3.2.16-4 焊缝强度设计值 (N/mm²)

焊接方法和焊条型号	构件钢材		对接焊缝				角焊缝
	牌号	厚度或直径 d(mm)	抗压 f_c^w	抗拉 f_t^w		抗剪 f_v^w	抗拉抗压抗剪 f_f^w
				一级、二级	三级		
自动焊、半自动焊和E43型焊条手工焊	Q235	$d \leqslant 16$	215	215	185	125	160
		$16 < d \leqslant 40$	205	205	175	120	
		$40 < d \leqslant 100$	200	200	170	115	
自动焊、半自动焊和E50、E55型焊条手工焊	Q345	$d \leqslant 16$	305	305	260	175	200
		$16 < d \leqslant 40$	295	295	250	170	
		$40 < d \leqslant 63$	290	290	245	165	
		$63 < d \leqslant 80$	280	280	240	160	
		$80 < d \leqslant 100$	270	270	230	155	

注:1 手工焊用焊条、自动焊和半自动焊所采用的焊丝和焊剂,应保证其熔敷金属的力学性能不低于母材性能。

2 焊缝质量等级应符合《钢结构焊接规范》GB 50661 规定，其检验方法应符合《钢结构工程施工质量验收规范》GB 50205 规定。厚度小于 6mm 钢材的对接焊缝，不应采用超声波探伤确定焊缝质量等级。

3 计算下列情况的连接时，表 3.2.16-4 规定的强度设计值应乘以相应的折减系数；几种情况同时存在时，折减系数应连乘：

1）施工条件较差的高空安装焊缝乘以系数 0.9；

2）无垫板单面施焊对接焊缝的连接计算乘以折减系数 0.85。

4 表中厚度 d 系指计算点钢材厚度，对轴心受拉和轴心受压构件系指截面中较厚板件的厚度。

3.2.17 材料的物理力学性能指标可按表 3.2.17 采用。

表 3.2.17 材料的物理力学性能指标

材料		弹性模量 E（N/mm^2）	泊松比 ν	线膨胀系数 α（1/℃）
玻璃		0.72×10^5	0.200	$0.80\times10^{-5}\sim1.00\times10^{-5}$
铝合金型材、单层铝板		0.70×10^5	0.300	2.35×10^{-5}
钢材		2.06×10^5	0.300	1.20×10^{-5}
不锈钢				1.80×10^{-5}
不锈钢绞线		$1.20\times10^5\sim1.50\times10^5$	0.300	1.80×10^{-5}
消除应力的高强钢丝		2.05×10^5		根据产品厂家实测值
高强钢绞线		1.95×10^5		
钢丝绳		$0.80\times10^5\sim1.00\times10^5$		
铝蜂窝复合板	10mm	0.35×10^5	0.250	2.40×10^{-5}
	15mm	0.27×10^5		
	20mm	0.21×10^5		
搪瓷板	单体	2.06×10^5	0.300	1.20×10^{-5}
	复合	1.20×10^5	0.250	0.90×10^{-5}
花岗岩板		0.80×10^5	0.125	0.80×10^{-5}
陶　板		0.20×10^5	0.130	0.70×10^{-5}
微晶玻璃		0.81×10^5	0.200	0.61×10^{-5}
瓷　板		0.60×10^5	0.250	0.60×10^{-5}
玻璃纤维增强水泥板		0.20×10^5	0.240	$1.0\times10^{-5}\sim1.5\times10^{-5}$

3.2.18 材料重力密度标准值可按表3.2.18采用。

表3.2.18 材料重力密度标准值 γ_g(kN/m^3)

材料	γ_g	材料	γ_g
普通玻璃、夹层玻璃、钢化玻璃、半钢化玻璃	25.6	玻璃纤维增强水泥板	18.0～20.0
		矿棉	1.2～1.5
钢材	78.5	岩棉	0.5～2.5
铝合金	28.0	微晶玻璃	27.0
花岗岩	28.0	石灰岩	26.0
陶板	20.0～24.0	瓷板	22.5～23.5

3.2.19 人造板材和复合板材的部分物理力学性能见本章第3.8节和第3.9节。

3.3 铝合金材料

3.3.1 铝合金牌号所对应材料的化学成分应符合《变形铝及铝合金化学成分》GB/T 3190规定；铝合金型材的质量要求、试验方法、检验规则和包装、标志、运输、贮存等应符合《铝合金建筑型材》GB/T 5237.1～GB/T 5237.6规定，型材尺寸允许偏差应达到高精级或超高精级。

3.3.2 铝合金型材应经表面阳极氧化、电泳涂漆、粉末喷涂或氟碳喷涂处理，表面处理层厚度应满足表3.3.2-1和表3.3.2-2要求。

表3.3.2-1 铝合金型材表面处理一(μm)

表面处理方法		膜层级别	厚度 t(≥)		检测标准
			平均膜厚	局部膜厚	
阳极氧化		AA15	15	12	GB/T 5237.2
		AA20	20	16	
		AA25	25	20	
粉末喷涂		—	—	40	GB/T 5237.4
氟碳喷涂	三涂	—	40	34	GB/T 5237.5
	四涂	—	65	55	

表 3.3.2-2　铝合金型材表面处理二(μm)

表面处理方法	膜层级别	厚度 $t(\geqslant)$			检测标准
电泳涂漆	—	阳极氧化膜局部膜厚	漆膜局部膜厚	复合膜局部膜厚	GB/T 5237.3
	A	9	12	21	
	B	9	7	16	
	S	6	15	21	

3.3.3　用穿条工艺生产的隔热铝型材，其隔热材料应采用PA66GF25(聚酰胺 66＋25％玻璃纤维)，并符合《铝合金建筑型材用隔热材料　第 1 部分：聚酰胺型材》GB/T 23615.1 规定，不得采用二次回收料及聚氯乙烯(PVC)材料。用浇注工艺生产的隔热铝型材，其隔热材料应采用聚醚型聚氨酯(PU)材料，并符合《铝合金建筑型材用隔热材料　第 2 部分：聚氨酯隔热胶》GB/T 23615.2 中 II 级隔热胶的规定，不得采用聚酯型聚氨酯材料。

3.3.4　隔热铝合金型材技术性能和外观质量应符合《铝合金建筑型材　第 6 部分：隔热型材》GB/T 5237.6 和《建筑用隔热铝合金型材》JG 175 规定。

3.3.5　与幕墙配套的铝合金门窗型材，技术性能和外观质量应符合现行铝合金门窗相关标准规定。

3.4　钢材、钢制品

3.4.1　钢材、钢制品表面不得有裂纹、气泡、结疤、泛锈、夹渣等，其牌号、规格、化学成分、力学性能、质量等级应符合现行国家标准和行业标准规定。

3.4.2　钢材应采用 Q235 钢、Q345 钢，并具有抗拉强度、伸长率、屈服强度和碳、锰、硅、硫、磷含量的合格保证。焊接结构应具有碳含量的合格保证，焊接承重结构以及重要的非焊接承重结构所采用的钢材还应具有冷弯或冲击试验的合格保证。

3.4.3 对耐腐蚀有特殊要求或在腐蚀性环境中的幕墙结构钢材、钢制品，宜采用耐候钢或不锈钢材质。如采用耐候钢，其质量指标应符合《耐候结构钢》GB/T 4171 规定，并采取相应的防腐蚀措施。

3.4.4 冷弯薄壁型钢构件应符合《冷弯薄壁型钢结构技术规范》GB 50018 规定，且壁厚不小于 3.0mm。表面处理应符合《钢结构工程施工质量验收规范》GB 50205 规定。

3.4.5 钢型材表面除锈等级不应低于 Sa2.5 级，并应采取热浸镀锌处理等有效防腐蚀措施。采用热浸镀锌防腐蚀处理时，锌膜厚度应符合《金属覆盖层钢铁制件热浸镀锌层技术要求及试验方法》GB/T 13912 规定；采用常温氟碳喷涂或聚氨酯漆喷涂时，涂膜厚度不宜小于 70μm。

3.4.6 不锈钢材料宜采用奥氏体不锈钢或奥氏体-铁素体型双相不锈钢，不锈钢材料应经固溶处理。不锈钢板应符合《不锈钢冷轧钢板和钢带》GB/T 3280 和《不锈钢热轧钢板和钢带》GB/T 4237规定。

3.4.7 不锈钢绞线在使用前必须提供预张拉试验报告和破断力试验报告，其质量和性能应符合《建筑用不锈钢绞线》JG/T 200、《不锈钢钢绞线》GB/T 25821、《不锈钢拉索》YB/T 4294、《不锈钢丝绳》GB/T 9944、《索结构技术规程》JGJ 257 和《建筑结构用索应用技术规程》DG/TJ 08—019 规定。

3.4.8 建筑幕墙用钢索压管接头应符合《建筑幕墙用钢索压管接头》JG/T 201 规定。

3.4.9 点支承玻璃幕墙的支承装置，其化学成分、外观质量和力学性能应符合《建筑玻璃点支承装置》JG/T 138 规定。全玻璃幕墙的吊夹装置，其化学成分、外观质量和力学性能应符合《吊挂式玻璃幕墙用吊夹》JG/T 139 规定。

3.5 玻 璃

3.5.1 玻璃的外观质量和性能指标应符合国家现行标准规定。

3.5.2 平板玻璃应符合《平板玻璃》GB 11614 规定；超白浮法玻璃应符合《超白浮法玻璃》JC/T 2128 规定；防火玻璃应符合《建筑用安全玻璃　第1部分：防火玻璃》GB 15763.1 规定；钢化玻璃应符合《建筑用安全玻璃　第2部分：钢化玻璃》GB 15763.2 规定；夹层玻璃应符合《建筑用安全玻璃　第3部分：夹层玻璃》GB 15763.3 规定；均质钢化玻璃应符合《建筑用安全玻璃　第4部分：均质钢化玻璃》GB 15763.4 规定；半钢化玻璃应符合《半钢化玻璃》GB/T 17841 规定；釉面玻璃应符合《釉面钢化及釉面半钢化玻璃》JC/T 1006 规定；真空玻璃应符合《真空玻璃》JC/T 1079 规定。

3.5.3 幕墙用中空玻璃应符合《中空玻璃》GB/T 11944 规定，并满足下列要求：

1 中空玻璃选用的主要原材料应满足现行标准的要求：干燥剂应符合《中空玻璃用干燥剂》JC/T 2072 规定；硅酮结构密封胶应符合《建筑门窗幕墙用中空玻璃弹性密封胶》JG/T 471 规定；丁基热熔密封胶应符合《中空玻璃用丁基热熔密封胶》JC/T 914规定；中空玻璃间隔条应符合《中空玻璃间隔条　第1部分：铝间隔条》JC/T 2069 规定。

2 中空玻璃气体层厚度不应小于 9mm。中空玻璃应采用双道密封，由专用注胶机混合、注胶。第一道密封应采用丁基热熔密封胶。隐框幕墙、半隐框幕墙、点支承玻璃幕墙及幕墙开启窗用中空玻璃的第二道密封应采用硅酮结构密封胶，结构胶宽度经计算确定。明框玻璃幕墙用中空玻璃的第二道密封宜采用聚硫类玻璃密封胶，也可采用硅酮密封胶。

3 中空玻璃钻孔应采用大、小孔相对的方式，孔边倒角应细磨，合片时孔位应采取多道密封措施。玻璃面积超过 $5m^2$ 时，应采取措施保证两片玻璃同时受力。

4 中空玻璃的间隔铝框可采用连续折弯型或插角型，不应使用热熔型间隔胶条。间隔铝框中的干燥剂由专用设备装填。

5 中空玻璃合片加工时，应采取措施防止玻璃表面产生凹凸变形。

6 中空玻璃的单片玻璃厚度不应小于 6mm，两片玻璃厚度差不应大于 3mm。光伏幕墙玻璃厚度按本标准 20.2.1 条规定。

7 阳光控制膜中空玻璃应提供中空结构密封胶和镀膜材料的相容性检测报告；离线低辐射镀膜玻璃应采用热熔丁基密封胶将膜层材料与外界完全隔绝。

3.5.4 玻璃幕墙采用的夹层玻璃，单片玻璃厚度不应小于 5mm，两片玻璃厚度差不应大于 3mm。夹层玻璃宜采用 PVB（聚乙烯醇缩丁醛）或离子性中间层胶片干法加工合成技术，PVB 胶片厚度不应小于 0.76mm，离子性中间层胶片厚度不应小于0.89mm。夹层玻璃的技术性能应符合《建筑用安全玻璃　第 3 部分：夹层玻璃》GB 15763.3 规定。夹层玻璃钻孔时应采用大、小孔相对的方式，合片时两层玻璃间不得出现气泡。采用 PVB 中间膜的夹层玻璃应封边处理。

3.5.5 阳光控制镀膜玻璃应符合《镀膜玻璃　第 1 部分：阳光控制镀膜玻璃》GB/T 18915.1 规定。低辐射镀膜玻璃应符合《镀膜玻璃　第 2 部分：低辐射镀膜玻璃》GB/T 18915.2 规定。玻璃幕墙采用单片或夹层低辐射镀膜玻璃时，应使用在线化学气相沉积法低辐射镀膜玻璃；离线真空磁控溅射的低辐射镀膜玻璃应合成中空玻璃，膜面应密封在中空玻璃腔体内。

3.5.6 建筑玻璃贴膜的外观、质量及物理性能应符合《建筑玻璃用功能膜》GB/T 29061 和《建筑玻璃膜应用技术规程》JGJ/T 351 规定。建筑玻璃安全贴膜厚度应满足设计要求。

3.5.7 建筑幕墙用钢化玻璃必须经机械磨边处理，其倒棱的棱宽不应小于 1mm,不应有裂痕和缺角。

3.6 金属板材

3.6.1 铝单板宜采用 1×××系列、3×××系列和 5×××系列铝合金板材,所用铝及铝合金的化学成分应符合《变形铝及铝合金化学成分》GB/T 3190 规定,表面宜采用氟碳喷涂,氟碳树脂含量不应小于 70%。铝单板外观质量和性能指标应符合《建筑装饰用铝单板》GB/T 23443 规定,并符合下列标准:

1 《铝幕墙板 第 1 部分:板基》YS/T 429.1。

2 《铝幕墙板 第 2 部分:有机聚合物喷涂铝单板》YS/T 429.2。

3 《铝及铝合金彩色涂层板、带材》YS/T 431。

4 《一般工业用铝及铝合金板、带材》GB/T 3880.1～ GB/T 3880.3。

3.6.2 铝单板表面处理层厚度应满足表 3.6.2 要求。

表 3.6.2 铝单板表面处理层厚度

<table>
<tr><th colspan="3" rowspan="2">表面处理方法</th><th colspan="2">厚度 t (μm)</th></tr>
<tr><th>平均膜厚</th><th>最小局部膜厚</th></tr>
<tr><td rowspan="2">辊涂</td><td>氟碳</td><td>三涂</td><td>≥32</td><td>≥30</td></tr>
<tr><td colspan="2">聚酯、丙烯酸</td><td>≥16</td><td>≥14</td></tr>
<tr><td rowspan="3">液体喷涂</td><td rowspan="2">氟碳</td><td>三涂</td><td>≥40</td><td>≥34</td></tr>
<tr><td>四涂</td><td>≥65</td><td>≥55</td></tr>
<tr><td colspan="2">聚酯、丙烯酸</td><td>≥25</td><td>≥20</td></tr>
<tr><td rowspan="2">粉末喷涂</td><td colspan="2">氟碳</td><td>—</td><td>≥30</td></tr>
<tr><td colspan="2">聚酯</td><td>—</td><td>≥40</td></tr>
<tr><td rowspan="3">阳极氧化</td><td colspan="2">AA15</td><td>≥15</td><td>≥12</td></tr>
<tr><td colspan="2">AA20</td><td>≥20</td><td>≥16</td></tr>
<tr><td colspan="2">AA25</td><td>≥25</td><td>≥20</td></tr>
</table>

3.6.3 彩色钢板应符合《彩色涂层钢板及钢带》GB/T 12754 规定。

3.6.4 搪瓷涂层钢板不应在现场开槽或钻孔，其外观质量和技术指标应符合《建筑装饰用搪瓷钢板》JG/T 234 及《非接触食物搪瓷制品》QB/T 1855 规定。

3.6.5 铝蜂窝复合板宜采用 3××× 系列和 5××× 系列铝合金板，所用铝及铝合金的化学成分应符合《变形铝及铝合金化学成分》GB/T 3190 规定，表面涂层宜采用氟碳喷涂。铝板厚度及涂层厚度应满足表 3.6.5 要求。

表 3.6.5 铝板厚度及涂层厚度

<table>
<tr><th colspan="4">项目</th><th>技术指标</th></tr>
<tr><td rowspan="2">铝板厚度(mm)</td><td colspan="3">平均值</td><td>面板≥1.0
背板≥0.7</td></tr>
<tr><td colspan="3">最小值</td><td>面板≥0.9
背板≥0.6</td></tr>
<tr><td rowspan="4">装饰面涂层厚度
(μm)</td><td rowspan="4">三涂</td><td rowspan="2">滚涂</td><td>平均值</td><td>≥32</td></tr>
<tr><td>最小值</td><td>≥30</td></tr>
<tr><td rowspan="2">喷涂</td><td>平均值</td><td>≥40</td></tr>
<tr><td>最小值</td><td>≥35</td></tr>
</table>

3.6.6 铜及铜合金板应符合《铜及铜合金板材》GB/T 2040 和《加工铜及铜合金板带材　外形尺寸及允许偏差》GB/T 17793 规定。钛合金板应符合《钛及钛合金板材》GB/T 3621 规定。

3.7 石材板材

3.7.1 石材面板不应有软弱夹层。带层状纹理的面板，不应有粗粒、疏松、多孔的条纹。石材面板应作表面防护处理，其外观质量和性能指标应符合下列标准：

1 《天然花岗石建筑板材》GB/T 18601。

2 《天然花岗石荒料》JC/T 204。

3 《天然板石》GB/T 18600。

4 《干挂饰面石材及其金属挂件》JC 830.1～JC 830.2。

5 《金属与石材幕墙工程技术规范》JGJ 133。

3.7.2 石材面板宜选用花岗岩，其物理性能应满足表3.7.2要求。

表3.7.2 花岗岩物理性能

项目	吸水率（%）	体积密度（g/cm^3）	压缩强度（N/mm^2）	弯曲强度（N/mm^2）
指标	≤0.6	≥2.560	≥100	≥8.0

3.8 人造板材

3.8.1 微晶玻璃应符合《建筑装饰用微晶玻璃》JC/T 872规定，并满足耐急冷急热试验和墨水渗透法检查无裂纹的要求。

3.8.2 瓷板的物理性能应符合《建筑幕墙用瓷板》JG/T 217规定，并满足表3.8.2要求。

表3.8.2 瓷板物理性能

项目	技术指标
吸水率（%）	平均值≤0.5；最大值≤0.6
抗热震性	经抗热震性试验后不出现炸裂或裂纹（循环次数：10次）
抗釉裂性（有釉表面）	经抗釉裂性试验后，有釉表面应无裂纹或剥落（循环次数：1次）
抗冻性	经抗冻性试验后应无裂纹或剥落（循环次数：100次）
光泽度（抛光板）	光泽度不低于55
耐磨性	非施釉表面耐深度磨损体积不大于$175mm^3$
	施釉表面耐深度不低于3级
色差	同一品种、同一批号瓷板颜色、花纹基本一致

注：釉面板上有设计要求的装饰性裂纹时，应加以说明，可不做抗釉裂性试验。瓷板力学性能见表3.2.13。

3.8.3 陶板物理力学性能应符合《建筑幕墙用陶板》JG/T 324 规定。

3.8.4 玻璃纤维增强水泥板(GRC)材料应符合《玻璃纤维增强水泥外墙板》JC/T 1057 和《玻璃纤维增强水泥(GRC)装饰制品》JC/T 940 规定,其材料的物理力学性能应满足表 3.8.4 要求。

表 3.8.4 玻璃纤维增强水泥板(GRC)结构层物理力学性能

性能		单位	技术指标
抗弯比例极限强度	平均值	N/mm^2	≥7.0
	单块最小值	N/mm^2	≥6.0
抗弯极限强度	平均值	N/mm^2	≥18.0
	单块最小值	N/mm^2	≥15.0
抗冲击强度		kJ/m^2	≥8.0
体积密度(干燥状态)		g/cm^3	≥1.8
吸水率		%	≤14.0
抗冻性		—	经 25 次冻融循环,无起层、剥落等破坏现象
防火性能		—	A 级

3.8.5 玻璃纤维增强水泥板(GRC)应外观完整、纹理清晰、面板边缘整齐、无缺棱损角。带装饰层的 GRC 板其饰面应满足建筑设计要求,不应有明显色差或局部因材料质量或配比等因素引起的色斑等影响和缺陷。

3.8.6 玻璃纤维增强水泥板(GRC)应作表面防护处理。

3.9 复合板材

3.9.1 铝复合板应满足《建筑设计防火规范》GB 50016 要求,并符合下列规定:

1 上下面层铝合金板的平均厚度(不包括涂层厚度)不应小

于 0.5mm，最小厚度不应小于 0.48mm。所用铝材符合《一般工业用铝及铝合金板、带材　第 2 部分：力学性能》GB/T 3880.2 和《变形铝及铝合金化学成分》GB/T 3190 中 3××× 系列或 5××× 系列的规定。

2　板面涂层应采用大于 70% 含量的氟碳树脂。辊涂时，涂层平均厚度不应小于 32μm，局部最小厚度不小于 30μm；喷涂时，涂层平均厚度不应小于 40μm，局部最小厚度不应小于 35μm。

3　铝复合板平均厚度（不包括涂层厚度）不应小于 4.0mm。

4　燃烧性能为 A 级，物理力学性能指标符合表 3.9.1 要求。

表 3.9.1　A 级铝复合板物理力学性能

项目		单位	技术指标	检测标准和方法
弯曲强度		N/mm^2	≥100.0	GB/T 17748 GB/T 2790
弯曲弹性模量		N/mm^2	$\geq 2\times10^4$	
剪切强度		N/mm^2	≥22.0	
贯穿阻力		kN	≥7.0	
180°剥离强度		N/mm	≥7.0	
耐温差性	剥离强度下降率	%	≤10	
	外观	—	无变化	
热膨胀系数		$℃^{-1}$	$\leq 4.0\times10^{-5}$	
热变形温度		℃	≥95	
耐热水性		—	无变化	

3.9.2　铝蜂窝复合板应符合《建筑外墙用铝蜂窝复合板》JG/T 334 规定，并满足下列要求：

1　铝合金面板平均厚度（不包括涂层厚度）不应小于1.0mm，最小厚度处不应小于 0.9mm；铝合金背板的平均厚度（不包括涂层厚度）不应小于 0.7mm，最小厚度处不应小于0.6mm。铝材应符合《一般工业用铝及铝合金板、带材　第 2 部分：力学性能》GB/T 3880.2 和《变形铝及铝合金化学成分》GB/T 3190 中3××× 系列或

5×××系列的规定。

2 铝合金板材与夹芯层的滚筒剥离强度平均值不应小于90N·mm/mm,单个测试值不应小于80N·mm/mm。平拉强度平均值不应小于0.8 N/mm^2,单个测试值不应小于0.6 N/mm^2。

3 铝蜂窝芯宜为六边形结构,边长不宜大于10mm。边长6mm～10mm时芯材铝箔厚度不宜小于0.07mm,边长不大于6mm时芯材铝箔厚度不宜小于0.05mm。

4 板面涂层符合本标准3.9.1条第2款规定。

3.9.3 石材蜂窝复合板应符合《建筑装饰用石材蜂窝复合板》JG/T 328和《人造板材幕墙工程技术规范》JGJ 336规定。

3.9.4 钛锌合金饰面复合板平均厚度(不包括涂层厚度)不应小于4.0mm,其中钛锌板厚度不应小于0.5mm,复合的铝板厚度不应小于0.5mm。其性能应符合表3.9.4规定。

表3.9.4 钛锌合金饰面复合板物理力学性能

项目		单位	技术指标	检测标准和方法
弯曲强度		N/mm^2	≥60.0	GB/T 17748 GB/T 2790
弯曲弹性模量		N/mm^2	$\geq 2.0\times10^4$	
剪切强度		N/mm^2	≥22.0	
贯穿阻力		kN	≥7.0	
180°剥离强度		N/mm	≥7.0	
耐温差性	剥离强度下降率	%	≤10%	
	外观	—	无变化	
热膨胀系数		$℃^{-1}$	$\leq 4.0\times10^{-5}$	
热变形温度		℃	≥95	
耐热水性		—	无异常	

3.9.5 不锈钢复合板平均厚度(不包括涂层厚度)不应小于4.0mm,上下面层不锈钢材厚度不应小于0.3mm,其性能应符合表3.9.5规定。

表 3.9.5 不锈钢复合板物理力学性能

项目	单位	技术指标	检测标准和方法
弯曲强度	N/mm^2	≥130.0	GB/T 17748
弯曲弹性模量	N/mm^2	$\geq 3.5\times10^4$	
剪切强度	N/mm^2	≥68.0	
贯穿阻力	kN	≥20.0	
180°剥离强度	N/mm	≥7.0	GB/T 2790
热膨胀系数	$℃^{-1}$	$\leq 1.8\times10^{-5}$	GB/T 17748
热变形温度	℃	≥105	
耐温差性	—	外观无变化	
耐热水性	—	无异常	

3.10 金属连接件与紧固件

3.10.1 连接件、紧固件、组合配件宜选用不锈钢或铝合金材料，应符合国家现行标准规定，并具有产品合格证、质量保证书及相关性能检测报告。

3.10.2 钢结构焊接材料应符合《非合金钢及细晶粒钢焊条》GB/T 5117、《热强钢焊条》GB/T 5118、《钢结构焊接规范》GB 50661 规定。

3.10.3 铝合金结构焊接应符合《铝合金结构设计规范》GB 50429 和《铝及铝合金焊丝》GB/T 10858 规定，宜选用 SAlMG-3 焊丝或 SAlSi-1 焊丝。

3.10.4 螺栓、螺钉、螺柱等紧固件的机械性能、化学成分应符合《紧固件机械性能》GB/T 3098.1～GB/T 3098.21 规定。

3.10.5 后置机械锚栓应采用不锈钢、碳素钢或合金钢材质，并符合《混凝土结构后锚固技术规程》JGJ 145 规定。化学螺栓性能应通过螺杆和锚固胶的匹配试验确定，并按设计要求经现场拉拔试验检测。

3.10.6 背栓的材质和力学性能应满足设计要求，并有相应检测报告。

3.11 结构胶与密封材料

3.11.1 硅酮结构密封胶应符合《建筑幕墙用硅酮结构密封胶》JG/T 475 规定，其物理性能应满足表 3.11.1 要求。中空玻璃用硅酮密封胶应符合《建筑门窗幕墙用中空玻璃弹性密封胶》JG/T 471 规定。

表 3.11.1 硅酮结构密封胶物理力学性能

序号	项目			单位	技术指标
1	下垂度		垂直	mm	≤3
			水平	—	无变形
2	表干时间			h	≤3
3	挤出性[a]			s	≤10
4	适用期[b]			min	≥20
5	邵氏硬度 A			—	20～60
6	气泡			—	无可见气泡
7	拉伸粘结性	23℃拉伸粘结强度标准值 $R_{u,5}$		N/mm²	≥0.50
		拉伸粘结强度保持率	80℃	%	≥75
			−20℃	%	≥75
			水-紫外线光照	%	≥75
			NaCl 盐雾	%	≥75
			SO_2 酸雾	%	≥75
			清洗剂	%	≥75
			100℃ 7d 高温	%	≥75
		粘结破坏面积（所有拉伸粘结性项目）		%	≤10

续表 3.11.1

序号	项目			单位	技术指标
8	剪切强度	23℃剪切强度标准值 $R_{u,5}$		N/mm^2	≥0.50
		剪切强度保持率	80℃	%	≥75
			−20℃	%	≥75
		粘结破坏面积(所有剪切性能项目)		%	≤10
9	撕裂性能	拉伸粘结强度保持率		%	≥75
10	疲劳循环	拉伸粘结强度保持率		%	≥75
		粘结破坏面积		%	≤10
11	质量变化	热失重		%	≤6.0
12	烷烃增塑剂	红外光谱		—	无烷烃增塑剂
13	弹性恢复率[c]			%	≥95
14	耐紫外线拉伸强度保持率[c]			%	≥75
15	蠕变性能[d]	91d 受力后位移		mm	≤1
		力卸载 24h 后最大位移		mm	≤0.1

注：a 仅适用于单组分产品。

b 仅适用于双组分产品。

c 仅需要时检测。

d 仅适用于硅酮结构胶承受所有粘结密封单元的应力，在粘结密封单元底部没有设置防止粘结失效产生危险用支撑装置的幕墙系统。

3.11.2 双组分产品两组分的颜色应有明显区别。

3.11.3 硅酮结构密封胶不应与聚硫密封胶接触使用。

3.11.4 硅酮结构密封胶和硅酮建筑密封胶应具备产品合格证、有保质年限的质量保证书及相关性能检测报告，并符合《建筑幕墙用硅酮结构密封胶》JG/T 475 和《建筑门窗幕墙用中空玻璃弹性密封胶》JG/T 471 规定。生产商应提供硅酮结构密封胶拉伸试验应力应变曲线图。

3.11.5 同一幕墙工程应采用同一品牌硅酮结构密封胶和硅酮建筑密封胶。用于石材幕墙的硅酮结构密封胶应有专项试验报告。

3.11.6 硅酮结构密封胶和硅酮建筑密封胶必须在有效期内使用,使用前应取得与其接触材料的相容性试验合格报告,报告应由有相应资质的检测机构出具。硅酮结构密封胶还应做剥离粘结性试验和邵氏硬度试验。

3.11.7 隐框和半隐框玻璃幕墙,其玻璃与铝合金型材应采用中性硅酮结构密封胶粘结;全玻璃幕墙和点支承幕墙采用镀膜玻璃时,不应采用酸性硅酮结构密封胶粘结。幕墙玻璃选用的密封胶应符合《幕墙玻璃接缝用密封胶》JC/T 882 规定。

3.11.8 硅酮结构密封胶采用底漆的规定:

1 必须经有相应资质的检测机构完成相容性试验和剥离粘结性试验。

2 硅酮结构密封胶与配套使用的底漆应由同一生产厂配制。底漆应有明显的颜色识别,并提供使用说明书。

3 严格按照使用说明书的要求操作。

3.11.9 玻璃幕墙耐候密封应采用中性硅酮建筑密封胶,其性能应符合《硅酮和改性硅酮建筑密封胶》GB/T 14683 规定。不应使用添加矿物油或其他有害增塑剂的硅酮建筑密封胶。采光顶和超高层幕墙的嵌缝用密封胶应选用大变位硅酮耐候密封胶,并符合《幕墙玻璃接缝用密封胶》JC/T 882 规定,满足《建筑密封胶分级和要求》GB/T 22083—2008 中表 A.1 高位移能力弹力密封胶 100/50 级要求。其他幕墙耐候密封胶的位移能力应满足设计要求,且不小于20%。硅酮建筑密封胶理化性能应符合表 3.11.9-1 和表 3.11.9-2 规定。

表 3.11.9-1　硅酮建筑密封胶理化性能

序号	项目		技术指标							
			50HM	35HM	25HM	20HM	50LM	35LM	25LM	20LM
1	密度(g/cm^3)		规定值±0.1							
2	下垂度(mm)		≤3							
3	表干时间[a](h)		≤3							
4	挤出性(mL/min)		≥150							
5	适用期[b](min)		供需双方商定							
6	弹性恢复率(%)		≥80							
7	拉伸模量(N/mm^2)	23℃	>0.4 或				≤0.4 和			
		−20℃	>0.6				≤0.6			
8	定伸粘结性		无破坏							
9	浸水后定伸粘结性		无破坏							
10	冷拉-热压后粘结性		无破坏							
11	紫外线辐照后粘结性[c]		无破坏							
12	浸水光照后粘结性[d]		无破坏							
13	质量损失率(%)		≤8							
14	烷烃增塑剂[e]		不得检出							

注:a　允许采用供需双方商定的指标值。

b　仅适用于多组分产品。

c　仅适用于 Gn 类产品(普通装饰装修镶装玻璃用,不适用于中空玻璃)。

d　仅适用于 Gw 类产品(建筑幕墙非结构性装配用,不适用于中空玻璃)。

e　仅适用于 Gw 类产品(建筑幕墙非结构性装配用,不适用于中空玻璃)。

表 3.11.9-2 改性硅酮建筑密封胶理化性能

<table>
<tr><th rowspan="2">序号</th><th rowspan="2" colspan="2">项目</th><th colspan="5">技术指标</th></tr>
<tr><th>25HM</th><th>20HM</th><th>25LM</th><th>20LM</th><th>20LM-R</th></tr>
<tr><td>1</td><td colspan="2">密度(g/cm³)</td><td colspan="5">规定值±0.1</td></tr>
<tr><td>2</td><td colspan="2">下垂度(mm)</td><td colspan="5">≤3</td></tr>
<tr><td>3</td><td colspan="2">表干时间(h)</td><td colspan="5">≤24</td></tr>
<tr><td>4</td><td colspan="2">挤出性[a](mL/min)</td><td colspan="5">≥150</td></tr>
<tr><td>5</td><td colspan="2">适用期[b](min)</td><td colspan="5">≥30</td></tr>
<tr><td>6</td><td colspan="2">弹性恢复率(%)</td><td>≥70</td><td>≥60</td><td>≥70</td><td>≥60</td><td>—</td></tr>
<tr><td>7</td><td colspan="2">定伸永久变形(%)</td><td colspan="4">—</td><td>>50</td></tr>
<tr><td rowspan="2">8</td><td rowspan="2">拉伸模量(N/mm²)</td><td>23℃</td><td colspan="2" rowspan="2">>0.4 或
>0.6</td><td colspan="3" rowspan="2">≤0.4 和
≤0.6</td></tr>
<tr><td>−20℃</td></tr>
<tr><td>9</td><td colspan="2">定伸粘结性</td><td colspan="5">无破坏</td></tr>
<tr><td>10</td><td colspan="2">浸水后定伸粘结性</td><td colspan="5">无破坏</td></tr>
<tr><td>11</td><td colspan="2">冷拉-热压后粘结性</td><td colspan="5">无破坏</td></tr>
<tr><td>12</td><td colspan="2">质量损失率(%)</td><td colspan="5">≤5</td></tr>
</table>

注：a 仅适用于单组分产品。
b 允许采用供需双方商定的指标值，仅适用于多组分产品。

3.11.10 石材的接缝密封宜采用专用石材密封胶，应符合《石材用建筑密封胶》GB/T 23261 规定，其物理力学性能应满足表3.11.10要求。

表 3.11.10　石材用建筑密封胶物理力学性能

项目		技术指标						
		50HM	25HM	20HM	50LM	25LM	20LM	12.5E
下垂度(mm)	垂直	≤3						
	水平	无变形						
表干时间(h)		≤3						
挤出性(mL/min)		≥80						
弹性恢复率(%)		≥80						≥40
拉伸模量(N/mm^2)	+23℃	>0.4 或			≤0.4 和			—
	−20℃	>0.6			≤0.6			
定伸粘结性		无破坏						
冷拉-热压后粘结性		无破坏						
浸水后定伸粘结性		无破坏						
质量损失(%)		≤5.0						
污染性	污染宽度(mm)	≤2.0						
	污染深度(mm)	≤2.0						

3.11.11　聚氨酯建筑密封胶物理力学性能应符合《聚氨酯建筑密封胶》JC/T 482 规定，并满足表 3.11.11 要求。

表 3.11.11　聚氨酯建筑密封胶物理力学性能

试验项目		技术指标		
		20HM	25LM	20LM
密度(g/cm^3)		规定值±0.1		
流动性	下垂度(N 型)	≤3mm		
	流平性(L 型)	光滑平整		
表干时间(h)		≤24		
挤出性[a](mL/min)		≥80		
适用期[b](h)		≥1		

续表 3.11.11

试验项目		技术指标		
		20HM	25LM	20LM
弹性恢复率(%)		≥70		
拉伸模量(N/mm^2)	23℃	>0.4 或	≤0.4 和	
	−20℃	>0.6	≤0.6	
定伸粘结性		无破坏		
浸水后定伸粘结性		无破坏		
冷拉-热压后的粘结性		无破坏		
质量损失率(%)		≤7		

注:a 此项仅适用于单组分产品。

b 此项仅适用于多组分产品,允许采用供需双方商定的其他指标值。

3.11.12 石材幕墙金属挂件与石材间粘接、固定和填缝的胶粘材料,应具有高机械性抵抗能力。干挂石材选用环氧胶粘剂时,应符合《干挂石材幕墙用环氧胶粘剂》JC 887 规定,其物理力学性能应满足表 3.11.12 要求。

表 3.11.12 环氧胶粘剂物理力学性能

项目			单位	技术指标	
				快固	普通
适用期[a]			min	5~30	>30~90
弯曲弹性模量			N/mm^2	≥2000	
冲击强度			kJ/m^2	≥3.0	
拉剪强度(不锈钢—不锈钢)			N/mm^2	≥8.0	
压剪强度	石材—石材	标准条件 48h	N/mm^2	≥10.0	
		浸水 168h	N/mm^2	≥7.0	
		热处理 80℃,168h	N/mm^2	≥7.0	
		冻融循环 50 次	N/mm^2	≥7.0	
	石材—不锈钢	标准条件 48h	N/mm^2	≥10.0	

注:a 适用期指标也可由供需双方商定。

3.11.13 密封胶条宜采用三元乙丙橡胶、硅橡胶、氯丁橡胶。胶条应符合《建筑门窗、幕墙用密封胶条》GB/T 24498 规定。橡胶材料应有良好的弹性和抗老化性能，并符合《工业用橡胶板》GB/T 5574和《建筑橡胶密封垫——预成型实心硫化的结构密封垫用材料规范》HG/T 3099 规定。密封胶条应有成分化验报告和保证年限证书。

3.12 防火材料

3.12.1 防火材料应满足防火设计要求，具备产品合格证和耐火测试报告。

3.12.2 幕墙防火封堵材料应符合《防火封堵材料》GB 23864 规定，发生火灾时，在规定时限内不应发生移位、脱落现象，不产生有毒有害气体。防火封堵的承托板应采用厚度不小于 1.5mm 的镀锌钢板，不得采用铝板。密封材料应采用防火密封胶。防火密封胶产品应有法定检测机构出具的防火检验报告。

3.12.3 幕墙钢结构用防火涂料的技术性能应符合《钢结构防火涂料》GB 14907 规定。

3.13 保温隔热材料

3.13.1 幕墙保温隔热材料应采用不燃材料，并符合《建筑设计防火规范》GB 50016 和《建筑材料及制品燃烧性能分级》GB 8624 规定。保温隔热用岩棉、矿棉应符合《绝热用岩棉、矿渣棉及其制品》GB/T 11835 和《建筑用岩棉绝热制品》GB/T 19686 规定。不应采用含石棉的材料。

3.13.2 粘结、固定隔热保温层的材料应满足防火设计要求。

3.14 其他材料

3.14.1 玻璃支承垫块宜采用邵氏硬度为80～90的氯丁橡胶等材料，不得使用硫化再生橡胶、木片或其他吸水性材料。

3.14.2 不同金属材料接触面设置的绝缘隔离垫片，宜采用尼龙、聚氯乙烯(PVC)等制品。

3.14.3 中空玻璃用干燥剂应符合《3A分子筛》GB/T 10504规定，并满足表3.14.3要求。

表3.14.3 中空玻璃用球形3A分子筛技术指标

项目		单位	d(1.0mm～1.6mm)		d(1.6mm～2.5mm)	
			一等品	合格品	一等品	合格品
静态水吸附（≥）		%	21.0	20.0	21.0	20.0
磨耗率(≤)		%	0.2	0.3	0.2	0.3
堆积密度(≥)		g/mL	0.75	0.7	0.75	0.7
粒度（≥）		%	96.0	95.0	96.0	95.0
抗压碎力	抗压碎力（≥）	N/颗	14.0		20.0	
	抗压碎力变异系数（≤）	—	0.3			
包装品含水量（≤）		%	1.5			
静态氮气吸附（≤）		mg/g	2.0			
吸水率（≤）		%	0.5	0.7	0.5	0.7

3.14.4 幕墙面板用清洁剂应符合环保要求，对人员健康无毒害，与墙面材料不发生化学反应，无腐蚀性。

3.14.5 中等硬度的聚氨基甲酸乙酯低发泡间隔双面胶带或聚乙烯树脂低发泡双面胶带，其厚度应比结构胶厚度大1mm。与单组分硅酮结构密封胶配合使用的低发泡间隔双面胶带宜具有透气性。

3.14.6 幕墙宜采用聚乙烯泡沫棒作板缝底部填充材料，其密度

不宜大于 $37kg/m^3$。

3.14.7 聚酰胺隔热条(PA66GF25)应符合《铝合金建筑型材用隔热材料 第 1 部分:聚酰胺型材》GB/T 23615.1 和《建筑铝合金型材用聚酰胺隔热条》JG/T 174 规定。

3.14.8 全玻璃幕墙螺栓传力吊挂系统螺栓孔注胶,可采用高强度高性能环氧类结构用锚固胶或其他性能相似的结构用高强度胶。

4 建筑设计

4.1 一般规定

4.1.1 根据建筑的使用性质、所处环境、立面设计、热工要求等条件选择建筑幕墙类别，并经技术经济综合分析确定幕墙类型。

4.1.2 建筑幕墙应与建筑整体设计及周边环境相协调，幕墙立面分格不影响室内使用功能。

4.1.3 建筑幕墙对于建筑所处环境的风荷载、地震及气候特征等因素，应具有相应的适应能力与抵抗能力，并符合本标准第10章规定。

4.1.4 幕墙建筑的玻墙比、光反射、热工、防火、防雷、防渗漏、隔声等设计要求，应符合本标准第5～9章及4.2.6条规定，并按《建筑设计防火规范》GB 50016及消防要求，在每层楼板外沿设置实体墙或防火挑檐等防火构造。

4.1.5 玻璃幕墙宜采用明框或半隐框构造形式。采用隐框玻璃幕墙时，构造措施应安全可靠。高层建筑隐框玻璃幕墙应经专项技术论证。外倾式斜幕墙不得采用隐框玻璃幕墙。

4.1.6 幕墙玻璃面板按下列要求使用：

1 除建筑物底层大堂和离地高度10m以下的橱窗类玻璃外，玻璃面板不宜大于4.5m^2。玻璃面板大于4.5m^2时，宜采用夹层玻璃。

2 除夹层玻璃外，钢化玻璃不应大于4.5m^2，半钢化玻璃不应大于2.5m^2。钢化玻璃应有防自爆后坠落的措施，半钢化玻璃应有防碎裂后坠落的措施。

3 除建筑物底层大堂和离地高度10m以下的橱窗类玻璃

外，夹层玻璃面板不应大于 9.0m^2。

4 面板玻璃应符合《建筑玻璃应用技术规程》JGJ 113 规定。除本章 4.3.6 条要求外，当中空玻璃外片为夹层玻璃，内片为 8mm 单片钢化玻璃时，其最大使用面积可为 4.5m^2，并应满足承载能力和正常使用极限状态强度和刚度的要求。

4.1.7 下列建筑宜按照抗爆设计原则进行幕墙抗爆试验：

1 特别重要的幕墙建筑。

2 建筑设计规定有抗爆要求的幕墙建筑。

4.1.8 人员密集且流动性大的重要公共建筑，幕墙玻璃面板应选用夹层玻璃。有抗爆要求的幕墙建筑，玻璃面板应符合抗爆设计要求。

4.1.9 临街的幕墙玻璃宜采用夹层玻璃。选用钢化玻璃或半钢化玻璃时，应符合 4.1.6 条规定。

4.1.10 幕墙建筑周边宜设置隔离地带，主要出入口上方的幕墙，应设置水平防护设施。

4.1.11 透明幕墙宜有可开启部分或设置通风换气装置。

4.1.12 建筑幕墙应选择适宜的维护和清洁方式。高度超过 50m 的幕墙工程应设置清洗装置。

4.1.13 建筑幕墙应包括采用幕墙构造形式分层支承的采光单元。

4.1.14 幕墙 BIM 设计应按本标准第 21 章规定提供数字化模型设计文件。

4.2 性能设计

4.2.1 建筑幕墙性能等级应根据建筑类别、使用功能、所在地的地理气候及环境等条件确定。

4.2.2 建筑幕墙气密性能指标值应符合表 4.2.2 规定，并符合建筑节能设计的相关标准。

表 4.2.2 建筑幕墙气密性能指标

可开启部分 q_L（$m^3/m \cdot h$）	幕墙整体 q_A（$m^3/m^2 \cdot h$）
≤1.5	≤1.2

注：1 可开启部分和幕墙整体气密性能指标分级不应低于《建筑幕墙》GB/T 21086 中规定的 3 级指标值。
2 开放式建筑幕墙的气密性能指标值不作规定。

4.2.3 建筑幕墙水密性能：

1 水密性能设计取值按下式计算：

$$P=1000\mu_z\mu_s w_0 \tag{4.2.3}$$

式中：P——水密性设计值（N/m^2）；

μ_z——风压高度变化系数，按《建筑结构荷载规范》GB 50009 规定采用；

μ_s——风荷载体型系数，取 1.2；

w_0——基本风压，按《建筑结构荷载规范》GB 50009 规定，上海地区按 $0.55kN/m^2$ 采用。

2 水密性能分级指标值应符合表 4.2.3 规定。

表 4.2.3 建筑幕墙水密性能指标

可开启部分 ΔP（Pa）	固定部分 ΔP（Pa）
$\Delta P \geqslant 500$	$\Delta P \geqslant 1000$

注：1 可开启部分和固定部分水密性能分级指标不应低于《建筑幕墙》GB/T 21086 中规定的 3 级指标值。
2 开放式建筑幕墙的水密性能指标值不作规定。

4.2.4 建筑幕墙抗风压性能：

1 应根据幕墙所受风荷载标准值 w_k 确定抗风压性能指标值。风荷载标准值的计算应符合本标准 10.2.1 条规定。

2 建筑幕墙抗风压性能指标值不应小于 $1.0kN/m^2$。

3 在抗风压性能指标值范围内，幕墙支承结构和面板的挠度限值应符合本标准相关章节的限值规定。

4.2.5 建筑幕墙层间变形性能：

1 主体结构楼层弹性层间位移角控制值应按层间高度内弹性层间位移量计算，其值由主体设计计算并提供。主体设计未提供时，可按《高层建筑混凝土结构技术规程》JGJ 3 和《建筑抗震设计规程》DGJ 08－9 规定采用。

2 建筑幕墙层间变形性能指标值不应小于主体结构小震时弹性层间位移角控制值的 3 倍。

3 层间变形性能指标值仅供模拟测试判定使用。测试不满足时，应调整幕墙连接构造设计。

4 变形协调构造设计按本标准相应条款执行。

4.2.6 幕墙隔声量不应小于 35dB，并满足室内声环境要求。幕墙空气隔声性能等级指标应符合《建筑幕墙、门窗通用技术条件》GB/T 31433 隔声性能分级规定。

4.2.7 幕墙室内侧耐撞击性能指标不应小于 700N · m，并应满足设计要求。

4.2.8 幕墙保温性能应满足主体建筑对外墙和外窗的节能设计要求。

4.3 安全措施

4.3.1 建筑幕墙面板的板块及其支承结构不应跨越主体结构变形缝。与主体结构变形缝相对应部位的幕墙构造，应能适应主体结构的变形。

4.3.2 幕墙玻璃面板构造设置应符合本标准 7.1.3 条规定。

4.3.3 构件式幕墙、单元式幕墙、双层幕墙和全玻璃幕墙的玻璃面板宜选用夹层玻璃、钢化玻璃或半钢化玻璃。点支承玻璃幕墙的面板应选用夹层玻璃或钢化玻璃。玻璃肋宜选用夹层玻璃。索网结构玻璃幕墙宜选用夹层玻璃。

4.3.4 幕墙保温材料应符合现行建筑防火设计的规定。

4.3.5 安装在易受到人体或物体碰撞部位的玻璃面板，应采取防护措施，并在易发生碰撞的部位设置警示标志、护栏等防撞设施。

4.3.6 楼层外缘无实体墙的玻璃部位应设置防撞设施或醒目的警示标志。设计固定护栏时，护栏应符合《民用建筑设计统一标准》GB 50352规定。具备以下条件之一可不设护栏：

1 在应设置护栏高度位置设有幕墙横梁，且横梁与立柱经抗冲击专项验算，满足可能发生的冲击力。冲击力标准值取1.2kN，应计入冲击系数1.50、荷载分项系数1.40。玻璃厚度、面积及防护措施符合《建筑玻璃应用技术规程》JGJ 113规定。

2 面板玻璃符合下列规定之一：

1） 中空玻璃的内片选用钢化玻璃，单块玻璃面积不大于3.0m^2，厚度不小于8mm。

2） 中空玻璃的内片选用夹层玻璃，单块玻璃面积不大于4.5m^2，厚度不小于12.76mm。

3） 单块玻璃面积大于4.5m^2，中空玻璃的内片采用夹层玻璃，厚度经专项计算确定，计算时荷载作用于玻璃板块中央，冲击力标准值为1.5kN，冲击系数1.50，荷载分项系数1.40，且厚度不小于12.76mm。

4.3.7 建筑立面不宜将玻璃等脆性材料用作外挑的遮阳部件或装饰部件。

4.4 构造设计

4.4.1 建筑幕墙构造设计应符合安全、适用与美观的要求。

4.4.2 建筑幕墙与主体结构间的连接构造应有足够强度、刚度和相对位移能力，且应便于制作安装、维护保养及局部更换面板或构件。

4.4.3 幕墙支承构件内侧与主体结构外缘之间的距离不宜小于30mm。

4.4.4 幕墙板块应有导向排水构造设计，防止板面上的雨水渗入保温层，并能自然疏导可能形成的冷凝水。

4.4.5 建筑幕墙所有连接部位应采取措施防止构件之间因相互摩擦产生噪声。

4.4.6 不同金属材料相接触部位，应设置绝缘衬垫或采取有效的防电化学腐蚀隔离措施。

4.4.7 面板分格设计及接缝设计，应能在产生平面内最大位移时，板块之间不发生挤压碰撞，且保持密封性。

4.4.8 建筑幕墙非结构受力接缝应采用密封材料密封。

4.4.9 擦窗机不得设置在幕墙构件上。采用擦窗机进行维修清洗作业的幕墙部位，应设置安全插座，其构造设计应与擦窗机的安全插销形式相吻合，并能即时锁紧。

4.5 建筑设计文件中的幕墙设计

4.5.1 建筑设计文件中有关外围护部分对幕墙设计的各项要求应明确，并符合相应行政法规和技术规范的规定。

4.5.2 方案设计文件应包含以下内容：

1 幕墙类别和幕墙面板材质。

2 幕墙平立面图。

3 省略初步设计的项目，方案设计还应包括4.5.3条第1～8款内容。

4.5.3 初步设计文件应包含以下内容：

1 区域环境、幕墙面板材质、幕墙类型。

2 幕墙建筑高度、幕墙总面积、各类幕墙面积、幕墙各立面玻墙比。

3 幕墙所在立面位置及保温隔热等热工性能要求。

4 幕墙的抗风压性能、水密性能、气密性能、平面内变形性能、空气隔声性能和耐撞击性能等物理性能要求。

5 幕墙材料性能参数(包括金属、石材、玻璃及其他)。

6 幕墙光反射影响及相应技术措施。

7 幕墙的安全、防火、防雷设计要求。

8 幕墙清洗方式及清洗维护方式选定。

9 幕墙平面图、立面图、剖面图及必要的节点大样等设计图纸。

4.5.4 施工图设计文件内容：

1 编制建筑幕墙设计专项说明，明确主体建筑设计与幕墙深化设计的界面；阐明幕墙所在平面、立面部位及幕墙各立面的玻墙比，分格设计；构造层次、开启部位的尺寸与开启方式、系统与构造形式、型材种类、埋件要求；幕墙各项技术物理性能等级；清洗维护以及维修更换等要求。

2 幕墙设计的技术要点，除满足 4.5.3 条要求外，还应包含以下内容：

1) 幕墙工程总面积、幕墙分项面积、幕墙起始高度及最高高度；

2) 幕墙构造类型、面板材质、保温层材质、立面分格尺寸及组合形式(包括雨篷部位、墙面预留洞部位)；

3) 工程所在地的基本风压值、雪荷载值、地震设防烈度、地面粗糙度等；

4) 幕墙主要技术物理性能等级或指标；

5) 开启部位设计尺寸、开启方向与开启形式；

6) 典型立面及建筑特殊部位的局部放大图；

7) 幕墙热工指标、面板光学性能指标及防火要求；

8) 主体建筑防雷等级与设计，防雷系统中应有可供设置幕墙防雷接地埋件及防雷接地连接的部位；

9) 清洗维护措施及安全要求；

10) 幕墙埋件种类、材质及其布置图；

11) 楼板外沿的实体墙、防火挑檐等防火构造尺寸及大样图。

4.6 幕墙专业设计文件

4.6.1 幕墙设计应全面落实建筑主体设计对幕墙专业设计的各项要求，设计文件应包括设计说明、设计图纸和幕墙结构计算书。

4.6.2 幕墙施工图设计总说明应包含以下内容：

1 工程概况：

1） 工程名称、工程地点；

2） 工程性质等级、工程范围；

3） 幕墙高度(起始标高、最高标高)、幕墙种类及组成、幕墙总面积及各分项面积、开启方式及开启面积、建筑主体标识性部位幕墙设计的特殊规定。

2 设计依据：

1） 现行国家、行业和上海市与幕墙工程相关的规范、规程；

2） 建筑所在地基本风压值、雪荷载值、地震设防烈度、地面粗糙度(附录 A)；

3） 建筑幕墙抗风压性能、水密性能、气密性能、平面内变形性能、空气隔声性能、耐撞击性能等各项技术物理性能指标；

4） 透光幕墙的传热系数、非透光幕墙的传热系数等热工性能指标；

5） 玻璃幕墙可见光透射比、反射比、遮阳系数等主要光学性能指标。

3 幕墙组成分述：

1） 各立面的建筑幕墙组成、面板种类；

2） 各类幕墙的构造形式；

3） 幕墙各立面玻墙比；

4） 可开启部位的启闭形式、连接构造。

4　材料选用：

1）幕墙支承结构的型材种类、规格、壁厚及其相关技术指标；

2）面板规格、板块构成；

3）透明面板的可见光透射比、可见光反射比、传热系数、遮阳系数等性能参数，非透明面板的构造组成、传热系数及表面处理措施；

4）五金件及各类附件的品种、规格、色泽及表面处理；

5）标准件材质及机械性能；

6）密封胶料种类和颜色；

7）防水、防火及保温材料的材质、规格、燃烧性能等级。

5　制作及安装技术：

1）加工精度和安装精度；

2）加工、制作、组装技术。

6　选择幕墙典型部位，编制性能模拟检测专项文件。

4.6.3　幕墙施工图应包括立面图、平面图、剖面图、局部放大图、节点构造详图、预埋件图等。

1　幕墙立面图：

标注并绘制轴线、层高、标高、幕墙高度和宽度、幕墙单元分格尺寸、节点和局部放大范围的索引及编序、图例及必要的文字说明等。

2　幕墙平面图：

表达主体结构及幕墙平面布置、轴线号、幕墙单元宽度尺寸以及幕墙与主体结构间的净距。

3　幕墙剖面图：

绘制幕墙与主体结构间的剖切构造，标注轴线号、楼层标高、幕墙高度及板块高度尺寸、室内平顶标高及开启窗执手离地高度、遮阳装置预留尺寸等。

4 局部放大图：

绘制局部立面图、平面投影图及其剖面图，标注其所在立面的索引序号、节点索引编序号、轴线、所在部位标高及相关尺寸等。

5 框架节点构造详图：

竖框节点构造图（横剖面图）应含各典型部位和特殊部位的面板、系统的节点构造及竖框与主体结构的连接构造等。

横框节点构造图（纵剖面图）应含系统构造及竖框上下端与主体结构的连接构造、各典型部位和特殊部位面板四周收边方式等。

构造详图应标注各部件的材料名称、材质及规格（或代号）、外形尺寸及相对位置、与轴线的位置关系、幕墙距离主体结构的尺寸等。特定部位的节点应标注所在标高。

6 防火构造、防雷构造、保温层构造、防排水构造、与相邻墙体及洞口边沿间的构造、变形缝构造等节点设计详图。

7 幕墙的复杂部位，宜增加构造细部必要的三维图。

8 幕墙结构体系以钢结构为主时，应针对幕墙钢结构提供专门的节点大样和补充说明，并明确加工制作、运输、安装、焊接等要求。

9 埋件详图及布置图。

4.6.4 幕墙设计应有结构计算书和热工计算书。

4.6.5 幕墙工程应编制性能模拟测试专项设计方案，其模型设计图应与施工图构造一致。

5　幕墙光反射

5.1　一般规定

5.1.1　本章适用于由玻璃或玻璃与其他材料组成的建筑幕墙作为外围护体系的建筑立面设计。

5.1.2　建筑立面采用玻璃幕墙设计应考虑幕墙玻璃对周围环境产生的太阳光反射影响，符合环保、规划和城市管理等相关规定。

5.1.3　确定设计方案时应作幕墙光反射环境影响分析和评价。

5.1.4　幕墙玻璃的可见光反射比不宜大于 0.15，反射光影响范围内没有 5.2.3 条所列的敏感建筑时可选择不大于 0.20。可见光反射比大于 0.20 的玻璃不应用作幕墙玻璃。非玻璃材料宜采用低反射亚光表面。

5.1.5　反射光对敏感目标有明显影响时，应采取措施减少或消除其影响。

5.2　建筑设计

5.2.1　采用玻璃幕墙的建筑立面应符合本标准第 4 章、第 6 章和第 7 章规定，玻墙比应符合 5.2.2 条要求。

5.2.2　建筑立面设计应符合幕墙光反射环境评价的相关规定，立面玻墙比不宜大于表 5.2.2 的设定值。

表 5.2.2 玻墙比

区域	地段	玻墙比(%)
居住区	—	40
商务区	敏感目标较少	—
	敏感目标较多	70
其他	敏感目标较少	70
	敏感目标较多	40

5.2.3 建筑周边,在建筑高度5倍范围内有住宅、中小学、托儿所、幼儿园、养老院和医院病房等敏感目标时,玻璃幕墙设计应通过光反射环境论证。

5.2.4 不宜采用弧形玻璃幕墙。内凹状外立面应防止反射光聚焦对环境造成不利影响。

5.2.5 后倾式幕墙立面、玻璃采光顶、玻璃面板雨篷或屋面,应防止反射光进入敏感目标的窗户。

5.2.6 应控制幕墙玻璃的连续面积。宜采用玻璃与其他面板材料构成的组合幕墙。幕墙的非透光部位不宜采用玻璃面板。

5.2.7 建筑立面外挑的装饰部件和遮阳部件不宜采用玻璃材质。

5.2.8 建筑立面玻墙比按下列规定计算:

1 玻墙比按玻璃幕墙的设置范围计算。

2 不同朝向的立面,玻墙比应分别计算。

3 裙房应单独计算玻墙比。带裙房的立面,裙房与其上方立面的玻墙比分别计算。

4 立面上外露的玻璃栏板、玻璃门窗及其他面板玻璃,均应计入玻璃面积。

5.3 减少光反射影响的措施

5.3.1 建筑设计应按环境分析与评价优化设计方案,并在施工图阶段落实。

5.3.2 宜采用低辐射、低反射等光学性能好的玻璃。

5.3.3 建筑幕墙宜采用玻璃面板与其他材质面板的组合幕墙形式，立面设计玻璃连续面积过大时，可采用横向或竖向构件合理分格幕墙玻璃。

5.3.4 弧形立面玻璃幕墙和弧形转角玻璃幕墙宜采用平板玻璃拼接，不宜采用加工成弧形的玻璃，玻璃板块间宜用遮阳条分隔。

5.3.5 可利用周围环境绿化和道路两侧种植的常绿乔木遮挡减少幕墙玻璃的反射光影响。

5.3.6 可通过玻璃幕墙的外遮阳构件、外挑于幕墙玻璃面的横竖向构件或采用玻璃外表面涂膜贴膜等措施减少光反射。

5.4 幕墙光反射的环境分析

5.4.1 玻璃幕墙光反射环境影响评价范围不应小于幕墙玻璃设置高度的5倍距离。

5.4.2 玻璃幕墙反射光对周边建筑的影响分析应选择日出后至日落前太阳高度角不低于10°的时段，夏季以6时至18时、冬季以8时至16时、春秋季以7时至17时为宜。

5.4.3 光反射分析评价内容包括影响视线的反射光角度、敏感目标受反射光照射的亮度和直射光反射对敏感目标影响的持续时间(见附录B)。

5.4.4 利用绿化遮挡减少反射光影响时，应考虑绿化实施的可行性和绿化植物的季节性，并明确绿化适宜的高度要求。

5.4.5 玻璃幕墙反射光环境影响分析应考虑设置遮阳措施的效果以及相邻建筑遮挡致玻璃幕墙受光面的减少。

5.4.6 玻璃幕墙反射光环境影响分析应包括直射光在相邻建筑玻璃幕墙间产生的二次反射光影响。

5.4.7 玻璃采光顶、玻璃面板雨篷和屋面应作光反射环境影响分析与评估。

5.4.8 应分析凹形弧面玻璃幕墙反射光聚焦点的位置，评价其影响。

6 幕墙热工设计

6.1 一般规定

6.1.1 建筑幕墙中透光幕墙和非透光幕墙的热工性能指标应按照《民用建筑热工设计规范》GB 50176、《建筑门窗玻璃幕墙热工计算规程》JGJ/T 151 和《公共建筑节能设计标准》DGJ 08－107 规定计算，并应符合主体建筑的热工设计要求。

6.1.2 非透光幕墙的传热系数按照其构造组成，由各材料层热阻相加的方法计算，并应考虑幕墙框架的冷热桥对传热系数的影响。透光幕墙传热系数可按照《建筑门窗玻璃幕墙热工计算规程》JGJ/T 151 规定计算。

6.1.3 双层玻璃幕墙间层内空气应有序流动，宜采用空气外循环形式。

6.1.4 玻璃幕墙的热工性能（传热系数，遮阳系数、可见光透射比等）及气密性等级应符合《公共建筑节能设计标准》DGJ 08－107规定。

6.1.5 透光幕墙宜设可开启窗，并满足主体建筑设计对室内空间的通风换气要求。

6.1.6 透光玻璃幕墙应作抗结露计算。抗结露计算应按照工程冬季计算条件下幕墙型材和玻璃内表面温度是否低于露点温度为判定依据。

6.1.7 幕墙框的传热系数、框与面板接缝的线传热系数及抗结露宜采用二维稳态热传导理论计算。

6.2 构造与设计

6.2.1 透光幕墙玻璃宜采用中空玻璃、Low-E 中空玻璃、充惰性气体 Low-E 中空玻璃等保温性能良好的玻璃，也可采用双中空玻璃、真空玻璃等。传热系数较低的中空玻璃宜采用暖边间隔条。当建筑底层大堂与入口门厅确需采用单层玻璃时，单层玻璃的面积不宜大于其所在朝向透光幕墙面积的 15%，所在朝向透光幕墙的传热系数应符合热工设计要求。

6.2.2 有热工要求的金属幕墙、石材幕墙、人造板材幕墙及非透光的玻璃幕墙等，面板背后应设置不燃材料保温层，保温层的热阻不应小于 $1.0m^2 \cdot K/W$。保温材料应采取防水、隔汽措施。防水层应设置在保温材料的室外侧，隔汽层应设置在保温材料的室内侧。

6.2.3 明框幕墙的金属型材应采用隔热型材或采取其他有效的隔热措施。隐框幕墙的外露金属护边宜采用隔热型材。隔热材料的性能应符合国家和行业标准及本标准附录 C 的规定。

6.2.4 内循环双层幕墙的外层幕墙应具有保温隔热性能，玻璃应采用中空玻璃或 Low-E 中空玻璃，外层幕墙的型材应采取隔热构造措施。

6.2.5 外循环双层幕墙的内层幕墙应具有保温隔热性能，玻璃应采用中空玻璃或 Low-E 中空玻璃，内层幕墙的型材应采取隔热构造措施。

6.2.6 双层玻璃幕墙宜在内、外层幕墙之间设置可调节的活动遮阳装置。

6.2.7 幕墙与主体结构间（除结构连接部位外）不应形成热桥，并应对跨越室内外的金属构件或连接部位采取隔断热桥措施。

6.2.8 玻璃幕墙层间阴影盒的玻璃面板宜采用中空玻璃。如采用非中空玻璃，应有防止层间玻璃及四周边框结露的有效措施。

6.2.9 单元式幕墙的排水孔、通气孔应设置透水海绵。

6.2.10 非透明幕墙面板背后应设置保温构造层。幕墙保温材料与面板或与主体结构外表面之间应有不小于 50mm 的空气层。玻璃面板内侧应有不小于 50mm 的空气层。

6.2.11 幕墙的透光与非透光部位之间的保温构造应连续。

6.2.12 设置非透光幕墙的开启通风扇时，非透光开启扇的传热系数应满足非透光幕墙传热系数的规定限值和气密性要求。难以满足时，非透光开启扇的传热系数应符合透光幕墙的传热系数要求，并按透光面积计入窗墙比。

7 幕墙防火构造

7.1 一般规定

7.1.1 建筑幕墙防火设计应符合《建筑设计防火规范》GB 50016 规定。

7.1.2 幕墙与楼板边缘实体墙及隔墙之间的缝隙、幕墙与建筑实体墙面间的空腔以及建筑洞口边缘等部位的缝隙，均应采用防火封堵材料封堵。

7.1.3 玻璃面板设置及玻璃幕墙与建筑楼层边沿处的防火封堵：

1 楼层边沿的实体墙设置应符合《建筑设计防火规范》GB 50016 及消防规定，幕墙与实体墙的上下沿口应分别设置水平防火封堵。

2 玻璃幕墙与楼板边缘实体墙的封堵间距不宜大于 200mm。

3 防火封堵应符合《建筑防火封堵应用技术标准》GB/T 51410 规定，其耐火完整性不应低于 1.0h。

4 同一块幕墙玻璃面板不应跨越上下左右相邻的防火分区。

7.1.4 防火封堵材料的耐火性能、燃烧性能、理化性能应符合《防火封堵材料》GB 23864 规定。

7.1.5 幕墙面板及板背的填充材料应采用 A 级不燃材料。

7.1.6 供消防救援进出的应急窗口设置应与消防车登高操作场地相对应，并符合以下规定：

1 消防救援窗沿建筑四周均衡布置，各相邻救援窗间距不宜大于 20m。每个防火分区消防救援窗不应少于 2 个。

2 消防救援窗口下沿距室内地面的高度不宜大于 1.2m。

3 消防救援窗的应急击碎玻璃应采用厚度不大于 8mm 的单片钢化玻璃或中空钢化玻璃。不得采用普通玻璃、半钢化玻璃或夹层玻璃。

4 应急击碎玻璃的净高度和净宽度不应小于 1.0m。采用固定窗时，玻璃面积不应大于 3.0m^2；采用开启窗时，玻璃面积不应大于 1.8m^2。

5 消防救援窗应设置易于识别的标志。

7.1.7 消防救援窗不宜布置在建筑物出入口上方。确需布置时，出入口上方应设置宽度不小于 1.0m 且能上人的防护挑檐。

7.1.8 玻璃采光顶与邻近建筑或设施净间距小于 6m 时，应有防止火灾蔓延的措施。

7.2 构造设计

7.2.1 玻璃幕墙与楼层边沿实体墙上、下水平缝隙的防火封堵，应采用厚度不小于 200mm 的岩棉、矿棉等耐高温、不燃材料填充密实，以厚度不小于 1.5mm 镀锌钢板为承托板并与相对应的幕墙横梁连接封堵。封堵材料不得与玻璃接触。

7.2.2 幕墙防火封堵的承托板或支承构架应与主体结构牢固连接，缝隙应采用防火密封胶封闭。承托板、支承构架和连接件应满足耐火时限要求。防火封堵在耐火时限内不应发生开裂或脱落。

7.2.3 非玻璃幕墙与建筑实体墙的间隙或装饰性构造的空腔，应设置水平防火封堵。相邻防火封堵构造应连续封闭。

7.2.4 防火封堵承托板宽度或高度大于 300mm 时，应增设支承加固措施。

7.2.5 幕墙与隔墙竖向防火封堵宜有钢构架支承，并牢固连接。

钢构架两侧应采用厚度不小于 1.5mm 的镀锌钢板封闭，空腔内密实填充不燃烧材料。防火封堵厚度不宜小于建筑隔墙厚度。缝隙应采用防火密封胶封闭。

7.2.6 紧靠防火隔墙的玻璃幕墙，应在隔墙两侧设置水平距离不小于 2.0m，耐火极限不低于 1.0h 的实体墙或防火玻璃墙。

7.2.7 幕墙建筑内的防火墙设置在转角部位时，转角两侧应设置耐火极限不低于 1.0h 的实体墙或防火玻璃墙，两侧边缘水平最近距离不应小于 4.0m。

7.2.8 防火玻璃墙应满足相应建筑的耐火等级、燃烧性能及耐火极限等要求，并符合以下规定：

1 防火玻璃墙应由防火玻璃、防火钢构件及防火胶条、防火密封胶等材料组成。

2 防火玻璃墙应按《镶玻璃构件耐火试验方法》GB/T 12513 或《建筑构件耐火试验方法　第 8 部分：非承重垂直分隔构件的特殊要求》GB/T 9978.8 规定检测。

3 与主体结构的连接构造应牢固可靠，在规定耐火极限内不应失去其功能。

7.2.9 消防排烟窗应符合《建筑设计防火规范》GB 50016 规定。当采用外倒下悬窗时，其开启角度不宜小于 70°，并应采用自动启闭装置，且与火灾自动报警系统联动。消防排烟窗不得当作幕墙通风换气窗使用。

7.2.10 泄爆窗在安装前应经压力测试。泄爆窗被气浪冲开后，幕墙结构应能保持完整性。

7.3 双层幕墙的防火设计

7.3.1 双层幕墙设计应符合本章 7.1 节和 7.2 节规定。

7.3.2 箱体式双层幕墙进风口与出风口之间的水平距离不应小于 0.5m。当水平距离小于 0.5m 时，应采取防火隔离措施。

7.3.3 整体式双层幕墙建筑高度不应大于50m，内外层幕墙间距不小于2.0m，每层应设置不燃烧体防火挑檐，其宽度不应小于0.5m，耐火极限不低于1.0h。当内外层幕墙间距小于2.0m或未在每层设置防火挑檐时，建筑高度不应大于24m。

7.3.4 内外层幕墙间距大于2.0m的整体式双层玻璃幕墙建筑，应设置自动喷水灭火系统，并在顶部和两侧设置敞开式自然排烟设施。

7.3.5 消防登高场地不宜设置在双层幕墙一侧。确需设置时，在对应消防救援窗位置，内层幕墙应设置可内外开启的门，内外层幕墙之间应设置连廊。

8 幕墙防雷

8.1 一般规定

8.1.1 幕墙建筑防雷设计应符合《建筑物防雷设计规范》GB 50057和《民用建筑电气设计规范》JGJ 16 规定。幕墙建筑应按建筑物的防雷分类采取防直击雷、侧击雷、雷电感应以及等电位连接措施。幕墙建筑防雷设计由主体设计与幕墙设计共同完成。

8.1.2 除第一类防雷建筑物外，采用金属框架支承的幕墙、采光顶及金属屋面，宜采用外露金属本体作为接闪器，其材料规格应符合《建筑物防雷设计规范》GB 50057 规定，并按第二类建筑接闪器及其网格尺寸要求，与主体建筑防雷系统可靠连接或独立防雷接地。

8.1.3 幕墙上外挑的功能性部件或装饰部件，应按《建筑物防雷设计规范》GB 50057 规定采取措施防直击雷和侧击雷。非金属面板幕墙或隐框玻璃顶篷、外露的非导体构部件以及屋顶光伏组件等，应按相应的建筑物防雷分类采取防护措施。

8.1.4 有防雷风险评估要求的建筑幕墙，宜在设计初期完成评估。

8.1.5 在工程竣工验收前，建筑幕墙应通过防雷检测。

8.2 防雷构造设计

8.2.1 构件式幕墙防雷构造：

1 隔热型材的内外侧金属型材应连接成电气通路。

2 幕墙横、竖金属构件相互间连接的接触面积不应小于 $50mm^2$。

3 幕墙立柱套芯连接部位、幕墙与主体结构之间，应按防雷连接材料截面的规定（表 8.3.1）连接。

4 构件连接部位有绝缘材料覆盖时，应采取措施形成有效的防雷电气通路。

5 金属幕墙面板及其他外露金属部件，应与支承构件形成良好的电气贯通。支承结构应与主体结构防雷体系连通。

6 利用自身金属材料作为接闪器的幕墙，其压顶板宜选用厚度不小于 3mm 的铝合金单板，截面积不应小于 $70mm^2$。

8.2.2 单元式幕墙防雷构造：

1 幕墙型材有隔热构造时，应以等电位金属导体连接其内外侧金属材料，每一单元板块不少于 2 处。

2 单元板块横竖向型材均设有密闭橡胶条时，型材插口拼装连接处应采用等电位金属材料跨接，形成良好的电气通路，并按本标准 8.1.2 条规定，与主体建筑防雷系统可靠连接。

8.2.3 其他防雷构造：

1 面积大于 $100m^2$ 或高度超过 100m 的玻璃采光顶和高度大于 120m 的玻璃幕墙，宜对外露面板玻璃作模拟雷电冲击耐受性测试。

2 光伏系统部件应采取防直击雷和侧击雷的措施，并采用共用接地方式。

3 光伏控制器信号设备端口应安装信号电涌保护器。

4 光伏并网逆变器电源端口应安装电源电涌保护器。

8.3 其他防雷要求

8.3.1 用作幕墙防雷连接的主要材料，其截面积应符合表 8.3.1 规定。

表 8.3.1　防雷连接材料截面积(mm^2)

材料类别	截面积(≥)
铜质	16
铝质	25
钢质	50
不锈钢	50

8.3.2　金属连接件(包括钢质绞线)连接处的焊缝应作防腐蚀处理。

8.3.3　不等电位金属之间的连接,应采取不影响电气通路的防电偶腐蚀措施。

8.3.4　幕墙建筑防雷接地电阻及过渡电阻应符合表 8.3.4 规定。

表 8.3.4　防雷接地电阻(Ω)

接地方式	电阻值(≤)
金属之间连接的过渡电阻	0.2
共用接地	1.0
独立接地时每根引下线的冲击电阻	4.0

9 幕墙防渗漏

9.1 一般规定

9.1.1 幕墙防渗漏系统应与幕墙特征、类型及边界条件相适应，构造及选材应与立面设计协调，性能指标应符合技术标准规定，满足幕墙使用年限内的功能性和耐久性要求。

9.1.2 幕墙设计宜编制防排水专项说明和构造图，明确加工及安装要求。

9.1.3 不同构造体系相间的组合幕墙水密性测试，应涵盖各交接界面的防排水构造。

9.1.4 面板为开缝或遮挡式板缝，内侧设防水构造层并与面板用同一支承构架时，内外层整体水密性指标应符合本标准表4.2.3规定。面板饰面转折凹凸变化较多时，不宜采用开缝或遮挡式板缝加防水层的构造方式。

9.1.5 面板、防水层、支承构件、紧固件、连接件、密封件等相关材料应满足幕墙使用年限内的耐腐蚀要求。

9.1.6 防水密封胶应在允许变位范围内使用，其宽度和厚度应满足设计要求。密封胶应做粘结性和相容性试验。室外用密封胶应为中性耐候硅酮胶。不应将结构密封胶作为防水密封胶用于防水界面。

9.1.7 防水密封胶条宜采用三元乙丙橡胶或硅橡胶制品。

9.1.8 构件式幕墙应实施现场淋水试验，单元式幕墙应做盛水试验。

9.2 墙面构造措施

9.2.1 防排水构造设计应运用工程流体力学原理并结合物理排水方式，构造形式应满足水密性设计压力下的使用功能。防水层应连续，接缝和交接处应有效密封，易渗漏区域宜构建第二道防排水构造。外露螺钉应带胶拧紧。

9.2.2 应完善幕墙雨篷、压顶、不同面材交接、造型线条、凸出幕墙面板的造型以及与幕墙相交的连接体各交界面的防渗漏构造。采用型材腔体内排水时，各型材接口部位应有效密封。

9.2.3 密封胶缝的槽口尺寸应满足有效施胶宽度和深度。

9.2.4 防水胶条安装时应施加预压力，压紧状态应在胶条受压能力允许范围内。

9.2.5 与主体结构变形缝相对应的幕墙部位，装饰面板应能阻挡雨水进入，内侧防水层应采用柔性防水材料，面板构造及内侧防水层应能适应结构变形。

9.2.6 排水孔应能有效排水，并有防倒灌措施。排水孔尺寸及数量视排水需求设定。

9.2.7 女儿墙压顶为石材或金属板时，内侧宜设第二道防水层。凸窗台、水平状装饰面应设导水坡，坡度宜为3%～5%，底部应设滴水线。

9.2.8 高出屋面的幕墙部分与主体建筑间应设置防水构造层断水，防水层宜采用金属板或防水卷材连续密封，不宜直接打胶。

9.2.9 墙面设计不应采用朝天卡扣板。朝天胶缝内侧宜设第二道防排水构造。

9.2.10 金属复合板和铝蜂窝板开孔、切口处外露芯材及角缝应采用中性密封胶密封。石材面板不宜采用无胶缝密拼。外露钢构架的装饰面板不应采用无胶缝拼接。紧固件穿越防水面层时，应选用带防水性能的产品或带胶紧固。

9.2.11 密封胶有效厚度不应小于 3.5mm，宽度不宜小于厚度的 2 倍。胶缝宽度：玻璃不宜小于 10mm、石材不宜小于 8mm、金属板及与不同板材接缝不宜小于 12mm，与周边相邻的建筑装饰面层或凸出构造之间，封口不宜小于 15mm。

9.2.12 构件式幕墙防渗漏：

1 明框幕墙面板压板应连续，压板不得单边悬空。压板胶条外注密封胶时，密封胶应与胶条相容，密封胶厚度不应小于 3.5mm。采用压板内胶条密封时，应在面板周边与型材槽口侧边缝隙内注胶密封或设置引排水构造。

2 横向压板及装饰盖板内外泄水孔应交错设置。盖板悬挑大于 100mm 时，宜设排水坡度和滴水线，盖板衔接处应有效密封。

3 半隐框幕墙的明框面板边缘与型材槽口侧边的缝隙应注密封胶，并与隐框面板边缘密封胶连续相接。

4 幕墙密封胶缝处内侧泡沫棒填充位置应满足密封胶的有效深度。注胶应饱满，不得出现气泡，表面应平整光滑。

9.2.13 单元式幕墙防渗漏：

1 单元构件型材可用 2 个及以上腔体，型材插接处宜用双道胶条密封。

2 单元板块导气孔及排水孔应通畅，无积水现象。排水孔处可设透水海绵。分层排水单元组件的上横梁断面应设排水坡，坡度不小于 3%。横梁各腔体顶面不应开设导排水孔。室内侧胶条横竖交错处横梁端部缝隙应注胶封堵(图 9.2.13)。

3 单元板十字相交处过桥型材周边应注胶密封。横梁采用胶条板排水时，胶条板应连续设置，接头不应设在单元板十字相交处。对接型单元系统横竖密封胶条应相同，胶条周圈应闭合。

4 单元组件应拼装严密。横竖框连接处应采取密封措施。框架连接螺钉宜带胶拧入，螺钉和螺栓部位应有防渗漏与防松退措施。工艺孔应注胶密封或采用橡胶帽封堵。单元板的吊装孔

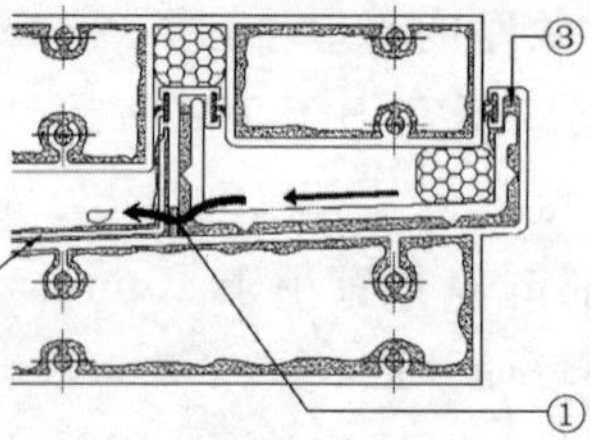

1—排水孔;2—披水板;3—横梁封口胶

图 9.2.13 横梁导排水示意图

不应损伤单元板防水系统。

9.2.14 全玻璃幕墙及点支承玻璃幕墙防渗漏:

1 全玻面板采用槽口固定收边时,各边缝隙应满足有效注胶要求。面板相交收边时,胶缝宽度由计算确定且不应小于 12mm。

2 点支承玻璃面板的孔隙应加防渗垫片密封。面板为中空玻璃时,孔周边应多道密封。夹板式点支承装置与面板的间隙应有效密封。

3 柔性张拉索杆系统支承的玻璃幕墙与主体结构相接的边界,应有防渗漏措施并满足其变形要求。

9.3 开启窗

9.3.1 开启窗部位与固定部位水密性等级宜相同。

9.3.2 窗构造宜采用扇框叠压方式,胶条固定应牢固,转角部位宜连续折弯无断缝。胶条应压合严密,压合界面重叠量不应小于 6mm。平推窗扇胶条与框的有效搭接量不应小于 7mm。锁点间距不宜大于 400mm,锁点安装处胶条应能承压。

9.3.3 窗框、窗扇宜采用组角工艺制作,工艺孔应配置堵帽带胶密封。开启窗边框与幕墙横竖框间的连接应密封处理。内外排水孔可按 50mm 间距错位布置。

9.3.4 窗框与幕墙构架宜搭接装配，间隙用密封胶密封，应内外双道连续密封，并采用螺钉带胶紧固。窗框下槛型材内外高差不宜小于 50mm。

9.3.5 开启扇顶部可设置压缩型挡水密封胶条或披水板，扇周边可设置挡水胶条。点支承玻璃幕墙开启窗防水密封不得少于 2 道。

9.3.6 开放式幕墙门窗洞口周边应做防水封堵。

9.3.7 开启窗不宜采用立轴中悬窗或推拉窗构造。

9.4 采光顶与金属屋面

9.4.1 采光顶与金属屋面的排水方式、排水槽、天沟截面尺寸、排水管径、雨水管数量和间距应满足主体建筑设计要求，并根据屋面形式划分排水区域。

9.4.2 屋面板应顺排水方向布置，坡度不宜小于 3%。在积水和汇水部位应加大排水坡度。面板分格应避免多条胶缝相贯、相交，接缝应有效密封。

9.4.3 压型金属面板固定点应设于波峰。面板应顺主导风向搭接，搭接长度按板型和屋面坡长确定，搭接部位及外露钉帽应密封。

9.4.4 汇水部位和排水天沟结构刚度应满足排水功能要求。排水天沟坡度不宜小于 0.5%。檐口面板伸入天沟长度不应小于 100mm，结合处应注胶密封。自由排水檐口面板外伸不应小于 200mm。

9.4.5 阳角脊线采用注胶密封时，两边面板应可靠定位。阴角脊线应确保密封胶宽度且内侧宜设第二道防水构造。

9.4.6 明框面板应在积水侧采取导排水措施。外伸构件宜从面板分缝处伸出。室内型材宜设置贮水槽。

9.4.7 开启窗或检修口高出面层不宜小于 250mm，周边与面板层相交部位应设置泛水,接缝处有效密封。

9.4.8 点支承采光顶驳接件宜具有防渗漏功能。当采用浮头驳接件时,驳接件与玻璃间应有效密封。

9.4.9 采光顶与金属屋面的面板,应避免设置在变形较大的结构体上。面板的胶缝尺寸应满足结构变形需求。

9.4.10 跨越两栋建筑的采光顶或金属屋面,其密封处理应与两建筑变形相适应。

10 结构设计的基本规定

10.1 一般规定

10.1.1 幕墙结构设计应考虑永久荷载、风荷载、地震作用和施工、清洗、维护荷载。大跨度空间结构和预应力结构应考虑温度作用。复杂的幕墙结构体系对施工阶段的安全应作验算。与水平面夹角小于75°的建筑幕墙还应考虑雪荷载、活荷载和积灰荷载。幕墙结构设计的基准期为50年。

10.1.2 幕墙结构应根据传力途径对幕墙面板、支承结构、连接件与锚固件等依次设计和验算，确保幕墙安全适用。幕墙面板与其支承结构、幕墙支承结构与主体结构之间均应具有足够的相对位移能力。

10.1.3 幕墙结构采用以概率理论为基础的极限状态设计方法，用分项系数设计表达式计算，按承载能力极限状态和正常使用极限状态设计：

1 承载能力极限状态

无地震作用组合时：

$$\gamma_0 S_d \leqslant R_d \tag{10.1.3-1}$$

有地震作用组合时：

$$S_E \leqslant R_d / \gamma_{RE} \tag{10.1.3-2}$$

式中：S_d——无地震作用的荷载效应组合设计值；

S_E——有地震作用的荷载效应组合设计值；

R_d——结构构件抗力设计值；

γ_0——结构重要性系数，取不小于1.0；

γ_{RE}——承载力抗震调整系数，取1.0。

2 正常使用极限状态下的挠度验算应符合下式要求：

$$d_f \leqslant d_{f,lim} \tag{10.1.3-3}$$

式中：d_f——结构构件的挠度值；

$d_{f,lim}$——结构构件挠度限值。

10.1.4 幕墙结构设计应涵盖最不利构件和节点在最不利工况条件下极限状态的验算。建筑物转角部位、平面或立面突变部位的构件和连接应作专项验算。

10.1.5 上海地区抗震设防烈度为7度，其设计基本地震加速度值取0.10g。

10.1.6 体型不规则的建筑、超高层建筑、大跨度空间结构等，幕墙构造应做抗震设计和计算分析。

10.1.7 幕墙支承结构需考虑温度作用时，上海地区可取$\Delta T=40℃$。

10.2 荷载和地震作用

10.2.1 幕墙及其与主体结构的连接，风荷载标准值应按下式计算：

$$w_k = \beta_{gz} \mu_{s1} \mu_z w_0 \tag{10.2.1}$$

式中：w_k——风荷载标准值(kN/m^2)；

β_{gz}——高度z处的阵风系数，按《建筑结构荷载规范》GB 50009规定采用；

μ_{s1}——风荷载局部体型系数，按《建筑结构荷载规范》GB 50009中对围护结构的规定采用(计算幕墙面板时，不考虑局部风荷载体型系数折减)，应考虑群体建筑的相互干扰增大系数；

μ_z——风压高度变化系数，按《建筑结构荷载规范》GB 50009规定采用；

w_0——基本风压(kN/m^2)，按《建筑结构荷载规范》GB 50009规定采用，上海地区一般取$0.55kN/m^2$，特别重要的幕墙工程应专项确定。

10.2.2 建筑高度较高、体型不规则或风环境复杂的幕墙结构，按本标准10.2.1条难以确定风荷载标准值时，应采用风洞试验或数值风洞方法确定。幕墙高度大于200m时应进行风洞试验，幕墙高度大于300m时应由两个非关联单位各自提供独立的风洞试验结果相互验证。对用风洞试验或数值风洞方法所得结果应作分析和判断。

10.2.3 风荷载体型系数按《建筑结构荷载规范》GB 50009采用并注意下列型体：

1 高层建筑背风面负风压体型系数可取－1.0。

2 建筑体型不规则，有较大凸出或凹口时，应按不规则程度将立面划分为多个大面区和角部区。凹口宽度不大于3m且深度不大于2m时，迎风面视为连续，凹口正、侧面均视为大面区。

3 圆形立面及局部曲面变化的立面，按建筑物高宽比考虑局部风荷载增大。

4 凸出幕墙面的装饰构件和遮阳构件，负风压体型系数取－2.0，正风压体型系数取＋1.0，且设计值均不小于1.0kN/m^2。

5 位于多个建筑或建筑集群中的高层建筑，应考虑群体效应的漩涡干扰，荷载体型系数可按《建筑结构荷载规范》GB 50009规定放大。

10.2.4 幕墙构件同时承受两个正交方向的风荷载作用时，强度计算应按$1.0X+0.6Y$和$1.0Y+0.6X$两种组合方式确定。其中X为构件横截面主轴方向最大风荷载设计值，Y是与X正交方向的最大风荷载设计值。

10.2.5 悬挑雨篷负风压体型系数取－2.0。正风压体型系数按悬挑长度确定，当悬挑长度小于1.0m时取＋1.0，悬挑长度大于4.0m时取＋1.4，悬挑长度在1.0m～4.0m之间时可线性插值。

10.2.6 幕墙结构的地震作用标准值计算：

1 垂直于幕墙面的均布水平地震作用标准值可按下式计算：

$$q_{Ek}=\beta_E \alpha_{max} G_k / A \quad (10.2.6\text{-}1)$$

式中：q_{Ek}——垂直于幕墙面的分布水平地震作用标准值（kN/m^2）；

β_E——动力放大系数，可取 5.0；

α_{max}——水平地震影响系数最大值，上海地区抗震设防烈度 7 度时可取 0.08；

G_k——幕墙面板和框架的重力荷载标准值（kN）；

A——幕墙平面面积（m^2）。

2 平行于幕墙面的集中水平地震作用标准值可按下式计算：

$$P_{Ek}=\beta_E \alpha_{max} G_k \quad (10.2.6\text{-}2)$$

式中：P_{Ek}——平行于幕墙面的集中水平地震作用标准值（kN）。

10.3 作用效应计算

10.3.1 幕墙结构可按弹性方法计算，计算模型应按构件连接的实际情况确定，计算假定应与结构的实际工作性能相一致。

10.3.2 规则构件可按解析或近似公式计算作用效应。具有复杂边界或荷载的构件，可采用有限元方法计算作用效应。采用有限元方法作结构验算时，应明确计算的边界条件、模型的结构形式、截面特征、材料特性、荷载加载情况等信息。

10.3.3 对于发生大位移的幕墙结构，作用效应计算时应考虑几何非线性影响。对于复杂结构体系、桁架支承结构及其他大跨度钢结构，应考虑结构的稳定性。

10.3.4 转角部位的幕墙结构应考虑不同方向的风荷载组合，并分解至构件主轴上按构件强弱轴分别验算。

10.4 作用效应组合

10.4.1 幕墙结构计算应符合《建筑结构可靠性设计统一标准》

GB 50068、《建筑结构荷载规范》GB 50009、《建筑抗震设计规范》GB 50011 和《建筑抗震设计规程》DGJ 08－9 规定。考虑几何非线性影响时，应首先进行荷载与作用的组合，然后计算组合荷载与作用的效应。采用线弹性方法计算时，可先计算各荷载与作用的效应，然后再进行荷载与作用效应的组合。

10.4.2 当作用和作用效应可按线弹性方法计算时，幕墙构件承载力极限状态设计的作用效应组合应符合下列规定：

1 持久设计状况、短暂设计状况：

$$S=\gamma_G S_{Gk}+\psi_W \gamma_W S_{Wk}+\psi_T \gamma_T S_{Tk} \tag{10.4.2-1}$$

2 地震设计状况：

$$S=\gamma_G S_{Gk}+\gamma_E S_{Ek}+\psi_W \gamma_W S_{Wk} \tag{10.4.2-2}$$

式中：S——作用效应组合的设计值；

S_{Gk}——永久荷载效应标准值；

S_{Wk}——风荷载效应标准值；

S_{Ek}——水平地震作用效应标准值（竖向地震作用按《建筑抗震设计规范》GB 50011 和《建筑抗震设计规程》DGJ 08－9 规定计算）；

S_{Tk}——温度作用效应标准值，变形不受约束的支承结构及构件取 0；

γ_G——永久荷载分项系数；

γ_W——风荷载分项系数；

γ_E——地震作用分项系数；

γ_T——温度作用分项系数；

ψ_W——风荷载组合值系数；

ψ_T——温度作用组合值系数。

10.4.3 幕墙构件的承载力设计，作用（效应）分项系数按下列规定取值：

1 对预应力幕墙体系，效应组合的设计值应包含预加应力产生的效应，用 γ_P 表示预应力荷载分项系数。

2 持久设计状况、短暂设计状况下，永久荷载分项系数 γ_G 和预应力荷载分项系数 γ_P，当其作用效应对承载力不利时取值1.3；当其作用效应对承载力有利时取值不应大于1.0。

3 持久设计状况、短暂设计状况下，风荷载、温度作用、雪荷载等其他可变荷载的分项系数，当其作用效应对承载力不利时取值1.5；当其作用效应对承载力有利时取值1.0。

4 地震设计状况下，应符合《建筑抗震设计规范》GB 50011和《建筑抗震设计规程》DGJ 08－9 规定。永久荷载分项系数 γ_G 和预应力荷载分项系数 γ_P，当其作用效应对承载力不利时取值1.2；当其作用效应对承载力有利时取值不应大于1.0。风荷载、温度作用、雪荷载等其他可变荷载的分项系数，取值1.4。地震作用分项系数 γ_E，按表10.4.3取值。

表 10.4.3 地震作用分项系数

地震作用	γ_E（水平）	γ_E（竖向）
仅计算水平地震作用	1.3	0.0
仅计算竖向地震作用	0.0	1.3
同时计算水平与竖向地震作用（水平地震为主）	1.3	0.5
同时计算水平与竖向地震作用（竖向地震为主）	0.5	1.3

10.4.4 可变作用的组合值系数按下列规定采用：

1 持久设计状况、短暂设计状况下，当风荷载效应起控制作用时，风荷载组合值系数 ψ_W 取1.0，温度作用组合值系数 ψ_T 取0.6；当温度效应起控制作用时，温度作用组合值系数 ψ_T 取1.0，风荷载组合值系数 ψ_W 取0.6。

2 地震设计状况下，风荷载组合值系数 ψ_W 取0.2。

10.5 幕墙及其与主体结构的连接构造

10.5.1 主体结构应能有效承受幕墙结构传递的荷载和作用。

幕墙与主体结构的连接构造应满足幕墙的荷载传递，并能适应主体结构和幕墙间的相互变形，消减主体结构变形对幕墙体系的影响。必要时，可会同主体结构设计校核主体结构对幕墙体系的影响。

10.5.2 幕墙结构的连接节点应有可靠的防松、防脱和防滑措施。

10.5.3 幕墙结构连接节点处的连接件、焊缝、螺钉、螺栓、铆钉等设计，应符合《钢结构设计标准》GB 50017 和《铝合金结构设计规范》GB 50429 规定。每个连接件的每一连接处，受力螺栓、螺钉、铆钉不宜少于 2 个，主要连接节点处不应少于 2 个。

10.5.4 幕墙结构连接件与主体结构的锚固承载力设计值应大于连接件的实际承载力设计值。与主体结构或埋板直接连接的连接件，钢质连接件厚度不应小于 6mm，铝合金连接件厚度不应小于 8mm。重要连接件或主要受力构件不宜与埋件仰焊连接。

10.5.5 幕墙结构与主体结构应通过预埋件连接，预埋件应在主体结构施工时埋入，预埋件的位置应准确。主体结构应能满足埋件的结构受力需要，并经主体结构设计单位确认。

10.5.6 由锚板和对称配置的锚固钢筋所组成的受力预埋件，可按《混凝土结构设计规范》GB 50010 规定设计或按本标准附录 D 设计。

10.5.7 板槽式预埋件及槽式预埋件设计见本标准附录 D。槽式预埋件锚筋与主体结构中的主钢筋应采用附加钢筋焊接连接，附加钢筋直径不小于 12mm。

10.5.8 建筑幕墙应避免使用后置埋件。使用后置埋件应符合本标准附录 D 和《混凝土结构后锚固技术规程》JGJ 145 规定，选择合适的锚栓类型，保证连接的可靠性，并符合下列条件：

1 后置埋件用锚栓可选用自扩底锚栓、模扩底锚栓、特殊倒锥形化学锚栓。普通化学锚栓可用于非主要受力构件的构造连接。

2 锚栓直径和数量应经计算确定。锚栓直径不小于 10mm，每个后置埋件上不得少于2个锚栓。

3 就位后需焊接作业的后置埋件宜使用机械扩底锚栓。如采用特殊倒锥形化学锚栓，焊接时应采取措施防止化学锚栓受热失效，并应有焊接高温后抗拉承载力检验报告。

4 锚栓工程施工与验收应符合《混凝土结构后锚固技术规程》JGJ 145规定。需要现场实测锚固承载力时，应采用《混凝土结构后锚固技术规程》JGJ 145－2013附录C的测试方法和评价方法。

5 后置埋件的埋置深度应符合本标准附录D规定。

10.5.9 幕墙结构与砌体结构连接时，应在连接部位的主体结构上增设钢筋混凝土或钢结构梁、柱。幕墙的支承结构不应直接支承于轻质填充墙。

10.5.10 幕墙与主体钢结构连接，应在主体钢结构加工前提出连接的设计要求，并在加工时完成连接构造。未经主体结构设计同意，现场不得在钢结构柱及主梁上焊接各类转接件。

10.5.11 主体结构变形缝部位的幕墙构造，应能满足幕墙变形的要求，且与主体结构变形相协调。

10.5.12 幕墙构件和连接的计算分析应有明确的计算模型。应力和变形计算应考虑面板重力偏心和其他连接偏心产生的附加影响。

10.5.13 幕墙构件可采用隔热构造，并符合本标准第13章、14章和附录C规定。

10.6 硅酮结构密封胶与玻璃面板安装

10.6.1 硅酮结构密封胶的粘接宽度和粘接厚度应经计算确定。粘接厚度不应小于6mm，不宜大于12mm。粘接宽度应大于厚度且不小于7mm，不宜大于20mm。

10.6.2 硅酮结构密封胶应根据不同的受力情况进行承载力极限

状态验算。在风荷载、水平地震作用下，硅酮结构密封胶的应力设计值不应大于其短期荷载作用下的强度设计值 f_1，f_1 应取 0.2N/mm^2；在永久荷载作用下，硅酮结构密封胶的应力设计值不应大于其长期载荷作用下的强度设计值 f_2，f_2 应取0.01 N/mm^2。隐框幕墙中严禁硅酮结构密封胶单独长期承受剪力。

10.6.3 四边支承的隐框、半隐框玻璃幕墙中，玻璃和铝框之间硅酮结构密封胶的粘接宽度 c_s，应根据受力情况分别按公式(10.6.3-1)和(10.6.3-2)计算，取计算结果的较大值。

1 在风荷载作用下，粘接宽度 c_s 应按下式计算：

$$c_s=\frac{wa}{2000f_1} \tag{10.6.3-1}$$

式中：c_s——硅酮结构密封胶的粘接宽度(mm)；

w——作用于计算单元上的风荷载设计值(kN/m^2)；

a——矩形玻璃面板的短边长度(mm)；

f_1——硅酮结构密封胶在风荷载或地震作用下的强度设计值，取 0.2N/mm^2。

2 在玻璃永久荷载作用下，粘接宽度 c_s 应按下式计算：

$$c_s=\frac{q_G ab}{2000(a+b)f_2} \tag{10.6.3-2}$$

式中：q_G——幕墙面板单位面积重力荷载设计值(kN/m^2)；

a，b——分别为矩形面板的短边和长边长度(mm)；

f_2——硅酮结构密封胶在永久荷载作用下的强度设计值，取 0.01N/mm^2。

10.6.4 水平倒挂的隐框、半隐框幕墙玻璃和铝框之间硅酮结构密封胶的粘接宽度 c_s 按下式计算：

$$c_s=\frac{wa}{2000f_1}+\frac{q_G a}{2000f_2} \tag{10.6.4}$$

10.6.5 隐框玻璃幕墙硅酮结构密封胶的粘接厚度 t_s(图 10.6.5)应符合下列公式：

$$t_s \geqslant \frac{u_s}{3\delta} \tag{10.6.5-1}$$

$$u_s = \eta[\theta]h_g \tag{10.6.5-2}$$

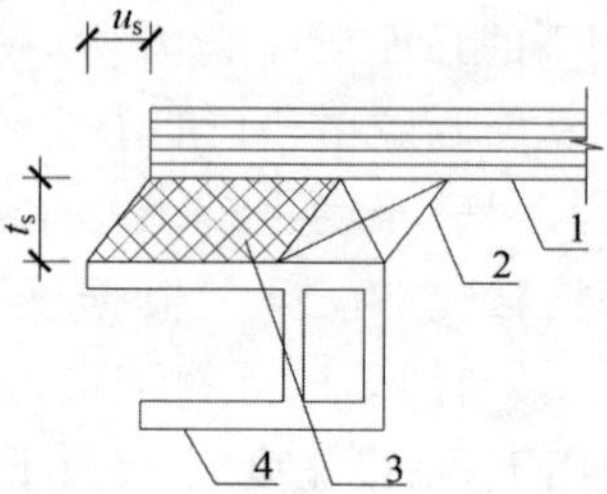

1—玻璃面板；2—双面胶条；3—硅酮结构密封胶；4—铝合金副框

图 10.6.5　硅酮结构密封胶变形示意图

硅酮结构胶厚度应符合 10.6.1 条规定。

当硅酮结构胶计算厚度 $t_s > 12$mm 时，可考虑隐框面板安装间隙的影响，按公式(10.6.5-3)计算其吸收主体结构层间位移的能力，按公式(10.6.5-4)计算 u_s，再按公式(10.6.5-1)重新计算硅酮结构胶的厚度，满足 $t_s \leqslant 12$mm 时，取 $t_s = 12$mm。

u_s 按公式(10.6.5-4)取值后，硅酮结构胶计算厚度 t_s 仍大于 12mm 时，可调整 c_1 和 c_2，使其满足硅酮结构胶计算厚度 $t_s \leqslant 12$mm，并取 $t_s = 12$mm。

$$\theta = \frac{2c_1\left(1 + \frac{l_1}{l_2} \times \frac{c_2}{c_1}\right)}{l_1} \tag{10.6.5-3}$$

$$u_s = \eta_1([\theta] - \theta)h_g \tag{10.6.5-4}$$

式中：t_s——硅酮结构密封胶的粘接厚度(mm)；

$[\theta]$——风荷载或多遇烈度地震标准值作用下主体结构的楼层弹性层间位移角限值(rad)；

u_s——主体结构侧移时，硅酮结构密封胶沿厚度方向的剪切位移(mm)；

δ——硅酮结构密封胶拉伸粘接性能试验中受拉应力为

0.14N/mm² 时的伸长率；

θ——主体结构侧移时面板的转动角；

η——位移折减系数，取值 0.60；

η_1——位移折减系数，取值 0.80；

h_g——玻璃板块高度(mm)；

l_1——矩形玻璃板块竖向边长(mm)；

l_2——矩形玻璃板块横向边长(mm)；

c_1——玻璃副框与左右边框(压板)的最小平均间隙(mm)，应计入施工偏差值 1.5mm；

c_2——玻璃副框与上下边框(压板)的平均间隙(mm)，应计入施工偏差值 1.5mm。

10.6.6 隐框或横隐半隐框玻璃幕墙，每块玻璃的下端应设置不少于 2 个铝合金或不锈钢承托条，托条与幕墙支承构件应采用机械连接。托条截面经计算确定，能承受该分格面板的重力荷载设计值。托条应同时承托多层玻璃中的各片玻璃。

10.6.7 幕墙中空玻璃中的硅酮结构密封胶应能承受外侧面板传递的荷载和作用，硅酮结构密封胶的有效宽度可按本标准 10.6.3 条和 10.6.4 条要求由计算确定，并应符合 10.6.1 条规定。

10.6.8 明框玻璃幕墙玻璃边缘至边框槽底的间隙应符合本标准 11.2.16 条和 11.2.17 条规定，并满足下式要求：

$$2c_1\left(1+\frac{l_1}{l_2}\times\frac{c_2}{c_1}\right)\geqslant u_{\lim} \tag{10.6.8}$$

式中：$u_{\lim}$——由主体结构层间位移引起分格框的变形限值(mm)；

l_1——矩形玻璃板块竖向边长(mm)；

l_2——矩形玻璃板块横向边长(mm)；

c_1——玻璃与左、右边框的平均间隙(mm)，取值时应考虑 1.5mm 的施工偏差；

c_2——玻璃与上、下边框的平均间隙(mm)，取值时应考虑 1.5mm 的施工偏差。

10.7 紧固件连接

10.7.1 螺栓、螺钉和铆钉连接的结构计算应符合《钢结构设计标准》GB 50017、《轻型钢结构技术规程》DG/TJ 08－2089、《冷弯薄壁型钢结构技术规范》GB 50018、《铝合金结构设计规范》GB 50429规定。

10.7.2 钉槽连接强度应计算校核。U形钉槽型材的适用高度不宜超过50m,连接构造应符合本标准13.3.9条规定,并提供施工中通过试验复核的受拉承载力报告。

10.7.3 机制螺钉钉孔的制备及精度应符合《普通螺纹公差》GB/T 197和《普通螺纹 中等精度、优选系列的极限尺寸》GB/T 9145的要求。机制螺钉受拉连接时应严格控制螺钉及螺孔的尺寸。当用于紧固开启扇五金件时,应采取有效的防松退措施。承受较大拉力的连接节点、承受较大风荷载的悬挑构件、端部连接处存在撬力等受力状态复杂的构件或节点,应采用螺栓连接。螺钉、螺栓紧固后,外露丝扣不应少于2扣。

10.7.4 自攻螺钉及自攻自钻螺钉技术指标应符合《自攻螺钉用螺纹》GB/T 5280规定,连接的型材壁厚,铝型材厚度不应小于2mm,热轧钢型材厚度不应小于3mm,冷成型薄壁型钢厚度不应小于2mm。螺钉尖部露出长度不应小于8mm,并应有防松脱措施。螺钉材质应符合10.7.5条规定。

自攻螺钉及自攻自钻螺钉连接应作拉、剪承载力校核,同时存在拉力和剪力连接时还应作复合受力验算。承载能力可按10.7.1条和10.7.2条规定计算。承受负风压的水平吊挂或倾斜构件、重要受力部位的受拉连接等,不应采用自攻螺钉或自攻自钻螺钉。

10.7.5 构件连接应作承载力验算。型材及板材应验算孔壁局部承压,螺钉受拉连接应验算螺纹承载力,型材、板材、螺钉和螺栓应验算净截面抗拉、抗弯、抗剪及复合受力等，均应满足承载能力极限状态要求。铝合金构件的连接，构件式幕墙铝合金梁柱连接，构件式幕墙钢柱铝梁或铝柱钢梁连接，单元式幕墙铝合金构件连接等，均应采用不锈钢或铝合金转接件及不锈钢材质的螺钉或螺栓。铝合金型材壁厚除满足承载力要求外，螺钉连接时螺孔处型材厚度不宜小于螺钉直径 d，不应小于 $0.8d$，不满足时可对型材局部加强，局部加强的宽度不应小于 $2.5d$。铝合金转接件厚度不应小于较厚的被连接铝合金构件，且不小于 $0.8d$，并按其受力情况作强度验算。铝合金部件与钢构件接触处应设置隔离垫片。

10.7.6 沉头、半沉头螺钉或螺栓仅适用于非受力构件的连接。梁柱连接、悬挑构件及其端部的固定连接、外伸幕墙面板的竖向或水平装饰、遮阳条及其连接板固定部件等其他传力构件均不应使用。

11 面板设计

11.1 一般规定

11.1.1 根据建筑立面设计及技术经济指标，合理选择幕墙面板的材料种类和构造形式。

11.1.2 面板的色泽、肌理应符合建筑设计，并与相邻建筑及周边环境相协调。

11.1.3 面板与幕墙支承结构的连接，应能满足荷载、地震和温度作用所产生的幕墙平面内和平面外的变形要求。

11.1.4 面板设计应符合材质性能、加工制作、运输安装和维护更换的要求。

11.1.5 面板受各种荷载和作用应按本标准 10.4 节规定组合，最大应力设计值不超过面板强度设计值。

11.1.6 面板的挠度应符合表 11.1.6 规定。

表 11.1.6 幕墙面板的挠度限值 $d_{f,lim}$

支承结构类型	面板种类	挠度
构件式玻璃幕墙 单元式玻璃幕墙	玻璃面板	四边支承：短边距/60 对边支承：跨距/60
	光伏玻璃面板	短边距/120
金属板幕墙	金属面板	短边距/90
石材幕墙	石材面板	—
人造板材幕墙	玻璃纤维增强水泥板	跨距/250
点支承玻璃幕墙	玻璃面板	沿边长方向较长孔距/60
全玻璃幕墙	玻璃面板	跨距/60

11.1.7 面板设计应满足拆卸或更换时不损坏其相邻部位构件或结构的要求。

11.1.8 幕墙保温材料可与金属面板、石材面板等非玻璃面板结合，制作幕墙板块。和面板结合的保温材料与主体结构外表面之间，应有不小于 50mm 的空气层。

11.2 玻璃面板

11.2.1 幕墙玻璃可采用不同类别的玻璃板块构成，形成具有各种性能和特征的面板单元。

Ⅰ 面板设计

11.2.2 幕墙所用玻璃面板可选用夹层玻璃、钢化玻璃、半钢化玻璃。

11.2.3 玻璃厚度应经强度和刚度计算确定。除光伏幕墙表层玻璃外，单片玻璃及中空玻璃的任一单片厚度不应小于 6mm，夹层玻璃的单片玻璃厚度不应小于 5mm，夹层玻璃及中空玻璃的各单片玻璃厚度差不应大于 3mm。

11.2.4 幕墙用钢化玻璃宜经均质处理。

11.2.5 有辨色要求的幕墙玻璃，其颜色透视指数不宜低于 Ra80。

11.2.6 四边支承单片玻璃在垂直于玻璃幕墙平面的风荷载和地震作用下的最大应力：

1 最大应力标准值可按几何非线性有限元方法计算，也可按下列公式计算：

$$\sigma_{wk}=\frac{6mw_k a^2}{t^2}\eta \qquad (11.2.6\text{-}1)$$

$$\sigma_{Ek}=\frac{6mq_{Ek} a^2}{t^2}\eta \qquad (11.2.6\text{-}2)$$

$$\theta=\frac{w_k a^4}{Et^4} \quad 或 \quad \theta=\frac{(q_{Ek}+0.2w_k)a^4}{Et^4} \qquad (11.2.6\text{-}3)$$

式中：　θ——参数；

σ_{wk}，σ_{Ek}——风荷载、地震作用下玻璃截面的最大应力标准值(N/mm^2)；

w_k，q_{Ek}——垂直于幕墙平面的风荷载、地震作用标准值(N/mm^2)；

a——矩形玻璃面板短边边长(mm)；

t——玻璃厚度(mm)；

E——玻璃弹性模量(N/mm^2)；

m——弯矩系数，由玻璃面板短边与长边边长之比 a/b 按表 11.2.6-1 采用；

η——折减系数，由参数 θ 按表 11.2.6-2 采用。

表 11.2.6-1　四边支承玻璃板的弯矩系数 m

a/b	0.01	0.25	0.33	0.40	0.50	0.55	0.60	0.65
m	0.1250	0.1230	0.1180	0.1115	0.1000	0.0934	0.0868	0.0804
a/b	0.70	0.75	0.80	0.85	0.90	0.95	1.0	—
m	0.0742	0.0683	0.0628	0.0576	0.0528	0.0483	0.0442	—

表 11.2.6-2　折减系数 η

θ	≤5	10	20	40	60	80	100
η	1.00	0.96	0.92	0.84	0.78	0.73	0.68
θ	120	150	200	250	300	350	≥400
η	0.65	0.61	0.57	0.54	0.52	0.51	0.50

2　最大应力设计值应按本标准 10.4 节规定组合。

3　最大应力设计值不应超过玻璃中部强度设计值 f_g。

11.2.7　四边支承单片玻璃在风荷载作用下的跨中挠度计算：

1　单片玻璃的刚度 D 可按下式计算：

$$D=\frac{Et^3}{12(1-\nu^2)} \tag{11.2.7-1}$$

式中：D——玻璃刚度（N·mm）；

t——玻璃厚度（mm）；

ν——泊松比，可按本标准 3.2.17 条采用。

2 玻璃跨中挠度可按几何非线性有限元方法计算，也可按下式计算：

$$d_{\mathrm{f}}=\frac{\mu w_{\mathrm{k}} a^{4}}{D}\eta \tag{11.2.7-2}$$

式中：d_{f}——在风荷载标准值作用下挠度最大值（mm）；

w_{k}——垂直于幕墙平面的风荷载标准值（N/mm^2）；

μ——挠度系数，由玻璃面板短边与长边边长之比 a/b 按表 11.2.7 采用；

η——折减系数，按本标准表 11.2.6-2 采用。

表 11.2.7 四边支承板的挠度系数 μ

a/b	0.01	0.20	0.25	0.33	0.50
μ	0.01302	0.01297	0.01282	0.01223	0.01013
a/b	0.55	0.60	0.65	0.70	0.75
μ	0.00940	0.00867	0.00796	0.00727	0.00663
a/b	0.80	0.85	0.90	0.95	1.00
μ	0.00603	0.00547	0.00496	0.00449	0.00406

11.2.8 四边支承夹层玻璃计算：

1 作用于夹层玻璃的风荷载和地震作用按下列公式分配至两片玻璃：

$$w_{\mathrm{k1}}=w_{\mathrm{k}}\frac{t_1^3}{t_1^3+t_2^3} \tag{11.2.8-1}$$

$$w_{\mathrm{k2}}=w_{\mathrm{k}}\frac{t_2^3}{t_1^3+t_2^3} \tag{11.2.8-2}$$

$$q_{\mathrm{Ek1}}=q_{\mathrm{Ek}}\frac{t_1^3}{t_1^3+t_2^3} \tag{11.2.8-3}$$

$$q_{Ek2}=q_{Ek}\frac{t_2^3}{t_1^3+t_2^3} \qquad (11.2.8\text{-}4)$$

式中： w_k——作用于夹层玻璃上的风荷载标准值(N/mm^2)；

w_{k1}，w_{k2}——分配到各单片玻璃的风荷载标准值(N/mm^2)；

q_{Ek}——作用于夹层玻璃上的地震作用标准值(N/mm^2)；

q_{Ek1}，q_{Ek2}——分配到各单片玻璃的地震作用标准值(N/mm^2)；

t_1，t_2——各单片玻璃的厚度(mm)。

2 两片玻璃可分别按本标准 11.2.6 条规定进行应力计算。

3 玻璃挠度可按本标准 11.2.7 条规定计算，计算玻璃刚度 D 时，应采用等效厚度 $t_{e,w}$。

夹层玻璃的等效厚度 $t_{e,w}$ 可根据中间胶片材质按式(11.2.8-5)计算，等效厚度不应大于两片玻璃厚度之和。

$$t_{e,w}=\sqrt[3]{t_1^3+t_2^3+12\Gamma I_s} \qquad (11.2.8\text{-}5)$$

当胶片为 SGP 材质时，内外层玻璃等效厚度 $t_{1e,\sigma}$、$t_{2e,\sigma}$ 可按式(11.2.8-6)和(11.2.8-7)计算，等效厚度 $t_{1e,\sigma}$ 加 $t_{2e,\sigma}$ 不宜大于两片玻璃厚度之和。为简化计算，夹层玻璃两侧单片玻璃的荷载仍可按照第 1 款规定分配。

$$t_{1e,\sigma}=\sqrt{\frac{t_{e,w}^3}{t_1+2\Gamma t_{s,2}}} \qquad (11.2.8\text{-}6)$$

$$t_{2e,\sigma}=\sqrt{\frac{t_{e,w}^3}{t_2+2\Gamma t_{s,1}}} \qquad (11.2.8\text{-}7)$$

$$I_s=t_1 t_{s,2}^2+t_2 t_{s,1}^2 \qquad (11.2.8\text{-}8)$$

$$t_{s,1}=\frac{t_s t_1}{t_1+t_2} \qquad (11.2.8\text{-}9)$$

$$t_{s,2}=\frac{t_s t_2}{t_1+t_2} \qquad (11.2.8\text{-}10)$$

$$t_s=0.5(t_1+t_2)+t_v \qquad (11.2.8\text{-}11)$$

$$\Gamma=\frac{1}{1+9.6\dfrac{EI_s t_v}{Gt_s^2L^2}} \qquad (11.2.8\text{-}12)$$

式中：　Γ——夹层玻璃中间层胶片的剪力传递系数，当采用聚乙烯醇缩丁醛胶片时可取0；

G——夹层玻璃中间层的剪切模量（N/mm^2），与温度相关；

t_1, t_2, t_v——双片夹层玻璃中第1片、第2片和中间层胶片的厚度（mm）；

L——夹层玻璃的短边长度（mm）；

E——玻璃的弹性模量（N/mm^2）；

$t_{e,w}$——夹层玻璃的等效厚度（mm），当$\Gamma=0$时，$t_{e,w}=\sqrt[3]{t_1^3+t_2^3}$。

11.2.9 四边支承中空玻璃计算：

1 作用于中空玻璃上的风荷载标准值可按下列公式分配至两片玻璃上：

直接承受风荷载作用的单片玻璃：

$$w_{k1}=1.1w_k\frac{t_1^3}{t_1^3+t_2^3} \tag{11.2.9-1}$$

不直接承受风荷载作用的单片玻璃：

$$w_{k2}=w_k\frac{t_2^3}{t_1^3+t_2^3} \tag{11.2.9-2}$$

2 作用于中空玻璃上的地震作用标准值，可根据各单片玻璃的自重，按照本标准10.2节规定计算。

3 两片玻璃可分别按本标准11.2.6条规定计算应力。

4 玻璃挠度可采用等效厚度法或根据两片玻璃各自承受的荷载按本标准11.2.7条规定计算。

中空玻璃的等效厚度t_e可按下式计算：

$$t_e=0.95\sqrt[3]{t_1^3+t_2^3} \tag{11.2.9-3}$$

式中：t_e——中空玻璃的等效厚度（mm）。

11.2.10 四边支承中空单面夹层玻璃计算：

1 作用于中空单面夹层玻璃上的风荷载标准值可按下列公

式分配至三片玻璃：

1）直接承受风荷载作用的单片玻璃：

$$w_{k1}=1.1w_k\frac{t_1^3}{\sum_{i=1}^{3}t_i^3} \qquad (11.2.10\text{-}1)$$

不直接承受风荷载的夹层玻璃：

$$w_{ki}=w_k\frac{t_i^3}{\sum_{i=1}^{3}t_i^3} \quad (i=2,3) \qquad (11.2.10\text{-}2)$$

式中：　t_1——单片玻璃的厚度(mm)；

t_2,t_3——夹层玻璃各单片玻璃的厚度(mm)。

2）直接承受风荷载作用的夹层玻璃：

$$w_{ki}=1.1w_k\frac{t_i^3}{\sum_{i=1}^{3}t_i^3} \quad (i=2,3) \qquad (11.2.10\text{-}3)$$

不直接承受风荷载的单片玻璃：

$$w_{k1}=w_k\frac{t_1^3}{\sum_{i=1}^{3}t_i^3} \qquad (11.2.10\text{-}4)$$

式中：　t_1——单片玻璃的厚度(mm)；

t_2,t_3——夹层玻璃各单片玻璃的厚度(mm)。

2　地震作用标准值，根据各单片玻璃自重，按照本标准 10.2 节规定计算。

3　三片玻璃可分别根据各自承受的荷载按本标准 11.2.6 条规定计算应力。

4　玻璃挠度可采用等效厚度法或根据三片玻璃各自承受的荷载按本标准 11.2.7 条规定计算。

玻璃的等效厚度 t_e，$\Gamma=0$ 时可按下式计算：

$$t_e=0.95\sqrt[3]{t_1^3+t_2^3+t_3^3} \qquad (11.2.10\text{-}5)$$

式中：t_e——单面夹层中空玻璃的等效厚度(mm)，$\Gamma\neq0$ 时可结合

11.2.8 条和 11.2.9 条相关公式计算。

5 内外夹层中空玻璃可按本条原理推演。

11.2.11 在垂直于幕墙平面的风荷载和地震作用下，四点支承玻璃面板的应力和挠度计算：

1 可采用非线性有限元方法计算跨中最大应力、孔边最大应力和跨中最大挠度。

2 也可按公式(11.2.6)～(11.2.10)计算，但此处应注意：

式中：a——支承点间玻璃面板长边边长(mm)；

m——弯矩系数，按表 11.2.11-1 采用；

μ——挠度系数，按表 11.2.11-2 采用；

η——折减系数，按表 11.2.6-2 采用，计算 θ 时，公式中 a 取支承点间玻璃面板长边边长；

D——玻璃面板刚度，按玻璃等效厚度计算。

3 孔边最大应力设计值不应超过玻璃边缘强度设计值，跨中最大应力设计值不应超过玻璃中部强度设计值，挠度不超过表 11.1.6 的限值。

表 11.2.11-1 四点支承玻璃板的弯矩系数 m

ϕ	0.01	0.20	0.30	0.40	0.50	0.55	0.60	0.65
m	0.125	0.126	0.127	0.129	0.130	0.132	0.134	0.136
ϕ	0.70	0.75	0.80	0.85	0.90	0.95	1.00	—
m	0.138	0.140	0.142	0.145	0.148	0.151	0.154	—

注：ϕ 为支承点之间的短边与长边边长之比。

表 11.2.11-2 四点支承玻璃板的挠度系数 μ

ϕ	0.01	0.20	0.30	0.40	0.50	0.55	0.60	0.65
μ	0.01303	0.01317	0.01335	0.01367	0.01417	0.01451	0.01496	0.01555
ϕ	0.70	0.75	0.80	0.85	0.90	0.95	1.00	—
μ	0.01630	0.01725	0.01842	0.01984	0.02157	0.02363	0.02603	—

注：ϕ 为支承点之间的短边与长边边长之比。

11.2.12 非四点支承的点支承玻璃面板，其应力和挠度可采用非线性有限元方法分析计算。

11.2.13 肋支承玻璃面板设计见本标准第16章。

Ⅱ 连接构造

11.2.14 明框玻璃面板应通过定位承托胶垫将玻璃重量传递给支承构件。胶垫数量不少于2块，厚度不小于5mm，长度不小于100mm，宽度与玻璃面板厚度相等，满足承载要求。

11.2.15 明框玻璃面板应嵌装在镶有弹性胶条的立柱、横梁的槽口内，或采用压板方式固定。胶条宜选用三元乙丙橡胶，胶条弹性应满足面板安装的压缩量。

11.2.16 明框单层玻璃、夹层玻璃面板与型材槽口的配合尺寸应符合表11.2.16规定。最小配合尺寸见图11.2.16，尺寸 c 应满足玻璃面板温度变化和幕墙平面内变形量。玻璃面板与槽口之间应可靠密封。

表11.2.16 单层玻璃、夹层玻璃面板与型材槽口的配合尺寸(mm)

面板厚度 t	a	b	c	检测方法
6	≥3.5	≥15	≥5	卡尺
8～10	≥4.5	≥16	≥5	卡尺
12以上	≥5.5	≥18	≥5	卡尺

注：夹层玻璃按总厚度计算。

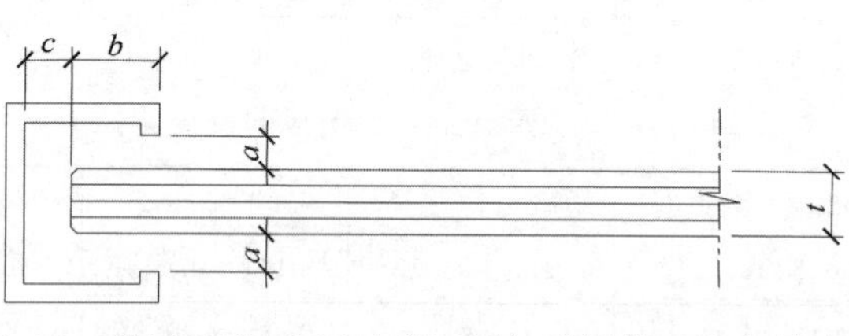

图11.2.16 单层玻璃、夹层玻璃面板与型材槽口配合尺寸示意图

11.2.17 明框幕墙中空玻璃面板、中空夹层玻璃面板与型材槽口的配合尺寸应符合表 11.2.17 规定。最小配合尺寸见图 11.2.17，尺寸 *c* 应满足玻璃面板温度变化和幕墙平面内变形量。玻璃面板与槽口之间应可靠密封。

表 11.2.17　中空玻璃面板、中空夹层玻璃面板与型材槽口的配合尺寸(mm)

面板总厚度 *t*（含空气层及胶片厚度）	*a*	*b*	*c*			检测方法
			下边	上边	侧边	
≤24	≥5	≥17	≥7	≥5	≥5	卡尺
≤28	≥6	≥18	≥7	≥5	≥5	卡尺
≤32	≥6	≥19	≥7	≥5	≥5	卡尺
≤36	≥6	≥20	≥7	≥5	≥5	卡尺
≤44	≥7	≥22	≥8	≥6	≥6	卡尺
>44	≥7	≥25	≥8	≥6	≥6	卡尺

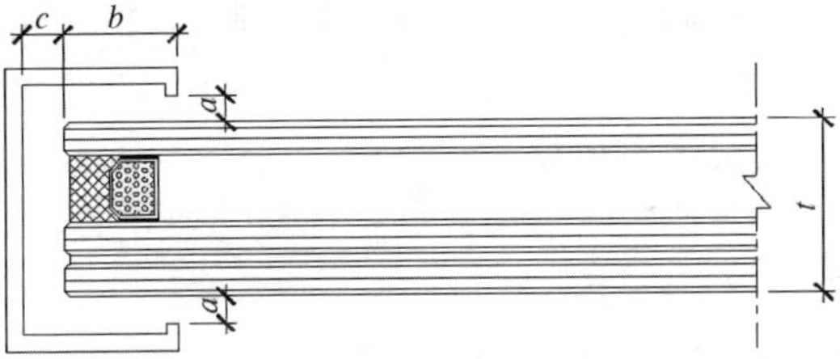

图 11.2.17　中空玻璃面板、夹胶中空玻璃面板与型材槽口的配合尺寸示意图

11.2.18 隐框或横隐半隐框玻璃面板的承托件应验算强度和挠度。承托件局部受弯、受剪的有效长度不大于其上垫块长度的 2 倍，必要时可加长承托件和垫块。承托件可用铝合金或不锈钢材料。承托件尚应验算其支承处的连接强度。

11.2.19 隐框幕墙玻璃面板，其周边应以结构密封胶与副框粘结，并用压块将副框固定至支承框架上。

1 铝合金副框应有足够的刚度，其截面壁厚不应小于 2.0mm，外形宽度不宜小于 20mm，高度不宜小于 12mm。

2 隐框玻璃面板硅酮结构密封胶粘结宽度和厚度应符合本标准 10.6.1 条规定，与面板玻璃的粘结应在工厂制作一体完成。

3 固定副框用压块宜采用铝合金挤压型材，其最小处的截面厚度不宜小于 5mm。压块的长度应经计算确定，且不小于 40mm，与面板玻璃副框连接搭接量不应小于 10mm，压板端部与副框内侧的间隙不应小于 5mm。压块距玻璃上下边缘不应大于 100mm。

4 压块与支承框架的连接应采用不锈钢螺钉，连接螺钉的数量应经计算确定，螺钉直径不应小于 5.0mm，间距不应大于 350mm。被连接型材局部壁厚应符合 10.7.5 条规定。

5 压块不应采用自攻螺钉或自攻自钻螺钉连接。

6 全隐框玻璃幕墙应有防玻璃脱落的构造措施。当采用玻璃护边框、明框压条或局部压板等作为安全防护措施时，其构造应经计算，满足承载力要求。

11.2.20 隐框玻璃幕墙玻璃面板的结构胶宽度 C_s 和厚度 t_s 尺寸及配合尺寸见图 11.2.20-1 和图 11.2.20-2。隐框中空玻璃的结构胶宽度 C_{s1} 应按中空玻璃外片所受荷载的 1.35 倍计算确定。

11.2.21 中空玻璃隐框幕墙直接在面板边缘槽口内设置压板固定时的构造：

1 铝合金槽口型材外形宽度 B 不应小于 20mm，高度 H 不应小于 10mm，型材壁厚不宜小于 2mm。

2 铝合金槽口型材应通长设置，与每侧玻璃的硅酮结构密封胶粘接厚度不应小于 3.5mm，应在加工中空玻璃时与硅酮结构密封胶粘结一体完成。

3 中空玻璃面板中的硅酮结构密封胶，除铝合金槽口型材粘接部位之外，其玻璃间的有效粘接宽度应经计算确定，并满足内外片玻璃强度要求。

4 面板压板宜采用不锈钢或铝合金挤压型材，其连接应符合 11.2.19 条规定。

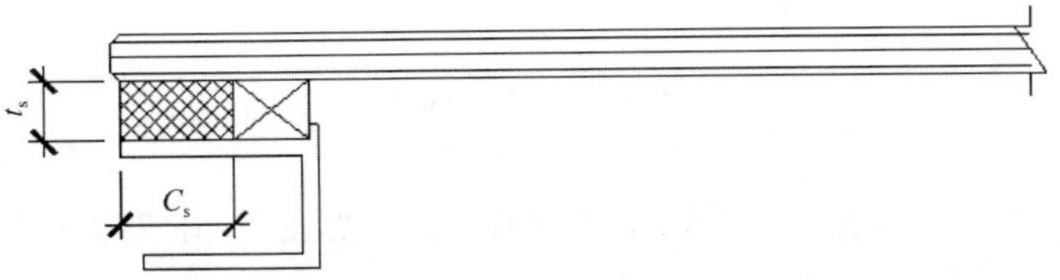

图 11.2.20-1　隐框玻璃(单层、夹层)组件配合尺寸示意图

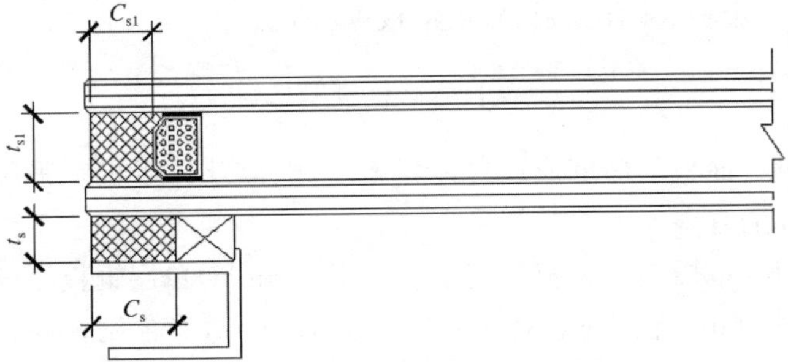

图 11.2.20-2　隐框中空玻璃组件配合尺寸示意图

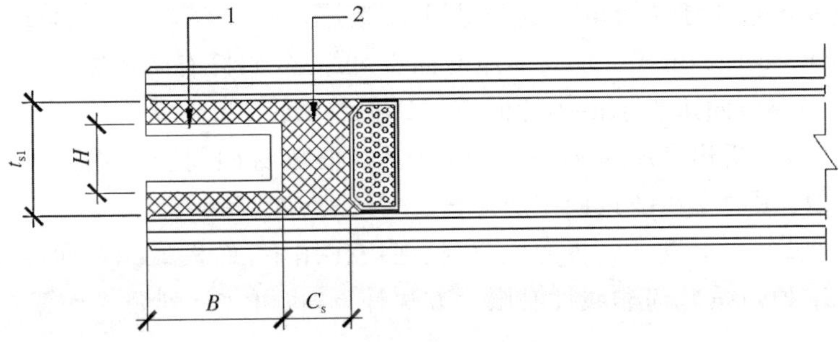

1—槽口型材；2—硅酮结构胶

图 11.2.21　中空玻璃槽口内设置压板固定配合尺寸示意图

11.2.22　全玻璃幕墙和点支承幕墙的面板设计见第 16、17 章。

11.3 金属面板

11.3.1 金属面板可采用金属平板、弧形金属板、压型金属板、异型金属板等板材形式。

11.3.2 金属面板可选用单层铝合金板、不锈钢板、搪瓷涂层钢板、铜合金板、钛合金板、彩色钢板等材质。

I 面板设计

11.3.3 面板的厚度应通过计算确定，弧形及异型板宜采用几何非线性的有限元方法计算确定。

11.3.4 单层铝合金板厚度不应小于 2.5mm，单层铜板厚度不应小于 2.0mm，单层不锈钢板不应小于 1.5mm，彩色钢板和合金板厚度不应小于 0.9mm。

11.3.5 面板可根据受力需要设置加劲肋。铝合金型材加劲肋壁厚不应小于 2.5mm，且不小于面板厚度。钢型材加劲肋壁厚不应小于 2.0mm。加劲肋应与面板可靠连结，并有防腐蚀措施。

11.3.6 四边支承面板弯曲应力计算：

1 折边和肋所形成的面板区格，沿板材四周边缘按简支边计算，中肋支承线按固定边计算。

2 在垂直于面板的风荷载、地震作用下，面板最大弯曲应力标准值可按几何非线性有限元方法计算，也可按下列公式计算：

$$\sigma_{wk}=\frac{6mw_{k}a^{2}}{t^{2}} \quad (11.3.6\text{-}1)$$

$$\sigma_{Ek}=\frac{6mq_{Ek}a^{2}}{t^{2}} \quad (11.3.6\text{-}2)$$

式中：σ_{wk}，σ_{Ek}——板中最大弯曲应力标准值（N/mm^2）；

w_k——风荷载标准值（N/mm^2）；

q_{Ek}——垂直于板面方向的地震作用标准值（N/mm^2）；

a——面板区格短边边长(mm);

m——弯矩系数(根据边界条件按本标准附录E表E.0.1采用);

t——面板厚度(mm)。

3 中肋支承线上的弯曲应力标准值,取板格两侧固端弯矩的平均值计算。

4 面板在荷载作用下产生大挠度变形时,公式(11.3.6-1)和(11.3.6-2)计算的应力值可乘以折减系数 η(η 按表11.3.6采用)。

表11.3.6 折减系数 η

θ	5	10	20	40	60	80	100
η	1.00	0.95	0.90	0.81	0.74	0.69	0.64
θ	120	150	200	250	300	350	400
η	0.61	0.54	0.50	0.46	0.43	0.41	0.40

表11.3.6中 θ 按公式(11.3.6-3)计算:

$$\theta=\frac{w_k a^4}{Et^4} \quad 或 \quad \theta=\frac{(q_{Ek}+0.2w_k)a^4}{Et^4} \tag{11.3.6-3}$$

式中:w_k——作用于面板上的风荷载标准值(N/mm^2);

q_{Ek}——垂直于面板的地震作用标准值(N/mm^2);

a——面板区格的短边边长(mm);

t——面板厚度(mm);

E——面板的弹性模量(N/mm^2)。

5 面板最大应力设计值按本标准10.4节规定组合。最大应力设计值不应超过面板的强度设计值。

11.3.7 在组合荷载作用下,面板区格的跨中挠度可采用几何非线性有限元方法计算,也可按下列公式简化计算:

$$d_f=\frac{\mu w_k a^4}{D}\eta \tag{11.3.7-1}$$

$$D=\frac{Et^3}{12(1-\nu^2)} \tag{11.3.7-2}$$

式中：d_f——挠度最大值(mm)；

w_k——垂直于面板的风荷载标准值(N/mm^2)；

a——面板区格短边边长(mm)；

t——面板厚度(mm)；

E——面板弹性模量(N/mm^2)；

μ——挠度系数(可按表 11.2.7 近似采用)；

D——面板弯曲刚度(N·mm)；

η——折减系数(按表 11.3.6 采用)；

ν——面板泊松比。

11.3.8 方形或矩形面板上的荷载可按三角形或梯形分布传递到板肋上，其他多边形可按对角线原则分配荷载(图 11.3.8)。板肋上作用的荷载按等弯矩原则简化为等效均布荷载。

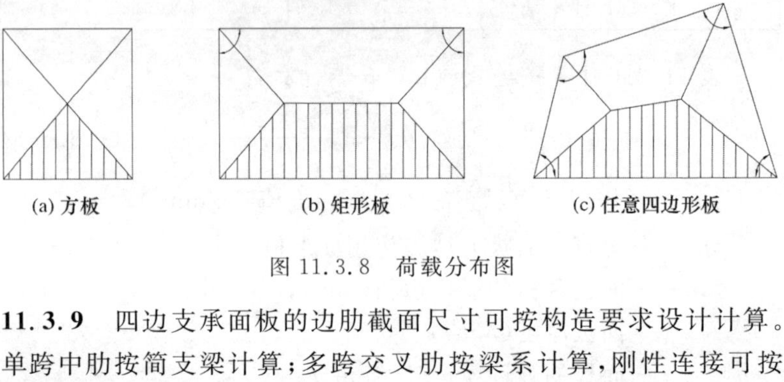

(a) 方板　(b) 矩形板　(c) 任意四边形板

图 11.3.8　荷载分布图

11.3.9 四边支承面板的边肋截面尺寸可按构造要求设计计算。单跨中肋按简支梁计算；多跨交叉肋按梁系计算，刚性连接可按本标准附录 F 的规定计算。

11.3.10 中肋应有足够的刚度。在组合荷载标准值作用下，铝合金中肋挠度限值 $d_{f,lim}$ 宜按中肋跨度的 1/180 采用，钢中肋挠度限值 $d_{f,lim}$ 宜按中肋跨度的 1/250 采用。

11.3.11 仅有立柱支承的面板，水平边肋挠度应按本标准 13.4.4条规定计算；仅有横梁支承的面板，垂直边肋挠度应按本标准 13.5.7 条规定计算。

Ⅱ 连接构造

11.3.12 金属面板宜采用折边、设置固定耳攀为连接件，折边宽度不小于 20mm，在支承框架构件上沿周边牢固连接，连接螺钉的数量应经强度计算确定，螺钉直径不应小于 4.0mm，螺钉相邻间距不应大于 350mm。

11.3.13 金属面板用螺钉直接与钢框架支承结构连接时，其型材壁厚不应小于 3.0mm，与铝合金型材框架连接时，连接处的局部型材壁厚应符合 10.7.5 条规定。

11.3.14 采用自攻螺钉或自钻自攻螺钉紧固连接时，每一耳攀连接件上的连接螺钉不应少于 2 个。紧固后螺钉尖部锥体伸出连接部位的长度不应小于 8mm，并有防松脱措施。

11.3.15 耳攀宜采用铝合金型材或不锈钢制品。铝合金耳攀的截面厚度不应小于 3mm，不锈钢耳攀的截面厚度不应小于 2.5mm，耳攀连接件的长度不宜小于 40mm。

11.3.16 耳攀与金属面板折边处应采用实心铝铆钉或不锈钢抽芯铆钉连接，铆钉直径不应小于 4.8mm，每一连接件的连接铆钉不应少于 2 个。耳攀与金属面板第一连接边角净距不宜大于 100mm，且不小于 50mm。

11.3.17 金属面板采用两侧挂钩连接方式固定于支承框架时，挂钩槽的构造：

1 直接采用金属面板折边设置挂钩槽口的面板厚度不应小于 3mm，其折边宽度不宜小于 25mm，挂钩槽口中心至挂钩边缘不应小于 15mm，且挂钩安装后的水平净宽度不应小于 10mm，有效挂接深度不应小于 10mm，挂槽与挂销之间的配合应能有效吸收温度作用及加工、安装偏差，并应设置防松动、防噪声、防脱落的构造措施。

2 挂钩销钉应采用不锈钢材质，直径经计算确定且不小于

6mm,金属面板销钉挂钩的间距不宜大于450mm。支承框架上设置的挂钩螺栓、螺钉或钢销钉应满足承载力要求。

3 当金属面板另行设置挂钩连接件与支承框架连接时,挂钩连接件宜采用不锈钢或铝合金材料制成。不锈钢材料截面厚度不应小于2.5mm,铝合金材料不应小于3.0mm。连接件的长度不宜小于80mm。

4 另设挂钩连接件与金属面板宜采用不锈钢螺栓连接,也可采用实心铝铆钉或不锈钢抽芯铆钉连接,其直径不应小于4.8mm,每一连接件的连接铆钉或螺栓不应少于2个。

5 挂钩连接不应用于挑沿、压顶、出屋面女儿墙及外挑构件等风荷载敏感部位。

11.3.18 金属面板上不宜直接采用种植螺钉与支承框架构件连接来承受或传递荷载。确需应用时,应采用与硅酮结构密封胶相结合的受力形式和构造连接措施,并应校核其强度,满足设计要求。

11.3.19 金属面板可设置加劲肋提高其整体刚度,加劲肋的设置和连接构造:

1 加劲肋宜采用铝合金挤压型材或经表面镀锌处理后的钢型材,铝合金挤压型材壁厚不小于2.5mm,钢型材壁厚不小于2mm,加劲肋壁厚不小于面板材料的壁厚。

2 加劲肋的设置和布局应经计算确定。与金属面板背面连接可采用种植螺钉或与硅酮结构密封胶相结合的连接形式连接,连接螺钉不宜小于5.0mm,相邻间距不宜大于250mm。钢铝不同材料连接时应有防电化腐蚀措施。

3 加劲肋与金属面板边缘折边处以及加劲肋纵横交叉处应采用角码连接,连接件可分别采用螺钉、铆钉等紧固件可靠连接,并应满足刚度和传力要求。

11.3.20 面板板缝宽度的设置按面板承载力和荷载作用下的变形分析计算确定。注胶式板缝不宜小于10mm,嵌条式板缝不宜小于 20mm，挂钩式竖向板缝不宜小于 6mm。

11.3.21 板缝构造：

1 注胶式板缝：板缝内底部应垫嵌聚乙烯泡沫条填充材料，其直径宜大于板缝宽度 20%，硅酮建筑密封胶注胶前应经相容性试验，注胶厚度不应小于 3.5mm，宽度不小于厚度的 2 倍。

2 嵌条式板缝：可采用金属嵌条或橡胶嵌条等形式，应有防松脱构造措施。当采用三元乙丙橡胶条、氯丁橡胶条、硅橡胶条等胶条时，胶条拼缝处及十字交叉拼缝处应有粘结材料粘结，防止雨水渗漏。

3 开放式板缝：面板背后空隙应有良好的通风，支承结构和连接构造应有可靠的防腐蚀措施，并设置建筑保温和导排水构造。

11.4 石材面板

11.4.1 石材面板宜选用花岗岩。如使用花岗岩以外的面板，须有应对环境侵蚀的措施，满足设计要求。石材面板对环境的放射性影响应符合相关规定。

11.4.2 石材面板适用高度，花岗岩不大于 120m，大理石、石灰石和砂岩不大于 20m。

Ⅰ 面板设计

11.4.3 幕墙面板用天然石材的各项技术指标应符合表 11.4.3 规定。

表 11.4.3 室外干挂石材面板各项指标

<table>
<tr><th colspan="2" rowspan="2">项目</th><th colspan="2">花岗岩</th><th rowspan="2">大理石</th><th rowspan="2">石灰石</th><th rowspan="2">砂岩</th></tr>
<tr><th>磨光面板</th><th>粗面板材</th></tr>
<tr><td colspan="2">最小厚度(mm)</td><td>≥25mm</td><td>≥28mm</td><td>≥35mm</td><td>≥35mm</td><td>≥40mm</td></tr>
<tr><td colspan="2">体积密度(g/cm³)</td><td colspan="2">≥2.56</td><td>≥2.60</td><td>≥2.16</td><td>≥2.40</td></tr>
<tr><td colspan="2">吸水率(%)</td><td colspan="2">≤0.6</td><td>≤0.5</td><td>≤5.0</td><td>≤5.0</td></tr>
<tr><td>干燥</td><td rowspan="2">弯曲强度
(N/mm²)</td><td colspan="2" rowspan="2">≥8.0</td><td rowspan="2">≥7.0</td><td rowspan="2">≥6.0</td><td rowspan="2">≥6.0</td></tr>
<tr><td>水饱和</td></tr>
<tr><td colspan="2">干燥压缩强度(N/mm²)</td><td colspan="2">≥100</td><td>≥50</td><td>≥30</td><td>≥30</td></tr>
<tr><td colspan="2">单块面积(m²)</td><td colspan="2">不宜大于 1.5</td><td colspan="3">不宜大于 1.0</td></tr>
</table>

注:石材面板应满足抗冻要求。

11.4.4 石材的强度应由法定检测机构检测,并符合表 11.4.3 规定。石材面板的抗弯、抗剪强度设计值可根据其弯曲强度试验的平均值 f_{gm} 按照表 11.4.4 所规定的安全系数计算得出。石材抗弯强度设计值、抗剪强度设计值应按下列公式计算:

$$f_{g1}=f_{gm}/K_{bm} \tag{11.4.4-1}$$

$$f_{g2}=f_{gm}/K_{cm} \tag{11.4.4-2}$$

式中:f_{g1}—— 石材面板抗弯强度设计值(N/mm^2);

f_{g2}—— 石材面板抗剪强度设计值(N/mm^2);

f_{gm}—— 石材面板弯曲强度试验平均值(N/mm^2);

K_{bm}—— 石材抗弯设计材料强度安全系数;

K_{cm}—— 石材抗剪设计材料强度安全系数。

表 11.4.4 不同石材的安全系数取值

石材种类	抗弯		抗剪
	总安全系数 K_b	材料强度安全系数 K_{bm}	材料强度安全系数 K_{cm}
花岗岩	3	2.15	4.30
大理石	5	3.60	7.10
石灰石	6	4.30	8.60
砂岩	8	5.70	11.40

11.4.5 面板厚度应经强度计算确定。磨光面板厚度，花岗岩不应小于 25mm，火烧板厚度以计算厚度加 3mm；其他石材厚度不小于 35mm。高层建筑、重要建筑及临街建筑立面，花岗岩面板厚度不应小于 30mm。

11.4.6 洞石面板影响结构安全的孔洞应用同质石粉配胶填充密实，填充后的石材不应降低石材的力学强度，并满足表 11.4.3 要求。填充、修补用胶粘剂应与原石材相容且由法定检测机构检测。

11.4.7 面板应作六面防护处理。面板边缘宜经磨边和倒棱，倒棱宽度不宜小于 2mm。

11.4.8 水平悬挂、外倾斜挂装或安装高度超过 80m 时，板块的连接和支承应予加强。水平悬挂、外倾斜挂装及高层建筑的石材面板，板块应有防止石材碎裂坠落的可靠措施。

11.4.9 花岗岩以外的石材面板不应采用水平悬挂、外倾斜安装方式。

11.4.10 面板可采用短槽、通槽、背栓等方式支承。支承构造应便于拆装。板块的连接和支承不应采用钢销、T 形连接件、蝴蝶码和角形倾斜连接件。

11.4.11 面板采用短槽支承、背栓支承连接时，应按四点支承板设计及计算，并符合下列要求：

1　两侧短槽连接时(图 11.4.11-1),支承边的计算长度为两支承点的中心距,非支承边的计算长度取边长。

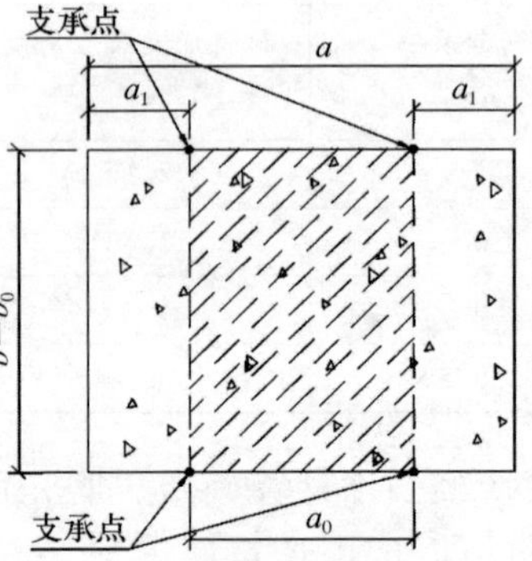

$a_0=a-2a_1 \quad b_0=b$

图 11.4.11-1　面板连接的计算边长 a_0、b_0

2　背栓支承连接时(图 11.4.11-2),横、纵向支承边的计算长度分别为两个方向支承点间的距离(图中 a_0、b_0)。抗弯设计时,取两距离(a_0、b_0)中较大值为长边进行计算。

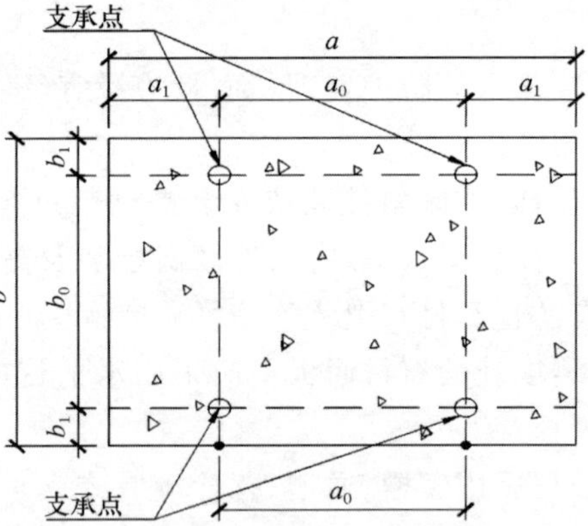

$a_0=a-2a_1 \quad b_0=b-2b_1$

图 11.4.11-2　背栓支承连接时面板连接的计算边长 a_0、b_0

11.4.12 面板采用对边通槽连接时，按对边简支板模型计算，面板跨度为两支承边之间的距离。

11.4.13 异形板或多点支承面板按有限元方法计算。

11.4.14 面板抗弯设计：

1 四点支承板最大弯曲应力标准值按下列公式计算：

$$\sigma_{wk}=\frac{6mw_k b^2}{t^2} \tag{11.4.14-1}$$

$$\sigma_{Ek}=\frac{6mq_{Ek} b^2}{t^2} \tag{11.4.14-2}$$

式中：σ_{wk}，σ_{Ek}——风荷载、地震作用下截面的最大应力标准值（N/mm^2）；

w_k，q_{Ek}——垂直于幕墙平面的风荷载、地震作用标准值（N/mm^2）；

b——计算边长，面板长边（mm）；

t——面板厚度（mm）；

m——均布荷载作用下的最大弯矩系数（按本标准附录E表E.0.2采用）。

2 对边简支板最大弯曲应力标准值按下列公式计算：

$$\sigma_{wk}=0.75\frac{w_k a^2}{t^2} \tag{11.4.14-3}$$

$$\sigma_{Ek}=0.75\frac{q_{Ek} a^2}{t^2} \tag{11.4.14-4}$$

式中：σ_{wk}，σ_{Ek}——风荷载、地震作用下最大应力标准值（N/mm^2）；

w_k，q_{Ek}——垂直于幕墙平面的风荷载、地震作用标准值（N/mm^2）；

a——面板计算跨度（mm）；

t——面板厚度（mm）。

3 四边简支板最大弯曲应力标准值按下列公式计算：

$$\sigma_{wk}=\frac{6mw_k a^2}{t^2} \tag{11.4.14-5}$$

$$\sigma_{Ek}=\frac{6mq_{Ek} a^2}{t^2} \tag{11.4.14-6}$$

式中：σ_{wk}，σ_{Ek}——风荷载、地震作用下截面的最大应力标准值（N/mm^2）；

w_k，q_{Ek}——垂直于幕墙平面的风荷载、地震作用标准值（N/mm^2）；

a——面板短边边长（mm）；

t——面板厚度（mm）；

m——跨中弯矩系数，按表 11.4.14 采用。

表 11.4.14　四边简支面板的跨中弯矩系数（$\nu=0.125$）

a/b	0.50	0.55	0.60	0.65	0.70	0.75
m	0.0987	0.0918	0.0850	0.0784	0.0720	0.0660
a/b	0.80	0.85	0.90	0.95	1.00	—
m	0.0603	0.0550	0.0501	0.0456	0.0414	—

4　面板中最大弯曲应力标准值按本标准 10.4 节规定组合，所得的最大弯曲应力设计值不应超过石板的抗弯强度设计值。

11.4.15　通槽支承面板的槽口抗弯设计：

1　在风荷载或垂直于板面方向地震作用下，槽口处最大弯曲应力标准值，按下列公式计算：

$$\sigma_k=\frac{8q_k lh}{(t-c)^2} \tag{11.4.15-1}$$

式中：σ_k——槽口处最大弯曲应力标准值（N/mm^2）；

q_k——风荷载或垂直于板面方向地震作用标准值（N/mm^2）；

l——面板跨度（mm）；

h——槽口受力一侧深度（mm）；

t——面板厚度(mm)；

c——槽口宽度(mm)。

2 由各种荷载作用在槽口处产生的弯曲应力标准值，按本标准10.4节规定组合。

3 面板槽口处最大弯曲应力设计值 σ 满足下列要求：

$$\sigma \leqslant 0.7f \qquad (11.4.15\text{-}2)$$

式中：σ——槽口处面板最大弯曲应力设计值(N/mm^2)；

f——面板抗弯强度设计值(N/mm^2)，可按11.4.3条和11.4.4条规定采用。

11.4.16 短槽和通槽面板抗剪设计：

1 短槽面板在风荷载或垂直于板面方向地震作用下，挂钩在槽口边产生的剪应力标准值按下式计算：

两边连接

$$\tau_k = \frac{q_k ab}{n(t-c)s}\beta \qquad (11.4.16\text{-}1)$$

四边连接

$$\tau_k = \frac{q_k(2b-a)a}{2n(t-c)s}\beta \qquad (11.4.16\text{-}2)$$

式中：τ_k——槽口处面板的剪应力标准值(N/mm^2)；

q_k——风荷载或垂直于板面方向地震作用标准值(N/mm^2)；

a，b——面板短边及长边边长(mm)；

c——槽口宽度(mm)；

s——单个槽底总长度(mm)，矩形槽的槽底总长度 s 取槽长加上槽深的2倍；

t——面板厚度(mm)；

n——两边连接的每边短槽数或四边连接的长边短槽数；

β——应力调整系数(可按表11.4.16采用)。

2 通槽面板在风荷载或垂直于板面方向地震作用下，在槽口处剪应力标准值按下式计算：

$$\tau_k = \frac{q_k a}{t-c} \tag{11.4.16-3}$$

式中：τ_k——槽口处面板的剪应力标准值(N/mm^2)；

q_k——风荷载或垂直于板面方向地震作用标准值(N/mm^2)；

a——面板跨度(mm)；

c——槽口宽度(mm)；

t——面板厚度(mm)。

3 由各种载荷和作用产生的剪应力标准值按本标准 10.4 节规定组合，剪应力设计值应满足石材抗剪强度设计值。

表 11.4.16 应力调整系数

每块板短槽或背栓个数	4	6	8
β	1.25	1.3	1.35

11.4.17 背栓面板抗拉设计：

1 在风荷载或垂直于板面方向地震作用下，单个背栓螺栓所受拉力按下列公式计算：

背栓螺栓水平拉力标准值为

$$F_t = \frac{q_k \cdot a \cdot b \cdot \beta}{n} \tag{11.4.17-1}$$

式中：F_t——背栓螺栓所受水平拉力标准值(N)；

q_k——风荷载或垂直于板面方向地震作用标准值(N/mm^2)；

a,b——面板短边、长边边长(mm)；

β——应力调整系数，按表 11.4.16 采用；

n——每块面板上背栓螺栓数量。

2 各种荷载作用按本标准 10.4 节规定组合。

3 受拉时单个背栓螺栓承载力设计值 R_t 应通过荷载试验确定，材料强度安全系数取 2.5～3.0，所得设计值不应小于下列经验公式计算值。不满足时，材料强度安全系数应取 3.5。

$$R_t = \frac{C f_k^{0.6} \cdot h_v^{1.7}}{3.0} \tag{11.4.17-2}$$

式中：f_k——面板抗弯强度设计值（N/mm^2）；

h_v——锚固深度（mm）；

C——材质系数，花岗岩取17，石灰岩取30。

4 小尺寸面板或条状面板，锚栓位置不满足11.4.23条第2款要求时，锚栓中心线至面板边缘距离不宜小于板厚的2倍且不小于50mm，该背栓螺栓承载力设计值应乘以折减系数0.50。

5 背栓螺栓尚应按净面积验算抗拉承载力并满足强度要求。

11.4.18 背栓面板抗剪设计：

1 背栓面板在风荷载或垂直于板面方向地震作用下，剪应力标准值取以下两式计算结果的较大值：

$$\tau_k=\frac{q_k ab}{n\pi(d+t-h_v)(t-h_v)}\beta \quad \text{（正压时）} \quad (11.4.18\text{-}1)$$

$$\tau_k=\frac{q_k ab}{n\pi(d+h_v)h_v}\beta \quad \text{（负压时）} \quad (11.4.18\text{-}2)$$

式中：τ_k——背栓螺栓处面板的剪应力标准值（N/mm^2）；

q_k——风荷载w_k或垂直于板面方向地震作用q_{EK}标准值（N/mm^2）；

a，b——面板短边及长边边长（mm）；

d——背栓螺栓孔直径（mm）；

n——单块面板上的背栓个数；

h_v——背栓螺栓切入孔深度（mm）；

t——面板厚度（mm）；

β——应力调整系数（可按表11.4.16采用）。

2 各种荷载作用按本标准10.4节规定组合。背栓螺栓处剪应力设计值应符合下列条件：

$$\tau \leqslant f \quad (11.4.18\text{-}3)$$

式中：τ——面板背栓螺栓处剪应力设计值（N/mm^2）；

f——面板抗剪强度设计值（N/mm^2），可按11.4.3条和

11.4.4条规定采用。

3 背栓螺栓处于11.4.17条第4款所述位置时，面板剪应力设计值应乘以放大系数1.50。

Ⅱ 连接构造

11.4.19 面板的支承连接构造，可采用短槽、通槽和背栓形式，同一块面板上可以有不同的连接构造。

11.4.20 应根据面板材质、厚度、形状和所在位置等合理选择连接方式。

11.4.21 短槽连接构造：

1 挂件经计算确定。不锈钢挂件厚度不小于3mm，铝合金挂件厚度不小于4mm。挂件长度不小于60mm。

2 挂件在面板内的实际插入深度不小于挂件厚度的5倍，短槽长度应比挂件长度大40mm，宽度宜为挂件厚度加2mm，深度宜为挂件插入深度加3mm。槽口两侧板厚度均不小于8mm。

3 短槽边缘到板端的距离不小于板厚度3倍且不大于200mm。

4 面板挂装时，应在面板短槽内注入胶粘剂，胶粘剂应具有高机械性抵抗能力，充盈度不应小于80%。

5 每个石材板块不宜少于4个挂件，每个挂件的固定螺栓不宜少于2个。应采用不锈钢螺栓，直径不小于5mm。

11.4.22 通槽连接构造：

1 挂件及其连接经计算确定。不锈钢挂件厚度不小于3mm，铝合金挂件厚度不小于4mm。

2 挂件插入面板内的深度不小于挂件厚度的4倍，且不小于15mm。每边1个挂件，挂件长度为面板边长减去30mm。槽深度为挂件插入深度加3mm。槽宽及槽两侧板材有效厚度与短槽要求相同。

3 挂件采用不锈钢螺栓固定，螺栓数量、直径和间距经计算确定，但每边不得少于3个，直径不小于5mm。

4 面板挂装时在槽内填嵌胶粘剂，胶粘剂具有高机械性抵抗能力，充盈度不小于80%。

11.4.23 背栓连接构造：

1 背栓连接可选择齐平式[图11.4.23(a)]或间距式[图11.4.23(b)]构造连接。除条状板材及小尺寸板块外，每块石材板块上背栓数量不少于4个，背栓螺栓直径不小于6mm。

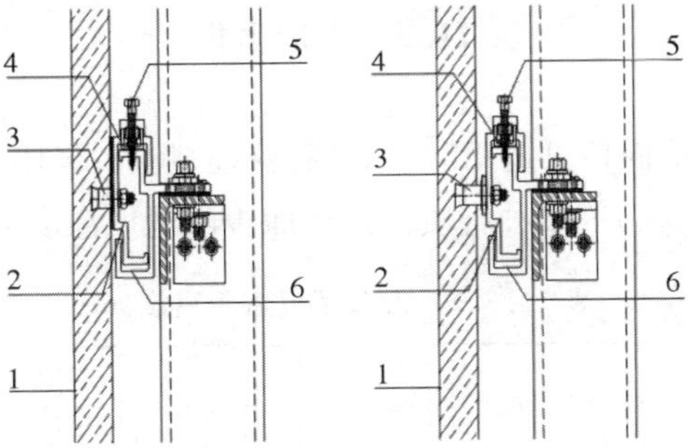

(a) 齐平式安装背栓　　(b) 间距式安装背栓

1—石材面板；2—铝合金挂件；3—背栓；4—限位块；5—调节螺栓；6—挂钩支座

图11.4.23 背栓支承构造

2 背栓孔切入的有效深度不宜小于面板厚度的0.4倍，孔底至板面的剩余厚度不应小于10mm，孔底应扩孔。背栓孔离石板边缘净距不小于板厚的5倍，且不宜大于200mm。背栓间的间距不应大于800mm，且不小于板厚的5倍。

3 采用背栓连接的狭条状或小尺寸面板，长度不大于500mm，宽度不小于120mm时，背栓孔中心至石材最近边缘的距离不小于50mm。

4 背栓螺栓埋装时应检测背栓孔加工精度。不符合表23.5.3-1规定的背栓孔内应注环氧胶粘剂，充盈度不小于80%，背栓各项承载能力应乘以折减系数0.80。严禁使用未经扩孔的背栓连接。

5 背栓支承应有防松脱构造，并有可调节余量。

6 挂钩支座应采用不锈钢螺栓连接，螺栓直径不小于6mm，每个支座宜用2个螺栓连接。

11.4.24 宽度小于150mm的转角板可与大面板连接为整体，转角板应在工厂完成拼接，不得在施工现场组装，其连接强度应满足承载力要求。

11.5 人造面板

11.5.1 人造面板可选用微晶玻璃、瓷板、陶板、玻璃纤维增强水泥外墙板（GRC板）等多种材质。人造面板的适用高度见表11.5.1。

表11.5.1 人造面板适用高度(m)

材质	陶板	瓷板	微晶玻璃	GRC板	
				平板	带肋板、单层板和背附钢架板
高度（≤）	80	60	70	24	80

Ⅰ 面板设计

11.5.2 人造面板应按本标准规定设计。本标准未明确的，可按《人造板材幕墙工程技术规范》JGJ 336和《玻璃纤维增强水泥（GRC）建筑应用技术标准》JGJ/T 423设计。

11.5.3 面板支承设计：

1 采用短槽或背栓四点支承时，可按四点支承板计算。

2 面板采用对边通槽连接时，可按对边简支板计算。

11.5.4 抗弯和抗剪设计可根据面板材质和支承形式，按本标准11.2～11.4节的条款计算，最大弯曲应力设计值不应大于面材抗弯强度设计值，剪应力设计值不大于抗剪强度设计值。其中，点支承微晶玻璃、瓷板、陶板和GRC板的抗弯设计可按11.4.14条规定计算。

11.5.5 曲面及异型面板可采用有限元方法计算。

11.5.6 金属挂件安装缝内所用的填充材料宜选用环氧胶粘剂，胶粘剂应符合《干挂石材幕墙用环氧胶粘剂》JC/T 887 规定。

11.5.7 面板采用背栓与挂件连接时，背栓螺栓和连接件螺栓应采用不锈钢材质，直径应经计算确定且不小于 6mm，连接件的连接螺栓不宜少于 2 个。构造上应有防滑移防脱落措施。

11.5.8 人造面板厚度和最大使用面积应符合表 11.5.8 规定。

表 11.5.8 人造面板厚度和最大使用面积

面板材料	厚度（mm）	最大使用面积（m^2）	面板材料相应标准规范
微晶玻璃板	≥12	≤1.5	JC/T 872
瓷板	≥13	≤1.0	JG/T 217
陶板	≥15	—	JG/T 324
玻璃纤维增强水泥板	≥12	—	JC/T 1057 JGJ/T 423

11.5.9 面板的计算厚度：

1 微晶玻璃：背面平整时，按公称厚度（总厚度）采用；背面粗糙时，应减去背面粗糙层厚度。

2 瓷板：表面平整时，按公称厚度（总厚度）减去背纹厚度采用；表面有波纹或者装饰性凹凸时，按公称厚度减去背纹厚度和表面凸起高度或凹陷深度采用。

3 陶板：表面平整时，按公称厚度（总厚度），并考虑板上孔洞的影响；表面有波纹或装饰凹凸时，应考虑表面凸起高度或者凹陷深度。

4 GRC 板：正面平整且无装饰层，按公称厚度（面板的结构层）采用；正面有装饰层时，应减去装饰层厚度。

11.5.10 GRC 板可选用平板、带肋板、单层板和背附钢架板（图 11.5.10）。GRC 板可带有装饰层、保温层。

1 GRC 面板设计应符合表 11.5.10 规定。大尺度 GRC 面板宜采用带肋板或背附钢架板。

表 11.5.10 玻璃纤维增强水泥(GRC)面板厚度、面积和单边极限长度

玻璃纤维增强水泥板(GRC)	GRC 板面厚度(mm)	单块最大面积(m^2)	单边极限长度(mm)
平板	≥25	—	—
带肋板	≥12	—	—
单层板		4	2000
背附钢架板		12	6000

注:采用四点支承的 GRC 平板单块面积不宜大于 $1.0m^2$,临街建筑的 GRC 平板厚度不宜小于 30mm。

2 GRC 面板的立面造型、色泽、纹理等外观质量应满足设计要求。材性材质、加工制作、质量要求及施工安装等,宜由幕墙设计与生产企业配合完成。

3 GRC 板抗弯、抗剪强度设计值可按 3.2.14 条确定。

4 GRC 面板挠度限值 $d_{f,lim}$ 应按计算跨度的 1/250 采用。

5 GRC 板应作自重作用下和考虑动力系数为 1.50 的吊装运输状态下的抗裂验算。在正常使用状态下的抗裂验算可不考虑地震作用,温湿度效应的影响可按《玻璃纤维增强水泥(GRC)建筑应用技术标准》JGJ/T 423 规定计算。

6 GRC 背附钢架板的钢构架材料可采用碳素结构钢、低合金结构钢。如采用耐候结构钢或焊接结构用耐候钢,其性能指标应满足《耐候结构钢》GB/T 4171 规定。钢构架防腐蚀宜采用热浸镀锌处理,并符合《金属覆盖层 钢铁制件热浸镀锌层 技术要求及试验方法》GB/T 13912 规定,膜层厚度不小于 85μm。

7 GRC 面板采用开放式板缝时,应设置防排水系统。连接构造部位应有可靠的防腐蚀措施。

8 GRC 面板宜设置起吊和安装的专用埋件。

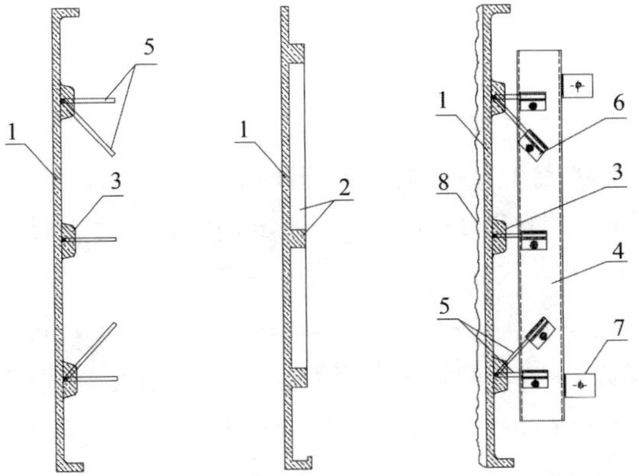

(a) 单层板　(b) 带肋板　(c) 背附钢架板

1—GRC 板（基体板）；2—加劲肋；3—粘结盘；4—钢架；
5—锚杆；6—连接板；7—转接件；8—装饰层

图 11.5.10　GRC 板示意图

11.5.11　水平悬挂或外倾挂装的人造面板，连接部位应予加强，并有防坠落措施。

Ⅱ　连接构造

11.5.12　连接构造应根据人造面板的材质、厚度、形状和所在部位合理设计。

11.5.13　微晶玻璃板厚度应由计算确定。框支承时厚度不小于 12mm，短槽、通槽或背栓连接时厚度不小于 20mm，并符合下列规定：

1　微晶玻璃采用背栓连接时，使用专用钻头和打孔工艺。孔深不宜小于板厚的 1/2，孔底至板面的剩余厚度不应小于 10mm。

2　用于背栓支承的连接件宜采用不锈钢挂件，截面厚度不应小于 3.0mm，并满足强度和刚度要求。背栓孔中心与面板边缘净距不小于板厚的 5 倍、且不大于 200mm，并有防脱落、防滑移措施。

3 面板挂装和背栓连接应符合本标准 11.4.21～11.4.23 条规定。

4 狭条状或小尺寸微晶玻璃面板采用背栓连接时，应符合本标准 11.4.23 条和 11.4.24 条规定，背栓承载力计算时乘以折减系数 0.50。

5 背栓螺栓直径不应小于 6mm，背栓抗拉承载力设计值应通过试验确定，材料强度安全系数取 2.50 并按公式(11.4.17-2)校核，材质系数 C 取 10；不满足时，材料强度安全系数取 3.0 作为设计值。

6 短槽和通槽连接可按本标准 11.4.21 条和 11.4.22 条设计，槽口两侧板厚均不得小于 7.5mm。

11.5.14 瓷板幕墙应符合《人造板材幕墙工程技术规范》JGJ 336 规定，并满足以下要求：

1 瓷板宜采用框支承或背栓连接。采用短槽或通槽连接时，槽口两侧板厚均不得小于 7.5mm，不满足时应通过试验验证确定其使用的可行性。挂装高度大于 30m 的瓷板宜采用框支承方式，采用背栓连接应符合第 2 款规定。

2 瓷板背栓埋置深度不应小于板厚的 1/2，孔底面板净厚度不小于 6mm，背栓螺栓直径不小于 6mm，背栓承载能力应通过试验确定。挂装高度大于 30m 时，瓷板背栓部位的板厚不应小于 20mm，不宜小于 25mm。如采用局部加厚，凸台直径或凸条宽度不应小于 120mm。

3 瓷板钻孔精度应符合表 23.5.3-2 要求。

4 瓷板短槽和背栓连接应符合 11.4.11 条要求。

5 水平荷载作用下的瓷板弯矩系数，四边支承时按表11.2.6-1 取用，四点支承时按表 11.2.11-1 取用。

6 瓷板背栓连接可按 11.4.17 条和 11.4.18 条设计计算，确定单个背栓受拉承载力的材料强度安全系数取 3.0，受拉承载力设计值不应小于公式(11.4.17-2)计算值。不满足时，材料强度安全系数取3.5。在公式(11.4.17-2)中瓷板材质系数C取20，f_k按表3.2.13取值。

11.5.15 陶板可采用插接或背栓连接方式，其连接构造(图11.5.15)应符合以下规定：

1 陶板安装应使用配套的专用挂件，挂件强度和刚度经计算确定。挂件长度不小于50mm，不锈钢挂件的厚度不小于2.0mm，铝合金型材挂件的厚度不小于3.0mm，铝合金型材表面阳极氧化处理，挂件连接处宜设置弹性垫片。

2 挂件与面板的连接，不应使面板产生局部附加挤压应力。

3 陶板长度不宜大于1.5m。采用侧面连接时，陶板长度不宜大于0.9m。

4 挂件插入陶板槽口的深度不应小于6mm，挂件中心线与面板边缘的距离宜为板长的1/5，且不应小于50mm。挂件与陶板的前后上下间隙应根据连接方式设置弹性垫片或填充胶粘剂，胶粘剂应具有高机械性抵抗能力。

5 陶板横向接缝处宜留6mm～10mm安装缝隙，上下陶板

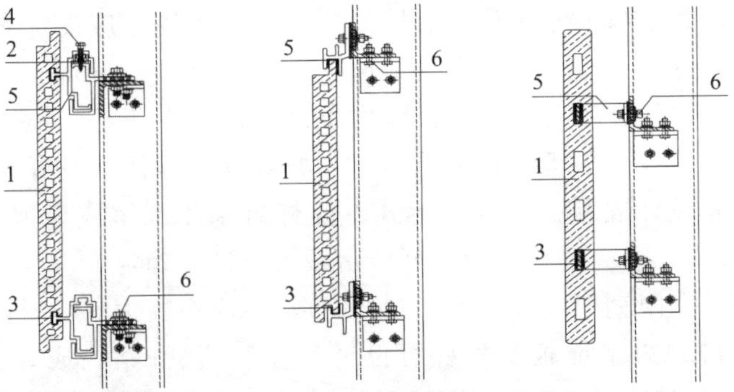

(a) T型挂件连接　(b) 下挂接上插接　(c) 侧面连接

1—陶板；2—限位块；3—胶粘剂；4—调节螺栓；
5—铝合金挂件；6—紧固螺栓

图11.5.15　陶板连接构造示意图

不应直接碰触；竖向接缝处宜留 4mm～8mm 安装缝隙，内置胶条防止侧移。

6 挂件与支承构件的连接经计算确定。每块陶板的连接点不应少于 4 处，螺栓直径不小于 5mm。除侧面连接外，连接点间距不宜大于 600mm。

7 陶板、陶棍及其他陶质部件安装，应有防碎裂坠落措施，或有防止幕墙清洗维护时撞击陶板的措施。

8 采用背栓支承时，实心陶板实际厚度不应小于 16mm，其承载能力应由试验确定。

11.5.16 GRC 面板连接可采用短槽、背栓、预埋锚杆或螺母套等构造形式，其构造和设计应符合《玻璃纤维增强水泥（GRC）建筑应用技术标准》JGJ/T 423 规定，并满足以下要求：

1 GRC 平板可采用短槽或背栓等四点支承挂装方式，其构造可按 11.4 节要求设计，弯矩和挠度可按本标准 11.2.11 条规定计算，并取折减系数 $\eta=1.0$。

2 带肋板可采用短槽、背栓、预埋螺母套等挂装方式。

3 单层板和背附钢架板宜采用转接件与支承结构连接，构造上应可三维调节，定位后有锁紧功能。面板周边应设置非受力的构造边肋，面板厚度根据受力情况可取 12mm～15mm。

4 单层板和背附钢架板除均布设置抗水平荷载的锚杆连接件外，还应设置面板静载承重锚杆。静载承重锚杆可设置在板上下端，宜设计成悬挂式或支承式。锚杆可采用圆钢或扁钢，并经热浸镀锌处理。锚杆埋设长度和承载力经试验确定。

5 背附钢架板应在工厂制作完成，不应在施工现场制作。

11.5.17 人造面板的板缝可设计为注胶式、嵌条式或开放式。当采用开放式时，应有防腐蚀、防渗漏及导排水构造措施。

微晶玻璃、瓷板可采用注胶式、嵌条式或开放式。

陶板宜采用开放式，也可采用注胶式或嵌条式。

11.6 复合面板

11.6.1 复合面板可选择金属复合板、铝蜂窝复合板、石材蜂窝复合板等。

Ⅰ 面板设计

11.6.2 铝复合板和构造相似材质不同的其他金属复合板可采用刻槽折边，刻槽不得触及面层金属板，刻槽后剩余芯层厚度不应小于 0.3mm，面板周边应设置加强边框，并用螺钉、铆钉或结构胶等与面板可靠连接。不同金属之间连接时应有防电化腐蚀的隔离措施。

11.6.3 复合面板芯层不应外露，宜采用金属镶嵌边框、面层材料折边或采用硅酮密封胶等方式封闭。

11.6.4 铝蜂窝板面层厚度不应小于 1mm。10mm 厚铝蜂窝板背层厚度不应小于 0.7mm，厚度大于 10mm 的铝蜂窝板背层厚度不应小于 0.8mm。四周自然折边或镶框，蜂窝不应外露。

11.6.5 安装在转角处板边外露的蜂窝板应封边处理。

11.6.6 石材蜂窝板：

1 石材蜂窝板应镶框封边处理，蜂窝不应外露。

2 石材蜂窝板的锚固螺栓应在工厂制作板材时埋入，不应现场埋置。粘结填嵌的材料应与粘结体相容。

3 石材蜂窝板幕墙宜采用封闭式板缝。

4 石材蜂窝板边长不宜大于 2m，板块面积不宜大于 $2m^2$。

5 石材蜂窝板面板可按《人造板材幕墙工程技术规范》JGJ 336结合本标准要求设计。

11.6.7 石材蜂窝板背板：

1 采用铝合金板时，厚度不应小于 0.5mm。

2 采用镀锌钢板时，厚度不应小于 0.35mm，表面锌层厚度不应小于 15μm。

11.6.8 复合板可根据受力条件设置加劲肋。加劲肋可采用方管形、槽形或角形金属型材,闭口型材的壁厚不应小于 1.5mm,开口型材的壁厚不应小于 2.5mm。加劲肋应与面板和边肋可靠连结,并有防腐蚀措施。

11.6.9 复合面板弯曲应力可根据面板材质按本标准 11.3.6 条计算。

11.6.10 复合面板挠度可根据面板材质按本标准 11.3.7 条计算。

Ⅱ 连接构造

11.6.11 复合板的连接采用挂件挂接、压板固定方式时(图 11.6.11),固定件应能有效传递各方向的荷载,并符合下列规定:

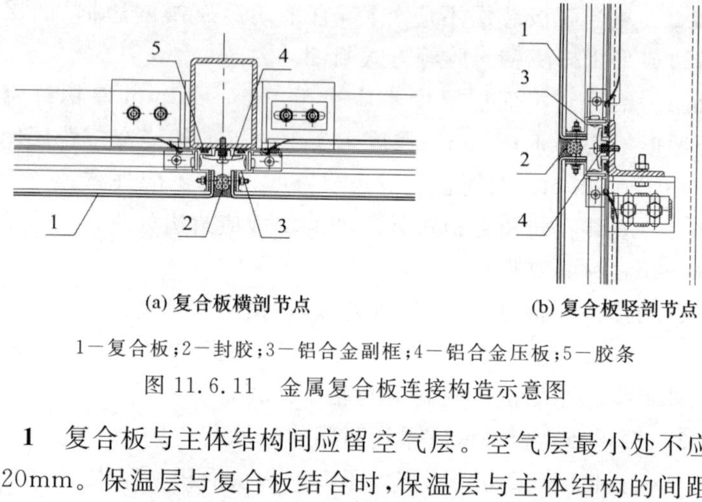

(a) 复合板横剖节点　　(b) 复合板竖剖节点

1—复合板;2—封胶;3—铝合金副框;4—铝合金压板;5—胶条

图 11.6.11 金属复合板连接构造示意图

1 复合板与主体结构间应留空气层。空气层最小处不应小于 20mm。保温层与复合板结合时,保温层与主体结构的间距不应小于 50mm。

2 复合板与支承结构间的连接,可采用螺栓或螺钉固定,连接强度应满足设计要求。

3 复合板接缝宽度不宜小于 10mm。板缝注硅酮建筑密封胶时,底部填充泡沫条,胶缝厚度不小于 3.5mm,宽度不小于厚度的2倍。

11.6.12 复合面板封闭式接缝：

1 嵌条式板缝可采用三元乙丙胶条、氯丁胶条或硅胶密封条密封，胶条与板缝应紧密接触，胶条纵横交叉处应有效密封。

2 注胶板缝的宽度及所用密封胶的性能，应能够适应幕墙本身及建筑物在各种作用下产生的变形。

11.6.13 复合面板开放式接缝：

1 复合面板接缝处不应有雨水能直接侵入的缝隙或洞口，宜在板块背面设置防水和导排水构造。

2 采用外墙保温时，保温层表面应形成连续的防潮层，幕墙保温层周边、保温棉板接缝、固定角码四周和洞口等应做密封防潮处理。

11.6.14 铝蜂窝板可选用吊挂式、扣压式等方式连接（图11.6.14-1、图11.6.14-2），并符合下列规定：

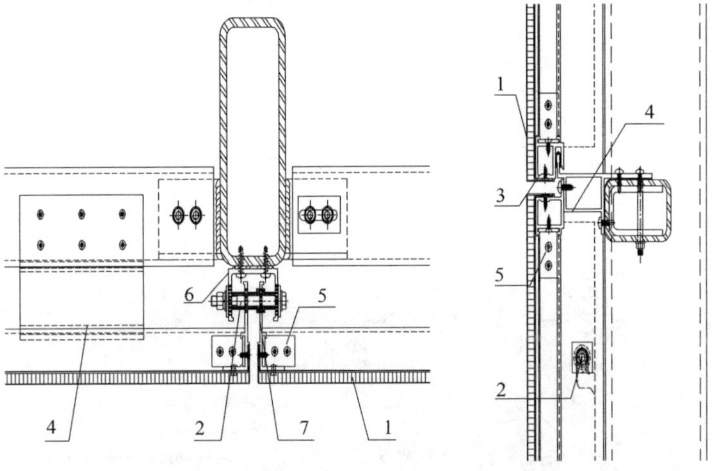

(a) 铝蜂窝板横剖节点　　(b) 铝蜂窝板竖剖节点

1—铝蜂窝板；2—挂接螺栓；3—铝合金副框；
4—铝合金托板；5—铝合金角码；6—槽铝；7—挂码

图11.6.14-1　吊挂式蜂窝板连接构造示意图

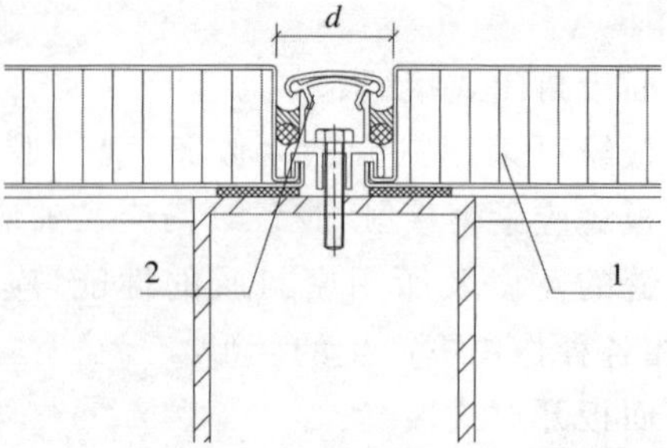

1—铝蜂窝板；2—扣板；d—板缝宽度

图 11.6.14-2　扣压式铝蜂窝板连接构造示意图

1　板缝宽度应满足计算要求。吊挂式铝蜂窝板板缝宽度不宜小于 10mm，扣压式铝蜂窝板板缝宽度不宜小于 25mm。

2　连接强度应满足计算要求。

3　四周封边，芯材不得暴露。

11.6.15　石材蜂窝板应采用专用金属挂件固定在支承结构上，连接构造见图 11.6.15。

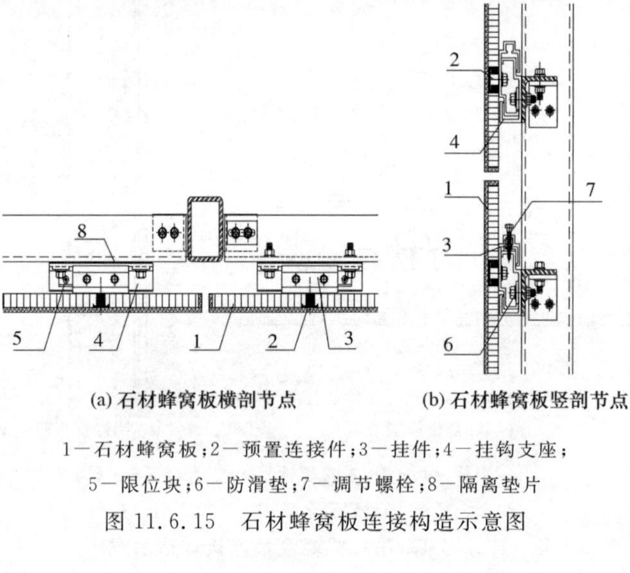

1—石材蜂窝板；2—预置连接件；3—挂件；4—挂钩支座；

5—限位块；6—防滑垫；7—调节螺栓；8—隔离垫片

图 11.6.15　石材蜂窝板连接构造示意图

封闭式石材蜂窝板幕墙，板缝注胶应符合本标准 11.6.12 条规定。开放式石材蜂窝板幕墙，防水构造应符合本标准 11.6.13 条规定。

11.6.16 面板与幕墙构件的连接部位，应采取措施防止产生摩擦噪声。

11.6.17 不同金属材料接触处应设置耐蚀胶垫等绝缘片。

12 幕墙门窗

12.1 一般规定

12.1.1 幕墙门窗应根据建筑性质、使用功能、通风换气、热工设计等要求选型和设置，其性能指标要求由建筑设计确定。

12.1.2 幕墙门窗系统的性能指标应符合《建筑幕墙》GB/T 21086 和《建筑幕墙、门窗通用技术条件》GB/T 31433 规定。弹簧门的气密、水密、隔声和保温性能等不作要求。

12.1.3 门窗的布置和面积应符合建筑设计要求。超高层建筑不宜设置幕墙开启窗。

12.1.4 门窗应根据型材截面构造、门窗扇尺寸及自重合理选用适配五金件，五金件应符合《建筑门窗五金件通用要求》JG/T 212 规定，满足安全和使用功能要求，便于安装、维护和更换。地弹簧的选用应符合《地弹簧》QB/T 2697 规定并经风荷载计算确定。五金件的安装应有防松脱措施。采用铝合金隔热型材时，五金件应安装在隔热材料内侧的框、扇型材上。

12.1.5 门窗玻璃应符合《建筑玻璃应用技术规程》JGJ 113 规定。玻璃应采用室内侧安装构造，并采取防止室外拆卸的构造措施。

12.1.6 通风换气用幕墙开启窗宜采用内开窗和上悬外开窗等开启形式。单扇面积不应大于 $1.8m^2$，开启角度不宜大于 30°，开启间距不宜大于 300mm，开启距离应设置安全限位装置。

12.1.7 除消防排烟窗外，高层建筑不应采用外平开窗、平推窗及下悬外开窗。开启窗下缘距离楼地面高度大于 1 500mm 时应考虑启闭方式，可采用手动、电动或气动开窗器。幕墙开启窗采用自动启闭方式时，应设置安全锁闭装置。

12.1.8 消防排烟窗应采用电动或气动启闭形式，并与消防自动报警系统联动。采用气动形式时，应设置机械锁定装置。设计选型计算动力装置的推力时，应考虑风荷载影响。消防排烟窗设置应符合本标准 7.2.9 条规定，并有防窗扇脱落措施。

12.1.9 开启窗与幕墙构架的结合宜采用搭接构造形式，连接处应有防雨水渗漏的密封措施。

12.1.10 支撑门系统的幕墙结构强度和变形应满足门的使用功能及装配要求。

12.1.11 幕墙门可根据建筑要求采用弹簧门、平开合页门、旋转门、平移门等形式。门系统应确保不松脱、不倾倒，其耐撞击性、启闭力和反复启闭性能等应满足使用要求。自动门应符合《自动门》JG/T 177 规定。

12.1.12 幕墙上有耐火完整性要求的门所用材料和构造必须满足防火设计要求，当采用玻璃时至少有一层玻璃应符合《建筑用安全玻璃　第 1 部分：防火玻璃》GB 15763.1 规定，其耐火完整性不应低于 30min。

12.1.13 机场、车站、医院、商场等人流密集场所不得设置门槛，平开门应可向外开启。

12.1.14 与幕墙共面的门上端宜设置雨篷。

12.2 幕墙门窗构造

12.2.1 门窗型材壁厚应经强度和挠度验算，窗扇型材壁厚不宜小于 2mm，门扇型材壁厚不宜小于 3mm。

12.2.2 连接门窗框的幕墙型材局部壁厚不应小于 3.0mm，铝型材局部壁厚小于螺钉公称直径时应按本标准 10.7.5 条规定采取加强措施。窗框与幕墙型材采用自攻螺钉连接时，螺钉间距不应大于 300mm，边距不应大于 150mm，螺钉尖部露出长度不小于

8mm,并有防松脱措施。外露螺钉与型材连接处应密封处理。门框与幕墙型材不应采用自攻螺钉连接。

12.2.3 门窗的框和扇采用螺钉与合页(铰链)连接时,连接处铝合金型材局部壁厚不应小于螺钉公称直径。不满足时,应采用铆螺母或增加不锈钢垫衬板等连接措施,衬板厚度不应小于3mm,并有连接螺纹。外露螺钉头与型材结合处应有密封措施。

12.2.4 门窗的各连接部位不应采用沉头、半沉头螺钉。门窗框不得固定在幕墙型材的装饰扣盖上。

12.2.5 门窗框角、扇角的组合连接接缝处应密封处理。

12.2.6 门窗周边密封条应采用三元乙丙橡胶条或硅橡胶密封条等制品,其性能应符合《建筑门窗、幕墙用密封胶条》GB/T 24498规定。橡胶条邵氏硬度不宜大于50。

12.2.7 斜幕墙不宜设置开启窗。确需设置时,内倾斜幕墙开启窗的下边框应有导排水措施,外倾斜幕墙开启窗的窗扇应有安全限位和防坠落构造措施。

12.2.8 窗框底部型材内外高差不宜小于50mm,易渗入雨水或形成冷凝水的部位,截面构造宜有导排水功能。

12.2.9 上悬窗采用悬挂式连接时,应有可靠的防脱落措施。被悬挂的上横梁应校核重力静荷载作用下的挠度,并校核连接构造的抗扭性能。挠度值不应大于跨度的1/500,且不大于3mm。

12.2.10 开启窗采用不锈钢滑撑时,应按开启扇的自重和要求确定滑撑型号、规格,其性能应符合《建筑门窗五金件 滑撑》JG/T 127规定,长度不宜小于窗扇高度的1/3。当滑撑长度小于边框的1/2时,应设置限位撑挡。

12.2.11 开启窗采用不锈钢撑挡时,应按开启扇的规格和要求确定撑挡型号、规格,两侧应对称配置,其性能应符合《建筑门窗五金件 撑挡》JG/T 128规定。

12.2.12 开启窗采用执手、锁闭器时,应按开启窗的面积、功能及要求确定型号、规格,其性能应符合《建筑门窗五金件 传动机构用执手》JG/T 124 和《建筑门窗五金件　多点锁闭器》JG/T 215 规定。开启扇对角线长度大于 0.7m 时，不应采用旋压式执手。开启扇面积大于 1.0m^2 时，应采用多点锁闭器。锁点应根据计算确定，锁点间距不宜大于 600mm，边距不应大于 300mm。

12.2.13 开启窗玻璃采用隐框形式安装时，中空玻璃的第二道密封应采用硅酮结构密封胶，结构胶宽度经计算确定。窗扇结构胶粘接的位置，应与中空玻璃的结构胶位置重合。采用玻璃飞边或者中空玻璃采用大小片构造时，结构胶重合位置不应少于一组对边。玻璃下端应设置托条，托条应满足本标准 10.6.6 条规定。夹层玻璃、中空玻璃外露端面应有护边。

12.2.14 门窗框与带包覆层的幕墙型材采用螺钉连接时，螺钉应与被包覆的主型材紧固连接。

12.2.15 钢门框扇外包装饰材料时，其构造应便于加工组装。

12.2.16 无框玻璃门宜采用单片钢化玻璃，玻璃厚度不应小于 12mm，且不大于 19mm。无框玻璃门应设置明显安全警示标识。

12.2.17 地弹簧门的上轴应伸入横梁固定，横梁壁厚或构造不满足时，可在伸入横梁部位设置不锈钢套管或垫衬板。

12.2.18 弹簧门单扇宽度不宜大于 1 100mm。高度大于 2 200mm时宜采用有框门扇，框组角应牢固。高度大于 2 800mm 时门扇框连接应采取加固措施。门框刚度和固定连接结构应满足设计要求。

12.2.19 平开合页门单扇宽度不宜大于 900mm，高度不宜大于 2 700mm，门扇应加强角部连接构造。密封胶条固定应牢固，压合严密，压合搭接宽度不应小于 6mm。

12.2.20 平移门的轨道梁应固定在幕墙室内侧。平移门单扇宽度不宜大于 1100mm，高度不宜大于 2 400mm。

12.2.21 自动门感应装置的设置应符合功能设计要求，并便于检修。

12.3 采光顶窗构造

12.3.1 不宜设置与采光顶面板共面的开启窗。确需设置时，构造上应有防雨水渗漏及导排水措施。

12.3.2 采光顶窗应采用夹层玻璃或中空夹层玻璃。采用中空夹层玻璃时，其下层应为夹层玻璃。

13 构件式幕墙

13.1 一般规定

13.1.1 构件式幕墙的立柱、横梁、面板及配套连接件应在工厂加工制作，在现场依次安装立柱、横梁和面板，并通过连接件安装于主体结构上。构件式幕墙框架及其连接件，可采用铝合金或钢结构。构件式幕墙宜分层悬挂于主体结构上。

13.1.2 构件式幕墙设计应安全可靠并符合建筑立面、使用功能、运输管理等要求。幕墙构件应便于制作、安装、维护及更换，幕墙构造应能有效疏导雨水和冷凝水。

13.1.3 幕墙与主体结构连接的预埋件，应在主体结构施工时埋设，埋件位置应符合设计规定。

13.1.4 幕墙立柱和主体结构的连接，应有满足平面内和平面外的调整措施。构件的连接宜对称布置，连接构造应有防松、防滑措施。当采用挂接或插接时应有防脱落、防滑动措施。

13.1.5 采用竖向分层支承、上下不连续且设于建筑外墙平面内的幕墙立柱，应设置与主体结构变形相适应、可消除应力变形影响的连接构造。

13.1.6 构件式明框幕墙固定玻璃的压板应连续条形配置，压板与幕墙框架宜采用不锈钢材质的螺钉或螺栓连接，并按计算确定螺钉或螺栓直径与数量。螺钉或螺栓直径不应小于 5 mm，间距不大于 400mm。

13.1.7 扣合在幕墙面板压板上的装饰扣盖等部件，扣合连接应紧密可靠，当扣合件的悬挑尺寸大于 100 mm 或扣件造型复杂时，扣合的连接构造应加强，必要时可用机械连接方式加固。

13.1.8 构件式幕墙外挑构件或装饰部件的外挑尺寸，至幕墙面板距离大于等于 200 mm 时，应考虑对幕墙整体构架的影响。宜采用连接件、转接件与幕墙支承构件紧固连接，不得采用自攻螺钉连接，必要时应采用螺栓连接。开口截面型材不宜设置外挑构件。

13.1.9 幕墙面板与横梁、立柱的连接，应满足面板平面和支承结构间相对位移的要求，并对跨越立柱层间插接缝的面板作变形校核。

13.1.10 构件式幕墙的强度计算和构造设计，应能满足幕墙各部位的荷载变化要求。

13.1.11 构件式幕墙可以采用立柱式或横梁式的构造。

13.1.12 当幕墙跨越主体结构的变形缝时，应在变形缝两侧独立设置幕墙支承结构，幕墙构造伸缩缝尺寸应与主体结构的变形缝相协调，并采用柔性或滑移等方式的连接措施封闭处理。

13.1.13 铝合金型材表面处理应符合本标准 3.3.2 条规定。钢型材宜采用耐候钢，碳素钢型材宜热浸镀锌或采取其他有效的防腐蚀措施。处于潮湿环境或腐蚀条件下的钢型材，可按计算厚度增加 1.0mm 为设计厚度。隔热型材应符合本标准附录 C 要求。

13.2 横梁构造设计

13.2.1 横梁截面主要受力部位的厚度：

1 截面自由挑出部位[图 13.2.1(a)]和双侧加劲部位[图 13.2.1(b)]的宽厚比 b_0/t 应满足表 13.2.1 要求，并符合《铝合金结构设计规范》GB 50429 和《冷弯薄壁型钢结构技术规范》GB 50018 规定。

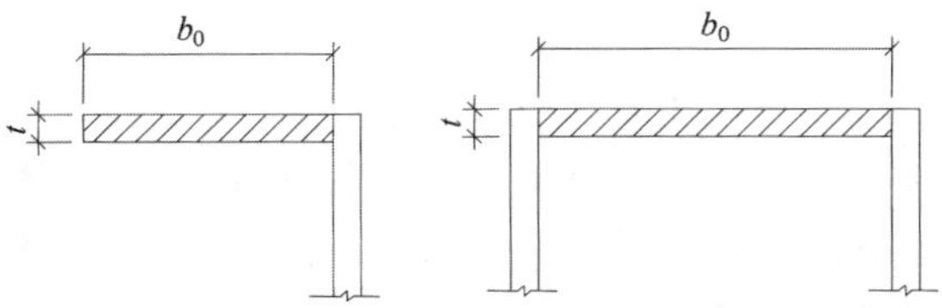

图 13.2.1 横梁截面部位示意

表 13.2.1 横梁截面宽厚比 b_0/t 限值

截面部位	铝型材				钢型材	
	6060-T5 6063-T5 6463-T5 6463A-T5	6060-T6 6463-T6 6463A-T6 6063A-T5	6063-T6 6063A-T6	6005-T5 6005-T6 6061-T6	Q235	Q345
自由挑出	17	15	13	12	15	12
双侧加劲	50	45	40	35	40	33

注：表中数值为上限。

2 当横梁跨度不大于 1.2m 时，铝合金型材截面主要受力部位的厚度不应小于 2.0mm；当横梁跨度大于 1.2m 时，其截面主要受力部位的厚度不应小于 2.5mm。

3 热轧钢型材截面主要受力部位的厚度不应小于 3.0mm。除热轧型材外，焊接部位厚度不应小于 4.0mm。

13.2.2 横梁主要受力型材截面宜采用封闭矩形为主体，其矩形腔体高度不小于 50mm，宽度宜大于高度。当横梁为开口截面型材时，应按薄壁弯扭构件设计和计算。

13.2.3 横梁与立柱的连接构造应能承受垂直于幕墙平面的水平力、幕墙平面内的垂直力及绕横梁水平轴的扭转力，其连接构造，紧固件尺寸、数量应由计算确定，横梁与立柱宜采用铰接的连接构造。

13.2.4 横梁与立柱采用钢销钉或弹簧销钉连接时，销钉直径不应小于 6.0mm，销钉材质宜为不锈钢。插销处铝合金立柱局部壁厚不应小于销钉的公称直径，且应满足精度配合要求。

13.2.5 高层或超高层建筑幕墙横梁与立柱的连接，不应采用钢销钉或弹簧销钉的构造形式。高度超过 50m 的幕墙不应采用横梁两端均可滑移的梁柱连接形式。

13.2.6 横梁与立柱采用角码连接时，每个连接处的螺钉或螺栓不应少于 2 个，开口横梁连接时不宜少于 3 个。螺钉或螺栓直径不应小于 6mm。铝合金角码壁厚不应小于较厚的被连接铝合金构件，且不小于螺钉或螺栓直径的 0.8 倍。

13.2.7 横梁与立柱的连接角码采用螺钉与立柱壁连接时，其连接处横梁和立柱的壁厚应满足各项承载能力极限状态要求，螺孔处铝合金型材厚度不宜小于螺钉直径 d，不应小于 $0.8d$，不满足时可对型材局部加强，局部加强的宽度不应小于 $2.5d$。

13.2.8 横梁与立柱间应有 1.0mm～1.5mm 间隙，应采用柔性橡胶垫片并用硅酮密封胶封闭，满足变形伸缩和方便安装。

13.2.9 钢横梁及立柱连接为焊接时，每间隔 12m 应设一处水平向滑移铰接端，应能可控滑动并满足强度要求。同一区段内横梁和立柱的连接构造应一致。

13.2.10 钢铝组合横梁的设计和构造与钢铝组合立柱相同，见 13.3.10 条和 13.3.11 条。

13.3 立柱构造设计

13.3.1 幕墙立柱及其支座除传递荷载外，应能适应主体结构的变形。

13.3.2 立柱宜采用上端悬挂方式。如主体结构的墙或梁具有承受支承力和支座构造布置条件时，可采用层内长短双跨连续梁式，长短跨比不宜大于 10。立柱下端支承时，应作压弯构件设计，对受弯平面内和平面外作受压稳定验算。

13.3.3 立柱截面宜为封闭矩形，截面宽度宜取不小于层高的1/80，且不小于60mm，截面高度不宜小于宽度。

13.3.4 立柱的支点应置于主体结构允许受力的部位，如需在主体结构非受力构造部位设支点时，应作必要的结构处理并经验算确定。

13.3.5 立柱与主体结构的连接件应有足够的承载力。铝合金连接件材料厚度不应小于8mm，钢连接件材料厚度不应小于6mm，每一连接处的螺栓不应少于2个，螺栓直径不小于10mm。采用焊接时，应计算焊缝尺寸并标注焊接要求。

13.3.6 幕墙上、下立柱的连接构造应结合紧密，满足荷载传递，适应节间变形。上下立柱间宜设置不小于15mm的缝隙，立柱接缝宜封闭防水。幕墙立柱上终端外露型材腔口应封闭，下端应设泄水口。

13.3.7 幕墙上、下立柱的连接插芯可采用相同的材质。插芯一端与立柱固定连接，另一端应能滑动伸缩，插芯单端与立柱的结合长度不应小于型材长边边长，且不小于120mm。插芯应有足够的刚度，壁厚不应小于立柱的壁厚。

13.3.8 立柱截面主要受力部位的厚度：

1 铝型材截面开口部位厚度不应小于3.0mm，闭口部位厚度不应小于2.5mm。

2 热轧钢型材截面主要受力部位厚度不应小于3.0mm，焊接部位厚度不应小于4.0mm。

3 立柱的截面宽厚比应符合本标准13.2.1条规定。

4 螺钉连接处立柱型材壁厚应符合13.2.7条规定。销钉连接处立柱型材壁厚应符合13.2.4条规定。

13.3.9 U形通槽型材槽壁有效厚度不应小于3.0mm，螺钉有效入槽深度不应小于16mm，螺钉间距不应大于250mm。

13.3.10 幕墙立柱以钢型材为受力构件，立柱外包覆装饰性的铝型材或不锈钢等材料时的截面构造：

1 钢型材宜采用按国家现行标准生产制作的定型产品。

2 装饰性铝合金型材截面构造和型材壁厚应符合《铝合金建筑型材》GB/T 5237及铝合金制作、构造的要求，与钢型材之间应有良好的防腐蚀隔离措施。

3 外包覆装饰性材料与钢型材间，应做好连接构造设计。

13.3.11 幕墙构件不宜采用铝合金型材腔内衬套钢型材作为共同参与受力的钢铝组合构件。确需应用时，除构造上应满足相应要求外，设计计算应符合本标准13.5.9条规定。

13.3.12 多跨铰接梁弯矩、挠度及支座反力系数可按本标准附录G取用。

13.4 横梁结构设计

13.4.1 横梁截面可根据建筑造型的需要，按照面板作用于横梁上的荷载和横梁不同支承状况产生的弯矩、剪力和扭矩计算确定。横梁承受轴向力时，尚应验算轴向力影响。

13.4.2 对称矩形截面横梁受弯承载力可按下列公式计算：

$$\frac{M_x}{\gamma W_{nx}}+\frac{M_y}{\gamma W_{ny}}\leqslant f \tag{13.4.2}$$

式中：M_x——横梁沿x轴（平行于幕墙平面方向）的弯矩设计值（N·mm）；

M_y——横梁沿y轴（垂直于幕墙平面方向）的弯矩设计值（N·mm）；

W_{nx}——横梁截面沿x轴（幕墙平面内方向）的净截面最小抵抗矩（mm^3）；

W_{ny}——横梁截面沿y轴（垂直于幕墙平面方向）的净截面最小抵抗矩（mm^3）；

γ——塑性发展系数，弱硬化铝型材取1.0，强硬化铝型材和钢型材取1.05；

f —— 型材强度设计值 f_a 或 f_s（N/mm^2）。

13.4.3 横梁截面受剪承载力应符合下式要求：

$$\frac{V_y S_x}{I_x t_x} \leqslant f_V \tag{13.4.3-1}$$

$$\frac{V_x S_y}{I_y t_y} \leqslant f_V \tag{13.4.3-2}$$

式中：V_x——横梁水平方向（x 轴）的剪力设计值（N）；

V_y——横梁竖直方向（y 轴）的剪力设计值（N）；

S_x——横梁截面沿 x 轴的毛截面最大面积矩（mm^3）；

S_y——横梁截面沿 y 轴的毛截面最大面积矩（mm^3）；

I_x——横梁截面沿 x 轴的毛截面惯性矩（mm^4）；

I_y——横梁截面沿 y 轴的毛截面惯性矩（mm^4）；

t_x——横梁截面相应于 x 轴腹板的截面总厚度（mm）；

t_y——横梁截面相应于 y 轴腹板的截面总厚度（mm）；

f_V——型材抗剪强度设计值（N/mm^2）。

13.4.4 在风荷载或重力荷载作用下，横梁挠度限值 $d_{f,lim}$ 宜按下列规定采用：

铝合金型材横梁计算跨度不大于 2000mm 时：

$$d_{f,lim} = l/180 \tag{13.4.4-1}$$

钢型材横梁计算跨度不大于 3000mm 时：

$$d_{f,lim} = l/250 \tag{13.4.4-2}$$

铝合金或钢型材横梁计算跨度大于 4500mm 时：

$$d_{f,lim} = l/300 \tag{13.4.4-3}$$

式中：l——横梁的跨度（mm）。

铝合金型材横梁计算跨度 2000mm～4500mm、钢型材横梁计算跨度 3000mm～4500mm 时按插入法计算。

铝合金与钢型材横梁 $d_{f,lim}$ 绝对值不大于 30mm。

当有扭矩作用时还应考虑扭转作用产生的变形。在自重标准值作用下，单块面板两端间局部相对挠度尚应满足《建筑幕墙》

GB/T 21086规定，$d_{f,lim}$不大于端距的 1/500 且不大于 3mm。

13.4.5 应按计算模型验算横梁和立柱的连接，包括连接件及其与立柱之间所用螺钉、螺栓的抗剪、型材挤压、连接件扭转受剪等。

13.4.6 当横梁和立柱连接采用的螺栓、螺钉或铆钉同时承受轴力和剪力时，该连接承载力应符合下式：

$$\sqrt{\left(\frac{S_v}{V_s}\right)^2+\left(\frac{S_N}{N_s}\right)^2}\leqslant 1 \tag{13.4.6}$$

式中：S_v——单个螺栓、螺钉、铆钉的计算剪力值；

S_N——单个螺栓、螺钉、铆钉的计算轴力值；

V_S——单个螺栓、螺钉、铆钉只承受剪力的承载力设计值；

N_S——单个螺栓、螺钉、铆钉只承受轴力的承载力设计值。

螺栓、螺钉、铆钉与型材连接时尚应验算型材本体的抗剪、局部承压的连接强度，并满足相应要求。

13.4.7 非对称截面横梁应按斜弯曲或弯扭构件计算，开口薄壁横梁应按弯扭构件计算。

13.5 立柱结构设计

13.5.1 应根据立柱的实际受力和支承条件，分别按单跨梁、双跨梁或多跨梁计算由自重、风荷载和地震作用产生的弯矩、扭矩和剪力，并按其支承条件计算轴向力。

13.5.2 承受轴向拉力和弯矩作用的立柱，其承载力应符合下式：

$$\frac{N}{A_n}+\frac{M}{\gamma W_n}\leqslant f \tag{13.5.2}$$

式中：N——立柱的轴力设计值(N)；

M——立柱的弯矩设计值(N·mm)；

A_n——立柱的净截面面积(mm^2)；

W_n——立柱在弯矩作用方向的净截面最小抵抗矩(mm^3)；

γ——截面塑性发展系数，弱硬化铝型材取 1.0，强硬化铝型材和钢型材取 1.05；

f——型材强度设计值 f_a 或 f_s(N/mm^2)。

13.5.3 承受轴压力和弯矩作用的立柱，其在弯矩平面内的稳定性应符合下式：

$$\frac{N}{\varphi A}+\frac{M}{\gamma W(1-0.8N/N_E)}\leqslant f \quad (13.5.3\text{-}1)$$

$$N_E=\frac{\pi^2 EA}{1.1\lambda^2} \quad （用于钢构件） \quad (13.5.3\text{-}2)$$

$$N_E=\frac{\pi^2 EA}{1.2\lambda^2} \quad （用于铝构件） \quad (13.5.3\text{-}3)$$

$$\lambda=l/i \quad (13.5.3\text{-}4)$$

$$i=\sqrt{\frac{I}{A}} \quad (13.5.3\text{-}5)$$

式中：N——立柱轴压力设计值(N)；

N_E——临界轴压力(N)；

M——立柱最大弯矩设计值(N·mm)；

φ——弯矩作用平面内的轴心受压稳定系数，可按表13.5.3采用；

A——立柱毛截面面积(mm^2)；

W——在弯矩作用方向上较大受压侧的毛截面抵抗矩(mm^3)；

λ——长细比；

l——计算长度(mm)，两端简支 $l=L$，一端简支一端固结 $l=0.7L$，两端固结 $l=0.5L$，悬臂式立柱 $l=2L$，L 为立柱支承长度；

i——核心半径(mm)；

γ——截面塑性发展系数，弱硬化铝型材取 1.0，强硬化铝型材和钢型材取 1.05；

f——型材强度设计值 f_a 或 f_s（N/mm^2）；

I——受弯平面内的截面惯性矩（mm^4）。

表 13.5.3 轴心受压柱的稳定系数 φ

长细比或特征值	铝型材		钢型材	
钢：长细比 λ 铝：$\lambda\sqrt{\frac{f_{0.2}}{240}}$	6060-T5 6063-T5 6063A-T5	6061-T6 6063-T6 6063A-T6	Q235	Q345
20	0.90	0.95	0.97	0.96
40	0.73	0.82	0.90	0.88
60	0.51	0.58	0.81	0.73
80	0.34	0.38	0.69	0.58
90	0.28	0.31	0.62	0.50
100	0.23	0.25	0.56	0.43
110	0.20	0.21	0.49	0.37
120	0.17	0.18	0.44	0.32
130	0.15	0.16	0.39	0.28
140	0.13	0.14	0.35	0.25
150	0.11	0.12	0.31	0.21

注：$f_{0.2}$—铝合金材料的规定非比例伸长应力，也称名义屈服强度。

13.5.4 承受轴压力和弯矩作用的立柱，其长细比 λ 不宜大于 150。

13.5.5 立柱应验算仅在水平荷载作用下的整体稳定。可按《铝合金结构设计规范》GB 50429 和《钢结构设计标准》GB 50017 规定验算。钢立柱也可按本标准第 19 章规定验算。梁柱双向滑动连接、销钉连接不能作为立柱的侧向约束。

13.5.6 实腹式矩形钢柱水平荷载作用下的整体稳定性可按线弹性稳定方法分析。

13.5.7 在风荷载标准值作用下，立柱相对挠度限值 $d_{f,lim}$ 宜按下列规定采用：

1 铝合金型材立柱，计算跨度不大于 3 600mm 时按公式(13.5.7-1)计算；跨度 4 500mm～15 000mm 时按公式(13.5.7-2)计算；跨度 3 600mm～4 500mm时按插入法计算。

$$d_{f,lim}=l/180 \tag{13.5.7-1}$$

$$d_{f,lim}=l/225 \tag{13.5.7-2}$$

钢型材立柱，计算跨度不大于 15 000mm 时按公式(13.5.7-3)计算：

$$d_{f,lim}=l/250 \tag{13.5.7-3}$$

式中：l——支点间距离(mm)，悬臂构件可取挑出长度的 2 倍。

2 铝合金与钢型材立柱，计算跨度大于 15 000mm 时，$d_{f,lim}$ 不大于 $l/500$；计算跨度不大于 15 000mm 时，$d_{f,lim}$ 绝对值不大于 30mm。

13.5.8 斜幕墙立柱应按立柱实际受力状况验算承载力和变形。

13.5.9 钢铝组合截面立柱设计：

1 钢铝组合构造截面中，不参与组合截面共同工作的铝材部分，仍须按实际受力状况作局部受力和连接部位的强度计算。

2 钢铝共同工作的组合截面可按刚度分配原理，分别按下式计算其荷载：

$$q_{al}=\frac{I_{al}E_{al}}{I_{al}E_{al}+I_{s}E_{s}}\cdot q\cdot \gamma_{F} \tag{13.5.9-1}$$

$$q_{s}=\frac{I_{s}E_{s}}{I_{al}E_{al}+I_{s}E_{s}}\cdot q \tag{13.5.9-2}$$

式中：q——作用于立柱上的荷载值(N/mm)；

q_{al}——组合截面上铝材承受的荷载值(N/mm)；

q_{s}——组合截面上钢材承受的荷载值(N/mm)；

E_{al}——铝材弹性模量(N/mm^2)；

E_{s}——钢材弹性模量(N/mm^2)；

I_{al}——组合截面中铝材独立的截面惯性矩(mm^4)；

I_{s}——组合截面中钢材独立的截面惯性矩(mm^4)；

γ_F ——调整系数，取 1.05。

3 钢铝共同工作的组合截面，应按材料力学方法验算两种型材间的剪力传递，按计算要求设置抗剪螺钉。

4 钢铝组合截面立柱的挠度限值按钢型材取用。

13.5.10 在建筑物平面转角或突变处的立柱，应考虑最不利荷载和作用的组合，对立柱截面最小抵抗矩和最小惯性矩方向作补充验算和校核，满足相应极限状态的要求。

13.5.11 带竖向装饰构件或遮阳部件的立柱应按本标准 10.2.4 条规定计算风荷载，并进行荷载组合。

14　单元式幕墙

14.1　一般规定

14.1.1　根据建筑设计要求选择单元式幕墙类型,结构与构造形式应安全可靠,便于安装和维修。

14.1.2　幕墙单元板块及配套装置和连接部件应在工厂加工制作并完成组装。装饰构件受吊装运输因素制约时,可在现场组装。

14.1.3　单元式幕墙的防火和防雷设计应符合本标准第 7 章和第 8 章规定。层间防火封堵和防雷电气通路施工,宜与单元板块安装同步。

14.2　构造设计

14.2.1　单元式幕墙组件的插接部位、对接部位以及开启部位构造,应按压力平衡原理设计。插接构件宜选用组合后能形成 2 个或 2 个以上腔体的型材。单元组合后的左、右立柱腔体中,前腔的水不应排入顶、底横梁组件腔体的后腔。

14.2.2　易渗入雨水和凝聚冷凝水的部位,应设计导排水构造。导排水构造中应无积水现象。水平构件上腹板面上不宜开导排水孔。内排水设计宜采用同层排水方式。

14.2.3　单元式幕墙板块间的对插部位应有导插构造。对插时密封胶条不应错位、带出或受损。

14.2.4　单元式幕墙插接接缝设计:

1　单元部位之间应有适量的搭接长度。立柱的搭接长度不应小于 10mm，且能协调温度、主体结构的层间变形和地震作用下的位移。顶、底横梁的搭接长度不应小于 15mm，且能协调温度、主体结构梁板变形及地震作用下的位移。板块宽度大于 2.5m 时的左右立柱搭接长度、板块高度大于 5m 时的顶底横梁的搭接长度，可按公式（14.2.4-1）计算，且不应小于本条规定的限定值（图14.2.4-1）。

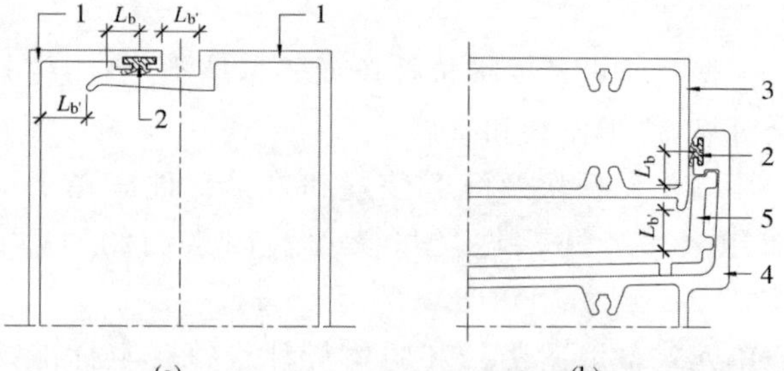

1—立柱；2—密封胶条；3—底横梁；4—顶横梁；5—铝合金过桥型材

（搭接长度 L_b 为密封条中心至导插构造端点的距离，L_b' 为有效间隙）

图 14.2.4-1　搭接长度计算示意图

$$L_b \geqslant \alpha b \Delta t + d_C + (d_E \text{或} d_D) \qquad (14.2.4\text{-}1)$$

式中：L_b——搭接长度（mm）；

α——立柱或横梁线膨胀系数（1/K）；

b——计算方向立柱或横梁长度（mm）；

Δt——幕墙的年温度变化（K）；

d_C——施工偏差（mm），可取 2mm；

d_E——考虑地震作用等其他因素影响的预留量（mm），不少于 3mm；

d_D——考虑主体结构及其梁板变形的影响。

2　对插构件间的有效间隙 L_b' 应大于 L_b。

3　超高层幕墙建筑，L_b' 应考虑主体结构的层间压缩量。

4　当主体结构梁跨度较大时，L_b' 应考虑幕墙安装后结构梁的后续变形。

5 单元板块顶、底部主体结构相对位移较大时，L_b' 应考虑主体结构的变形差。

6 过桥型材与顶横梁间应有间隙并用硅酮密封胶密封，间隙 C_b 和 C_b' 可按公式(14.2.4-2)计算，且 C_b 不应小于 5mm，C_b' 不应小于 3mm(图 14.2.4-2)。

$$(C_b, C_b') \geqslant \frac{\alpha b \Delta t + d_E}{3n\delta} \tag{14.2.4-2}$$

式中：C_b，C_b'——过桥型材与顶横梁间的间隙(mm)；

α——顶横梁的线膨胀系数(1/K)；

b——单元板块的分格宽度(mm)；

Δt——幕墙的年温度变化(K)；

d_E——考虑地震作用及其他因素影响的预留量，不少于 3mm；

n——过桥型材两端均可伸缩取 2，只有一端可伸缩取 1；

δ——硅酮密封胶拉伸粘接性能试验中受拉应力为 0.14N/mm²时的伸长率。

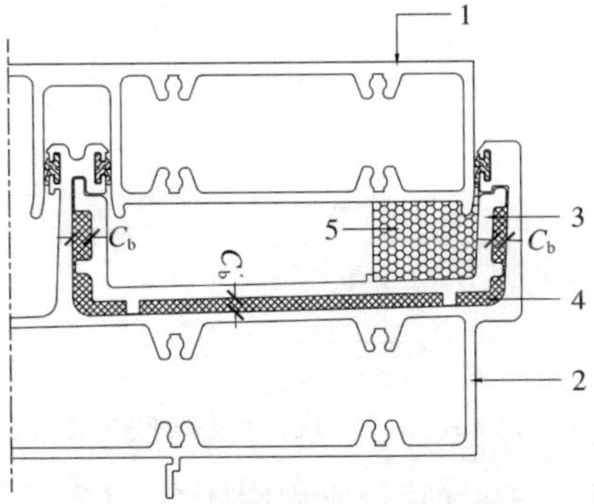

1—底横梁；2—顶横梁；3—过桥型材；4—硅酮密封胶；5—透水海绵

图 14.2.4-2 过桥型材与横梁配合示意图

7　相邻四片单元板块纵、横缝相交处，端部应密封处理，防止雨水渗漏。

8　相邻四片单元板块纵、横缝相交处靠室内侧，宜在型材内采用可阻气挡水的柔性材料封堵，柔性材料的可压缩量应满足单元板块的位移要求。

14.2.5　单元式幕墙的对接接缝设计：

1　相邻单元板块间的可变形量应符合公式(14.2.4-1)及14.2.4条第3、4、5款要求。

2　靠近室内侧最后一道密封条的可压缩量应大于按公式(14.2.4-1)计算结果的1.5倍。密封条在最小压缩量状态下的弹性应能满足气密性要求。

3　对接型板块宜选择能控制横梁、立柱错位变形的对插构件或构造措施，并校核对插构件和节点的强度和刚度。靠近室内侧最后一道密封条的搭接宽度 l_w 应大于相邻立柱在不同荷载作用下的变形差(图14.2.5)。

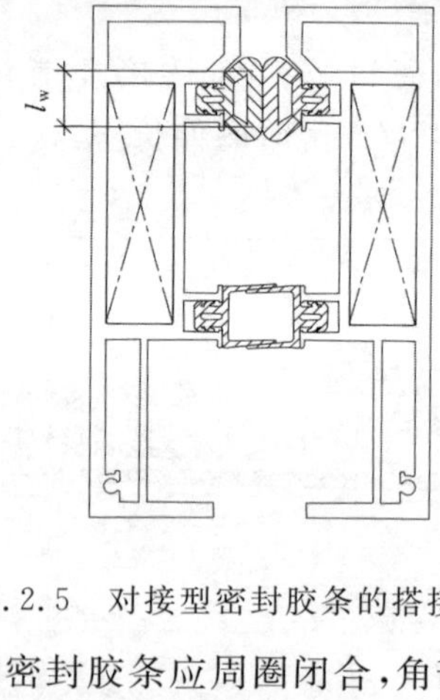

图14.2.5　对接型密封胶条的搭接宽度

4　单元部件的密封胶条应周圈闭合，角部应密封。

5　相邻四片单元板块相交处，端部应密封处理。

14.2.6　变形缝处单元板的接缝设计应能满足变形缝变形的构

造要求，同一单元板块与主体结构的连接点应位于变形缝的同侧。

14.2.7 幕墙框架构件连接处和螺钉、螺栓部位应有防雨水渗入和防松脱措施，工艺孔应作防水处理。

14.2.8 单元式幕墙的通气孔和排水孔宜采用透水材料封堵。通气孔宜为直径不小于8mm的圆孔，排水孔宜采用不小于20mm×8mm的长形孔。

14.2.9 吊装孔不应损害幕墙单元板块的防水构造。吊装孔位于构件应力较大的区域时，对该部位应专门计算。

14.2.10 单元式幕墙与主体结构或其他系统的相接部位，应保持幕墙防水系统的完整。可增加配置或选用与单元式幕墙同一系列的型材作收口、收边构件，并采取密闭封堵措施。

14.2.11 单元式幕墙面材与框架及框架与框架连接部位，应有可靠的密封措施。

14.2.12 隐框玻璃幕墙的单元板块应有托板，玻璃周边应有护边构造。采用刚性护边时，玻璃与护边构件的间隙不宜小于5mm。

14.2.13 明框玻璃幕墙用密封胶条固定玻璃时，玻璃四周与框之间应设置柔性垫块，垫块长度不应小于100mm，每边不少于2块。垫块与框之间应有可靠的固定连接。

14.2.14 单元板块间的过桥型材长度不宜小于250mm。过桥型材宜设置成一端铰接固定，另一端可滑动的连接形式，并应密封处理。

14.2.15 横向隐框单元式幕墙宜有防积尘构造措施。

14.3 结构设计

14.3.1 单元板块的整体刚度、横梁与立柱连接节点刚度等应能满足运输、吊装及使用要求。

14.3.2 根据单元板块的形式、尺度、荷载和构造设计，立柱和横梁可采用开口、单箱、双箱及其组合截面型式。立柱及横梁截面的高宽比不宜大于4，不应大于6。立柱的截面宽度不宜小于45mm，不应小于40mm，公立柱的截面宽度不含其与母立柱的插接肢（图14.3.2）。立柱截面有效高度可取建筑层高的1/20～1/30，且不宜小于140mm。带有封闭箱体的横梁，箱体高度不应小于40mm。

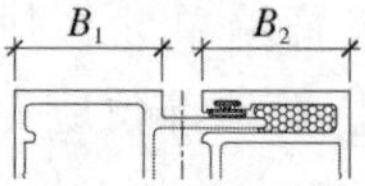

B_1—公立柱宽度；B_2—母立柱宽度

图14.3.2 单元式立柱的宽度

14.3.3 根据传力途径依次复核单元板块各构件的承载能力。荷载偏心对计算结果影响明显时，应考虑荷载偏心产生的效应。

14.3.4 上下单元板块的荷载传递：

1 复核顶横梁与立柱连接、单元板块与主体结构连接时，应计入相邻上单元板块传递的荷载。

2 应复核顶横梁、水槽料在相邻上单元板块传递荷载作用下的承载能力。

3 上下单元板块错缝布置时，宜在上单元立柱插接部位的顶横梁内增设水槽料或能有效传递荷载的构件，必要时应增加顶横梁的刚度。

14.3.5 单元式幕墙结构计算应有明确的计算模型，横梁与立柱可按本标准第10章和第13章规定计算。立柱截面为开口型材时尚应按14.3.8条和14.3.9条要求选择和计算。四周与横梁和立柱用结构胶粘接的玻璃板块可视为单元的约束构件。

14.3.6 单元间采用对接式组合构件时，对接处横梁与立柱应分别按其所承受的荷载和作用计算。

14.3.7 采用插接式组合构件时立柱的荷载分配：

1 有确保左、右立柱协同变形的构造措施时，可根据下式分配荷载后按各自承担的荷载及作用分别计算。

$$q_{1K}=q_K\frac{I_1}{I_1+I_2} \tag{14.3.7-1}$$

$$q_{2K}=q_K\frac{I_2}{I_1+I_2} \tag{14.3.7-2}$$

式中：q_K——作用于单元组合立柱上的线荷载标准值(N/mm)；

q_{1K}，q_{2K}——分配到左、右立柱上的线荷载标准值(N/mm)；

I_1，I_2——左、右立柱沿计算方向的毛截面惯性矩(mm^4)。

2 无确保左、右立柱协同变形的构造措施时，应根据各自承担的荷载及作用计算。如图 14.3.2 所示的接插，不能视为协同变形的构造措施。

14.3.8 开口型材的宽厚比应符合 13.2.1 条要求。

14.3.9 开口型材的整体稳定性可采用有限元方法计算，也可根据《铝合金结构设计规范》GB 50429 规定计算，或根据本标准附录 H 的系数折减开口型材强度。

14.3.10 明框单元板块的龙骨采用隔热条时，玻璃应采用结构胶与隔热型材的后半部分牢固粘接，结构胶宽度经计算确定。隔热型材的设计和构造应符合本标准附录 C 规定。

14.3.11 单元板块上端悬挑长度可取不大于支点至单元板块下端长度的 1/10，不宜大于 400mm。单元板块下端悬挑长度不宜大于 400mm。

14.3.12 大型单元板块设计

单元板块宽度超过 2.0m 或单元板块面积超过 $8.0m^2$ 时应满足下列规定：

1 板块的传力途径清晰、直接，各杆件之间的连接有足够的刚度，关键节点、受力较大的节点有专门的加强构造措施。

2 板块宜整体建模计算复核，各连接点的刚接、铰接假设应与实际情况相符。横梁立柱间直接由螺钉连接的节点视为铰接，必要时宜增设辅助连接件加强。

3 板块与主体结构的连接点不宜超过 3 个，不应超过 4 个。其中 2 个连接点可采用安装前预定位、其余连接点可在安装后调整到位，连接点不应对单元板块产生初始变形和应力。

4 以中立柱、公母立柱为主要传力构件时，中立柱与顶底横梁的连接、顶底横梁与公母立柱的连接应安全可靠，应分别复核吊装和使用状态下的承载能力。中立柱宜直接固定在主体结构上。

5 板块的中立柱数量不宜多于 2 列。

6 玻璃面板四周与框架之间应采用结构胶连接或其他有效措施提高板块的整体刚度。

7 板块规格尺寸应满足运输限高、限宽的要求。

14.3.13 双层整体单元式幕墙设计：

1 应加强单元板块的整体刚度，确保单元板块能同时承受内外两侧传递的荷载。

2 板块的梁柱连接节点，应增加辅助连接件予以加强。

3 玻璃板块宜采用结构胶连接在外单元板块立柱和横梁上，以增加板块整体刚度。

4 内单元与外单元的连接构造应满足内外单元荷载传递及稳定性要求，必要时增设刚性连接件。

5 内外单元采用同一立柱时，立柱的支承连接设计应完善。立柱腹板开孔时应验算立柱单肢的强度和稳定性。

6 吊装设计应确保运输和吊装的安全可靠。

7 应分别复核吊装及使用状态下的承载能力，并应考虑荷载偏心产生的效应。

14.3.14 转角处单元设计：

1 转角立柱的计算应满足 13.5.10 条规定。

2 转角采用整体单元时，单元板块设计应满足 14.3.12 条规定。

3 转角采用分体单元时，转角处一侧的单元板块应限制平面内的水平位移；采用整体单元时，单元板块应限制平面内的水平位移。

4 单元板块与主体结构连接挂件构造应能适应单元板块平面内位移。

14.3.15 带装饰条的单元板块设计：

1 固定于单根立柱上的竖向装饰条、固定于单根横梁上的水平装饰条，悬挑尺度不宜大于对应立柱、横梁有效计算截面高度的1.5～2.0倍。自面板外侧算起，悬挑尺度不宜大于300mm，不应大于600mm。超过上述尺度的装饰构件或遮阳构件，宜直接固定在主体结构上。

2 固定装饰条的立柱、横梁应能独立承受装饰条、面板传递的拉力、剪力、双向弯矩、扭矩等共同作用。装饰条宜固定在公母立柱或顶底横梁中刚度较大的型材上。立柱、横梁插接部位的厚度应能有效传递、协调公母型材上的荷载，确保公母型材的协调变形。

3 受力较大的装饰条固定板应采用螺栓固定。可按构造和受力需要，采用单排或双排螺栓固定。固定板应有定位措施（图14.3.15-1）。

4 装饰条宜固定于闭腔箱式型材上。

5 玻璃与铝合金型材之间采用胶条密封时，玻璃与型材之间的间隙 d（图14.3.15-1）应大于立柱与玻璃之间的侧向相对变形值、温度作用伸缩量、地震作用变形量、加工误差等值之和的1.5倍，当此间隙采用密封胶密封时，密封胶应有相应的变位能力和承载能力。

6 玻璃与铝合金型材之间采用结构胶连接时，结构胶应有相应的变位能力，结构胶厚度按本标准10.6.5条规定计算。自面板外侧起算，装饰条悬挑尺度大于250mm时，玻璃板块与单元

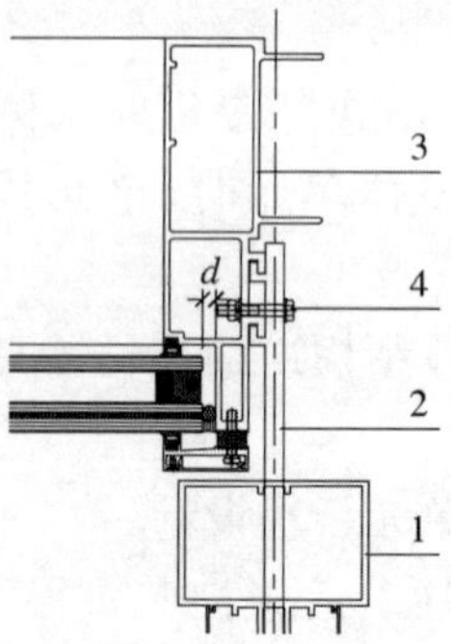

1—装饰条；2—装饰条连接板；3—立柱；

4—固定螺栓；d—玻璃与型材之间的间隙

图 14.3.15-1　幕墙带装饰条节点构造示意图

板块的梁柱应以结构胶粘结。

7　当 $Pe_1 > G_k e_2$ 时，单元板块底部应有防侧向滑移的措施，并能承受作用于其上的各种荷载(图 14.3.15-2)。

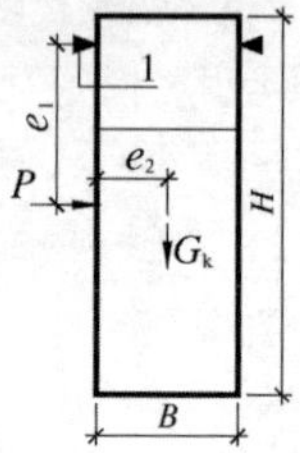

1—单元板块与主体结构连接点；H—单元高度；B—单元宽度；

P—装饰条等效集中力设计值；G_k—板块自重荷载标准值；

e_1—装饰条等效集中力作用点至挂点的距离；

e_2—板块重心至装饰条一侧立柱的距离

图 14.3.15-2　带装饰条单元板块示意图

8　宜采用合理的受力模型，减少装饰构件对立柱、横梁的影响。

9　单元板块与主体结构连接构件、预埋件，应能承受来自面板与装饰条的叠加荷载，并考虑荷载偏心对计算结果的影响。

10 横梁与立柱的连接节点及截面设计，应考虑来自装饰构件的荷载所产生的拉力、剪力和扭矩，必要时连接节点宜增设辅助连接件加强。

11 装饰条应独立承受自身所负担的荷载和作用，满足强度和刚度要求。装饰条不应与梁、柱组成复合构件受力。

14.3.16 弧面及其他非平面单元板块设计：

1 板块形状宜对称。

2 板块的密封及导排水构造应完整。

3 复核单元板块构件、连接件时，应同时考虑侧向荷载的作用。

4 图 14.3.16 所示的面板 1～3 等凸出部分宜有空间桁架支撑。当面板较重或凸出尺寸较大时，桁架宜直接与主体结构连接。

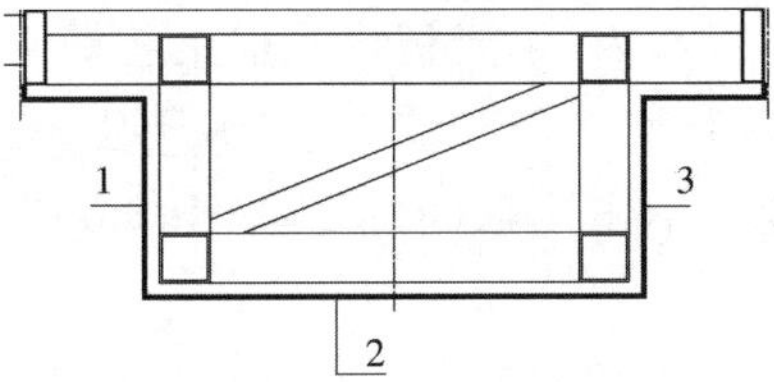

1—面板1；2—面板2；3—面板3

图 14.3.16 曲折板块示意图

5 单元板块造型复杂形体不规则时应提高整体刚度，单元梁柱连接构造应专设辅助连接件加强，必要时可设置板内支撑系统，强化整体和角部构造。转角部位的板块构造宜专门设计加强。

14.3.17 可拆卸面板设计：

1 玻璃板块与单元框架应可靠连接和密封，在运输、吊装及使用过程中应不会滑脱及受损。

2 板块应有防玻璃滑脱、防坠落的构造措施。

3 板块采用副框与单元框架插接时，插接深度及构件间的间隙不应小于温度作用伸缩量、地震作用变形量、加工误差等值之和的 2 倍且不小于 10mm。

4 板块应有供面板拆卸、更换用的临时固定构造。

5 玻璃面板应有足够的刚度，满足最不利工况条件下拆卸、更换的要求。

6 立柱和横梁的计算分析应建立正确的模型，玻璃板块不能作为立柱和横梁的侧向约束构件。

14.4 连接设计

14.4.1 单元式幕墙平面内位移能力可按下列方法验算：

1 幕墙玻璃采用结构胶直接粘接于框架上时，结构胶厚度应满足：

1） 在玻璃平面内，单元板块底横梁相对于下方单元顶横梁能水平滑动，且位移能力 u_s' 满足公式（14.4.1），结构胶的厚度可不作计算，但不应小于 8mm。

$$u_s' \geqslant h[\theta] \tag{14.4.1}$$

式中：u_s'——单元板块的位移能力，取左右相邻板块之间的有效间隙减去间隙内密封条压缩后的宽度以及施工偏差，施工偏差取 1.5mm；

h——玻璃板块的高度（mm）；

$[\theta]$——主体结构层间位移角（见本标准 10.6.5 条）。

2） 在玻璃平面内，单元板块底横梁相对于下方的单元顶横梁不能滑动或位移能力不满足第 1 项规定时，结构胶厚度应满足 10.6.5 条规定，面板转动角按设计构造减去施工误差计算。

2 单元板块玻璃不采用结构胶粘结时，玻璃板块与单元框的安装间隙应满足公式（10.6.8），其中取 $\mu_{\lim}=[\theta]l_1$。单元板块的位移能力应满足公式（14.4.1）。

14.4.2 单元式幕墙框架立柱和横梁的连接,应采用不锈钢螺钉并采取密封措施。连接螺钉直径不应小于 5mm,螺钉数量应经计算确定且每个连接点不少于 3 个,顶、底横梁与立柱连接螺钉数量应适当增加。螺钉固定到位后,丝孔的最小壁厚不应小于 2mm,光孔的壁厚不应小于 3mm。螺钉与型材的连接长度不宜小于 40mm。不应采用沉头或半沉头螺钉。

14.4.3 大型单元板块、整体转角单元板块、弧面及其他非平面单元板块和装饰构件悬挑尺寸较大的单元板块等,横梁与立柱的连接不宜单独采用螺钉承受荷载,应增加刚度较大的连接构件,连接件经计算确定。节点计算时应符合模型假定,同时考虑拉力、剪力(包括弯、扭等产生的拉力及剪力)的共同作用,必要时连接件可设置在板角并外露明装。

14.4.4 单元板块与连接挂件间,宜设置成可绕水平轴微转动的构造形式。单元板块竖向荷载的传递宜按悬吊连接计算,偏心矩以板块重心处起算。

14.4.5 单元板块间的过桥型材应计算上下左右单元的荷载传递,满足强度及刚度要求。

14.4.6 单元板块与主体结构的连接设计:

1 单元板块与主体结构连接的挂件组传力途径应简明、直接,不宜多次转接。组件应可三维调节,前后和左右方向的调节量不小于 30mm,上下方向的调节量不小于 20mm,定位后应有防止板块滑动脱落的构造措施。

2 挂件组各构件应单独进行受力分析,应复核在各种荷载及其偏心产生的拉、剪、弯、扭等共同作用下的承载能力。同一构件上,每处应力或应变较大的部位应逐一复核。应采用合理的构造,减少荷载偏心产生的影响。计算荷载偏心时应计入对计算结果不利的调节量。

3 连接构件厚度经计算确定,钢材不应小于 8mm,铝合金型材不应小于 10mm。

4 连接件采用铝合金型材时宜采用6061-T6。

5 应采用不锈钢螺栓连接，螺栓公称直径不小于12mm，每个连接处不少于2个螺栓。

6 单元板块与主体结构的连接部位，各连接件或转接件应能承受最不利荷载及作用，并满足构造要求。

7 整体转角单元板块与主体结构的连接应予加强，支承连接件与主体结构连接处的连接螺钉或螺栓不应少于2个，并满足本标准10.1.1条、10.1.2条以及与主体结构连接构造的规定。

8 14.4.3条所规定的单元板块，两个单元板块共用一个连接件与槽式埋件连接时，连接件与埋件的连接螺栓不应少于3个。

15 双层幕墙

15.1 一般规定

15.1.1 双层幕墙的构造形式应按建筑性质、等级、使用功能、地理位置和气候环境等因素确定。

15.1.2 热工设计应符合本标准第6章和《公共建筑节能设计标准》GB 50189及《民用建筑热工设计规范》GB 50176规定。

15.1.3 隔声设计应符合《民用建筑隔声设计规范》GB 50118和《建筑隔声评价标准》GB/T 50121规定。双层幕墙隔声计算见本标准附录J。

15.1.4 防火设计应符合本标准7.3节和《建筑设计防火规范》GB 50016规定。

15.1.5 防雷设计应符合本标准第8章规定。

15.1.6 风荷载标准值应符合本标准10.2节规定，并符合以下风荷载分配原则：

1 内通风双层幕墙的外层幕墙应承受全部风荷载值，内层幕墙应承受不小于$1.0kN/m^2$风荷载值及外力冲击荷载值。

2 外通风双层幕墙的外层幕墙应承受全部风荷载值，内层幕墙承受风荷载值可按表15.1.6取用，且不应小于$1.0kN/m^2$。

表 15.1.6 外通风双层幕墙的内层幕墙风荷载标准值百分比

V/A_{en}(m)	0～20	20～50	50～100	100～200	200～300	300～650	>650
百分比ξ(%)	100	90	80	70	60	55	50

注：1 中间值按线性插值法取值。

2 按整体做防水性能检测时ξ取1.0。

3 表中：V—空气间层的体积；

A_{en}—有效通风面积。

3　构造复杂的双层幕墙，或难以按表15.1.6确定内外层幕墙承受的风荷载时，可通过风洞试验作专项技术分析论证。

15.1.7　幕墙性能检测应符合本标准第22章及《建筑幕墙气密、水密、抗风压性能检测方法》GB/T 15227规定。

15.1.8　双层幕墙设计应优先选择自然通风方式，进风口和出风口宜采用自动控制，且不应发生共振和哨鸣。

15.1.9　双层幕墙的进风口与出风口，不宜设置在同一立面上同一垂直位置的上下方，水平距离不宜小于500mm，必要时在相邻板块间采取隔断措施。

15.1.10　遮阳系统设计应结合地理气候环境、幕墙类型、面板的热工性能指标及空气间层的通风换气能力等因素确定。

15.1.11　遮阳装置应能自动调控。内通风幕墙遮阳系统宜采用内置式百叶帘装置，外通风幕墙遮阳装置宜采用专用室外百叶。

15.1.12　遮阳系统位于空气间层的百叶片宜偏近外层幕墙。开启状态时，遮阳百叶片边缘与外层玻璃内表面的距离不应小于30mm，且不妨碍内层幕墙开启扇的启闭。

15.1.13　内外均不设通风口的双层幕墙，可按内通风双层幕墙的规定设计构造。

15.1.14　双层幕墙的构造设计应满足安全、实用和美观的原则，并应便于局部更换和维护保养。

15.2　构造设计

15.2.1　内通风双层幕墙：

1　幕墙构造类型为构件式幕墙或单元式幕墙。

2　外层玻璃宜选用中空玻璃或夹层中空玻璃。

3　幕墙空气间层厚度不应小于120mm。

4　机械通风宜采用电控系统，系统接口应密闭。

15.2.2　外通风双层幕墙：

1　外层幕墙可采用框支承幕墙、单元式幕墙或点支承幕墙，内层幕墙构造类型可采用框支承幕墙或单元式幕墙。

2　外层玻璃宜选用夹层玻璃，内层玻璃宜选用中空玻璃。

3　幕墙空气间层厚度不应小于150mm。

4　进风口和出风口处宜设置有效的防虫网和空气过滤器。外通风双层幕墙进风口、出风口宜设置自动启闭装置，开启应灵活、关闭应严密。

15.2.3　双层幕墙腔体内的构件应易于清洗、维修和保养。

15.2.4　应分别对外层幕墙、内层幕墙、马道、支承外层幕墙的悬挑构件以及连接内层幕墙与主体结构的连接件作承载力和挠度验算。分体式双层幕墙内、外层幕墙应分别验算其承载能力、刚度、稳定性和相对于主体结构的位移。整体式双层幕墙内、外两层幕墙共用立柱时，立柱计算应考虑偏心重力荷载。双层幕墙采用悬挑构件支承外层幕墙时，悬挑构件应具有足够的刚度，其挠度不宜超过 $l/300$，安装外层幕墙的悬挑构件应具有足够的侧向刚度，必要时可设侧向支撑。

15.2.5　遮阳百叶片应具有足够刚度。在热通道内气流作用下，不得发生明显摆动，在重力作用下，叶片最大下垂挠度不得超过 $L/500$ 和3mm的较小值。

15.2.6　外层幕墙未采用夹层玻璃时，马道外侧宜设置防护装置。

15.3　通风量计算

15.3.1　内通风双层幕墙和外通风双层幕墙的通风方式应与建筑自然通风、空调系统同步设计，满足室内舒适度要求。

15.3.2　外通风双层幕墙应通过数值法或有限元方法计算进风口和出风口的空气流动速度 $v_{进}$、$v_{出}$ 后，按15.3.3条规定计算进、出风量 $\Delta V_{进}$、$\Delta V_{出}$ 及新风换气时间 t_0。

15.3.3 双层幕墙空气间层的单位时间进、出风量与新风换气时间计算：

1 单位时间进、出风量 $\Delta V_{进}$、$\Delta V_{出}$ 计算公式：

$$\Delta V_{进} = v_{进} \cdot A_{进} \tag{15.3.3-1}$$

$$\Delta V_{出} = v_{出} \cdot A_{出} \tag{15.3.3-2}$$

式中：$\Delta V_{进}$——进风口单位时间进风量（m^3/s）；

$v_{进}$——进风口空气流动速度（m/s）；

$A_{进}$——进风口有效面积（m^2）；

$\Delta V_{出}$——出风口单位时间出风量（m^3/s）；

$v_{出}$——出风口空气流动速度（m/s）；

$A_{出}$——出风口有效面积（m^2）。

2 新风换气时间 t_0 计算公式：

$$t_0 = \frac{V_{新风}}{\Delta V_{进}} \tag{15.3.3-3}$$

式中：$V_{新风}$——室内所需新风量（m^3）；

$\Delta V_{进}$——单位时间进风量（m^3/s）。

15.4 热工设计

15.4.1 双层幕墙传热系数应按非通风换气状态、弱通风换气状态或强通风换气状态计算取值（图 15.4.1）。

15.4.2 非通风换气状态计算：

1 外层幕墙设置进、出风口（或开启扇）时，空气间层的热阻值按非通风换气空气间层的热阻计算方法取值，其通风口面积比应在以下范围内：

1） 空气间层垂直方向，进、出通风口面积比（A_{vent}/H）小于 $500mm^2/m$；

2） 空气间层水平方向，进、出通风口面积比（$A_{vent}/H \cdot W$）小于 $500mm^2/m^2$。

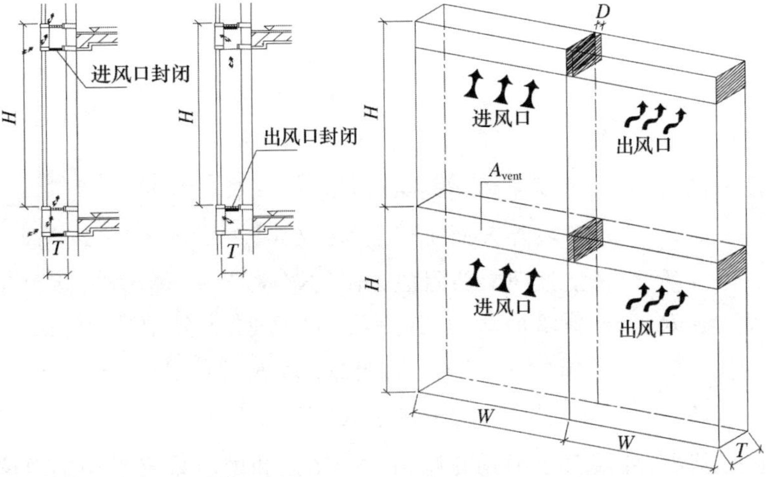

H—双层幕墙单元高度(mm);W—双层幕墙单元宽度(mm);

T—双层幕墙单元厚度(mm);D—挡板水平间距(mm);

A_{vent}—双层幕墙单元有效通风面积(mm^2)

图 15.4.1 双层幕墙空气间层换气示意图

空气间层热阻值 R_s 按表 15.4.2 采用。

表 15.4.2 非通风换气空气间层热阻值 R_s ($m^2 \cdot K/W$)

空气间层厚度(mm)	空气流动方向		
	向上	水平	向下
100	0.16	0.18	0.22
300～500	0.16	0.18	0.23
>1000	0.16	0.18	0.23

注:气流方向与水平面成±30°以内,空气间层的热阻值 R_s 按空气流动水平方向取值。

2 双层幕墙传热系数 $K_{CW,D}$ 计算公式:

$$K_{CW,D}=\frac{1}{\frac{1}{K_{cw,e}}-R_{se}+R_s-R_{si}+\frac{1}{K_{cw,i}}} \qquad (15.4.2\text{-}1)$$

$$K_{cw,e} = \frac{1}{R_{si} + \sum R_{cw,e} + R_{se}} \qquad (15.4.2\text{-}2)$$

$$K_{cw,i} = \frac{1}{R_{si} + \sum R_{cw,i} + R_{se}} \qquad (15.4.2\text{-}3)$$

式中：$K_{cw,e}$——外层幕墙传热系数（W/m^2·K）；

R_{se}——幕墙外表面换热阻值，取 $R_{se}=0.04$（m^2·K/W）；

R_s——空气间层热阻值（m^2·K/W）；

R_{si}——幕墙内表面换热阻值，透明部分取 $R_{si}=0.13$（m^2·K/W），非透明部分取 $R_{si}=0.11$（m^2·K/W）；

$K_{cw,i}$——内层幕墙的传热系数（W/m^2·K）。

其中：外层幕墙平均热阻值 $\sum R_{cw,e}$ 和内层幕墙平均热阻值 $\sum R_{cw,i}$ 均可按下式分别计算：

$$\sum R_{cw} = \frac{A_0 + A_{B1} + A_{B2}}{K_0 A_0 + K_{B1} A_{B1} + K_{B2} A_{B2}} \qquad (15.4.2\text{-}4)$$

式中：$\sum R_{cw}$——外层、内层幕墙平均热阻（m^2·K/W）；

K_0——幕墙面板传热系数（W/m^2·K）；

K_{B1}——横龙骨传热系数（W/m^2·K）；

K_{B2}——竖龙骨传热系数（W/m^2·K）；

A_0——幕墙面板面积（m^2）；

A_{B1}——幕墙单元中横龙骨投影面积（m^2）；

A_{B2}——幕墙单元中竖龙骨投影面积（m^2）。

15.4.3 弱通风换气状态计算：

1 外层幕墙设置进、出风口（或开启扇）时，空气间层的热阻值按弱通风换气空气间层的热阻计算方法取值，其通风口面积比应在以下范围内：

1) 空气间层垂直方向，进、出风口面积比（A_{vent}/H）：500mm^2/m～1500mm^2/m；

2）空气间层水平方向，进、出风口面积比（$A_{vent}/H \cdot W$）：$500mm^2/m^2 \sim 1500mm^2/m^2$。

2 空气间层的热阻值 R_s 按表 15.4.2 取值的 1/2 采用。

3 双层幕墙传热系数 $K_{CW,D}$ 按公式(15.4.2-1)计算。

15.4.4 强通风换气状态计算：

1 外层幕墙设置进、出风口（或开启扇）时空气间层的热阻值，按强通风换气空气间层的热阻计算方法取值，其通风口面积比应在以下范围内：

1）空气间层垂直方向，进、出风口面积比（A_{vent}/H）大于$1500mm^2/m$；

2）空气间层水平方向，进、出风口面积比（$A_{vent}/H \cdot W$）大于 $1500mm^2/m^2$。

2 外通风双层幕墙传热系数 $K_{CW,D}$ 按下式计算：

$$K_{CW,D}=\frac{1}{\frac{1}{K_{cw,i}}-R_{se}-R_{ss}} \qquad (15.4.4\text{-}1)$$

式中：R_{ss}——外表面与空气间层总热阻值，取 $0.13(m^2 \cdot K/W)$。

3 内通风双层幕墙传热系数 $K_{CW,D}$ 按下式计算：

$$K_{CW,D}=\frac{1}{\frac{1}{K_{cw,e}}-R_{si}+R_{ss}} \qquad (15.4.4\text{-}2)$$

式中：R_{ss}——内表面与空气间层总热阻值，取 $0.13(m^2 \cdot K/W)$。

15.4.5 内通风双层幕墙传热系数 $K_{CW,D}$ 按照公式(15.4.4-2)计算。

15.4.6 双层幕墙传热阻按下式计算：

$$R_{0,min}=\frac{(t_i-t_e)n}{[\Delta t]}R_i \qquad (15.4.6)$$

式中：$R_{0,min}$——双层幕墙传热阻$(m^2 \cdot K/W)$；

t_i——冬季室内计算温度(℃)；

t_e——冬季室外计算温度(℃)；

n——温差修正系数，按《民用建筑热工设计规范》GB 50176规定采用；

$[\Delta t]$——室内空气与围护结构内表面温差(K)；

R_i——内表面换热阻。

15.4.7 遮阳系数按下式计算：

$$SC = SC_1 \cdot SC_2 \cdot SD_{\mathrm{H}} \cdot SD_{\mathrm{V}} \cdot SD \quad (15.4.7\text{-}1)$$

$$SD_{\mathrm{H}} = a_{\mathrm{h}} PF^2 + b_{\mathrm{h}} PF + 1 \quad (15.4.7\text{-}2)$$

$$SD_{\mathrm{V}} = a_{\mathrm{v}} PF^2 + b_{\mathrm{v}} PF + 1 \quad (15.4.7\text{-}3)$$

$$PF = \frac{A}{B} \quad (15.4.7\text{-}4)$$

式中：SC——总遮阳系数；

SC_1——外层幕墙遮阳系数；

SC_2——内层幕墙遮阳系数；

SD_{H}——水平遮阳板夏季外遮阳系数；

SD_{V}——垂直遮阳板夏季外遮阳系数；

SD——百叶完全闭合时遮阳系数。

PF——遮阳板外挑系数，当计算值 $PF>1$ 时，取 $PF=1$；

A——遮阳板外挑长度，按《公共建筑节能设计标准》GB 50189规定采用；

B——遮阳板根部到幕墙透明部分对边的距离，按《公共建筑节能设计标准》GB 50189 规定采用。

系数 a_{h}、b_{h}、a_{v}、b_{v} 按《公共建筑节能设计标准》GB 50189－2005 表 A.0.1 采用。

15.5 防水设计

15.5.1 双层幕墙的外层幕墙采用单元式构造时，其防水设计应符合本标准 9.2.13 条和 14.2.1 条规定。

15.5.2 内通风双层幕墙水密性能应符合本标准 4.2.3 条规定。

15.5.3 外通风双层幕墙水密性能：

1 双层幕墙水密性设计按照下式计算取值，且固定部分不小于 $1000N/m^2$：

$$P=1000\alpha_w\mu_z\mu_s w_0 \tag{15.5.3}$$

式中：P——水密性设计值(N/m^2)；

α_w——外通风双层幕墙风荷载标准值系数，外层幕墙取值为 $1-\xi$，内层幕墙取值为 ξ，ξ 可按表 15.1.6 选取；

μ_z——风压高度变化系数；

μ_s——风荷载体型系数，取 1.2；

w_0——基本风压，按《建筑结构荷载规范》GB 50009 规定采用，上海地区取 $0.55kN/m^2$。

2 可开启部分防水性能等级与固定部分同级。

16 全玻璃幕墙

16.1 一般规定

16.1.1 全玻璃幕墙宜采用吊夹或螺栓承力的吊挂体系。座地式全玻璃幕墙应有抗倾覆构造措施。玻璃高度大于表16.1.1限值时，幕墙应采用吊挂在主体结构上的构造形式。表中的玻璃厚度为等效厚度，采用多层玻璃组合作为面板玻璃时，等效厚度应按照本标准11.2节相关规定计算。

表16.1.1 下端支承全玻璃幕墙的最大高度

玻璃厚度(mm)	10,12	15	19
最大高度(m)	4.0	5.0	6.0

16.1.2 单片玻璃的厚度不宜小于10mm，夹层玻璃单片厚度不应小于6mm。

16.1.3 玻璃肋的截面厚度不应小于12mm，玻璃肋截面高度不应小于180 mm。

16.1.4 开孔玻璃肋应采用钢化夹层玻璃。

16.1.5 吊夹应符合《吊挂式玻璃幕墙用吊夹》JG/T 139规定。玻璃吊夹仅承受玻璃自重，应设置其他支撑构件用于承接玻璃肋所传递的水平荷载并对玻璃有效约束。

16.1.6 吊挂式全玻璃幕墙的面板和玻璃肋，应直接或间接悬挂在同一主体结构上。

16.2 构造设计

16.2.1 全玻璃幕墙的周边收口槽壁与玻璃面板或玻璃肋的空隙不应小于 8mm;玻璃与下槽底应采用不少于 2 块的弹性垫块,垫块长度不应小于 100mm,厚度不应小于 10mm,吊挂玻璃下端与下槽底垫块之间的空隙应满足悬挂系统伸长变形的要求,且不得小于 10mm,玻璃入槽深度不小于 15mm,槽壁与玻璃间应采用硅酮密封胶密封。入槽玻璃应根据槽内垫块和玻璃的厚度校核玻璃端面强度和垫块材料的抗挤压强度。座地式全玻璃幕墙应验算荷载作用下的垫块强度和玻璃端面强度。

16.2.2 面板及玻璃肋不得与其他刚性材料直接接触。面板与装修面或结构面之间的空隙不应小于 8mm,且应采用密封胶密封。

16.2.3 采用金属件连接的玻璃肋,金属件可采用不锈钢或碳钢,厚度不应小于 6mm。连接螺栓直径不小于 10mm,直径为 10mm～12mm 的螺栓宜选用不锈钢材质。螺栓与玻璃孔之间应设置软铝、软铜等软金属衬套或软金属外覆非金属衬套,也可用高弹性模量的环氧胶填充密实。

玻璃面板或玻璃肋上开孔时,孔边至玻璃边距离不应小于玻璃总厚度的 3.0 倍和孔径的 2.0 倍,且不小于 70mm。相邻两孔的孔边距不应小于玻璃总厚度的 4.0 倍,且不小于孔径的 3.0 倍,孔中心距不宜大于孔径的 8 倍。

16.3 结构设计

16.3.1 面板玻璃通过结构胶与玻璃肋连接时,面板可作为支承于玻璃肋的单向简支板设计。其应力与挠度可分别按本标准 11.2.6条和 11.2.7 条规定计算,公式中的 a 值取玻璃面板的跨度，系数 m 和 μ 分别取 0.1250 和 0.01302。面板为夹层玻璃、中空玻璃或中空夹层玻璃时，可分别按本标准 11.2.8～11.2.10条规定计算。面板玻璃仅通过点支式连接件与玻璃肋连接时，面板玻璃应按 11.2.11 条规定计算。

16.3.2 面板通过结构胶与玻璃肋连接时，在风荷载标准值作用下，其挠度限值 $d_{f,lim}$ 取其跨度的 1/60。

16.3.3 玻璃肋的截面高度 h_r（图 16.3.3）可按下列公式计算：

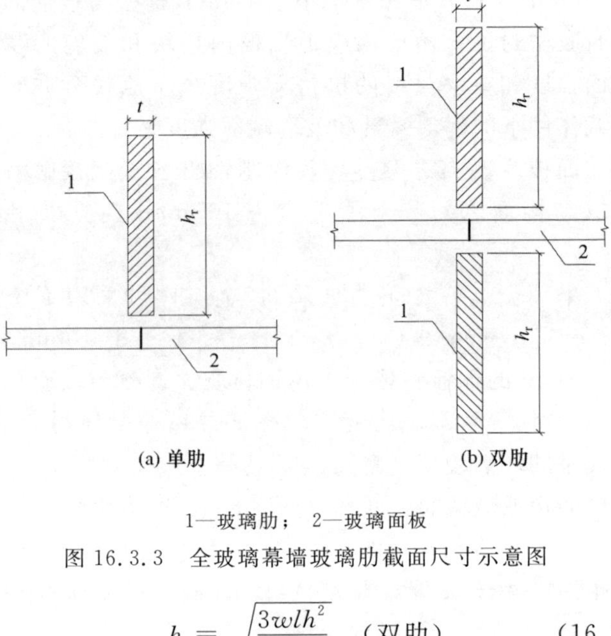

(a) 单肋　　(b) 双肋

1—玻璃肋；2—玻璃面板

图 16.3.3　全玻璃幕墙玻璃肋截面尺寸示意图

$$h_r = \sqrt{\frac{3wlh^2}{8f_g t}} \quad (双肋) \qquad (16.3.3\text{-}1)$$

$$h_r = \sqrt{\frac{3wlh^2}{4f_g t}} \quad (单肋) \qquad (16.3.3\text{-}2)$$

式中：h_r——玻璃肋截面高度(mm)；

w——风荷载设计值(N/mm^2)；

l——两肋之间的玻璃面板跨度(mm)；

f_g——玻璃端面强度设计值(N/mm^2);

t——玻璃肋截面厚度(mm);

h——计算跨度(mm),即玻璃肋上、下支点的距离。

16.3.4 玻璃肋在风荷载标准值作用下,挠度 d_f 可按下式计算:

$$d_f = \frac{5}{64} \times \frac{w_k l h^4}{E t h_r^3} \quad (双肋) \tag{16.3.4-1}$$

$$d_f = \frac{5}{32} \times \frac{w_k l h^4}{E t h_r^3} \quad (单肋) \tag{16.3.4-2}$$

式中:w_k——风荷载标准值(N/mm^2);

E——玻璃弹性模量(N/mm^2)。

16.3.5 在风荷载标准值作用下,玻璃肋的挠度限值 $d_{f,lim}$ 取其计算跨度的 1/300。

16.3.6 吊挂式全玻璃幕墙的转角部位宜设置辅助支承构件。

16.3.7 抗风荷载计算时,夹层玻璃肋的等效截面厚度可取各单片玻璃厚度之和。

16.3.8 玻璃肋高度大于 10m 时应验算平面外稳定性,必要时应采取防止侧向失稳的构造措施。

16.3.9 全玻璃幕墙以胶缝传力时,必须采用硅酮结构密封胶。

16.3.10 全玻璃幕墙胶缝承载力设计(图 16.3.10):

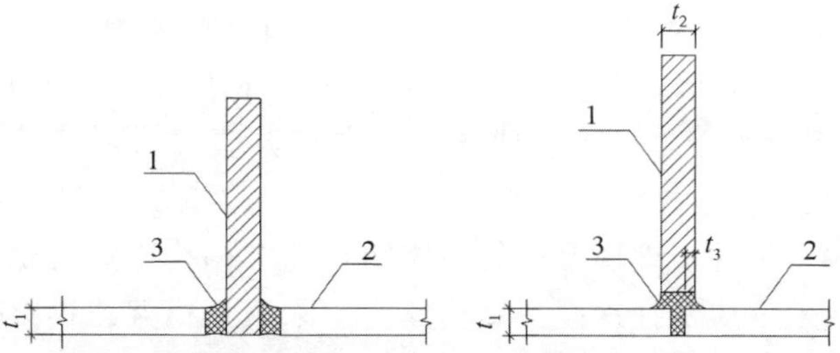

(a) 玻璃肋与玻璃面板平齐(或凸出)　(b) 玻璃肋后置或骑缝

1—玻璃肋; 2—玻璃面板; 3—结构胶

图 16.3.10 玻璃肋平面示意图

1 玻璃肋与玻璃面板平齐或凸出：

$$\frac{ql}{2t_1} \leqslant f_1 \qquad (16.3.10\text{-}1)$$

2 玻璃肋后置或骑缝：

$$\frac{ql}{t_2} \leqslant f_1 \qquad (16.3.10\text{-}2)$$

$$\frac{ql}{2t_3} \leqslant f_1 \qquad (16.3.10\text{-}3)$$

式中：q——垂直于玻璃面板的分布荷载设计值（N/mm^2），抗震设计时应包含地震作用的分布荷载设计值；

l——两肋之间的玻璃面板跨度（mm）；

t_1——胶缝宽度，取玻璃面板截面厚度（mm）；

t_2——胶缝宽度，取玻璃肋截面厚度（mm）；

t_3——玻璃面板与肋的搭接长度，按公式（16.3.10-3）计算，且不应小于5mm，不满足时应调整传力方式；

f_1——硅酮结构密封胶在短期荷载作用下的强度设计值，取$0.2N/mm^2$。

16.3.11 胶缝宽度不满足16.3.10条要求时，可采取附加玻璃板条或不锈钢条等措施，加大胶缝宽度。

16.3.12 在胶缝受剪状态下，玻璃自重不应由结构胶承受。

16.3.13 吊夹承力的全玻璃幕墙，单吊夹的承载力不应小于4kN，双吊夹的承载力不应小于7kN，吊夹每个侧夹板与玻璃的接触面积不得小于30mm×120mm。中空玻璃宜采用玻璃开孔的结构悬挂。

16.3.14 吊挂全玻璃幕墙的主体结构和结构构件应有足够的刚度，每块玻璃应吊挂在同一结构体上。采用钢桁架或钢梁作为受力构件时，在竖向荷载标准值作用下，最大挠度不应超过其跨度的1/400；在水平荷载标准值作用下，最大挠度不应超过其跨度的1/250。

16.3.15 采用金属件连接的玻璃肋，连接接头应能承受截面的弯矩设计值和拉、压、剪力设计值。

16.3.16 吊挂式全玻璃幕墙的玻璃肋采用玻璃孔内螺栓传递荷载时，应计算螺栓受剪和玻璃孔壁承压，同时应验算孔内填充材料的抗挤压强度。连接节点采用螺栓群组时应有明确的计算模型。

16.3.17 玻璃孔壁承压应按公式(16.3.17)验算。

$$N \leqslant \eta_1 \eta_2 D t f_{gd} \tag{16.3.17}$$

式中：N——吊挂节点或连接节点各孔中受力最大孔的径向作用力(N)，应考虑拉压弯剪的共同作用；

D——孔径(mm)，宜取螺栓直径的 1.40 倍；

t——玻璃厚度(mm)，多片玻璃粘合时取各单片厚度之和；

f_{gd}——强度设计值(N/mm^2)，验算玻璃承压时，取玻璃端面强度为设计值；

η_1——玻璃孔螺栓传力折减系数，取 0.7；

η_2——孔加工及合片精度折减系数，双片玻璃取 0.85，多片玻璃取 0.80。

16.3.18 玻璃孔内填充材料应按公式(16.3.17)验算抗挤压强度，f_{gd}取填充材料抗挤压强度设计值，D 取螺栓直径，η_1 取 1.0。

16.3.19 螺栓抗剪强度应按公式(16.3.19)验算。

$$N \leqslant 0.5 F_n f_v \tag{16.3.19}$$

式中：N——吊挂节点或连接节点各孔中受力最大孔的径向作用力(N)，应考虑拉压弯剪的共同作用；

F_n——单个螺栓的净截面积(mm^2)；

f_v——螺栓抗剪强度设计值(N/mm^2)。

16.3.20 采用螺栓承力的吊挂式全玻璃幕墙，应按公式(16.3.17)验算仅在面板和肋自重作用下玻璃孔壁的承压，N 值计算时荷载系数取 1.35，f_{gd}取长期荷载端面强度为设计值。

16.3.21 螺栓承力吊挂式全玻璃幕墙玻璃肋，玻璃孔采用填充胶时，应符合下列要求：

1 玻璃孔壁不平整度不宜大于1.0mm。

2 孔隙注胶饱满，填充胶固化后强度符合本标准规定，满足设计要求。

3 符合本条第1款和第2款时，玻璃肋吊挂和连接接头可直接按本标准相关条款计算设计。

4 玻璃孔壁不平整度大于1.0mm，但相应孔群各孔的孔壁不平整度不大于设计计算孔间隙的1/3时，相应部位的连接除螺栓承力外，应有附加安全措施。

17 点支承玻璃幕墙

17.1 一般规定

17.1.1 点支承玻璃幕墙的支承体系可采用型钢杆件、桁架类刚性体系或索网、索桁架类柔性体系等。支承结构应独立计算，不计玻璃面板刚度。

17.1.2 矩形面板可采用四点支承，必要时也可采用六点支承；三角形面板可采用三点支承。支承结构可选用刚性杆件系统、玻璃肋、钢管桁架、索杆桁架、单层索网或单向拉索。驳接装置可选用钻孔式或无孔式。玻璃面板支承孔边缘至板边距离不宜小于 70mm。

17.1.3 支承结构为玻璃肋时可按本标准 16.2 节和 16.3 节规定设计。

17.1.4 面板间的缝隙应采用硅酮密封胶密封，缝隙宽度不应小于 10mm。

17.1.5 点支承玻璃幕墙应采用钢化玻璃，面板中每一单片玻璃厚度不应小于 8mm。

17.1.6 玻璃支承孔周边应有可靠密封措施，不宜采用驳接头外盖打胶方式。中空玻璃孔周边应多道密封。防渗漏措施应符合本标准 9.2.14 条规定。

17.1.7 玻璃面板应能单独更换。玻璃面板损坏或更换所引起的负荷变化，不应导致支承结构受损。

17.1.8 幕墙与主体结构的连接部位应能适应主体结构的变形。主体结构应能承受拉杆体系或拉索体系的拉力和荷载作用，主体结构的荷载不应传递至幕墙支承结构。

17.1.9 采用平板玻璃拟合曲面时，其翘曲度不得大于玻璃长边长度的1%，玻璃角部采用活动铰连接，满足角部转动量。在最不利工况下，玻璃挠度和翘曲度叠加值不应大于长边长度的1/60。

17.2 型钢及钢管桁架的构造与结构设计

17.2.1 钢支承结构设计应符合《钢结构设计标准》GB 50017和本标准第19章规定。

17.2.2 单根型钢或钢管作为支承结构时的规定：

1 竖向构件宜按偏心受压或偏心受拉设计，并作水平荷载作用下受弯构件验算。水平构件按双向受弯设计。有扭矩作用时，应考虑扭矩的不利影响。竖向构件的上下端应采用铰接。

2 受压杆件的长细比λ不应大于150。

3 挠度限值应符合本标准第13章规定。

17.2.3 钢管桁架或空腹桁架设计的规定：

1 采用钢管时宜在节点处直接焊接，主管不宜开孔，支管不应穿入主管内。

2 钢管外径不宜大于壁厚的50倍，支管外径不宜小于主管外径的0.3倍。钢管壁厚不宜小于4mm，主管壁厚不应小于支管壁厚。

3 桁架杆件不宜偏心连接。弦杆与腹杆、腹杆与腹杆之间的夹角不宜小于30°。

4 焊接钢管桁架的计算模型应符合《钢结构设计标准》GB 50017规定，焊接钢管空腹桁架应按刚接体系计算。桁架的上下端应采用铰接。

5 轴心受压或偏心受压的桁架杆件，长细比不应大于150。轴心受拉或偏心受拉的桁架杆件，长细比不应大于350。

6 桁架或空腹桁架，必要时可设置平面外支撑系统。

7 在风荷载标准值作用下，当跨度l不大于15m时，挠度限

值 $d_{f,lim}$ 取 $l/250$；悬臂时跨度 l 取悬挑长度的 2 倍，挠度限值取 $l/300$；桁架或空腹桁架挠度绝对值不大于 30mm。跨度 l 大于 15m 时挠度限值 $d_{f,lim}$ 取 $l/500$。

17.3 索结构设计

17.3.1 拉索宜采用不锈钢绞线或高强度钢绞线。钢绞线的钢丝直径不宜小于 1.2mm，不锈钢钢绞线的钢丝直径不宜大于 5.0mm，钢绞线直径不宜小于 8mm。

17.3.2 不锈钢绞线和拉索头应符合《建筑用不锈钢绞线》JG/T 200和《建筑幕墙用钢索压管接头》JG/T 201 规定。高强度钢拉索应符合现行行业标准的规定。索和锚具尚应符合本标准 3.4.7条和 3.4.8 条规定。

17.3.3 拉杆和拉索索体及与外部连接均不得焊接。直径不大于 30mm 的拉索可采用冷挤压锚具连接，直径大于 30mm 的拉索宜采用热铸锚锚具连接。

17.3.4 拉索连接主体结构的耳板焊缝质量等级不应低于二级，设计文件应明确焊接及检测要求。

17.3.5 双向索或索杆交叉节点处，夹具与索体之间的摩擦力应大于夹具两侧索体的最大索力差。

17.3.6 索结构应分别对初始预应力及荷载作用作计算分析，计算应考虑几何非线性影响。在任何荷载作用组合下拉索均应保持受拉状态。

17.3.7 荷载状态分析应在初始预应力状态的基础上，考虑永久荷载、活荷载、雪荷载、风荷载、地震作用、温度作用、主体结构变形作用及施工安装荷载。温度效应组合系数取 0.6，温差取张拉阶段与使用阶段的最大绝对值。

17.3.8 形状较为简单的中小跨度索结构，结构的风动力效应可采用平均风荷载乘风振系数的方法近似考虑。风振系数可取：单

索结构1.5,单层索网1.8,索杆桁架1.9。当采用下列索结构时,应通过风振响应分析确定风动力效应:

1 跨度大于25m的平面索网结构或跨度大于60m的索桁架结构。

2 索结构的基本自振周期大于1.0s。

3 体型复杂且较为重要的结构。

17.3.9 索结构计算模型宜考虑与主体支承结构的相互影响。与周边支承结构分开计算时,应将索结构计算的支座反力施加到周边结构,再将周边结构的变形量叠加到索结构后重新校核计算。

17.3.10 索杆桁架和单层索结构与主体结构的连接应能适应主体结构的位移,主体结构应能承受索结构的支座反力。拉索(杆)两端固定在两个不同的结构计算单元时,应协调相邻两计算单元之间的变形影响,宜采取防松和防过载措施。

17.3.11 曲面索网结构中两组正交的、曲率相反的索,形成具有负高斯曲率的曲面,其几何形状可通过力学平衡方法确定。

17.3.12 曲面索网及索杆桁架体系幕墙挠度限值 $d_{f,\lim}$,自初始预应力状态之后起算,取其支承点距离的1/200。

17.3.13 拉索的抗拉力设计值按公式(17.3.13-1)计算,拉杆的抗拉力设计值取算式(17.3.13-1)和(17.3.13-2)的较小值。

$$F = F_{tk}/\gamma_{R1} \tag{17.3.13-1}$$

$$F = \sigma_{0.2}/\gamma_{R2} \tag{17.3.13-2}$$

式中:F——抗拉力设计值(kN);

F_{tk}——极限抗拉力标准值(kN);

$\sigma_{0.2}$——屈服强度标准值(kN);

γ_{R1}——抗力分项系数,拉索取2.0,拉杆取1.7;

γ_{R2}——抗力分项系数,取1.15。

拉索和拉杆的承载力应按下式验算:

$$\gamma_0 N_d \leqslant F \tag{17.3.13-3}$$

式中：N_d——拉索或拉杆承受的最大轴向拉力设计值(kN)；

γ_0——结构重要性系数。

17.4 索杆结构的构造和设计

17.4.1 索杆桁架正、反两个方向的弦向拉索(杆)应施加预张力构成承受风荷载或地震作用的稳定体系。按主体结构实际情况，索杆桁架可竖向设置或水平设置。水平设置时，面板自重等竖向荷载可由专门的竖向承重索(杆)承担，承重索应张紧。索杆预拉力应使拉杆或拉索在各种工况组合作用下保持一定的张力储备。拉杆或拉索应支承在主体结构上或支承于专设的刚性构架上。

17.4.2 索杆桁架体系宜采用不锈钢材质，桁架矢高可取支承跨度的1/12～1/18。

17.4.3 索杆桁架受压杆件长细比λ不应大于150。压杆端部宜设稳定索。索杆桁架宜由主桁架、稳定索和竖向承重索构成空间系统。

17.4.4 拉索或拉杆端部可设计成单耳板或双耳板连接。调节和张紧用的连接器，数量和位置按体系构造状况设定。

17.5 单层平面索网及单向拉索构造与结构设计

17.5.1 单层平面索网及单向拉索幕墙设计时，应充分考虑施工工况、断索、主体结构变形及支座不均匀沉降等因素的影响。

17.5.2 单层平面索网结构或单向拉索结构的面板玻璃，应适应索变形对玻璃翘曲的影响，并在构造上采取相应措施协调索幕墙周边边界的变形。

17.5.3 单层平面索网挠度限值$d_{f,lim}$取其短跨支承点距离的1/50。单向拉索挠度限值$d_{f,lim}$取其支承点距离的1/50。

17.5.4 拉索的材质和构造应符合本章17.3节规定。索体可设连接器供调节和张紧。拉力较大时拉索宜采用千斤顶张拉。

17.5.5 索幕墙边界宜采用索结构收边。非索结构收边时应有变形协调构造措施,宜采取可调节变形措施协调玻璃入槽。

单向拉索不宜用于大面积幕墙立面,高度不宜大于20m,转角和收边结构应能适应索结构的变形,可采用调整索力等方法处理。

17.6 驳接装置构造与结构设计

17.6.1 点式驳接头应能适应玻璃面板在支承点处的转动变形。钻孔点支承玻璃面板的点连接处,宜采用活动铰连接。无孔点支承驳接件与玻璃面板间应设置柔性垫片或球铰结构以适应玻璃面板的转动变形,索幕墙宜采用球铰结构。球铰结构的转动量应满足以下三种情况:

1 不同结构边界相邻玻璃间夹角。

2 支承结构(如索结构)在最不利荷载作用下变形导致相邻玻璃间夹角的变化。

3 玻璃在风荷载作用下的变形。

17.6.2 点式驳接件的球铰螺杆应采用性能不低于06Cr19Ni10、06Cr17Ni12Mo2的不锈钢材料。

17.6.3 驳接头钢材与玻璃间宜设置弹性材料衬垫或衬套,衬垫和衬套的厚度不宜小于1mm。

17.6.4 驳接头螺杆同时承受弯矩和轴力时,组合应力设计值不应大于钢材强度设计值。

17.6.5 单层索网及单向拉索支承结构的幕墙玻璃胶缝应适应索结构节点的变形。

17.6.6 支承装置应符合《建筑玻璃点支承装置》JG/T 138规定。支承装置只能用以承受玻璃面板所传递的荷载或作用,不应在支承装置上附加其他设备和重物。

17.6.7 六点支承的玻璃中间部位应采取降低应力的措施。玻璃采用钻孔结构六点支承时，中间两点支承应采用弹性构造以缓解应力集中。采用无孔结构六点支承时，玻璃四角和中间支承均应使用球铰缓解应力集中。

17.6.8 面板玻璃采用夹板式支承时，节点构造应可协调面板变形，明确面板入槽要求，面板支承应经强度复核。

18 采光顶、雨篷和金属屋面

18.1 一般规定

18.1.1 采光顶、雨篷和金属屋面应根据建筑类别、高度、体型、功能以及所处环境设计，应排水顺畅，安全可靠，便于维护和清洗，其建筑物理性能分级应符合《建筑幕墙》GB/T 21086 规定，设计应符合本章和《采光顶和金属屋面技术规程》JGJ 255、《空间网格结构技术规程》JGJ 7、《网壳结构技术规程》JGJ 61、《索结构技术规程》JGJ 257 以及上海市相关技术规范的规定。

18.1.2 采光顶、雨篷和金属屋面系统设计和构造应适应主体结构的变形。

18.1.3 采光顶应有冷凝水和雨水的收集导排系统。

18.1.4 封闭式采光顶、金属屋面的热工性能和通风性能，应满足节能设计要求，并符合《公共建筑节能设计标准》GB 50189、《夏热冬冷地区居住建筑节能设计标准》JGJ 134 和《公共建筑节能设计标准》DGJ 08－107 规定。热工设计应包括系统保温、隔热、防潮等内容。

18.1.5 采光顶、金属屋面的隔声及吸声性能应满足建筑功能设计要求。必要时可作专项声学计算、模拟和检测。

18.1.6 采光顶、金属屋面的透光部分及开启窗扇的设置，应满足建筑使用功能要求，其采光设计应符合《建筑采光设计标准》GB 50033规定。

18.1.7 有消防要求的开启天窗应与消防系统联动。在与水平面夹角大于 15°的采光顶或金属屋面上设置的消防开启天窗，宜顺排烟方向开启。

18.1.8 采光顶、雨篷和金属屋面的钢结构防火设计，应符合19.1.3条规定。

18.1.9 雨篷及采光顶玻璃面板可采用明框、隐框、半隐框和点支承等安装方式，不应采用倒挂钢爪式点支承形式。大型采光顶及人流密集的建筑采光顶，不宜采用钢爪式点支承玻璃面板。

18.1.10 采光顶、金属屋面应设置上人维护和检修通道，满足维护和清洗要求。不上人采光顶、金属屋面周边临空的围栏高度低于0.5m时，应有防坠落措施；上人采光顶、金属屋面应设护栏或女儿墙。

18.1.11 金属屋面系统宜包括构造层次、支承结构、面层金属板抗风掀、防水排水、保温隔热、防结露、防火、防雷、隔声、吸声、维护设施、装饰层等相关设计内容。

18.2 结构设计

18.2.1 风荷载设计值应按《建筑结构荷载规范》GB 50009和本标准第10章规定取值，抗风压性能指标应符合《建筑幕墙》GB/T 21086规定。

18.2.2 采光顶、雨篷玻璃活荷载应按《建筑结构荷载规范》GB 50009规定计算，并满足下列要求：

1 上人采光顶、雨篷的玻璃板块，按下列情况分别计算：

1） 用于居住建筑的玻璃板块，应能承受1.5kN/m^2均布活荷载；用于非居住建筑的玻璃，应能承受3kN/m^2的均布活荷载。在玻璃板块受力最不利点处直径150mm区域内，应能承受1.8kN垂直于玻璃的活荷载。

2） 上人采光顶、雨篷的玻璃板块按《建筑玻璃应用技术规程》JGJ 113中规定的地板玻璃设计。玻璃面板最大应力不得超过长期荷载作用下的强度设计值。点支承式连接时，还应校核长期荷载作用下玻璃的边缘强度。

2 不上人采光顶、雨篷的玻璃板块，按下列情况分别计算：

1）与水平面夹角小于30°时，在玻璃板块受力最不利点处直径150mm区域内，应能承受1.1kN垂直于玻璃的活荷载。

2）与水平面夹角大于等于30°时，在玻璃板块受力最不利点处直径150mm区域内，应能承受0.5kN垂直于玻璃的活荷载。

18.2.3 采光顶玻璃强度计算应满足《建筑玻璃应用技术规程》JGJ 113规定。

18.2.4 采光顶除应作重力荷载、风荷载计算分析外，必要时还应考虑地震作用（水平及竖向地震作用）和温度效应的影响，采取相应的构造措施。计算竖向地震作用时，地震影响系数最大值按水平地震作用的65%采用。

18.2.5 倾斜面板所受荷载，应分解为垂直于面板和平行于面板的分量，并按分量方向分别计算作用或作用效应组合。

18.2.6 采光顶支承体系应有明确的计算模型，杆与杆连接构造宜采用铰接连接形式，必要时也可采用刚性连接。跨度大于12m的梁式支承体系应考虑整体变形对玻璃板块分格的影响。支承点应符合本标准13.3.4条规定。

18.2.7 锥形或拱形采光顶钢结构，应验算结构体系的承载力、变形和整体稳定性，满足《空间网格结构技术规程》JGJ 7规定。

18.2.8 雨篷风荷载局部体型系数按本标准10.2.5条规定取值。

18.2.9 支承跨度超过36m的空间异型采光顶结构，宜考虑风动力效应。

18.2.10 采光顶或雨篷所采用的玻璃板块，单块面积不宜大于$2.5m^2$，不应大于$3m^2$，长边边长不宜大于2m。

18.2.11 应考虑极端气候可能造成的局部积雪、积水等超常荷载工况。

18.2.12 玻璃面板不宜用作为采光顶、雨篷提供结构体系平面内刚度的结构构件。

18.2.13 采光顶和金属屋面支承结构及面板的最大挠度应符合表 18.2.13 规定。

表 18.2.13 采光顶和金属屋面支承结构及面板的最大挠度

支承结构或面板		相对挠度（L 为跨距，悬臂结构 L 为 2 倍跨距）	
		上人	不上人
采光顶 金属屋面 雨篷	玻璃梁	$L/400$	
	铝合金型材单梁	$L/200$	$L/180$
	钢型材单梁	$L/250$	
	平面金属网架和网格	$L/250$	
	空间单层网格	$L/200$	
	张拉杆件系统	$L/250$	$L/200$
	平面单层索网	$L/250$	$L/200$
	檩条	$L/180$	
玻璃面板	简支矩形	短边/200	短边/60
	简支三角形	长边对应的高/200	长边对应的高/60
	简支圆形	直径/200	直径/60
	点支承矩形	长边支承点跨距/200	长边支承点跨距/60
	点支承三角形	长边对应的高/200	长边对应的高/60
金属面板	金属压型板	—	$L/180$
	金属平板	—	短边/100
	金属平板中肋	—	$L/120$

18.2.14 对风荷载较大地区或沿海易受到台风正面袭击的重要建筑，金属屋面系统应进行抗风掀试验验证。

18.2.15 金属屋面的压型金属面板应能在受力最不利点处 300mm×300mm 区域内承受 1.0kN 活荷载，不出现缝隙或永久屈曲变形。

18.2.16 金属屋面加设的装饰层金属面板应能在受力最不利点处 300mm×300mm 区域内承受 1.0kN 垂直于面板的活荷载。

18.2.17 金属屋面结构的温度作用应按极端气温进行计算。

18.2.18 金属屋面中螺栓连接的夹紧厚度或铆钉的铆合总厚度不宜超过螺栓直径或铆钉孔径的 4.5 倍。

18.3 排水设计

18.3.1 采光顶、雨篷和金属屋面的雨水应能及时排至雨水管道或室外地面。排水系统设计所采用的降雨历时、降雨强度、屋面汇水面积和雨水流量应符合《建筑给水排水设计标准》GB 50015 规定。

18.3.2 排水设计应综合考虑雨水量计算、排水组织、排水设施、排水坡度、排水口防堵设置等因素。

1 采光顶、金属屋面排水坡度不宜小于 3%，天沟排水坡度不宜小于 0.5%。

2 采光顶、金属屋面的支承体系在制作时宜预起拱，排水坡度接近 3%时应预起拱。

3 有组织排水系统的排水路线应简单明确、减少转折。

4 采光顶、金属屋面的檐口宜设置天沟和落水管，必要时可设置溢流口。

18.3.3 采光顶、金属屋面呈起伏状或汇水面积较大时，应设置多组独立分区排水系统，也可采取虹吸排水技术。

18.3.4 雨篷排水应考虑最不利风向时的集中汇水。大跨度雨篷宜设计有组织排水。

18.3.5 屋面天沟应与金属屋面基材使用寿命相匹配，不锈钢材料厚度不宜小于 2.0mm，铝合金材料厚度不宜小于 3.0mm。

18.4 构造设计

18.4.1 采光顶、雨篷和金属屋面应根据建筑物使用性质、功能要求、气候条件等因素进行构造设计：

1 支承结构与主体结构间的连接应满足强度要求，并有措施控制外部荷载和温度变化引起的自身变形对主体结构的影响。

2 支承结构和面板不应跨越主体结构的变形缝；与主体结构变形缝相对应的构造设计，应能够适应主体结构的变形。斜面、曲面采光顶节点设计应有玻璃防滑脱措施。

3 采光顶与主体结构应可靠连接，不宜采用外挑钢转接件焊接传递竖向荷载的连接方式，连接构造应适应温度变形。

4 连接构造应能防止风力、结构变形和温度变化等产生摩擦噪音。

5 穿越面板板缝的金属构件，宜选用不锈钢材质。

6 采光顶、雨篷、金属屋面的面板，板缝宽度不宜小于10mm。注胶板缝的密封胶应能适应接缝处的变形。

7 不同种类金属材料的接触处应设置绝缘垫片或采取其他有效的防电化腐蚀措施。

8 采光顶或雨篷面向地面的玻璃板块应采用夹层玻璃。人流密集处及其他重要部位的采光顶玻璃应有防碎裂、坠落的安全措施。

9 斜置玻璃应防止滑移。板块与水平面夹角大于30°时，玻璃应有防滑落构造措施。

10 夹层玻璃外露边缘应封边处理。

11 金属屋面系统宜采用重质隔音板或岩棉、玻璃棉加实体板封闭而成的复合材料作为隔声构造；宜选用多孔吸声材料作为吸声构造。

18.4.2 采光顶可采用梁式结构、桁架结构、索梁结构、索杆结构、单层网格结构等形式。

18.4.3 梁式结构的主梁和次梁，其连接节点宜按铰接设计。管桁架结构采用空腹桁架时，桁架节点应按刚性连接节点设计，采用带斜杆桁架时，桁架腹杆与弦杆的连接可按铰接设计。

1 当梁式结构布设在混凝土结构屋顶洞口时，主梁的两端应直接支承在混凝土梁上，不宜通过埋件牛腿传递荷载。当有立柱时，应保证其稳定性。

2 梁式结构宜采用简支梁，主梁一端为固定铰支座，另一端可按结构需要采用长孔固定铰支座。

3 梁与柱应刚性连接。立柱较高时，尚应考虑体系的侧向抗力和侧平面内稳定。

18.4.4 单层网格结构应根据功能与体型、材料供应、施工条件以及制作安装方法，选择合理的结构布置形式、边缘构件及支承构造。杆件布置和构造应易于施工和维护。节点和杆件的连接可采用焊接、栓接或栓焊结合形式。单层网壳应采用刚接节点。

18.4.5 采用正交或斜交双向受力梁时，梁相交节点宜采用刚接方式。

18.4.6 采光顶的支座可根据其受力状况选用刚性支座、铰接支座，可滑移、可转动或可沿指定方向产生线位移的滚轴铰支座等。可滑移或可转动的支座应有限位措施。

18.4.7 雨篷设计与构造：

1 采用拉压杆雨篷，其拉压杆应与雨篷结构形成独立的稳定结构系统。

1） 悬挑长度大于4.2m的梁式雨篷宜设置拉杆或压杆，拉压杆宜与主体结构专用连接件连接，不宜与幕墙预埋件直接焊接。

2） 拉压杆与雨篷的夹角不宜小于30°，雨篷结构与主体结构的连接宜采用铰接。

2 无拉压杆的雨篷，雨篷结构可与主体结构直接连接或与幕墙立柱连接。

1）与幕墙预埋件焊接连接的雨篷，悬挑长度不宜大于2.8m。当雨篷悬挑长度大于2.8m时，预埋件和梁端构造均应加强。采用后置埋件作为雨篷固定端连接时，雨篷悬挑长度不应大于1.5m。

2）在幕墙钢结构梁、柱上焊接悬挑雨篷梁时，悬挑长度不宜大于2m。雨篷结构计算校核时，应计入钢柱弯曲、钢梁挠曲和扭转所产生的附加挠度。

3）悬挑钢梁应校核在正负风压作用下的强度、刚度和稳定性，大尺度雨篷应有防止平面内变形的有效措施。

4）玻璃的悬挑尺寸应符合计算要求，且不大于150mm。

5）倒置式雨篷玻璃应有防碎裂坠落措施，不应采用隐框玻璃或点支承玻璃。

6）雨篷悬挑钢梁应按构造形式计算其平面内和平面外的稳定性，必要时可增设水平支撑等构造措施。

3 设置在铝合金立柱上的雨篷悬挑长度不宜大于1.20m。

18.4.8 金属屋面根据不同防水等级的要求，选用金属板加防水卷材、金属板加防水垫层、金属板、全焊接金属屋面等不同构造层次设置。

18.4.9 金属屋面支撑构件与主体结构采用螺栓连接的每个连接处，不应少于2个螺栓，螺栓直径不宜小于10mm。系统中每个连接处的受力螺栓、铆钉、销钉不应少于2个。

18.5 索结构采光顶

18.5.1 采光顶索结构可采用索梁结构、索杆结构、空间索桁架、张弦结构等。

18.5.2 索结构的拉索和拉杆只能承受拉力，不能承受压力和弯矩。索结构的压杆为刚性杆，应考虑其稳定承载能力。

18.5.3 索结构设计时，应考虑结构自重、预张力、屋面附加恒荷载、屋面吊挂荷载、屋面活荷载、雪荷载、风荷载、施工荷载、地震作用、温度变化和支承结构变形等作用。

18.5.4 形状简单的中小跨度屋面索结构，可采用风振系数的方法近似考虑结构的风动力效应。风振系数可取：单索 1.2～1.5；索网 1.5～1.8；双层索系 1.6～1.9；横向加劲索系 1.3～1.5；其他类型索结构 1.5～2.0。结构跨度较大且自振频率较低者取较大值。

18.5.5 索与索的连接、索与其他刚性构件的连接、索与围护结构的连接、索的锚固等节点构造，应与结构分析的计算简图相符。

18.5.6 索与支座应铰接，索锚与刚性构件应铰接。

18.5.7 索杆体系的张拉锚固端及拉索与钢构件的连接节点应可靠。

18.5.8 索的张拉端和锚固端均应有安全可靠的锚固连接构造。主体结构宜设置专门的支座连接构造。拉索通过连接件与主体结构上的预埋件相连接时，不宜在施工现场焊接连接。

18.5.9 采用拉杆形成空间桁架时，拉杆间的连接应安全可靠。连接为单销钉或单螺栓时，应提高安全度。

18.5.10 玻璃面板与索结构的连接节点应考虑索结构变形的影响，玻璃板缝宜适当增大。面板应考虑局部荷载的不利影响。固定玻璃面板的零部件与玻璃入槽槽口设计，应满足系统平面内、外变形的要求。

18.5.11 当索结构对主体结构刚度敏感时，应明确提出对主体结构刚度的控制指标。

19　幕墙钢结构

19.1　一般规定

19.1.1　本标准的幕墙钢结构，指连接在主体结构上，直接传递幕墙系统荷载到主体结构，不承担主体结构荷载，不增加主体结构刚度，能适应主体结构变形的钢构件或钢结构体系。

19.1.2　幕墙钢结构设计应符合《钢结构设计标准》GB 50017 和《冷弯薄壁型钢结构技术规范》GB 50018 规定，并满足相关规范及本标准要求。

19.1.3　幕墙钢结构防火应按本标准第 7 章设计并满足《建筑设计防火规范》GB 50016 及《建筑钢结构防火技术规范》CECS 200 中燃烧性能和耐火极限的要求。

19.1.4　大跨度的桁架、网架、网壳、拱形结构、预应力网格、索张弦结构，以及设置在钢结构建筑或钢-混凝土混合建筑结构上的雨篷、采光顶等钢结构，应由建筑设计单位承担结构设计。其围护系统由幕墙设计承担时，主体设计单位应提供钢结构设计相应文件。

19.1.5　幕墙钢结构设计应包括体系设计、结构计算、构件设计、构造设计和结构体系的整体稳定校核。

1　体系设计包括结构选型、构件布置。

2　幕墙钢结构应按弹性理论计算，计算模型的边界条件应与实际节点构造和结构传力途径一致。

3　构件采用的钢材牌号和质量等级应符合《钢结构设计标准》GB 50017 规定。杆件截面应根据强度、稳定性和刚度的要求计算确定。

4 构造设计应包括截面构造、构件组成、连接节点、支座构造、体系形成，并对加工制作及安装等提出要求。

19.1.6 应优先采用按国家或行业现行标准定型生产的型材和制品。

19.1.7 钢结构设计文件中，应注明所采用的规范、幕墙结构设计使用年限、抗震设防烈度、钢材牌号、连接材料的型号（或钢号）和设计所需的附加保证项目。对焊接连接，应注明焊缝熔透形式、尺寸和质量等级。文件应注明结构的设计耐火等级、构件的设计耐火极限、所需要的防火措施及其防火材料的性能要求，还应注明螺栓防松构造要求、钢结构最低防腐蚀设计年限和防护措施、施工要求等。

19.2 结构与构造

19.2.1 幕墙钢结构的计算内容应包含强度、挠度、局部及整体稳定性、连接构造等计算。

19.2.2 幕墙钢结构的稳定性：

1 索结构、空间网格结构安装施工阶段和成形使用阶段应作整体稳定性分析。

2 轴压、压弯、受弯构件应作稳定性分析；竖向分层或连续悬挂系统，立柱应验算仅在水平荷载作用下的受弯稳定性。

3 两端简支的弯曲构件，当采用箱型截面且同时满足公式(19.2.2-1)和(19.2.2-2)时，可不验算其整体稳定性。

$$h/b_0 \leqslant 6 \qquad (19.2.2\text{-}1)$$

$$l_1/b_0 \leqslant 95(235/f_y) \qquad (19.2.2\text{-}2)$$

式中：l_1——侧向约束点的距离(mm)；

b_0——箱型截面宽度(mm)；

h——箱型截面高度(mm)；

f_y——钢材屈服强度(N/mm^2)。

4 H 型钢或等截面工字形简支梁受压翼缘的自由长度 l_1 与其宽度 b_1 之比不超过表 19.2.2 规定的数值时，可不计算梁的整体稳定性。

表 19.2.2 H 型钢或等截面工字形简支梁不需计算整体稳定性的最大 l_1/b_1 值

钢号	跨中无侧向支承点的梁		跨中受压翼缘有侧向支承点的梁不论荷载作用于何处
	荷载作用于上翼缘	荷载作用于下翼缘	
Q235	13.0	20.0	16.0
Q345	10.5	16.5	13.0
Q390	10.0	15.5	12.5
Q420	9.5	15.0	12.0

对跨中无侧向支承点的梁，l_1 为其跨度；对跨中有侧向支承点的梁，l_1 为受压翼缘侧向支承点间的距离（梁的支座处视为有侧向支承）。

5 跨度较大或截面狭薄或承受弯扭荷载的简支梁，支承处应有防止其端部截面扭转失稳的构造措施。

19.2.3 非预应力受拉构件的长细比不应大于 350，在永久荷载与风荷载组合作用下受压时，其长细比不宜大于 250。正常受压构件的长细比不应大于 150，杆件的内力不大于承载能力 50% 时，其长细比不应大于 200。

19.2.4 幕墙钢结构的变形性能设计，应综合考虑结构承载力和变形能力，变形性能设计应与主体结构的变形设计相协调；对主体结构刚度敏感时，应明确提出对主体结构刚度的控制指标。当主体结构变形较大时，幕墙连接节点设计应考虑主体结构变形的影响，连接节点构造应能消减主体结构的变形影响并协调至幕墙体系相适应的程度。

19.2.5 焊接钢构件采用的钢板厚度宜为 4mm～16mm。不宜采用厚板焊接构件，不应采用小截面厚板焊接构件。焊接组合截面的钢板，厚度差异不宜超过 1 倍。矩形或工字形截面的梁、柱宜采用定型型材。

19.2.6 单块板材或叠合焊接的板材不宜用作幕墙结构体系中的主受力梁、柱构件。

19.2.7 构件截面的高宽比：

1 柱截面高度(圆柱为直径)不宜小于柱计算长度的1/30。

2 矩形截面柱截面长宽比不宜大于4.0,不应大于6.0。

3 工字钢截面柱翼缘宽度宜取柱截面高度的1/2～1/4。

19.2.8 构件宜采用对称截面或主轴对称截面。有弯扭作用的构件应作弯扭验算,弯扭构件宜选用闭口截面。

19.2.9 高度或跨度较大的幕墙钢结构体系,根据主体结构的支承条件,可设计成水平支承或竖向支承形式,主要结构形式可选用框架、平面桁架、空间桁架、网架、网壳、张弦梁、索张拉结构、悬吊结构等。

1 竖向支承的柱或桁架可采用吊挂或下座结构形式。

2 水平支承的梁或桁架应考虑自重(包括面板及附件)产生的挠度,必要时可预先起拱。桁架的非支承边宜设置控制竖向挠度和侧向挠曲的吊杆或撑杆,杆件应连续拉通。在幕墙自重作用下,水平受力构件在单块面板跨距内的挠度 d_f 不应超过该跨度的1/500,且不大于3mm。

3 梁、柱及桁架应校核正、负风压作用的侧向稳定性,必要时可设置辅助杆件体系。

4 应验算主要支承结构的抗风梁或抗风桁架,不计阵风系数的风荷载标准值作用下,挠度 d_f 不超过其跨度的1/1000。

5 悬吊体系吊杆按间隔设置,宜采用钢索或钢杆分层悬吊和调节。吊杆宜设置在横梁静载质心处,条件不具备时横梁应设抗扭转的平衡杆。悬吊体系跨层通长设置时,吊杆宜采用钢索,横梁应有支承和调节构造措施。根据主体结构形式、横梁跨长和荷载条件,横梁两端可设计为不动铰接或单侧可动铰接。吊杆顶部可连接主体结构构件或幕墙支承构件,悬吊体系的周边边界应考虑变形的协调和承载的安全性。

6 幕墙钢结构与主体结构的连接节点应能吸收主体结构变形对幕墙体系的不利影响。或采用具有释放温度应力、变形能力的连接形式。

19.2.10 出屋面非封闭建筑幕墙风荷载体型系数，如有风洞试验数据，可按风洞试验数据取值，但正负风压取值均不应小于2.0。采用钢结构作为出屋面非封闭建筑幕墙支承结构时，可根据幕墙悬出高度采用不同支承形式。高度不大于2.5m时，宜采用单柱形式；高度在2.5m～4.5m时，宜采用单柱加支撑形式；高度大于4.5m时，宜采用桁架形式。幕墙支撑钢结构在风荷载标准值下挠度控制值不应大于1/400，并应满足幕墙系统的性能要求。出屋面非封闭建筑幕墙钢结构应有可靠的稳定系统和锚固支座。

19.2.11 采用钢结构作为独立的大门框架时，宜按下列要求设计：

1 门洞总宽度不大于6m时，可采用构件式框架，梁、柱可采用型钢或管材。其计算模型，幕墙平面内为刚架，幕墙平面外为悬臂构件。柱底双向均为刚接，梁柱连接宜设计为刚接。

2 门洞总宽度不大于9m时，可采用平面格构式钢架。在幕墙平面外水平风力作用方向横梁设计为桁架，立柱设计为与桁架上下弦位置相应的双肢柱。梁柱连接宜为铰接，也可根据刚度需要设计为刚接。双肢柱脚设计应能形成双向均可传递弯矩的构造形式。其计算模型，幕墙平面内为排架或刚架，幕墙平面外为悬臂构件。门洞总宽度6m～9m时也可按第1款设计。

3 门洞总宽度大于等于12m时，可采用空间格构式钢架，横梁和立柱均为空间构架。当门洞高度小于4.0m时，立柱也可采用平面双肢柱形式。门洞总宽度9m～12m时可按第2款或第3款设计。

4 大门框架内可设置因门扇安装需要或用以减小横梁计算跨度的辅助柱，辅助柱上下端按设计需要可为铰接或刚接。

5 框架横梁宜设计成除自重外仅承受水平风力的构造和受

力模式，上部的幕墙静重不宜施加在门框横梁上。门框横梁为索幕墙拉索的下支座时应计算索力荷载。桁架、构架的节间分格应与上部幕墙立柱或拉索位置相协调。

6 门框横梁上附设雨篷时应符合本标准18.4.7条规定，雨篷悬挑长度不宜大于2m。附设雨篷悬挑长度大于2m时应加大横梁抗扭刚度或采用空间格构式横梁。

7 大门框架设计应包括平面内、外的承载能力极限状态设计计算，构件和节点的构造设计，大门框架与周边幕墙的构造处理。门轴与大门框架的连接设计应符合本标准第12章要求。

8 大门框架立柱在风荷载标准值作用下，柱顶位移控制值不应大于柱高的1/400。横梁在幕墙平面内、外挠度限值应符合本标准13.4.4条规定，平面外挠度限值尚应满足19.2.9条第4款要求。

9 门框横梁为索幕墙拉索的下支座时，立柱柱脚锚固应作抗拉校核，并计算索力作用下横梁的荷载组合挠度值，按大门框架内有无可承受抗力的辅助柱，取不大于计算跨度的1/500。当荷载组合挠度值方向向上时，挠度绝对值不应大于10mm。

10 大门框架立柱基础应有可靠锚固，并符合19.2.15条第6款要求。

19.2.12 钢结构受力构件及其连接件，不宜采用厚度小于4mm的钢板或壁厚小于3mm的钢管，焊接时不宜采用截面小于∠45×4或∠56×36×4的角钢，螺栓连接时不宜采用截面小于∠50×4的角钢。

19.2.13 加劲肋宜在腹板两侧成对配置，支撑加劲肋不应单侧配置。

19.2.14 幕墙钢结构应有明确的计算模型，节点构造应符合结构计算假定。

19.2.15 梁、柱连接的刚接和铰接：

1 一般钢结构杆件的焊接应视为铰接。

2 沿杆件截面围焊的连接宜视为铰接。围焊并加焊肋板的焊接连接可视为刚接，强度计算时肋板不应作为构件计入其作用。

3 插入套芯的柱端视为铰接。悬挂式立柱顶部应设计成铰接。

4 下座式柱端可按计算模型设计成刚接或铰接，也可设计为主方向刚接次方向铰接。下端刚接时，上端应设计成可竖向滑动的铰接。

5 矩形管、圆管构架的斜杆与主杆连接为铰接。直角节点如设计成刚接，应有 45°斜板转接焊接。杆件相交节点宜减小偏心。

6 除荷载较小、尺寸不大、施工许可情况外，下座式立柱与主体结构的连接应有地脚锚栓，柱端应有钢底板，不应直接与埋设在主体结构中的埋件焊接连接。

7 对变形协调要求较高的梁或柱铰接连接，可设计成销轴连接、辊轴连接或盆式支座连接。

8 梁柱连接节点可采用栓焊混合连接、螺栓连接、焊接连接、端板连接等构造。梁柱采用刚性或半刚性节点时，节点尚应作弯矩和剪力作用下的强度验算。

9 幕墙钢结构与主体结构的连接采用钢连接件焊接时，焊缝计算应包含其剪力、拉力和偏心荷载的弯矩。

19.3 连接设计

19.3.1 钢结构构件的连接，应根据幕墙连接构造、作用力的性质和施工环境条件，选择合理的连接方法。工厂加工构件的连接宜采用焊接；现场连接宜采用栓接，也可焊接。主要承重构件的现场连接或拼接，按结构需要可采用高强度螺栓连接；如采用焊接，应确保焊接质量并按规定作出焊接质量检测报告。

19.3.2 要求与母材等强的对接焊缝应焊透，其质量等级受拉时不应低于二级，受压时宜为二级，全熔透及重要节点的焊接，其质量等级不应低于二级。

19.3.3 钢结构焊接连接构造：

1 幕墙钢结构的梁柱应尽量减少现场焊接工作量。主要节点构造应减少现场仰焊。荷载较大的幕墙主要受力构件，不宜悬吊在施工现场仰焊形成的连接件上。仰焊应有足够的操作空间，质量应确保并可控。

2 焊缝厚度和长度经计算确定并符合现行钢结构规范规定。受力和构造焊缝可采用对接焊缝、角接焊缝、对接角接组合焊缝、塞焊焊缝、槽焊焊缝；重要接头或有等强要求的对接焊缝应为熔透焊缝；较厚板件或无需焊透时可采用部分熔透焊缝。

3 对接焊缝的坡口形式可按照《钢结构焊接规范》GB 50661规定采用。

4 不同厚度和宽度的材料对接时，应作平缓过渡，其连接处坡度值不宜大于1：2.5。

19.3.4 钢结构横梁与立柱焊接连接时，应符合本标准13.2.9条规定。

19.3.5 角焊缝的最小计算长度应为其焊脚尺寸 h_f 的8倍，且不应小于40mm；焊缝计算长度为扣除引弧、收弧长度后的焊缝长度。不宜将厚板采用角焊缝焊接到薄板上。角焊缝最小焊脚尺寸宜按表19.3.5取值，承受动荷载时角焊缝焊脚尺寸不宜小于5mm。

表 19.3.5 角焊缝最小焊脚尺寸(mm)

母材厚度 t	角焊缝最小焊脚尺寸 h_f
$t \leqslant 6$	3
$6 < t \leqslant 12$	5
$12 < t \leqslant 20$	6
$t > 20$	8

19.3.6 经过表面防腐蚀处理的钢构件焊接后，应对焊缝打磨和

防腐蚀处理。

19.3.7 螺栓连接或拼接接头中，每一杆件一端的永久性螺栓数不应少于2个。轴向受拉的螺栓连接中的端板，宜设置加劲肋。螺栓连接应有螺栓施拧空间。

19.3.8 螺栓（铆钉）群的连接中心，宜与连接构件截面重心一致。螺栓或铆钉的间距、边距和端距容许值应符合表19.3.8规定。

表19.3.8 螺栓或铆钉的孔距、边距和端距容许值

<table>
<tr><th>名称</th><th colspan="3">位置和方向</th><th>最大容许间距
（取两者的较小值）</th><th>最小容许间距</th></tr>
<tr><td rowspan="5">孔中心间距</td><td colspan="3">外排（垂直内力方向或顺内力方向）</td><td>$8d_0$ 或 $12t$</td><td rowspan="5">$3d_0$</td></tr>
<tr><td rowspan="3">中间排</td><td colspan="2">垂直内力方向</td><td>$16d_0$ 或 $24t$</td></tr>
<tr><td rowspan="2">顺内力方向</td><td>构件受压力</td><td>$12d_0$ 或 $18t$</td></tr>
<tr><td>构件受拉力</td><td>$16d_0$ 或 $24t$</td></tr>
<tr><td colspan="3">沿对角线方向</td><td>—</td></tr>
<tr><td rowspan="4">孔中心至构件边缘距离</td><td colspan="3">顺内力方向</td><td rowspan="4">$4d_0$ 或 $8t$</td><td>$2d_0$</td></tr>
<tr><td rowspan="3">垂直内力方向</td><td colspan="2">剪切边或手工气割边</td><td rowspan="2">$1.5d_0$</td></tr>
<tr><td rowspan="2">轧制边、自动气割或锯割边</td><td>高强度螺栓</td></tr>
<tr><td>其他螺栓或铆钉、自攻螺钉</td><td>$1.2d_0$</td></tr>
</table>

注：1 d_0 为螺栓或铆钉的孔径，对槽孔为短向尺寸，t 为外层较薄板件的厚度。

2 钢板边缘与刚性构件（如角钢，槽钢等）相连的高强度螺栓，最大间距可按中间排的数值采用。

3 计算螺栓孔引起的截面削弱时可取 d+4mm 和 d_0 的较大者，d 为螺栓公称直径。

19.3.9 销轴连接适用于铰接柱脚或拱脚以及拉索、拉杆端部的连接，销轴及耳板宜采用Q345、Q390与Q420，必要时也可采用45号钢、35CrMo或40Cr等钢材。

19.3.10 构件的连接设计应具备施工操作空间和焊接的可行

性。构件焊接时应有临时支承或加焊支承部件，不宜在幕墙施工现场直接施焊。

19.3.11 节点设计应满足承载力极限状态要求，传力可靠，减少应力集中，防止节点因强度破坏、局部失稳、变形过大、连接开裂等导致节点失效。

19.3.12 钢结构的安装连接应采用传力可靠、制作方便、连接简单、便于调整定位的构造形式，并应考虑临时定位措施，确保施工安装的稳定和质量。

19.4 防腐蚀设计

19.4.1 幕墙钢结构应根据环境条件、材质、结构形式、使用要求、施工条件和维护管理条件等因素，合理确定防腐蚀设计年限，防腐蚀设计应符合《建筑钢结构防腐蚀技术规程》JGJ 251 规定。

19.4.2 幕墙钢结构防腐蚀设计，可根据需要选择防腐蚀方案，工艺和涂层厚度应满足涂料和覆层的技术规定。

1 防腐蚀涂料：

1）无侵蚀性或弱侵蚀性条件下，可采用油性漆、酚醛漆或醇酸漆；

2）中等侵蚀性条件下，宜采用环氧漆、环氧脂漆、过氯乙烯漆或氯醋漆；

3）防腐蚀涂料的底漆和面漆应配套。

2 金属保护层（表面合金化镀锌、镀铝锌等）。

3 阴极保护措施。

4 采用耐候钢。

19.4.3 幕墙钢结构防腐蚀设计：

1 不同金属材料接触部位应采取防电化学腐蚀隔离措施。

2 暴露在室外的焊缝、螺栓、垫圈、节点板等连接构件的耐腐蚀性能，不应低于主材材料的耐腐蚀性能。

3 避免出现难于检查、清理和涂漆之处，避免出现滞留湿气和大量灰尘的死角或凹槽。闭口截面构件端部应焊接封闭。

19.4.4 钢材表面原始锈蚀等级和钢材除锈等级标准应符合《涂装前钢材表面锈蚀等级和除锈等级》GB/T 8923 规定。

1 表面原始锈蚀等级为D级的钢材不应用于幕墙钢结构。

2 表面处理的清洁度要求不宜低于《涂装前钢材表面锈蚀等级和除锈等级》GB/T 8923 规定的 Sa2½级，表面粗糙度应符合防腐蚀设计要求。

19.4.5 涂料、涂装遍数、涂层厚度均应符合设计要求，无特殊说明时，涂装不应少于5遍，干膜总厚度室外构件应大于150μm，室内构件应大于120μm，允许偏差±25μm。

19.4.6 钢结构的现场焊缝、高强螺栓和普通结构用螺栓及其连接点，以及在运输安装过程中构件涂层被磨损的部位，应补刷涂层。涂层应采用与构件制作时相同的涂料和相同的涂刷工艺。

19.4.7 涂装时环境温度和湿度应符合涂料产品说明书的要求，无要求时，温度应控制在5℃～38℃之间，湿度不大于85%。

20 光伏幕墙

20.1 一般规定

20.1.1 光伏幕墙的电气及控制系统应作为建筑电气工程设计的一部分。

20.1.2 光伏幕墙的结构设计和构造及性能指标均应符合本标准及相关规范规定。

20.1.3 规划设计应综合考虑建筑功能、周边环境、地区气候及太阳能资源等因素。光伏幕墙的布局、朝向、间距、组串形式和空间环境，应满足光伏电气系统设计和安装技术要求。

20.1.4 光伏组件的选型和阵列设计应综合考虑发电效率、发电量、电气和结构安全及适用美观，并与建筑模数相匹配，不应影响幕墙的建筑功能。

20.1.5 光伏幕墙设计应预留光伏输配电和控制用缆线及电气设备的布局空间，统筹安排、集中布置，安全、隐蔽且方便维护和保养。

20.1.6 光伏系统的主要朝向以朝南、东、西向为宜，不同朝向光伏组件宜各自独立成系统。应避免周围环境可能产生的遮挡，不应在有遮挡阴影的区域或部位设计安装光伏系统。

20.1.7 施工安装应符合《建筑光伏系统应用技术标准》GB/T 51368 规定。

20.2 系统设计

20.2.1 光伏幕墙组件的外片玻璃应为超白玻璃、自洁净玻璃或减反射玻璃，厚度不应小于 3.2mm，边部应三面研磨。

20.2.2 透明光伏组件中间的粘结胶膜应选用聚乙烯醇缩丁醛树脂（PVB）胶片，胶片厚度不应小于 0.76mm；粘结胶膜不应采用 EVA 胶片。

20.2.3 中空玻璃光伏组件的气体层厚度不应小于 12mm。

20.2.4 光伏幕墙组件宜采用局部隐框构造设计，所有外装饰构件的外形尺寸，在有效日照时间内不应对光伏组件造成遮挡阴影。

20.2.5 实体墙或层间部位可采用非中空玻璃光伏组件，光伏组件内侧至实体墙外侧保温层的距离不应小于 50mm。

20.2.6 光伏组件不宜落地安装，其底部距离地面高度不应小于 300mm。

20.2.7 上海地区光伏组件安装的南向最佳倾角为与水平面呈 22°夹角。

20.2.8 立柱横梁的设计应留有布置光伏系统管线的空腔，满足布线和电气线路散热要求。立柱和横梁上用于线缆进出的局部开口位置和尺寸，应方便线缆进出并避免损伤光伏线缆绝缘层；开口后的立柱和横梁，强度、刚度和性能应满足幕墙设计要求。应设计空腔便于隐藏光伏组件的接线盒和汇流盒，并方便检查电气系统联结情况。

20.2.9 光伏组件可采用单晶硅、多晶硅及薄膜太阳能电池。

20.2.10 光伏电气系统应包含接地系统、防雷系统、漏电保护系统和防逆流系统。防雷系统措施应符合本标准 8.2.3 条规定。

21 幕墙信息模型

21.1 一般规定

21.1.1 幕墙信息模型应直观、适用。作为建筑信息模型的一个子项，应与建筑信息模型的管理要求相协调，幕墙信息模型可根据具体工程项目的需求单独创建。空间关系复杂的曲面异形幕墙，宜创建并应用幕墙信息模型。

21.1.2 模型可按幕墙工程设计建造实施阶段的不同，由幕墙设计单位或幕墙承建方创建，并基于模型输出二维图纸。不具备先模型后图纸时，可由幕墙专业设计人员配合，依据幕墙设计图纸翻模。

21.2 模型创建

21.2.1 建模范围应与工程项目幕墙设计建造合同中约定的工作范围一致。模型的创建及维护应与幕墙的方案设计、深化设计、施工建造、竣工交付等阶段相对应，正确反映幕墙设计建造过程的真实信息。建模软件的选择，可根据具体工程项目对建筑信息模型管理要求、幕墙造型的复杂程度、模型应用规划等，在不同阶段分别确定。

21.2.2 模型的创建流程一般包含建模准备、模型创建和模型校核三个阶段。建模准备阶段包括基础资料梳理与确认、建模及应用规划、软硬件准备等。

21.2.3 建模及应用规划包括下列内容：

1 组织架构及人员配置

组织架构中至少应包括模型管理人员、模型创建及应用人员、模型校核人员。

2 软硬件配置方案

选择各阶段建模和应用的软件类型、版本号和交付格式。

硬件配置应按模型规模和建模软件的需求合理确定。

3 工作流程与协同方式

模型的创建及应用工作流程应与项目管理方对建筑信息模型的管理要求协同，按工程各参建方的工作范围及职责，完成模型创建、校核、应用、审核、修改、复核、批准等工作。

有协同工作平台要求的项目，还应符合协同平台软件的操作要求。

应清晰描述幕墙与相关专业间的交接界面、接口做法，确定符合管理要求的模型传递路径。

4 建模标准

模型精度标准应按 21.5 节相关要求确定，并按 21.2.6 条的建模规划标准对模型的单位及坐标、拆分、命名、颜色、文件及文件夹命名作详细规定。

5 建模计划

应根据项目特点及幕墙设计建造总进度制定建模计划。

模型交付成果应与建模规划中规定的模型拆分原则匹配，依据拆分原则分批次分阶段完成模型创建和成果交付。

6 模型应用计划

模型应用计划应与建模计划相匹配。

加工、施工模型的应用，应在现场实际工作展开前完成，并将应用成果传递给现场使用。

21.2.4 模型的精度等级应根据 21.5 节中的顺序由低到高完成。模型创建时宜考虑对更高精度等级模型的延续性，高精度等级模型应可在低精度等级模型的基础上深化完成。

21.2.5 幕墙设计建造不同阶段对模型成果的几何精度和信息

精度的最低要求应符合表 21.2.5 规定。

表 21.2.5　幕墙设计建造各阶段模型成果最低精度等级

幕墙实施阶段	几何精度等级	信息精度等级
方案设计阶段	G3	I2
深化设计阶段	G4	I3
施工建造阶段	G5	I4
竣工交付阶段	G5	I5

21.2.6　幕墙信息模型的规划标准应符合所在工程项目总的建筑信息模型建模规划标准的规定。无相关标准要求时，可按以下要求创建。

1　单位及坐标

长度单位为毫米(mm)，标高单位为米(m)。

采用建模软件自带的通用坐标系，以相对标高±0.000 为坐标原点的 Z 轴坐标点。

2　模型拆分标准

幕墙信息模型的可选划分方法如下：

1）按建筑楼体划分；

2）按幕墙系统类型划分；

3）按楼层划分；

4）按幕墙安装区域和批次划分；

5）按模型构件材料划分。

3　模型及构件命名规则

模型与构件命名应由英文字母、数字、下划线组成。

模型命名应以拆分先后顺序逐级命名，以体现模型之间的从属关系。

模型文件的一般命名方式：项目编号或项目简称_设计建造阶段_建筑楼体号_幕墙系统编号_所在楼层号_施工区域或批次号_八位数字日期。

4　模型色彩标准

对模型中的构件依据材料的不同赋予不同颜色。

模型颜色按 RGB 标准定义。

5　文件夹及文件命名规则

信息模型相关文件夹一般分为核心文件夹和项目文件夹。

核心文件夹包含：族库文件夹、标准文件夹及样板文件夹。

项目文件夹一般包含：设计依据文件夹，包含建筑设计文件、建筑结构文件、幕墙设计文件、关联专业文件；模型创建文件夹，包含临时文件、模型成果文件。

除模型文件外，其他文件的命名应按约定的规则保持文件名称的唯一性。

21.2.7　模型校核主要包括以下内容：

1　模型与建模标准的匹配度校核。

2　模型精度校核。应对模型的几何精度和信息精度分别校核。

3　模型与图纸的匹配度校核。

21.3　模型应用

21.3.1　幕墙信息模型的应用应满足工程项目幕墙设计建造合同中约定的模型应用要求，包括模型可视化、碰撞检查、算量统计、施工进度模拟、施工工艺模拟、现场问题预判与协调等。

21.3.2　模型可视化应用：

1　可视化应用应简单直接，贯穿幕墙设计建造的各个阶段，如外立面效果确认、幕墙构造空间关系检查、关联专业或设计施工交底等。

2　宜选择可使模型轻量化的软件。

21.3.3　模型碰撞检查：

1　碰撞检查在方案设计阶段可应用于主体结构与幕墙面之

间的空间尺寸初步确认。

2 在深化设计阶段，可通过幕墙设计模型与主体结构设计模型的碰撞检查，具体判定幕墙构造对空间关系的需求是否满足。通过幕墙信息模型与关联专业的碰撞分析，判定幕墙设计为关联专业预留的空间是否满足需求。

3 在施工建造阶段，可通过幕墙设计模型与主体结构现场模型的碰撞检查，具体判定幕墙设计对主体结构偏差的适应性是否满足要求，并确定幕墙安装的空间是否满足施工需要。

21.3.4 模型算量统计：

1 在幕墙方案设计阶段，可基于模型作初步工程量统计分析，并根据预植入的幕墙平方米单价信息估算幕墙造价。

2 在幕墙深化设计阶段，可基于模型作精准工程量统计分析，对幕墙材料作平方米含量测算，根据预植入的材料单价完成幕墙概算。

3 在幕墙构件加工组装阶段，可基于模型中预植入的加工批次顺序，结合模型施工进度计划，对加工计划作合理安排。

4 在幕墙施工建造阶段，可基于模型中安装区域及批次的划分，结合幕墙施工进度计划、材料单价开展资金流量分配分析。

21.3.5 施工进度模拟：

1 方案设计阶段作施工进度模拟，可辅助判定施工进度要求对系统选择的影响。

2 深化设计阶段进行多专业交叉施工进度模拟，可辅助对幕墙与其他专业交接接口设计的合理化。

3 幕墙施工建造阶段进行多专业交叉施工模拟，可辅助优化施工工艺及工期、合理化施工顺序、协调施工机具及设备设施的综合利用，以节约施工成本、提高施工效率。

21.3.6 施工工艺模拟：

在幕墙施工建造阶段可作施工工艺模拟，在施工方案的基础上辅助合理化施工方法设计、提高设备利用率、保障施工质量、优化重难点部位的施工工艺。

21.3.7 现场问题预判与协调：

幕墙建筑的施工阶段，可利用拍摄设备等记录与幕墙相关工作面的施工过程与竣工结果，与建筑信息模型作定性对比以发现问题，并以实际测量作定量分析，评估相关工作面偏差对幕墙的影响，协调解决问题。

21.4 模型交付

21.4.1 模型应满足幕墙设计建造合同中约定的交付标准。不同阶段所交付的成果模型可按21.2.6条的建模规划标准创建，并符合21.5节规定的精度要求。各级精度的幕墙信息模型应分别交付。

21.4.2 幕墙设计建造各阶段交付的模型应包括：采用建模软件创建的可编辑的源模型，以及输出为可被模型轻量化软件读取的模型格式。

21.4.3 幕墙竣工模型宜作为技术资料的一项内容在幕墙竣工验收时一并检查。

21.5 模型精度

21.5.1 幕墙信息模型精度包括模型几何精度和模型信息精度。

21.5.2 各等级模型几何精度应符合表21.5.2规定。

表 21.5.2 模型几何精度等级

构件分类 \ 精度等级	G1	G2	G3	G4	G5
主材	分格线位置	近似体形状	准确外轮廓	完整内构造	精细全尺寸
辅材	无	无	准确外轮廓	完整内构造	完整内构造
零件	无	无	无	准确外轮廓	准确外轮廓

注:1 表中模型构件分类描述如下:

主材:面材、龙骨等主要系统构成材料。

辅材:转接件、埋件、阴影盒衬板、胶条、封修板等次要系统构成材料。

零件:螺钉、加强筋、垫片等非主要系统构成材料。

2 表中模型详细程度描述如下:

分格线位置:以线元素描述幕墙分格的空间边界关系。

近似体形状:以近似的体量元素描述构件,不要求精确尺寸,无细节。

准确外轮廓:要求构件模型有准确的外轮廓边界,以表现不同构件之间的空间关系,对构件内部尺寸无细节要求。

完整内构造:要求构件模型有准确的外轮廓边界和内构造细节,以表现构件的产品状态。

精细全尺寸:要求构件模型的全部几何尺寸与构件被安装后的真实状态一致。

21.5.3 各等级模型信息精度应符合表 21.5.3 规定。

表 21.5.3 模型信息精度等级

信息类别 \ 精度等级	I1	I2	I3	I4	I5
几何信息	有	有	有	有	有
材料信息	无	有	有	有	有
制造信息	无	无	有	有	有
建造信息	无	无	无	有	有
维保信息	无	无	无	无	有

21.5.4 幕墙信息模型的信息类型包括几何信息、材料信息、制造信息、建造信息、维保信息，其体现方式见表21.5.4。

表21.5.4 模型信息格式及体现方式

信息类型	信息内容	信息格式	体现方式
几何信息	几何尺寸	数值	模型
	位置	数值	模型
	颜色	数值	模型
	二维表达	模型/图纸	模型/附件
材料信息	材料名称	文本	模型
	材质	文本	模型
	技术参数	文本	模型
	材料单价①	数值	模型
	材料产商	文本	模型
	质保书	图片	附件
	质保时限	数值	模型
制造信息	加工制造商	文本	模型
	产品合格证	图片	附件
	生产日期	文本	模型
	产品单价①	数值	模型
建造信息	施工日期②	文本	模型
	施工单位	文本	模型
	设计年限	文本	模型
维保信息	维保单位	文本	模型
	维保频率	文本	模型
	免保时限	数值	模型

注：1 材料单价及产品单价可由建设单位或其授权单位确定是否录入。

2 信息模型中施工日期的范围及精度可由建设单位或其授权单位确定是否录入。

22 检验与检测

22.1 一般规定

22.1.1 高度大于等于 24m 或总面积大于等于 $300m^2$ 的建筑幕墙,必须检测其试件的物理性能。其余幕墙可采用 2 年内同一企业同类幕墙的型式试验报告代替物理性能检测。型式试验试件必须能代表拟建幕墙,且其性能指标不得低于拟建幕墙的性能指标。

22.1.2 建筑幕墙工程竣工验收 1 年后,应每 5 年做一次安全性能检测评估。此外,有下列情况之一的建筑幕墙应进行安全性能检测评估:

1 局部墙面的面板、连接构件或密封材料出现异常变形、脱落、开裂现象。

2 遭受台风、雷击、火灾、爆炸等自然灾害或者突发事故而造成损坏。

3 建筑主体结构经检测、鉴定,存在安全隐患。

4 超过设计使用年限而需要继续使用;

5 未按现行规范设计、施工。

6 工程技术资料、质量保证资料不齐全。

7 停建工程复工前。

8 水密性严重缺陷,影响正常使用时。

9 需要作安全性鉴定的建筑幕墙。

22.1.3 建筑幕墙的热工、隔声、防火和光反射性能应按相关规定检测,必要时作专项评估。

22.1.4 抽样检测项目的样本容量及检测结果判定按《建筑幕

墙》GB/T 21086 和《建筑幕墙、门窗通用技术条件》GB/T 31433 规定执行。

22.2 材料检验

22.2.1 本标准 25.2.2 条规定的材料进场复验项目，同一生产厂家的同一品种、同一类型的进场材料应至少抽取一组样品复验，另有约定的按合同执行。

22.2.2 铝合金型材的检验项目包括力学性能、壁厚、膜厚、硬度和表面质量等。

22.2.3 钢材的检验项目包括力学性能、壁厚、表面质量和防腐蚀处理等，必要时检测化学成分。

22.2.4 玻璃的检验项目包括力学性能、热工性能、可见光反射比及其他光学性能、外观质量、应力和边缘处理情况等。

22.2.5 石材和其他非金属板材的检验项目包括力学性能、密度、吸水率、放射性(安装于室内侧时)、厚度、表面质量等。

22.2.6 金属板材及金属复合板材的检验项目包括厚度、金属板与夹心层的剥离强度、板材表面涂层质量等。

22.2.7 蜂窝板的检验项目包括正、背面金属板厚度和剥离强度等。

22.2.8 硅酮结构密封胶、硅酮建筑密封胶及密封材料检验包括以下项目：

1 硅酮结构密封胶相容性、剥离粘结性、邵氏硬度、标准状态拉伸粘结性能、破坏形式等，应符合《建筑幕墙用硅酮结构密封胶》JG/T 475 规定。

2 硅酮建筑密封胶的相容性及粘结性能应符合《建筑门窗幕墙用中空玻璃弹性密封胶》JG/T 471 规定。

3 其他密封材料及衬垫材料应符合《建筑门窗、幕墙用密封胶条》GB/T 24498、《工业用橡胶板》GB/T 5574 和《建筑橡胶

密封垫 预成型实心硫化的结构密封垫用材料规范》HG/T 3099 规定。

22.2.9 五金件及其他配件的检验项目包括力学性能和外观等，必要时检测耐腐蚀性、膜厚度及附着力。

22.2.10 保温材料及防火材料的检验包括以下项目：

1 保温材料的吸水率、密度、导热系数。

2 防火材料的吸水率、密度、燃烧性能。

22.3 现场检测

22.3.1 幕墙预埋件、后置埋件的锚栓和石材面板及人造面板的背栓，应现场检测抗拉拔、抗剪性能，检测方法按《建筑锚栓抗拉拔、抗剪性能试验方法》DG/TJ 08－003 规定。不同类型、不同规格和用于不同结构和构件的锚栓、背栓，检测数量按《混凝土结构后锚固技术规程》JGJ 145 规定确定。

22.3.2 施工过程中，应由施工企业会同工程监理选取幕墙典型部位实施现场淋水试验，试验方法应按《建筑幕墙》GB/T 21086－2007 附录 D 规定。工程监理对现场淋水试验作记录。

22.3.3 单元式幕墙在板块安装完成后宜选取代表性区域按静压箱法现场检测水密性能，按《建筑幕墙气密、水密、抗风压性能检测方法》GB/T 15227 规定的稳定加压法检测。检测区域宜包含两个单元板块宽度、一个典型楼层高度。根据检测结果，按《建筑幕墙、门窗通用技术条件》GB/T 31433 定级。

22.3.4 幕墙可开启部分完成安装后，宜选取代表性区域按静压箱法现场检测气密性能，检测方法按《建筑幕墙气密、水密、抗风压性能检测方法》GB/T 15227 规定。根据检测结果，按《建筑幕墙、门窗通用技术条件》GB/T 31433 定级。

22.3.5 热工性能的现场检测，可按《建筑幕墙》GB/T 21086－2007 附录 E 规定实施。

22.3.6 光伏系统按国家现行标准进行电气性能检测。

22.4 性能检测

22.4.1 幕墙性能应按规定程序检测。“选做”项目应在检测方案中注明。采光顶和金属屋面应根据《采光顶与金属屋面技术规程》JGJ 255 规定，检测气密性能、水密性能和抗正负风压性能。金属屋面还应作抗风掀性能检测。对于有明确节能指标的建筑，应检测其热工性能。

22.4.2 对试件的技术要求：

1 试件规格、型号和材质等级应与设计图纸一致。试件应整洁干燥，安装应符合工程实际，不得另加任何附件或采取变更措施。

2 试件必须包括典型的垂直接缝和水平接缝。试件的组装、安装方向和受力状况应与设计相符。

3 构件式幕墙试件宽度，至少应包含 1 个承受设计荷载的典型垂直构件。试件高度不宜少于 1 个层高，并应在垂直方向有 2 处或 2 处以上与支承结构相连接。

4 单元式幕墙试件应至少有 1 个与设计相符的典型十字缝，并应有 1 个完整单元的四边形成与实际工况相同的接缝。

5 对于点支承幕墙试件，当支承结构跨度大于 8m 时，可以做玻璃及其支承装置的性能测试和支承系统的结构静力试验，模拟幕墙体系的抗风压性能检测。玻璃及其支承装置的性能测试至少应检测 4 块与实际工程相符的玻璃板块及 1 个典型十字接缝。

6 试件应包括典型的可开启部分，并使试件上可开启部分占试件总面积的比例与实际工程接近。开启部位的五金件应按设计规定选用与安装，排水孔应齐全，位置准确。

7 组合幕墙的试件应包含所使用的不同类型面板，以及不同类型面板交界部分的典型节点。

22.4.3 检测项目及检测顺序：

幕墙试件应安装于测试箱体。采光顶和金属屋面试件倾角应与实际工程一致。试件与箱体之间应密封。检测项目及检测顺序如下：

1 气密性检测。

2 水密性检测(波动加压)。

3 动态水密性检测(选做)。

4 抗风压性能检测(最大试验压力为风荷载设计标准值—w_k)。

5 重复气密性检测。

6 重复水密性检测。

7 垂直方向变形性能检测(视适用性而定)。

8 平面内变形性能检测(1倍的主体结构弹性层间位移角控制值)。

9 平面外变形性能检测(1倍的主体结构弹性层间位移角控制值)。

10 重复气密性检测。

11 重复水密性检测。

12 热循环(选做)。

13 抗冷凝性能试验(选做)。

14 热循环试验及抗冷凝性能试验后，应重复气密性检测和水密性检测。

15 抗风压性能检测(最大试验压力为1.4倍风荷载设计标准值—$1.4w_k$)。

16 平面内变形性能检测(3倍的主体结构弹性层间位移角控制值)。

17 平面外变形性能检测(3倍的主体结构弹性层间位移角控制值)。

18 耐撞击性能检测(选做)。

19 擦窗机集中力荷载试验(设有擦窗机的幕墙)。

设计有要求时,可另取试件做保温性能检测、隔声性能检测、抗震性能振动台检测。

22.4.4 检测方法:

1 气密性能、水密性能以及抗风压性能按《建筑幕墙气密、水密、抗风压性能检测方法》GB/T 15227 和《建筑采光顶气密、水密、抗风压性能检测方法》GB/T 34555 规定检测。

2 动态水密性能按《建筑幕墙动态风压作用下水密性能检测方法》GB/T 29907 规定检测。

3 垂直方向变形性能、平面内变形性能以及平面外变形性能按《建筑幕墙层间变形性能分级及检测方法》GB/T 18250 规定检测。

4 热循环试验按《建筑幕墙热循环试验方法》JG/T 397 规定检测。

5 抗冷凝性能试验步骤如下:

1) 在 1h 内,将试件外侧温度降低到指定的室外最低温度。

2) 试件保持指定的室外最低温度 12h。

3) 将试件外侧温度返回到环境温度。

试验过程中,保持试件内侧空气温度 T_{in} 及室内空气相对湿度 Φ 稳定。可选取 $T_{in}=24℃$、$\Phi=45\%$或由设计确定。

指定的室外最低温度由设计确定,推荐值为$-5℃\sim-10℃$。

抗冷凝性能试验合格指标为幕墙表面不产生过多的结露。

6 耐撞击性能按《建筑幕墙》GB/T 21086—2007 附录 F 规定检测。

7 擦窗机集中力荷载试验步骤如下:

1) 对擦窗机销座,向下施加 2700N 荷载(荷载与幕墙面平行),并持荷至少 10s。

2) 对擦窗机销座,向外施加 2700N 荷载(荷载与幕墙面垂直),并持荷至少 10s。

擦窗机集中力荷载试验合格指标为擦窗机销座及幕墙任何构件不出现破坏或永久变形。

8 保温性能按《建筑幕墙保温性能分级及检测方法》GB/T 29043规定检测。

9 隔声性能按《建筑门窗空气声隔声性能分级及检测方法》GB/T 8485 规定检测。

10 抗震性能振动台检测按《建筑幕墙抗震性能振动台试验方法》GB/T 18575 规定执行。

11 金属屋面抗风掀性能按《采光顶与金属屋面技术规程》JGJ 255—2012 附录 B 规定检测。

22.4.5 幕墙防火性能检测：

1 防火性能应由具备相关资质的机构检测。

2 由防火玻璃与幕墙构件等组成的防火墙，按《镶玻璃构件耐火试验方法》GB/T 12513 规定检测。

22.4.6 幕墙玻璃可见光反射比按《建筑玻璃 可见光透射比、太阳光直接透射比、太阳能总透射比、紫外线透射比及有关窗玻璃参数的测定》GB/T 2680 规定检测。

23 加工制作

23.1 一般规定

23.1.1 幕墙构件应依据加工图制作。加工图绘制，以按规定审查合格的设计施工图及工程现场复测数据为依据。

23.1.2 构件加工所采用的机具、设备应满足加工精度要求，量具应定期计量认证。

23.1.3 幕墙构件的原材料应符合国家现行规范并满足设计要求。

23.1.4 构件应按设计要求编号。

23.1.5 幕墙构件、组件和配件均应按工艺要求在工厂完成加工组装，不应在现场加工。

23.2 金属构件加工

23.2.1 预埋件加工：

1 锚板及锚筋的材质应符合设计要求。

2 锚板应按照加工工序依次完成。

3 剪板和冲孔工序完成后，应对半成品除去毛刺。

4 预埋件的锚筋与锚板宜采用塞焊，焊缝应符合国家现行规范和设计要求。

5 预埋件的锚筋不应做防腐蚀处理。

23.2.2 平板型预埋件加工精度：

1 锚板边长允许偏差为 − 5mm。

2 锚筋长度不允许负偏差。两面为整块锚板的穿透式预埋件的锚筋长度允许偏差为+5mm，不应凸出锚板。

3 锚筋的中心线允许偏差为±5mm。

4 锚筋与锚板面的垂直度允许偏差为$l_s/30$（l_s为锚筋长度）。

23.2.3 槽式预埋件和板槽预埋件加工精度：

1 预埋件长度、宽度、厚度和锚筋长度不允许负偏差。

2 锚筋中心线允许偏差为±2.0mm，槽口允许偏差为±0.5mm。

3 锚筋与槽板的垂直度允许偏差为$l_s/30$（l_s为锚筋长度）。

23.2.4 连接件、支承件加工精度：

1 连接件、支承件外观应平整，不得有裂纹、毛刺、凹凸、翘曲、变形等缺陷。

2 连接件、支承件外形加工尺寸允许偏差为上偏差+5mm、下偏差−2mm；连接件、支承件的孔（槽）距允许偏差为±1.0mm；孔（槽）宽允许偏差为±0.5mm，孔边距偏差为+1.0mm，不允许负偏差；连接件、支承件壁厚允许偏差为上偏差+0.5mm，下偏差−0.2mm；连接件、支承件弯曲角度允许偏差为±2°。

23.2.5 型材截料前应校直检验。型材直线度允许偏差：铝合金型材为1/1000，钢型材为1/500。

23.2.6 幕墙型材加工：

1 型材下料时应防止型材产生变形。加工应按工序依次完成。

2 加工时应保护型材表面，半成品应在明显处贴标识。

3 经冲孔、铣切等工序后的型材切口应平整、光滑。

4 加工工序完成后应进行检验，检验合格后及时对型材表面采取保护措施。

5 钢型材表面需要常温氟碳处理时，机加工后应及时除油、除锈，并在加工厂内完成底漆涂装。

23.2.7 横梁长度允许偏差：铝合金为±0.5mm，钢材为−1mm～+0.5mm；立柱长度允许偏差：铝合金为±1mm，钢材为−2mm～+1mm；端头斜度允许偏差为−15′，截料端头不应有加工变形，并应去除毛刺。

23.2.8 型材钻孔：

1 孔位允许偏差为±0.5mm，孔距允许偏差为±0.5mm，累计偏差为±1.0mm。

2 铆钉的通孔尺寸偏差应符合《紧固件 铆钉用通孔》GB 152.1规定。

3 沉头螺钉的沉孔尺寸偏差应符合《紧固件 沉头螺钉用沉孔》GB 152.2 规定。

4 圆柱头螺栓的沉孔尺寸应符合《紧固件 圆柱头用沉孔》GB 152.3 规定。

5 螺孔加工应符合设计要求。

23.2.9 铝合金构件上的槽、豁、榫加工：

1 槽口的允许偏差为+0.5mm，不允许负偏差；中心线允许偏差为±0.5mm。

2 豁口的允许偏差为+0.5mm，不允许负偏差；中心线允许偏差为±0.5mm。

3 榫头截面的长、宽允许偏差为−0.5mm，不允许正偏差；中心线允许偏差为±0.5mm。

23.2.10 铝合金型材构件弯加工：

1 铝合金构件宜采用拉弯设备加工。

2 弯加工后构件表面应光滑，不得有皱褶、裂纹，且应符合设计要求。

3 弯加工后，构件表面尺寸允许偏差应符合表 23.2.10 规定。

表 23.2.10　弯加工构件外形允许偏差(mm)

材料规格 拉弯方向型材截面最大高度 H	材料状态	允许最小弯曲半径 r	半径误差	材料扭曲度	内、外弧凹陷度
$H\leqslant 60$	未时效处理	≥300	≤2	≤2	≤1
	时效处理	>1 000	≤3	≤2	≤1
$60<H\leqslant 85$	未时效处理	≥500	≤2	≤2	≤1
	时效处理	>1 000	≤3	≤2	≤1
$85<H\leqslant 110$	未时效处理	≥600	≤2	≤2	≤1
	时效处理	>1 000	≤3	≤2	≤1
$110<H\leqslant 130$	未时效处理	≥600	≤2	≤2	≤1
	时效处理	>3 000	≤3	≤2	≤1
$130<H\leqslant 140$	未时效处理	≥600	≤2	≤2	≤1
	时效处理	>3 000	≤3	≤2	≤1
$140<H\leqslant 150$	未时效处理	≥600	≤2	≤2	≤1
	时效处理	>3 000	≤3	≤2	≤1
$150<H\leqslant 160$	未时效处理	≥800	≤2	≤2	≤1
	时效处理	>5 000	≤3	≤2	≤1
$160<H\leqslant 180$	未时效处理	≥800	≤2	≤2	≤1
	时效处理	>5 000	≤3	≤2	≤1
$180<H\leqslant 200$	未时效处理	≥800	≤3	≤3	≤2
	时效处理	>5 000	≤5	≤3	≤2
$200<H\leqslant 220$	未时效处理	≥800	≤4	≤3	≤2
	时效处理	>5 000	≤5	≤3	≤2
$220<H\leqslant 240$	未时效处理	≥800	≤4	≤3	≤2
	时效处理	>5 000	≤5	≤3	≤2
$240<H\leqslant 260$	未时效处理	≥800	≤4	≤3	≤2
	时效处理	>5 000	≤6	≤3	≤2
$260<H\leqslant 280$	未时效处理	≥800	≤4	≤3	≤2
	时效处理	>5 000	≤6	≤3	≤2

23.3 玻璃面板加工

23.3.1 幕墙玻璃板块应经边缘处理。机械磨边处理时,磨轮数不应小于 180 目。点支承幕墙玻璃的孔、板边缘均应磨边和倒角,磨边宜细磨,倒角宽度不宜小于 1mm。孔边缘不得崩边。

23.3.2 玻璃面板加工尺寸偏差应符合表 23.3.2 规定。

表 23.3.2 玻璃面板加工允许偏差

项目	边长尺寸	对角线差	钻孔位置	孔与玻璃平面垂直度
允许偏差	±1.0mm	≤2.0mm	±0.5mm	±12′

夹层玻璃合片后孔壁不平整度不大于 2.0mm;用于螺栓吊挂的夹层玻璃,合片后孔壁不平整度不宜大于 1.0mm。

23.3.3 弯曲加工成型后的玻璃板块应符合以下要求:

1 曲边顺滑一致,每米弦长内拱高允许偏差为±3mm。

2 直边弯曲度,拱形时不大于 0.5%,波形时不大于 0.3%。

23.3.4 硅酮结构密封胶与玻璃或构件粘结前,必须取得合格的剥离强度和相容性检验报告,必要时应加涂底漆。

23.3.5 注胶前,材料被粘结部位表面的灰尘、油渍和其他污物应分别使用带溶剂的擦布和干擦布清除干净,并符合下列要求:

1 溶剂应存放在干净的容器中,保存和使用溶剂的场所严禁烟火,并应遵守各项溶剂注意事项。

2 应将溶剂倾倒在擦布上,不得用擦布蘸溶剂,禁止将擦布浸泡在溶剂中。

3 每清洁一个构件或一块面板,应换用清洁的干擦布。

4 清洁后应在 1h 内注胶。注胶前再度污染时,应重新清洁。

23.3.6 采用双组分硅酮结构密封胶时,应进行混匀性试验和拉断试验。

23.3.7 玻璃面板注胶工序应在洁净、通风的室内作业，室内温度、湿度条件应符合硅酮结构胶产品的规定。注胶宽度和厚度应符合设计要求。

23.3.8 镀膜玻璃应根据镀膜材料的粘结性能和技术要求，确定加工制作工艺。当镀膜与硅酮结构密封胶不相容时，应除去镀膜层。

23.3.9 采用硅酮结构密封胶粘结面板时，不应使结构胶处于单独受力状态，面板底边承托构件不应少于 2 块，其长度和厚度应经计算确定，且长度不应小于 100mm。承托构件的连接方式应满足玻璃自重对其的抗剪要求。

23.3.10 注胶必须饱满，不得出现气泡，表面应平整光滑，余胶不得重复使用。

23.3.11 采用硅酮结构密封胶粘结固定的玻璃面板必须经静置养护，养护时间根据结构胶的固化程度确定。固化未达到足够承载力之前，不应搬动面板。

23.3.12 夹层玻璃中的胶片不宜接触硅酮密封胶，注胶前可对其端面密封处理。

23.3.13 隐框幕墙中空玻璃的内片为钢化玻璃时，其注胶部位应与面板连结副框的结构胶部位对应。

23.3.14 硅酮结构胶固化后，隐框玻璃幕墙组件尺寸偏差应符合表 23.3.14 规定。

表 23.3.14 隐框玻璃幕墙组件尺寸允许偏差(mm)

<table>
<tr><th>序号</th><th colspan="2">项　目</th><th>允许偏差</th></tr>
<tr><td>1</td><td colspan="2">框长度尺寸</td><td>±1.0</td></tr>
<tr><td>2</td><td colspan="2">组件长度尺寸</td><td>±2.5</td></tr>
<tr><td>3</td><td colspan="2">框接缝高度差</td><td>≤0.5</td></tr>
<tr><td rowspan="2">4</td><td rowspan="2">框内侧对角线差及组件对角线差</td><td>长边≤2000mm</td><td>≤2.5</td></tr>
<tr><td>长边>2000mm</td><td>≤3.5</td></tr>
</table>

续表 23.3.14

序号	项　目	允许偏差
5	框组装间隙	≤0.5
6	胶缝宽度	+2.0 0
7	胶缝厚度	+0.5 0
8	组件周边玻璃与铝框位置差	±1.0
9	结构组件平面度	≤3.0
10	组件厚度	±1.0

23.3.15 吊挂式玻璃夹板加工：

1 夹板粘结部位玻璃表面处理应符合本标准 23.3.5 条规定。

2 楔形夹板和衬垫材料应满涂专用强力胶粘剂，玻璃双面粘贴夹紧后静置养护至胶粘剂完全固化。

23.4 金属面板加工

23.4.1 金属板材的品种、规格、材质、表面处理及色泽应符合设计要求。

23.4.2 单层金属板加工：

1 金属板折弯加工时，折弯外圆弧半径不应小于板厚的1.5倍。

2 金属板加强肋的固定应牢固，可采用电栓钉、胶粘等方法。采用电栓钉时，金属板外表面不应变形、变色。加强肋与金属板折边应机械连接。

3 金属板的固定耳攀应符合设计要求，固定耳攀可采用焊接、铆接或直接冲压在板上。耳攀应位置准确，调整方便，固定牢固。铆接时可采用不锈钢抽芯铆钉或实芯铝铆钉。

4 金属板构件周边应采用折边或边框加强。加强边框可采用铆接、螺栓或胶粘与机械连接相结合的方式。

5 厚度不大于 2mm 的金属板，其内置加强边框、加强肋与面板的连接，不应采用焊钉连接。

23.4.3 金属复合板加工：

1 在铣切内层金属板和芯材时，应保留不小于 0.3mm 厚的芯材，不得划伤外层金属板面。

2 钻孔、切口等处的外露芯材及角缝，应采用中性硅酮耐候密封胶密封。

3 在加工过程中铝复合板不应与水接触。

4 复合板折边后，金属折边应采取加强措施。

23.4.4 石材铝蜂窝板、瓦楞芯板的加工：

1 石材铝蜂窝板和瓦楞芯板应封边处理。

2 石材铝蜂窝板采用外层金属板折转封边时，其折角应弯成圆弧形。缝隙应采用硅酮密封胶密封。切除芯材不得划伤外层板面，外层板上应保留 0.3mm～0.5mm 的芯材。

3 瓦楞芯板折边后，周边应有加强措施。

23.4.5 金属板幕墙组件组装后的平面度应符合表 23.4.5 规定。

表 23.4.5 金属板幕墙组件平面度允许偏差

板材厚度(mm)	允许偏差(长边)(%)	检测方法
≥2	≤0.2	钢直尺、塞尺
<2	≤0.5	钢直尺、塞尺

23.4.6 金属板加工尺寸偏差应符合表 23.4.6 规定。

表 23.4.6 金属板加工允许偏差(mm)

项目		允许偏差
边长	≤2000	±2
	>2000	±2.5
对边尺寸	≤2000	≤2.5
	>2000	≤3.0
对角线长度	≤2000	≤2.5
	>2000	≤3.0
折弯高度		≤1
平面度		≤2/1000
孔中心距		±1.5

23.5 石材及其他板材加工

23.5.1 石板加工：

1 石材的品种应符合设计要求。

2 石板的外形尺寸、色泽、纹理应符合设计要求。

3 石板应无暗裂缺陷，连接部位无崩裂。外侧不得有崩边、缺角现象；内侧非连接部位崩边不大于 5mm×20mm，缺角不大于 20mm。

4 石板应根据排版要求编号加工。除图案设计外，相邻板块不应有明显色差。

5 花岗石石板加工尺寸允许偏差应符合《天然花岗石建筑板材》GB/T 18601规定中一等品要求。没有专项标准的非花岗石石板，加工尺寸允许偏差可按《天然花岗石建筑板材》GB/T 18601执行。

6 石材表面应采用机械加工，加工后的表面应清理干净，严禁采用溶剂型的化学清洁剂清洗。

7 石板应六面防护处理。

8 石板的槽口宽度、深度尺寸按设计要求加工。无设计要求时，深度宜按支承五金件的插入尺寸加 3mm。

9 加工后的石板应靠立于防潮、通风良好的环境，靠立存放角度不宜小于 85°。

23.5.2 通槽式、短槽式安装的石板加工：

1 石材通槽允许位置偏差±0.5mm，槽宽偏差+2mm，槽深偏差+3mm。

2 石材短槽允许位置偏差，厚度方向±0.5mm，长度方向±5mm；槽宽偏差+2mm，槽深偏差+3mm。

3 石材开槽后不得有损坏或崩裂，槽口应 45°倒角，槽内应光滑、洁净。

23.5.3 背栓孔加工和螺栓埋装：

1 除背栓产品开孔精度有特殊要求外，石板背栓孔加工精度应符合表 23.5.3-1 规定。

表 23.5.3-1 石材背栓钻孔精度 (mm)

背栓	直孔孔径允许偏差	底扩孔直径允许偏差	钻孔深度允许偏差
M6/M8	−0.2～+0.4	±0.3	−0.1～ +0.4

2 陶板、瓷板背栓孔加工尺寸偏差应符合表 23.5.3-2 规定。

表 23.5.3-2 陶板、瓷板背栓孔加工尺寸允许偏差(mm)

项目	孔径	扩孔	孔深	孔中心到端边距离
允许偏差	0～+0.4	±0.3	0～+0.2	−1.0～+5.0

3 其他板材的背栓式钻孔应符合设计要求，复合人造板钻孔不得损伤面板底面。

4 陶板阴阳角的倒角宜在工厂内完成。

23.5.4 人造板材加工制作尚应符合《人造板材幕墙工程技术规范》JGJ 336 规定。

23.6 构件组装

23.6.1 开启扇组装：

1 采用带挂钩的开启扇，应设置防滑和防脱落装置。

2 采用铰链传动的开启扇，扇和框之间的间隙允许偏差为±0.5mm。

3 装配五金件的孔应攻丝，丝孔应符合设计要求。加工应在车间完成，不应现场加工。

4 开启窗安装附件处的型材壁厚小于螺钉的公称直径时，扇框内壁宜加衬板。螺钉应有防松脱措施。

5 开启窗四周的橡胶条宜采用穿条式，不宜用压入式。橡胶条的材质、型号应符合设计要求，其长度宜比边框内槽口长1.5%～2%。橡胶条转角和接头部位应采用粘结剂粘结牢固，镶嵌平整。

6 开启窗的框、扇，宜采用组角方式组装。

7 开启窗的组件加工尺寸偏差应符合表23.6.1要求。

表 23.6.1 开启窗组件加工尺寸允许偏差(mm)

序号	项目		允许偏差
1	框或扇长度尺寸		±1.0
2	框或扇组件长度尺寸		±2.5
3	框或扇接缝高度差		≤0.3
4	框内侧对角线差及组件对角线差	长边≤2000mm	≤2.5
		长边>2000mm	≤3.5
5	框或扇组装间隙		≤0.5
6	硅酮结构密封胶宽度		0～+2.0
7	硅酮结构密封胶厚度		0～+0.5
8	结构组件平面度		≤3.0

23.6.2 石板背栓组装：

1 专用螺母应锁紧背栓。

2 石板上部背栓挂件应可调节，下部背栓挂件不可调节。

23.6.3 石材幕墙转角组件为背栓连接时，宜采用铝合金专用连接件，其壁厚不应小于4.5mm。

23.6.4 石材幕墙转角一侧为小于150mm的狭条石板时，宜在工厂完成转角组件，并符合下列要求：

1 可用槽式连接，不锈钢连接件壁厚不应小于3mm，铝合金连接件壁厚不应小于4mm。转角处应另行加固。

2 可用石材专用背栓连接件连接。

3 接缝处用石材专用胶粘剂粘结，静置固化。

23.6.5 明框玻璃幕墙组件装配：

1 组件装配尺寸偏差应符合表23.6.5-1要求。

表 23.6.5-1 组件装配尺寸允许偏差(mm)

项目	构件长度	允许偏差
型材槽口尺寸	$L\leqslant 2000$	±2.0
	$L>2000$	±2.5
组件对边尺寸差	$L\leqslant 2000$	≤2.0
	$L>2000$	≤3.0
组件对角线尺寸差	$L\leqslant 2000$	≤3.0
	$L>2000$	≤3.5

2 相邻构件装配间隙及平面度应符合表23.6.5-2要求。

表 23.6.5-2 相邻构件装配间隙及平面度允许偏差(mm)

项目	允许偏差	项目	允许偏差
装配间隙	≤0.5	同一平面度	≤0.5

23.6.6 单元板组装：

1 单元板应按加工图和工艺要求加工组装，组装的单元板应编号，并注明安装方向和安装顺序。

2 单元板构件连接应牢固，连接处的缝隙应采用硅酮密封胶密封。

3 单元板块吊挂件的厚度不应小于5mm，吊挂件应可调节，用不锈钢螺栓与立柱连接，螺栓不得少于2个。

4 单元板块的硅酮结构密封胶不应外露。

5 面板宜有可更换措施。

6 采用不锈钢自攻螺钉连接单元组件框时，每处螺钉不应少于3个，螺钉直径不应小于4mm。型材螺钉孔内径和拧入扭矩应符合表23.6.6要求。

表 23.6.6 螺钉孔内径和扭矩要求

螺钉公称直径(mm)	孔径(mm)		扭矩(N·m)
	最小	最大	
4.2	3.430	3.480	4.4
4.6	4.015	4.065	6.3
5.5	4.735	4.785	10.0
6.3	5.475	5.525	13.6

7 单元板块组装完成后，工艺孔宜封堵，通气孔及排水孔应畅通。

23.6.7 单元板组装质量应符合表23.6.7规定。

表 23.6.7 单元板组装允许偏差(mm)

序号	项目		允许偏差	检查方法
1	组件长度、宽度(mm)	≤2000	±1.5	钢尺
		>2000	±2.0	
2	组件对角线长度差(mm)	≤2000	≤2.5	钢尺
		>2000	≤3.5	
3	接缝高低差		≤0.5	游标深度尺

续表 23.6.7

序号	项目	允许偏差	检查方法
4	接缝间隙	≤0.5	塞尺
5	框面划伤	≤3 处且总长≤100	钢尺
6	框面擦伤	≤3 处且总面积≤200mm^2	钢尺
7	胶缝宽度	+1.0 0	卡尺或钢板尺
8	胶缝厚度	+0.5 0	卡尺或钢板尺
9	各搭接量(与设计值比)	+1.0 0	钢板尺
10	组件平面度	≤1.5	1m 靠尺
11	组件内镶板间接缝宽度(与设计值比)	±1.0	塞尺
12	连接构件竖向中轴线距组件外表面(与设计值比)	±1.0	钢尺
13	连接构件水平轴线距组件竖向对插中心线	±1.0 (可上、下调节时±2.0)	钢尺
14	连接构件竖向轴线距组件竖向对插中心线	±1.0	钢尺
15	两连接构件中心线水平距离	±1.0	钢尺
16	两连接构件上、下端水平距离差	±0.5	钢尺
17	两连接构件上、下端对角线差	±1.0	钢尺

23.7 构件检验

23.7.1 幕墙构件的生产过程应遵守自检、互检、专职检验制度。每种构件、配件、组件必须首件检验合格后方可批量投产。

23.7.2 幕墙构件应按构件总数的 5%随机抽样检查,且每种构件不得少于 5 件。当有一个构件不符合要求时,应加倍抽查,复验合格后方可交付。

23.7.3 产品应附有检验合格证书。

24 安装施工

24.1 一般规定

24.1.1 幕墙安装前，主体结构应验收合格。

24.1.2 采用新材料、新构造的幕墙，宜在现场试安装，经业主、监理、设计单位认可后方可施工。

24.1.3 有抗爆设计的建筑幕墙，幕墙试件应经抗爆检测，符合要求后方可施工。

24.1.4 幕墙安装施工全过程应做好产品保护。

24.1.5 防火、防雷设施安装施工应符合设计要求。

24.1.6 幕墙安装施工方案应符合施工安全要求。

24.1.7 人造板材幕墙安装施工尚应符合《人造板材幕墙工程技术规范》JGJ 336 规定。

24.1.8 紧固件连接施工应符合本标准 10.7 节规定。

24.2 构件式幕墙安装

24.2.1 幕墙测量放线要求：

1 风力大于 4 级时，不宜测量放线。

2 测量放线前，应先确定主体结构的水平基准线和标高基准线。

3 测量放线时，应结合主体结构的偏差及时调整幕墙分格，不得累积偏差。

4 分格线确定后，应在其垂直方向和水平方向设置控制线。垂直方向每隔 20m 设置一条控制线。

24.2.2 预埋件安装要求：

1 预埋件安装前应按照幕墙设计分格尺寸用测量仪器定位。

2 应采取措施防止浇筑混凝土时埋件发生位移，保持埋件位置准确。

3 预埋件的位置偏差应满足设计要求。当设计无要求时，预埋件的标高偏差不应大于±10mm，水平偏差不应大于±10mm，表面进出偏差不应大于±10mm。

4 有防雷接地要求的预埋件，锚筋必须与主体结构的接地钢筋绑扎或焊接在一起，其搭接长度应符合《建筑物防雷设计规范》GB 50057 的规定。

5 安装连接件前应清理预埋件，使埋板露出金属面。

6 槽式预埋件锚筋应按本标准 10.5.7 条规定与主体结构主钢筋连接。

24.2.3 偏位预埋件的处理：

1 偏差过大不满足设计要求的预埋件应废弃。原设计位置应补后置埋件。

2 采用焊接工艺连接的后置埋件，应符合本标准 10.5.8 条规定。

3 后置埋件钻孔时，应避开主体结构的钢筋，钻孔深度应满足后置埋件的有效埋设长度，并清理钻孔。

24.2.4 立柱安装要求：

1 立柱与主体结构每个连接节点的角码应两边固定。

2 立柱安装轴线偏差不应大于 2mm。

3 相邻两根立柱安装标高偏差不应大于 3mm，同层立柱的最大标高偏差不应大于 3mm。相邻两根立柱固定点的距离偏差不应大于 2mm。

4 立柱就位及调整后应及时紧固。

24.2.5 横梁安装要求：

1 铝合金横梁两端至少有一端不应与立柱固接并留有伸缩间隙，间隙宽度、连接件安装位置应符合设计要求，间隙应用垫片或密封胶封堵。钢横梁安装应符合设计要求。

2 横梁应安装牢固。横梁与立柱的连接螺钉或螺栓，每个连接点不应少于 2 个，当横梁为开口型材时不宜少于 3 个。不应采用沉头、半沉头螺钉或螺栓。

3 同一根横梁两端或相邻两根横梁的水平标高偏差不应大于 1mm。同层标高偏差：当一幅幕墙宽度小于等于 35m 时，不应大于 5mm；当一幅幕墙宽度大于 35m 时，不应大于 7mm。

4 一层高度安装完成后，应及时检查、校正和固定。

24.2.6 幕墙主要附件安装要求：

1 防火、保温材料应密实、平整、牢固，拼接处应封堵。

2 封口处理应符合设计要求。

3 现场焊接或高强螺栓紧固的构件，焊接或紧固后应及时防锈处理。

4 采用钢构架的开放式幕墙，其钢构架不应暴露在防水层之外。

5 幕墙安装时用的临时衬垫、固定材料，应在构件紧固后拆除。

6 幕墙安装采用非机制螺钉时，应使用止退垫片。

24.2.7 玻璃板块安装要求：

1 安装前玻璃表面应清洁处理。

2 玻璃四周的橡胶条安装应符合本标准 23.6.1 条规定。

3 镀膜玻璃镀膜面的朝向应符合设计要求。

24.2.8 金属板、石板、陶板安装要求：

1 安装位置，上下、左右的偏差不应大于 1.5mm。色差显著的板块应剔除。

2 倒挂石板挂件应采用双螺栓固定。

3 石板表面嵌缝应采用专用密封胶或聚氨酯密封胶。

4 开放式陶板在洞口四周应设置披水板。

24.2.9 铝合金装饰板的安装应顺直平整、接缝均匀，表面无色差。

24.2.10 硅酮建筑密封胶施工要求：

1 注胶时空气温湿度应符合设计要求和产品要求，注胶前应使注胶面清洁、干燥。雨天不应注胶。

2 密封胶厚度应大于3.5mm，宽度不宜小于厚度的2倍。槽口较深时，应先填塞聚乙烯发泡材料，材料规格尺寸应适当，防止发泡材料回弹或收缩。

3 接缝内的硅酮密封胶应与接缝两侧端面粘结。

24.2.11 幕墙安装过程中，应进行淋水试验。

24.2.12 明框幕墙组件的透气孔和排水孔设置应符合设计要求，并保持通畅。

24.2.13 明框幕墙安装时，应控制面板与框料之间的间隙。面板的下边缘应衬垫2块压模成型的氯丁橡胶垫块，垫块宽度与槽口宽度相同，厚度不应小于5mm，每块长度不小于100mm。

24.2.14 明框幕墙采用压板固定时，应符合本标准13.1.6条规定。

24.2.15 明框幕墙采用硅酮密封胶密封处，基层应清洁处理，注胶符合设计要求。

24.2.16 隐框玻璃幕墙的压板厚度不应小于5mm，压板连接螺钉的公称直径不应小于5mm。压板间距应符合设计要求，无设计要求时，间距为300mm～400mm。

24.2.17 金属板块采用挂钩式安装时，应有防脱落措施。

24.2.18 狭条石板与构架连接不宜少于2个支承点。

24.3 单元式幕墙安装

24.3.1 单元式幕墙的测量应符合本标准 24.2.1 条规定。

24.3.2 单元式幕墙的预埋件安装应符合本标准 24.2.2 条规定。

24.3.3 单元式幕墙预埋件偏位的处理方法应符合本标准 24.2.3 条规定。

24.3.4 连接件安装偏差应符合表 24.3.4 规定。

表 24.3.4 连接件安装允许偏差(mm)

序号	项目	允许偏差	检查方法
1	标高	±1.0 (可上下调节时±2.0)	水准仪
2	连接件两端点平行度	≤1.0	钢卷尺
3	距安装轴线水平距离	≤1.0	钢卷尺
4	垂直偏差(上、下两端点与垂线偏差)	±1.0	垂线、钢卷尺
5	两连接件连接点中心水平距离	±1.0	钢卷尺
6	两连接件上、下端对角线差	±1.0	钢卷尺
7	相邻三连接件(上下、左右)偏差	±1.0	钢卷尺

24.3.5 单元板块按顺序编号。搬运和吊装过程中应有保护措施,防止板块挤压碰撞。

24.3.6 板块存放应按编号顺序先出后进,摆放平稳,不应叠层堆放。

24.3.7 板块吊装宜选用定型机具,非定型吊装机具应经检测机构检测合格。

24.3.8 单元板块严禁超重吊装。雨、雪、雾和风力 5 级及以上天气不得吊装。吊装应有防碰撞、防坠落措施。

24.3.9 板块就位后,应及时校正固定。板块未固定到位前,吊具不得撤卸。

24.3.10 同层排水的单元式幕墙系统，单元板块安装固定后，应按规定进行盛水实验，及时处理渗漏现象。

24.3.11 施工中暂停安装时，对插槽口等部位应采取保护措施。

24.4 全玻璃幕墙安装

24.4.1 全玻璃幕墙安装前，应清洁镶嵌槽；中途暂停施工时，槽口应采取保护措施。

24.4.2 玻璃采用机械吸盘安装时，应采取必要的安全措施。

24.4.3 全玻璃幕墙安装过程中，应及时检测并调整面板及玻璃肋的水平度和垂直度。

24.4.4 一块玻璃上的吊夹具应位于同一结构体上。

24.4.5 吊挂玻璃安装要求：

1 玻璃吊夹具与夹板紧密配合不松动，夹具不得与玻璃直接接触。

2 吊夹具与主体结构挂点连接牢固，吊点受力应均衡。

3 吊挂玻璃底部构造应符合本标准 16.2.1 条规定。

24.5 点支承玻璃幕墙安装

24.5.1 点支承玻璃幕墙支承结构安装要求：

1 支承结构安装过程中，组装、焊接和涂装修补等，应符合相关标准规定。

2 大型支承结构构件应有吊装设计，并应试吊。

3 支承结构安装就位，经调整后应及时紧固定位，并对隐蔽工程验收。

24.5.2 拉杆、拉索施加预拉力的要求：

1 拉杆、拉索应按设计要求施加预拉力，设置预拉力调节装置并测定预拉力。

2　张拉前必须全面检查构件、锚具等，签发张拉通知单，明确具体要求。

3　实际施加的预拉力值应计入施工温度对拉杆、拉索的影响。

4　在张拉过程中，应分次、分批对称张拉，随时调整预拉力，并做好张拉记录。

24.5.3　点支承结构构件安装偏差应符合表25.4.5-5规定。

24.5.4　点支承幕墙玻璃与金属连接件不得直接接触。

24.5.5　玻璃幕墙面板应平整，胶缝横平竖直、宽度均匀。

24.6　光伏幕墙安装

24.6.1　施工安装人员应穿绝缘鞋，做好劳动防护。

24.6.2　施工场所应有清晰、醒目、易懂的电气安全标识。

24.6.3　不得在雨雪或5级及以上大风天气作业。

24.6.4　安装光伏系统时，现场上空的架空电线应有隔离措施。

24.6.5　安装光伏组件时，太阳能电池板受光面应铺遮光板。

24.6.6　光伏系统完成或部分完成连接后，如发生组件破裂，应及时设置限制接近的警示牌，并由专业人员处置。

24.6.7　接通电路后不得局部遮挡光伏组件。

24.6.8　光伏组件上应标注带电警示标志。

24.7　安全规定

24.7.1　幕墙安装施工应符合《建筑施工高处作业安全技术规范》JGJ 80、《建筑机械使用安全技术规程》JGJ 33、《施工现场临时用电安全技术规范》JGJ 46和其他有关规定。

24.7.2　施工机具在使用前应严格检查。电动工具应经绝缘测试；手持玻璃吸盘及玻璃吸盘机应进行吸附重量和吸附持续时间试验。

24.7.3 外脚手架应满足设计要求，与主体结构可靠连接，并符合下列规定：

1 落地式钢脚手架应双排布置。

2 悬挑脚手架应采用热轧双轴对称截面的型钢，不得采用钢管及其配件。采用工字钢时不宜小于I18。悬挑式脚手架高度不宜超过3层。

3 脚手架经验收合格后方可使用。

24.7.4 脚手架上不得超载，应及时清理杂物，不得设置起重装置。脚手架应有防坠落措施，栏杆上不应挂放工具。如需部分拆除脚手架与主体结构的连接时，应采取措施防止失稳。

24.7.5 当幕墙安装与主体结构施工交叉作业时，在主体结构的施工层下方必须设置防护网；在距离地面高度约3m处，必须设置挑出宽度不小于6m的水平防护网。

24.7.6 采用吊篮施工的要求：

1 吊篮设置应符合设计要求，使用前应经安全检查并通过验收。

2 吊篮不得作为竖向运输工具，不得超载。

3 不应在空中检修吊篮。

4 吊篮上的施工人员必须按规定配系安全带。

5 安全绳应固定在独立可靠的结构上，安全带挂在安全绳的自锁器上，不得挂在吊篮上。

6 风力达到5级及以上时，不应进行吊篮施工。

7 吊篮暂停使用时，应落地停放。

24.7.7 现场焊接作业时，应有防火措施。

25 工程验收

25.1 一般规定

25.1.1 建筑幕墙工程应实行材料进场验收、施工中间验收及竣工验收。施工过程中应及时建立技术档案。

25.1.2 工程验收前幕墙表面应清洗干净。

25.1.3 幕墙工程验收应进行技术资料复核、现场观感检查和实物抽样检验。

25.1.4 现场检验时，应按下列规定划分检验批，每幅建筑幕墙均应检验。

1 相同设计、材料、工艺和施工条件的幕墙工程，每 $500m^2$～$1000m^2$ 应划分为一个检验批，不足 $500m^2$ 也应为一个检验批。每个检验批每 $100m^2$ 应至少抽查 1 处，每处不得小于 $10m^2$。

2 同一工程中不连续的幕墙工程应分别划分检验批。

3 异型或有特殊要求的幕墙，检验批应根据幕墙的结构、工艺特点及幕墙工程的规模划分，宜由监理单位、建设单位和施工单位协商确定。

25.1.5 幕墙工程验收除符合本标准规定外，尚应符合《建筑装饰装修工程质量验收标准》GB 50210 规定。

25.2 进场验收

25.2.1 幕墙工程在材料和构配件进场验收时应检查下列文件资料：

1 幕墙工程所用各种材料、五金配件、构件及组件的产品合格证书、性能检测报告和复验报告等。

2 建筑幕墙工程(包括中空玻璃合片)所用硅酮结构胶的认定证书和抽查合格证明,进口硅酮胶的商检证,国家指定检测机构出具的硅酮结构胶相容性和剥离粘结性试验报告,双组分硅酮结构胶的混匀性试验、拉断试验记录,注胶养护环境温度、湿度记录,石材用密封胶的耐污染性试验报告,预埋件、后置埋件和背栓的抗拉、抗剪承载力性能试验报告,金属板材表面氟碳树脂涂层的物理性能试验报告等。

3 材料涉及防火、节能和光学性能的相应指标。

25.2.2 幕墙工程应对下列材料及其性能指标作进场复验:

1 复合板的剥离强度。

2 石材、瓷板、陶板、微晶玻璃板、纤维水泥板和石材蜂窝板的抗弯强度,石材、瓷板、陶板、纤维水泥板和石材蜂窝板的耐冻融性。

3 结构胶的邵氏硬度、标准状态拉伸粘结强度、相容性试验、剥离粘结性试验,石材用密封胶的污染性。

4 中空玻璃的密封性能。

5 防火、保温材料的燃烧性能。

6 铝合金、钢材主受力杆件的抗拉强度。

25.2.3 幕墙工程的各类材料、产品、构件及组件进场时应按质量要求验收,并填写验收记录。对不符合产品标准或设计要求的材料不予验收,或扩大抽检数量送检测机构测试,仍不合格的应予拒收。

25.3 中间验收

25.3.1 幕墙施工过程中,应及时做阶段性质量验收,并填写验收记录。

25.3.2 隐蔽工程验收:

1 幕墙及金属屋面应按表25.3.2验收。

表 25.3.2 幕墙及金属屋面的隐蔽工程验收项目及部位

类型	验收项目及部位
构件式幕墙	1.预埋件或后置埋件
	2.幕墙构件与主体结构的连接、构件连接节点
	3.幕墙四周的封堵、幕墙与主体结构间的封堵
	4.幕墙变形缝及转角构造节点
	5.隐框玻璃的板块托条及板块固定连接
	6.明框隔热断桥处玻璃托块设置
	7.幕墙防雷连接构造节点
	8.幕墙的防水、保温隔热构造
	9.幕墙防火构造节点
单元式幕墙	1.预埋件或后置埋件
	2.连接件与主体结构的连接
	3.单元板挂件与连接件的安装
	4.单元板块顶部的过桥连接板安装
	5.幕墙的防火构造节点
	6.幕墙的防雷连接构造节点
	7.幕墙四周的封堵、幕墙与主体结构间的封堵
全玻璃幕墙 点支承幕墙	1.预埋件或后置埋件
	2.全玻璃幕墙的吊夹具、索杆件与主体结构的连接
	3.玻璃与镶嵌槽间的安装构造
	4.幕墙支承钢结构等被隐蔽部位
采光顶及金属屋面	1.预埋件或后置埋件
	2.与主体结构的连接构造
	3.屋面保温隔热层构造
	4.敞开式屋面内的隐蔽排水构造
	5.防雷连接构造
	6.采光顶隐框玻璃板块固定及金属屋面板的固定连接

2　光伏幕墙还应对电气管线敷设等进行隐蔽工程验收。

25.4　竣工验收

25.4.1　工程竣工验收时应检查下列文件和记录：

1　幕墙工程的设计说明、施工图、结构计算书、热工性能计算书、设计变更文件和建筑设计单位对幕墙工程设计的确认意见及其他设计文件。

2　幕墙工程所用材料、构件、组件、紧固件及其他附件的产品合格证书、性能检验报告、进场验收记录和复验报告。

3　幕墙工程所用硅酮结构胶的抽查合格证明；国家批准的检测机构出具的硅酮结构胶相容性和剥离粘结性检验报告；石材用密封胶的耐污染性检验报告。

4　后置埋件和槽式埋件的现场抗拉性能检验报告。

5　幕墙的抗风压性能、气密性能、水密性能、层间变形性能检测报告及其他设计要求的性能检测报告。

6　注胶、养护环境的温度、湿度记录；双组分硅酮结构胶的混匀性试验记录及拉断试验记录。

7　幕墙与主体结构防雷接地点之间的电阻检测记录。

8　隐蔽工程验收记录。

9　幕墙构件、组件和面板的加工制作检验记录。

10　幕墙安装施工记录。

11　张拉杆索体系预拉力张拉记录。

12　现场淋水、盛水试验记录。

13　抗爆检测试验报告。

14　光伏系统检测报告，联合调试记录，电流、电压检测记录。

15　幕墙玻璃可见光反射比资料。

16　其他质量保证资料。

25.4.2 幕墙工程检查的主控项目应包括：

1 幕墙工程所用材料、构件和组件质量。

2 石材孔、槽加工质量。

3 幕墙的造型和立面分格、颜色、光泽、花纹和图案。

4 幕墙主体结构上的埋件。

5 幕墙连接安装质量。

6 隐框、半隐框玻璃幕墙玻璃托条。

7 幕墙面板安装质量；石材表面和板缝的处理。

8 全玻璃幕墙吊夹具、螺栓吊挂全玻璃幕墙的螺栓和孔内填充、玻璃接缝密封。

9 幕墙节点、变形缝、墙角的连接点。

10 幕墙防火、保温、防潮材料的设置。

11 幕墙防水效果。

12 金属构架和连接件的防腐蚀处理。

13 门窗配件安装质量。

14 幕墙防雷。

25.4.3 幕墙工程检查的一般项目应包括：

1 幕墙表面质量。

2 面板和型材的表面质量。

3 外露装饰构件、压条、盖板。

4 幕墙板缝注胶。

5 流水坡度和滴水线。

6 石材接缝、阴阳角、装饰线条、洞口、槽。

7 隐蔽节点的遮封。

8 幕墙安装偏差。

25.4.4 幕墙工程观感检查：

1 幕墙外露型材、装饰条及遮阳装置的规格、造型符合设计要求，横平竖直，无毛刺、伤痕和污垢。

2 幕墙的胶缝、接缝均匀，横平竖直。密封胶灌注密实、连续，表面光滑无污染。橡胶条镶嵌密实平整。

3 幕墙型材、面板镀膜无脱落现象，颜色均匀。

4 幕墙无渗漏现象。

5 变形缝处理外观效果一致，符合设计要求。

6 金属板材表面平整洁净。距幕墙面 3m 处观察，无可觉察的变形、波纹、局部凹陷和明显色差等缺陷。

7 面板表面无凹坑、缺角、裂纹、斑痕、损伤和污迹。

8 开启扇配件应齐全，安装牢固，关闭严密，启闭灵活。开启形式、方向、角度、距离符合设计要求和规范规定。

9 滴水线、排水坡度符合设计要求，滴水线宽窄均匀、光滑顺直。

10 光伏幕墙带电警示标识醒目。

25.4.5 抽样检验：

1 明框幕墙铝合金框架安装应符合表 25.4.5-1 规定。

表 25.4.5-1 明框幕墙铝合金框架安装允许偏差(mm)

序号	项目		允许偏差	检查方法
1	幕墙垂直度	高度 $H\leqslant 30m$	≤10	激光仪或经纬仪
		$30m< H\leqslant 60m$	≤15	
		$60m< H\leqslant 90m$	≤20	
		$90m< H\leqslant 150m$	≤25	
		$H> 150m$	≤30	
2	构件直线度		≤2.5	2m 靠尺，塞尺，钢板尺
3	横向构件水平度	长度≤2m	≤2.0	水平仪
		长度>2m	≤3.0	
4	同高度相邻两根横向构件高度偏差及错位偏差		≤1.0	钢板尺，塞尺
5	幕墙横向构件水平度	幅宽≤35m	≤5.0	水平仪
		幅宽>35m	≤7.0	
6	分格框对角线差	对角线长度≤2m	≤3.0	对角线尺或钢卷尺
		对角线长度>2m	≤3.5	

注：1 表中 1～5 项按根数抽样检查，第 6 项按分格数抽样检查。

2 垂直于地面的幕墙，竖向构件垂直度包括幕墙平面内及平面外的检查。

3 直线度包括幕墙平面内及平面外的检查。

2　隐框幕墙安装应符合表25.4.5-2规定。

表25.4.5-2　隐框幕墙安装允许偏差(mm)

序号	项目		允许偏差	检查方法
1	竖缝及墙面垂直度	高度 $H \leqslant 30m$	≤10	激光仪或经纬仪
		$30m < H \leqslant 60m$	≤15	
		$60m < H \leqslant 90m$	≤20	
		$90m < H \leqslant 150m$	≤25	
		$H > 150m$	≤30	
2	幕墙的平面度		≤2.5	2m靠尺,塞尺
3	竖、横缝直线度		≤2.5	2m靠尺,塞尺,钢板尺
4	拼缝宽度(与设计值比)		±2.0	钢板尺
5	板块立面垂直度		±2.0	垂直检测尺
6	板块上沿水平度		±2.0	1m水平尺,钢板尺
7	相邻板块板角错位		±1.0	钢板尺
8	接缝高低差		±1.0	塞尺,钢板尺

3　单元式幕墙安装应符合表25.4.5-3规定。

表25.4.5-3　单元式幕墙安装允许偏差(mm)

序号	项目		允许偏差	检查方法
1	竖缝及墙面垂直度	高度 $H \leqslant 30m$	≤10	激光仪或经纬仪
		$30m < H \leqslant 60m$	≤15	
		$60m < H \leqslant 90m$	≤20	
		$90m < H \leqslant 150m$	≤25	
		$H > 150m$	≤30	
2	幕墙的平面度		≤2.5	2m靠尺,塞尺
3	横、竖缝直线度		≤2.5	2m靠尺,塞尺,钢板尺
4	拼缝宽度(与设计值比)		±2.0	钢板尺
5	两相邻面板之间接缝高低差		≤1.0	塞尺,钢板尺
6	同层单元板块标高	宽度≤35m	≤3.0	激光仪或经纬仪
		宽度>35m	≤5.0	
7	板块对插件接缝搭接长度(与设计值比)		±1.0	钢板尺
8	板块对插件距槽底距离(与设计值比)		±1.0	塞尺

4 全玻璃幕墙安装应符合表25.4.5-4规定。

表25.4.5-4 全玻璃幕墙安装允许偏差(mm)

序号	项目		允许偏差	检查方法
1	幕墙平面的垂直度	高度 $H \leqslant 30$m	≤10	激光仪或经纬仪
		$H > 30$m	≤15	
2	幕墙的平面度		≤2.5	2m靠尺,塞尺
3	横、竖缝的直线度		≤2.5	2m靠尺,塞尺,钢板尺
4	拼缝宽度(与设计值比)		±2.0	钢板尺
5	相邻面板间高低差		±1.0	塞尺,钢板尺
6	玻璃面板与肋板夹角偏差(与设计值比)		≤1°	量角器

5 点支承结构构件安装应符合表25.4.5-5规定。

表25.4.5-5 点支承结构构件安装允许偏差(mm)

序号	项目		允许偏差	检查方法
1	相邻两竖向构件间距		±2.5	钢卷尺
2	竖向构件垂直度		L/1000或≤5.0 (L为跨度)	激光仪或经纬仪
3	相邻三竖向构件外表面平面度		≤5.0	拉通线,用钢板尺检查
4	相邻两爪座水平间距和竖向间距		±1.5	钢卷尺
5	相邻两爪座水平高低差		≤1.5	水平仪
6	爪座水平度		≤2.0	水平尺
7	同层高度内爪座高低差	间距≤35m	≤5.0	水平仪
		间距>35m	≤7.0	水平仪
8	相邻两爪座垂直间距		±2.0	钢卷尺
9	单个分格爪座对角线		≤4.0	钢卷尺

6 点支承玻璃幕墙面板安装应符合表25.4.5-6规定。

表 25.4.5-6　点支承玻璃幕墙面板安装允许偏差(mm)

序号	项 目		允许偏差	检查方法
1	竖缝及墙面垂直度	高度 $H \leqslant 30m$	≤10	激光仪或经纬仪
		$30m < H \leqslant 50m$	≤15	
		$H > 50m$	≤20	
2	平面度		≤2.5	2m 靠尺,塞尺
3	胶缝直线度		≤2.5	2m 靠尺,塞尺,钢板尺
4	拼缝宽度		≤2.0	钢板尺
5	相邻玻璃平面高低差		≤1.0	塞尺,钢板尺

7　金属幕墙安装应符合表 25.4.5-7 规定。

表 25.4.5-7　金属幕墙安装允许偏差(mm)

序号	项目		允许偏差	检查方法
1	幕墙垂直度	高度 $H \leqslant 30m$	≤10	经纬仪
		$30m < H \leqslant 60m$	≤15	
		$60m < H \leqslant 90m$	≤20	
		$90m < H \leqslant 150m$	≤25	
		$H > 150m$	≤30	
2	幕墙水平度	层高≤3m	≤3.0	水平仪
		层高>3m	≤5.0	
3	幕墙表面平整度		≤2.0	2m 靠尺,塞尺
4	面板立面垂直度		≤3.0	垂直检测尺
5	面板上沿水平度		≤2.0	1m 水平尺,钢板尺
6	相邻板材板角错位		≤1.0	钢板尺
7	阴阳角方正		≤2.0	直角检测尺
8	接缝直线度		≤3.0	拉 5m 线,不足 5m 拉通线,用钢板尺检查
9	接缝高低差		≤1.0	钢板尺,塞尺
10	接缝宽度		≤1.0	钢板尺

8 石材幕墙安装应符合表25.4.5-8规定。

表 25.4.5-8 石材幕墙安装允许偏差(mm)

序号	项目		允许偏差		检查方法
			光面	麻面	
1	幕墙垂直度	高度 $H \leqslant 30$m	≤10		经纬仪
		30m<$H \leqslant 60$m	≤15		
		60m<$H \leqslant 90$m	≤20		
		H>90m	≤25		
2	幕墙水平度		≤3.0		水平仪
3	板块立面垂直度		≤3.0		水平仪
4	板块上沿水平度		≤2.0		1m水平尺，钢板尺
5	相邻板块板角错位		≤1.0		钢板尺
6	幕墙表面平整度		≤2.0	≤3.0	垂直检测尺
7	阴阳角方正		≤2.0	≤4.0	直角检测尺
8	接缝直线度		≤3.0	≤4.0	拉5m线，不足5m拉通线，用钢板尺检查
9	接缝高低差		≤1.0	—	钢板尺，塞尺
10	接缝宽度		≤1.0	≤2.0	钢板尺

9 人造面板幕墙安装应符合表25.4.5-9和《人造板材幕墙工程技术规范》JGJ 336规定。

表 25.4.5-9 人造面板幕墙安装允许偏差(mm)

序号	项目		允许偏差	检查方法
1	幕墙垂直度	高度 $H \leqslant 30$m	≤10	激光仪或经纬仪
		30m<$H \leqslant 60$m	≤15	
		H>60m	≤20	
2	幕墙平面度		≤2.5	2m靠尺，塞尺
3	竖缝直线度		≤2.5	2m靠尺，塞尺，钢板尺
4	横缝直线度		≤2.5	2m靠尺，塞尺，钢板尺
5	缝宽度(与设计值比较)		±2.0	钢板尺
6	相邻面板接缝高低差		≤1.0	塞尺，钢板尺

10 框支承采光顶构件及组件安装应符合表25.4.5-10和表25.4.5-11规定。

表25.4.5-10 框支承采光顶构件安装允许偏差(mm)

序号	项目		允许偏差	检查方法
1	采光顶平面度	采光顶长度 $L\leqslant30$m	≤10	水准仪或全站仪
		30m<$L\leqslant$60m	≤15	
		60m<$L\leqslant$90m	≤20	
		90m<$L\leqslant$150m	≤25	
		L>150m	≤30	
2	采光顶坡度		±10%	坡度尺
3	单一构件直线度	长度 $L\leqslant2$m	≤2.0	2m靠尺,塞尺 钢板尺
		L>2m	≤3.0	
4	采光顶横向、纵向构件直线度	采光顶长度或宽度≤35m	≤5.0	2m靠尺,塞尺 水准仪
		采光顶长度或宽度>35m	≤7.0	
5	相邻构件的位置偏差		≤1.0	钢卷尺
6	分格框对角线差	对角线长度≤2m	≤3.0	对角线尺或钢卷尺
		对角线长度>2m	≤3.5	

表25.4.5-11 隐框采光顶组件安装允许偏差(mm)

序号	项目		允许偏差	检查方法
1	檐口位置	相邻两组件	≤2.0	钢卷尺
		长度≤10m	≤3.0	
		长度>10m	≤6.0	
		全长方向	≤10.0	
2	组件上缘接缝的位置	相邻两组件	≤2.0	钢卷尺
		长度≤15m	≤3.0	
		长度>15m	≤6.0	
		全长方向	≤10.0	

续表 25.4.5-11

序号	项目		允许偏差	检查方法
3	屋脊位置	相邻两组件	≤3.0	钢卷尺
		长度≤10m	≤4.0	
		长度>10m	≤8.0	
		全长方向	≤12.0	
4	采光顶水平缝及玻璃面的平面度	采光顶长度 L≤30m	≤10	水平仪
		30m<L≤60m	≤15	
		60m<L≤90m	≤20	
		90m<L≤150m	≤25	
		L>150m	≤30	
5	缝隙宽度差(与设计值相比)		≤2.0	钢板尺
6	采光顶坡度		±10%	坡度尺
7	纵、横缝直线度		≤2.5	2m靠尺,塞尺,钢板尺

11 点支承采光顶安装应符合表25.4.5-12规定。

表25.4.5-12 点支承采光顶安装允许偏差(mm)

序号	项目		允许偏差	检查方法
1	脊(顶)水平高差		±3.0	水平仪
2	脊(顶)水平错位		±2.0	2m靠尺,塞尺,钢板尺
3	檐口水平高差		±3.0	塞尺,钢板尺
4	檐口水平错位		±2.0	钢板尺
5	跨度(对角线或角到对边垂高)差	跨度≤3m	±3.0	对角线尺或钢卷尺
		3m<跨度≤4m	±4.0	
		4m<跨度≤5m	±6.0	
		跨度>5m	±9.0	
6	胶缝宽度(与设计值相比)		0,+2.0	钢板尺
7	采光顶接缝及大面玻璃平整度	采光顶长度≤30m	±10.0	水平仪
		30m<采光顶长度≤60m	±15.0	
8	采光顶接缝直线度	采光顶长度或宽度≤35m	±5.0	拉5m线,不足5m拉通线,用钢直尺检查
		采光顶长度或宽度>35m	±7.0	
9	相邻板块竖、横向接缝直线度		±2.5	2m靠尺、钢板尺
10	相邻板块平面高低差		±1.0	塞尺,钢板尺

12 直立锁边式金属屋面构件安装应符合表25.4.5-13规定。

表25.4.5-13 直立锁边金属屋面构件安装允许偏差(mm)

序号	项目	允许偏差	检查方法
1	支座直线度 屋面板纵向构件水平度	$\pm L/200$	水平仪
2	支座与连接表面垂直度 屋面板构件坡度	$\pm 1°$	坡度尺
3	横向相邻支座位置差 屋面横向相邻构件直线度	±5.0	拉5m线,不足5m拉通线用钢直尺检查

25.4.6 建筑幕墙节能工程验收按《建筑节能工程施工质量验收规程》DGJ 08—113规定执行。

25.4.7 幕墙玻璃光学性能应符合环境评价光反射指标。

26 维护保养

26.1 一般规定

26.1.1 幕墙工程竣工验收时，承建方应向业主提供《幕墙使用维护说明书》，说明书包括下列内容：

1 幕墙的设计依据、主要性能参数及设计使用年限。

2 承建方的保修责任。

3 使用注意事项。

4 环境条件变化对幕墙的影响。

5 日常与定期的维护、保养要求。

6 幕墙的主要结构特点及易损零部件更换方法。

7 备品、备件清单及主要易损件的名称、规格。

26.1.2 承建方在幕墙交付使用前，应为业主日常维护使用作培训。

26.1.3 幕墙保修期由合同约定，但不应少于 2 年。幕墙防渗漏保修期为 5 年。

26.1.4 幕墙交付使用后，业主应根据《幕墙使用维护说明书》的相关要求制定幕墙的维护、保养制度与计划。

26.1.5 雨天或 4 级以上风力的天气不宜使用开启窗；6 级及以上风力时，应全部关闭开启窗。

26.1.6 幕墙外表面的检查、清洗、保养与维护工作不应在 4 级以上风力和雨雪天进行。

26.1.7 幕墙外表面的检查、清洗、保养与维护使用的作业机具设备应安全可靠、保养良好、功能正常、操作方便。每次使用前应检查安全装置，确保设备和人员安全。

26.1.8 幕墙外表面检查、清洗、保养与维护的高空作业，应符合《建筑施工高处作业安全技术规范》JGJ 80 规定。

26.1.9 业主应及时做好日常检查、维护记录，收集整理检测和幕墙维修、改造资料，建立幕墙使用全过程的档案资料。

26.2 检查与维护

26.2.1 定期检查和维护规定：

1 幕墙工程竣工验收后期满 1 年时，应对幕墙进行一次全面检查，此后每 5 年检查 1 次，采用后锚固连接的幕墙工程应每 3 年检查 1 次。幕墙使用 10 年后应进行检查和维护，以后应每 3 年检查 1 次。

检查项目应包括：

1) 幕墙有无变形、错位、松动。如发现上述情况，应进一步检查该部位对应的隐蔽构造。

2) 幕墙的主要承力构件、连接件和连接螺栓等是否损坏、连接是否可靠、有无锈蚀等。

3) 面板、外露构件有无松动和损坏。

4) 硅酮胶有无脱胶、开裂、起泡，胶条有无脱落、老化等现象。

5) 开启部分是否启闭灵活，五金件是否有功能障碍或损坏，螺栓和螺钉是否松动或失效。

6) 幕墙有无渗漏，排水系统是否通畅。

2 对第 1 款检查项目中不符合要求的应及时维修或更换。维修与更换应符合原设计和本标准相应要求，并按规定项目检测验收。

3 拉杆或拉索幕墙在工程竣工验收后期满 6 个月时，必须进行一次全面的拉力检查和调整，以后应每 3 年检查 1 次。

26.2.2 在台风预警发布后应对幕墙进行防台检查。连续高温或连续低温天气时，对使用钢化玻璃的幕墙应加强巡查，采取防护措施。

26.2.3 灾后检查和修复规定：

1 遭遇强风袭击或遭遇地震、火灾等灾害后，应及时对幕墙全面检查。

2 根据幕墙受损程度制定修复方案并及时处置。

26.3 保养和清洗

26.3.1 幕墙日常保养规定：

1 保持幕墙表面清洁，避免锐器及腐蚀性气体或液体接触幕墙表面。

2 保持幕墙排水系统通畅，如有堵塞应及时疏通。

3 门、窗启闭障碍或附件损坏应及时修理或更换。

4 密封胶及胶条脱落或损坏应及时修补或更换。

5 幕墙构件或附件的螺栓、螺钉松动或锈蚀时，应及时紧固或更换。

6 幕墙构件锈蚀时，应及时除锈补漆或采取其他防锈措施。

7 对幕墙渗漏应及时整修。

26.3.2 业主应根据幕墙表面保洁需要，确定清洗次数，每年不少于1次。

26.3.3 幕墙清洗应按《幕墙使用维护说明书》规定选用清洗液。严禁使用强腐蚀性清洗液。

26.3.4 清洗过程中不得撞击和损伤幕墙。人工挂绳清洗时，应在幕墙顶部采取保护措施。

附录A　地面粗糙度分类

A.0.1　如无特殊要求，在计算上海地区的幕墙风荷载时其地面粗糙度类型应根据以下分类原则选取：

A类地区：上海市沿江沿海3km～5km范围内的区域（含崇明岛、长兴岛、横沙岛及吴淞口），以及淀山湖沿岸2km范围内的区域。

B类地区：中环线以外的除A类地区以外的区域，以及黄浦江沿岸（除吴淞口外）的300m以内的范围和崇明岛沿海3km～5km以外的区域（图A.0.1-1）。

C类地区：中环线以内除D类地区以外的区域。

D类地区：中心城区的内环线以内、黄浦江以西、苏州河以南的区域，以及小陆家嘴地区（东昌路以北、浦东南路以西、黄浦江以南和以东的区域）。

具体范围见图A.0.1-1和图A.0.1-2及其说明。

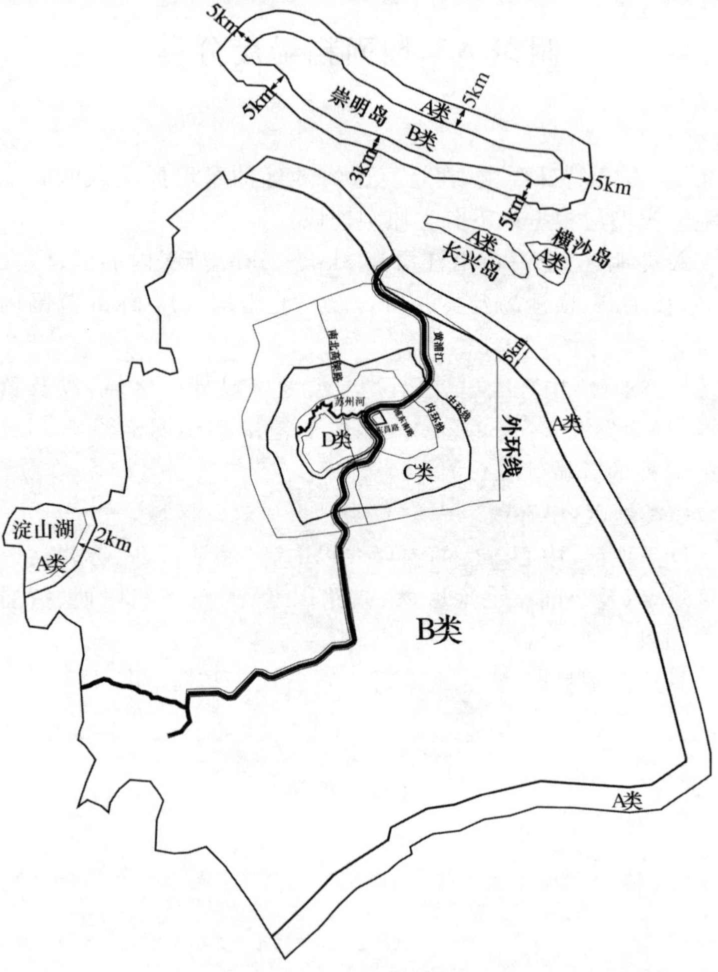

图 A.0.1-1　上海市地面粗糙度分类

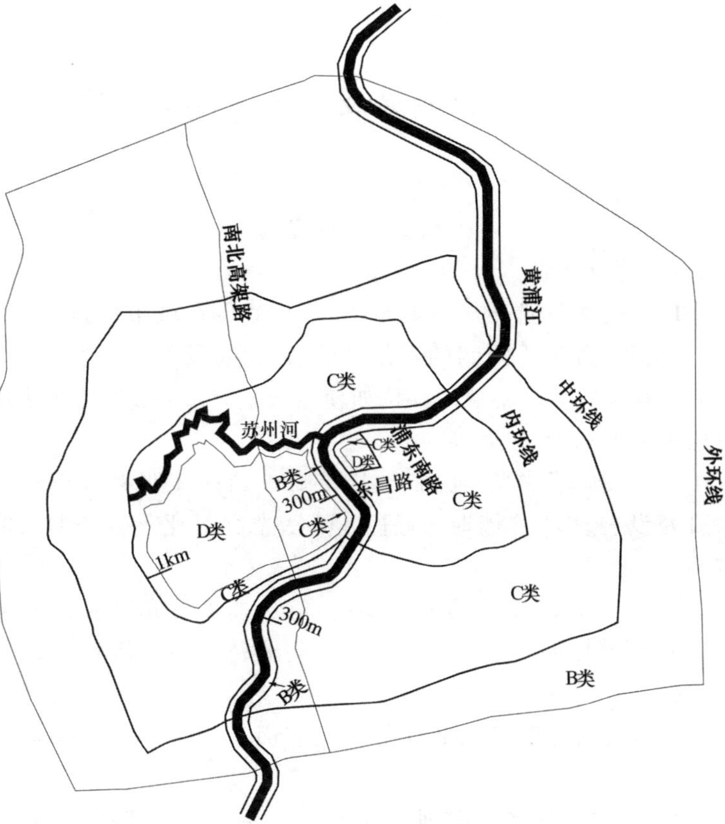

图 A.0.1-2 上海市地面粗糙度分类中心城区放大图

说明：1 D类地区详细定位系内环线以内 1km 范围并与 C 类地区相交。

2 外滩地区：沿黄浦江岸线 300m 范围以内为 B 类，B 类向西延伸 300m 范围以内为 C 类。

3 南北高架以西区段的内环线内及苏州河以南的 1km 范围为 C类，南北高架以东的内环线（浦西段）内及苏州河以南的 300m 范围为 C 类，并与外滩地区 C 类边线相交。

附录B　幕墙光反射环境评价方法

B.1　一般规定

B.1.1　评价要素

1　《玻璃幕墙光热性能》GB/T 18091：在城市快速路、主干道、立交桥、高架桥两侧的建筑物高度20m以下，一般道路10m以下不宜设置玻璃幕墙的部位如使用玻璃幕墙，应采用可见光反射比不大于0.16的玻璃。

2　《玻璃幕墙光热性能》GB/T 18091：在T形路口正对直线路段处设置玻璃幕墙时，应采用可见光反射比不大于0.16的玻璃。

3　为减少玻璃幕墙的光反射，宜选择可见光反射比不大于0.15的幕墙玻璃。建筑立面玻璃反射光范围内无敏感建筑受反射光影响时，可选择可见光反射比不大于0.20的幕墙玻璃。非玻璃材料表面应该采用低反射亚光表面。居住区内应限制设置玻璃幕墙。

4　历史文化名城中划定的历史街区、风景名胜区应慎用玻璃幕墙。

5　道路两侧玻璃幕墙设计成弧面时应避免反射光进入行人与驾驶员的视场内。凹形曲面玻璃幕墙的设计与设置应控制反射光聚焦点的位置。应尽量避免角度小于15°的反射光对敏感目标的影响。

6　结合环境评价分析优化设计方案，减少幕墙玻璃对周边环境的影响。

B.1.2　幕墙光反射评价相关要求

1　评价资质与评价单位

玻璃幕墙光反射环境评价的实施操作应由具有资质的单位(以下简称“环评单位”)承担。

2 环境影响评价范围、对象

1）范围

以建筑物玻璃幕墙所在建筑的外墙向外，至建筑物玻璃幕墙高度的5倍。

2）评价敏感区域及对象

住宅、学校、医院、幼儿园、托儿所、养老院等建筑物，以及因光反射会影响正常使用的其他建筑物和道路交通干线(包括高架路)。

3 光反射环境影响评价工作基本要求

1）详细了解建筑设计中的幕墙设计内容、玻璃幕墙的位置、玻墙比、围护材料的光学和热工性能等资料。

2）完成现状调查，收集受反射光影响的敏感目标详细资料、照片和图纸，开展公众调查、类比调查，充分了解光反射可能导致的环境矛盾。

3）计算反射光的影响范围和时间、光照强度和亮度。

4）针对项目工程特点，编制环境影响评价与分析专项报告，进行技术可行性分析和判断。

B.2 光反射环境影响的评价方法

B.2.1 光反射影响因素

1 太阳高度角、方位角。

2 幕墙材料的反射比。

3 幕墙的方向、位置和高度。

4 气候与季节。

5 地理位置。

6 周围地形、地物的影响。

B.2.2 光反射环境影响评价

1 发生光反射影响的特定条件

1）使用了大面积玻璃。

2）在特定方向和特定时间下产生。

3）反射光的影响程度与玻璃幕墙的方向、位置、高度及与受影响客体间的距离有密切关系。

4）当直射日光和天空光照射到高层建筑幕墙玻璃表面时，由于玻璃的镜面反射（也称正反射）会产生反射光和反射热，对周围环境形成光热影响。

2 光反射评价量

1）太阳位置

太阳位置由高度角和方位角确定。

$$\sin h = \sin\varphi\sin\delta + \cos\varphi\cos\delta\cos t \qquad (B.2.2\text{-}1)$$

$$\sin A = \cos\delta\sin t / \cos h \qquad (B.2.2\text{-}2)$$

$$t = 15^\circ(n - 12) \qquad (B.2.2\text{-}3)$$

式中：h——太阳高度角（°），直射阳光与水平面的夹角；

A——太阳方位角（°），直射阳光水平投影与正南方位的夹角，正南为0°，顺时针方向为正，逆时针方向为负；

t——太阳时角（°），观测点天球子午圈与太阳所在时圈的夹角（每小时15°）；

n——时间（24时制）；

φ——地理纬度；

δ——太阳赤纬（°），太阳光垂直照射地点与地球赤道所夹的圆心角，见表B.2.2-1。

表 B.2.2-1 太阳赤纬 δ(4年平均值)

日\月	1	2	3	4	5	6	7	8	9	10	11	12
1	−23.1	−17.2	−7.80	4.30	15.0	22.0	23.1	18.2	8.40	−3.00	−14.3	−21.8
2	−23.0	−16.9	−7.40	4.70	15.3	22.2	23.1	17.9	8.10	−3.40	−14.6	−21.9
3	−22.8	−16.6	−7.00	5.10	15.6	22.3	23.0	17.6	7.70	−3.80	−15.0	−22.1
4	−22.7	−16.3	−6.60	5.50	15.9	22.4	22.9	17.4	7.40	−4.10	−15.3	−22.2
5	−22.6	−16.0	−6.20	5.90	16.2	22.5	22.8	17.1	7.00	−4.50	−15.6	−22.3
6	−22.5	−15.7	−5.80	6.30	16.4	22.6	22.7	16.8	6.60	−4.90	−15.9	−22.4
7	−22.4	−15.4	−5.40	6.60	16.7	22.7	22.6	16.5	6.20	−5.30	−16.2	−22.6
8	−22.3	−15.1	−5.10	7.00	17.0	22.8	22.5	16.3	5.90	−5.79	−16.5	−22.7
9	−22.1	−14.8	−4.70	7.40	17.2	22.9	22.4	16.1	5.50	−6.10	−16.7	−22.8
10	−22.0	−14.5	−4.30	7.80	17.5	23.0	22.3	15.7	5.10	−6.50	−17.0	−22.9
11	−21.8	−14.2	−3.90	8.10	17.8	23.1	22.2	15.4	4.70	−6.80	−17.3	−23.0
12	−21.7	−13.8	−3.50	8.50	18.0	23.2	22.0	15.1	4.40	−7.20	−17.6	−23.1
13	−21.5	−13.5	−3.10	8.90	18.3	23.2	21.9	14.8	4.00	−7.60	−17.9	−23.1
14	−21.4	−13.2	−2.70	9.20	18.5	23.3	21.7	14.5	3.60	−8.00	−18.1	−23.2
15	−21.2	−12.8	−2.30	9.60	18.8	23.3	21.6	14.2	3.20	−8.30	−18.4	−23.3
16	−21.0	−12.5	−1.90	10.0	19.0	23.4	21.5	13.9	2.80	−8.70	−18.6	−23.3
17	−20.8	−12.1	−1.50	10.3	19.2	23.4	21.3	13.5	2.50	−9.10	−18.9	−23.4
18	−20.6	−11.8	−1.10	10.7	19.5	23.4	21.1	13.2	2.10	−9.40	−19.1	−23.4
19	−20.4	−11.4	−0.80	11.0	19.7	23.4	20.9	12.9	1.70	−9.80	−19.4	−23.4
20	−20.2	−11.0	−0.40	11.4	19.9	23.4	20.7	12.6	1.30	−10.2	−19.6	−23.4
21	−20.0	−10.7	0.00	11.7	20.1	23.4	20.5	12.3	0.90	−10.5	−19.8	−23.4
22	−19.8	−10.4	0.40	12.1	20.3	23.4	20.3	11.9	0.50	−11.0	−20.1	−23.4
23	−19.5	−10.0	0.80	12.4	20.5	23.4	20.1	11.6	0.10	−11.3	−20.3	−23.4
24	−19.3	−9.60	1.30	12.7	20.6	23.4	19.9	11.2	0.00	−11.6	−20.5	−23.4
25	−19.1	−9.30	1.70	13.0	20.8	23.4	19.7	10.9	−0.60	−12.0	−20.7	−23.4
26	−18.8	−8.90	2.10	13.4	21.1	23.4	19.5	10.6	−1.10	−12.3	−20.9	−23.4
27	−18.6	−8.50	2.46	13.6	21.2	23.4	19.3	10.2	−1.50	−12.6	−21.1	−23.3
28	−18.3	−8.10	2.80	14.0	21.4	23.3	19.1	9.90	−1.90	−13.0	−21.3	−23.3
29	−18.0	—	3.20	14.4	21.6	23.3	18.9	9.50	−2.20	−13.3	−21.4	−23.3
30	−17.8	—	3.60	14.7	21.7	23.3	18.6	9.20	−2.60	−13.7	−21.6	−23.2
31	−17.5	—	4.00	—	21.9	—	18.4	8.80	—	−14.0	—	−23.2

表 B.2.2-2　上海市太阳高度角(°)

月	日	12：00	11：00	10：00	9：00	8：00	7：00	6：00	5：00
			13：00	14：00	15：00	16：00	17：00	18：00	19：00
1	1	35.81	33.94	28.67	20.77	11.05	0.10	—	—
	11	36.93	35.02	29.64	21.63	11.78	0.73	—	—
	21	38.73	36.74	31.20	22.98	12.95	1.74	—	—
2	1	41.40	39.31	33.51	24.99	14.68	3.25	—	—
	11	44.39	42.17	36.06	27.20	16.59	4.92	—	—
	21	47.81	45.42	38.94	29.68	18.74	6.82	—	—
3	1	50.78	48.24	41.40	31.79	20.58	8.47	—	—
	11	54.71	51.92	44.59	34.51	22.95	10.61	—	—
	21	58.74	55.66	47.76	37.19	25.30	12.78	—	—
4	1	63.18	59.70	51.10	40.00	27.79	15.10	2.28	—
	11	67.07	63.14	53.87	42.32	29.87	17.09	4.28	—
	21	70.70	66.26	56.29	44.34	31.71	18.89	6.15	—
5	1	73.98	68.93	58.29	46.02	33.28	20.46	7.81	—
	11	76.82	71.08	59.86	47.36	34.56	21.78	9.23	—
	21	79.12	72.70	61.01	48.36	35.54	22.81	10.37	—
6	1	80.96	73.88	61.84	49.10	36.28	23.62	11.28	—
	11	81.96	74.46	62.25	49.47	36.67	24.05	11.77	0.01
	21	82.30	74.65	62.38	49.60	36.80	24.19	11.93	0.20
7	1	81.96	74.46	62.25	49.47	36.67	24.05	11.76	0.01
	11	80.96	73.88	61.84	49.10	36.28	23.62	11.28	—
	21	79.34	72.84	61.12	48.45	35.63	22.91	10.48	—
8	1	76.89	71.13	59.90	47.39	34.59	21.81	9.27	—
	11	74.13	69.04	58.38	46.10	33.35	20.53	7.88	—
	21	70.95	66.46	56.44	44.47	31.83	19.01	6.27	—

续表 B.2.2-2

月	日	12：00	11：00	10：00	9：00	8：00	7：00	6：00	5：00
			13：00	14：00	15：00	16：00	17：00	18：00	19：00
9	1	67.07	63.15	53.87	42.32	29.87	17.09	4.29	—
	11	63.31	59.82	51.20	40.08	27.86	15.17	2.35	—
	21	59.44	56.30	48.30	37.64	25.70	13.15	0.35	—
10	1	55.56	52.71	45.26	35.08	23.45	11.07	—	—
	11	51.77	49.17	42.21	32.48	21.18	9.01	—	—
	21	48.19	45.78	39.26	29.95	18.98	7.04	—	—
11	1	44.59	42.37	36.23	27.35	16.72	5.04	—	—
	11	41.74	39.63	33.80	25.24	14.90	3.44	—	—
	21	39.35	37.34	31.74	23.45	13.35	2.09	—	—
12	1	37.48	35.55	30.12	22.04	12.14	1.04	—	—
	11	36.19	34.31	29.00	21.06	11.30	0.32	—	—
	21	35.51	33.65	28.40	20.54	10.85	—	—	—

注：1 太阳高度角，在不同地理坐标处，数值稍有误差。

2 表中时间为真太阳时，与“北京时间”稍有误差。

表 B.2.2-3 上海市太阳方位角(±°)

月	日	12：00	11：00	10：00	9：00	8：00	7：00	6：00	5：00
			13：00	14：00	15：00	16：00	17：00	18：00	19：00
1	1	0.00	16.68	31.63	44.11	54.30	62.76	—	—
	11	0.00	17.05	32.26	44.89	55.17	63.69	—	—
	21	0.00	17.65	33.29	46.15	56.56	65.17	—	—
2	1	0.00	18.61	34.89	48.09	58.66	67.38	—	—
	11	0.00	19.76	36.78	50.33	61.05	69.86	—	—
	21	0.00	21.21	39.11	53.00	63.84	72.72	—	—

续表 B.2.2-3

月	日	12：00	11：00	10：00	9：00	8：00	7：00	6：00	5：00
			13：00	14：00	15：00	16：00	17：00	18：00	19：00
3	1	0.00	22.62	41.28	55.44	66.32	75.22	—	—
	11	0.00	24.73	44.42	58.82	69.69	78.55	—	—
	21	0.00	27.29	48.02	62.54	73.28	82.03	—	—
4	1	0.00	30.73	52.51	66.93	77.38	85.92	93.73	—
	11	0.00	34.50	57.00	71.08	81.14	89.40	97.07	—
	21	0.00	38.92	61.74	75.24	84.79	92.73	100.21	—
5	1	0.00	43.92	66.55	79.23	88.21	95.78	103.06	—
	11	0.00	49.28	71.13	82.87	91.25	98.47	105.53	—
	21	0.00	54.55	75.17	85.96	93.79	100.69	107.56	—
6	1	0.00	59.47	78.61	88.52	95.87	102.49	109.19	—
	11	0.00	62.44	80.55	89.94	97.02	103.48	110.09	117.35
	21	0.00	63.48	81.22	90.42	97.40	103.81	110.38	117.63
7	1	0.00	62.43	80.55	89.93	97.01	103.48	110.08	117.35
	11	0.00	59.47	78.61	88.52	95.87	102.49	109.19	—
	21	0.00	55.10	75.57	86.26	94.04	100.90	107.75	—
8	1	0.00	49.43	71.25	82.96	91.33	98.54	105.59	—
	11	0.00	44.17	66.77	79.41	88.36	95.92	103.19	—
	21	0.00	39.25	62.08	75.53	85.04	92.95	100.42	—
9	1	0.00	34.51	57.00	71.09	81.15	89.41	97.07	—
	11	0.00	30.85	52.66	67.07	77.51	86.04	93.85	—
	21	0.00	27.78	48.69	63.21	73.91	82.64	90.53	—
10	1	0.00	25.23	45.14	59.59	70.44	79.28	—	—
	11	0.00	23.12	42.04	56.27	67.16	76.06	—	—
	21	0.00	21.38	39.38	53.31	64.15	73.04	—	—

续表 B.2.2-3

月	日	12：00	11：00	10：00	9：00	8：00	7：00	6：00	5：00
			13：00	14：00	15：00	16：00	17：00	18：00	19：00
11	1	0.00	19.84	36.92	50.49	61.21	70.04	—	—
	11	0.00	18.73	35.10	48.34	58.93	67.66	—	—
	21	0.00	17.87	33.65	46.60	57.04	65.68	—	—
12	1	0.00	17.23	32.57	45.27	55.59	64.14	—	—
	11	0.00	16.81	31.84	44.37	54.60	63.08	—	—
	21	0.00	16.59	31.46	43.90	54.07	—	—	—

注：1 太阳方位角，上午取负值，下午取正值。在不同地理坐标处，数值稍有误差。

2 表中时间为真太阳时，与“北京时间”稍有误差。

2）照度、亮度

玻璃幕墙的反射光对周围的影响主要随着太阳照射角及其辐射强度的变化而变化。在夏季日照时间长，太阳辐射强度大，玻璃幕墙的反射光对周围环境影响最大、最长久。在天气晴朗无云、相对湿度60%以下时，日出后1h内太阳直射光照度为17000lx～27000lx，但日出1h后，很快从27000lx增至98000lx，玻璃幕墙反射光亦相应增大。

直射日光在板面上产生的照度计算公式为

$$E=E_{dn}\cos(\alpha) \tag{B.2.2-4}$$

一般可取[注]

$$E_{dn}=1.37\times10^{5}\,e^{-\frac{0.223}{\sin h}} \tag{B.2.2-5}$$

式中：E——直射日光在板面上的照度(lx)；

E_{dn}——直射日光的法线照度(lx)；

α——日光入射角；

h——太阳高度角(°)；

e——自然对数底(e≈2.7183)。

注：经验公式系数与空气质量和气象条件等有关，供参考。公式不用于

日出日落时分。

亮度计算公式为

$$B=\rho E/\pi \tag{B.2.2-6}$$

式中：B——亮度（cd/m^2）；

E——照度（lx）；

ρ——可见光反射比；

π——圆周率。

3）反射光入射角（θ）

反射光入射角（也称“眩光角”）是指经玻璃幕墙反射后的太阳光线（简称“反射光”）与人眼水平视线（受照立面法线）的夹角。

反射光入射角的确定有两种途径：一是可以通过预测得到的空间透视图直接量取；二是可以采用公式计算，反射光平行直线的方向向量为 $L=(m, n, p)$，受照立面的法线向量为 $N=(A, B, C)$，则反射光入射角 θ 计算公式为

$$\cos\theta=\frac{|Am+Bn+Cp|}{\sqrt{A^2+B^2+C^2}\cdot\sqrt{m^2+n^2+p^2}}\quad(0°\leqslant\theta\leqslant 90°) \tag{B.2.2-7}$$

4）眩光

眩光特征分类见表 B.2.2-4。

表 B.2.2-4 视野中眩光特征

入射光角度	人眼对眩光感觉程度
0°	极强烈
15°	强烈
30°	中等
45°	微弱
60°	无眩光

注：见环境影响评价工程师职业资格登记培训教材《社会区域类环境影响评价》（中国环境和科学出版社，2007）。

反射光的影响与幕墙玻璃尺度以及太阳高度角和方位角有关。反射光进入受照体入射角小于15°的反射光影响最大。

B.2.3 反射光影响时间

地球自转一周360°，对应24h，即视太阳每小时移动15°，每4min移动1°，据此计算幕墙玻璃反射光影响时间。

B.2.4 反射光影响分析计算

1 预测玻璃幕墙的光反射影响

为了反映建筑玻璃幕墙全年的反射光影响，需选择不少于40个计算日，并对强影响及典型轻微影响敏感目标结合建筑功能作分析。选择的计算日应全年均衡分布，包括春分、夏至、秋分、冬至四个典型日，以及光反射影响的极端时日。

根据幕墙玻璃面与入射角的关系，计算反射光的亮度和照度，综合太阳反射光的照射距离、反射光的光照强度、敏感目标的具体情况等，分析光反射的影响程度。

2 遮挡分析

凸出幕墙墙面的各类装置、幕墙四周的高层建筑都能对入射光线起到遮挡作用，减弱幕墙的光反射影响。应通过现场实际调研并结合入射光的入射角度和方向对幕墙的遮挡效应作出合理的分析和判断。

3 计算分析

绘制反射光线图，并在地形图中详细标注。

计算敏感点处反射光入射角(θ)和亮度(B)，筛选出受到玻璃幕墙不同影响程度的敏感目标，计算受照时间并对其评价。按表B.2.4-1评价分级。

表 B.2.4-1　反射光评价分级

反射光入射角 θ	亮度 $B(cd/m^2)$	影响程度
$\theta<15°$	$B<1500$	可接受
	$1500\leqslant B<2000$	轻微影响
	$B\geqslant 2000$	强影响
$15°\leqslant\theta\leqslant 30°$	$B<2000$	可接受
	$2000\leqslant B<4000$	轻微影响
	$B\geqslant 4000$	强影响
$\theta>30°$	—	可接受

4　分析玻璃幕墙产生的反射光对道路交通干线的影响，识别 $\theta<15°$ 且 $B\geqslant 1500cd/m^2$ 的眩光影响。

道路交通干线包括高速公路、一级公路、二级公路、城市快速路、城市主干道、城市次干道。

5　幕墙玻璃面与太阳方位角正交 $\pm 5°$ 的反射光对医院病房、学校教室及住宅起居室等影响的持续时间宜控制在表B.2.4-2规定的限值以内。

表 B.2.4-2　太阳直射光的反射影响允许持续时间(min)

季节	持续时间	教室 8:00—12:00,13:00—17:00
春	10	0
夏	5	0
秋	10	0
冬	15	0

6　反射光对敏感目标的影响超出可接受范围时，应根据预测分析，提出防治措施，再分析实施效果。反射光对敏感目标有强影响或对道路交通干线有眩光影响时，必须采取措施予以消除。

B.2.5 区域环境状况调查

1 调查目的

掌握评价范围内的环境以及敏感目标分布状况，提供评价依据。

2 调查内容

1）项目地块周边地域建筑分布现状及规划（附平面图）。

2）地理环境、行政区位置、临近的交通状况（主要交通线路）。

3）社会经济情况、生活居住区的分布情况、土地利用情况、交通运输情况及其他社会经济生活情况。

4）周边敏感区域及建筑情况，如医院、学校、办公楼等。

5）周边各方位的照片。敏感建筑预计受影响部位应局部放大，并提供相应的房型图。

3 调查方法

收集资料法、现场调查法、类比法。应根据实际情况决定采用何种方法或几种方法相结合。

B.2.6 玻璃幕墙光反射环境影响评价与分析专项报告

评价与分析专项报告应包括下列内容：

1 工程概况

1）工程名称及项目由来。

2）工程所处位置。

3）建筑物性质、地上部分建筑物的使用功能。

4）建筑高度、层数和层高。

5）建筑的平面形状（如矩形、弧形、不规则多边形等）和尺寸。

6）单体工程的主体结构类型。

7）幕墙玻璃在建筑立面上的位置、高度、面积。

2 玻璃幕墙类型及选材

1）构造类型及其设计特点。

2）各立面玻璃幕墙面积、立面总面积和玻墙比。

3）玻璃的光学性能指标。

4）幕墙材料与国家和本市建筑材料标准的相符性分析。

3 项目所在区域及周边情况分析

1）周边环境和区域特点。

2）建筑周边光反射影响的敏感目标。

3）收集影响范围内的控制性详细规划情况，分析潜在的遮挡建筑和规划敏感目标。

4 反射光影响分析计算

1）分析范围内受光反射影响的敏感目标。

2）项目周边建筑和项目遮阳措施的遮蔽分析。

3）玻璃幕墙立面反射光影响分析。

4）玻璃幕墙间的二次反射。

5）反射光防治措施及效果分析。

6）敏感目标在不同时段受玻璃幕墙影响的时间、亮度、程度。

5 结论和建议

通过调查研究、计算分析和遮挡分析，得出主要影响区域、受影响敏感目标及其受影响程度，采取措施后的效果。

根据本标准相关规定对建设项目玻璃幕墙方案的可行性作出评价。针对存在的问题，提出建议和解决办法。

附录C 隔热型材

C.1 隔热铝合金型材

C.1.1 用于建筑幕墙横梁和立柱的隔热铝合金型材，其隔热形式可采用穿条式和浇注式两种。

C.1.2 隔热体串连幕墙受力杆件的前后两个铝合金截面，其中主要受力截面（主截面）宜位于建筑物内侧（贴近主体结构），次截面位于建筑物外侧。

C.1.3 隔热体可根据其材料物理力学性能、生产加工制作条件、隔热体与铝型材的合成工艺、生产加工企业质量保证体系、合成产品表观特征、试件试样的测试检验结论等因素，综合判别其在隔热型材中的力学作用和参与杆件承受外荷载的能力。浇注式隔热型材的隔热体如需参与结构杆件受力或承受及传递荷载，应经专项技术论证。

C.1.4 未经可靠安全验证的浇注式隔热铝合金型材，其隔热体仅起隔热作用，不参与结构杆件的受力，不承受和传递荷载，应采用可靠的连接构造将隔热体外的荷载传递至内侧受力构件上。

C.1.5 穿条式隔热铝合金型材可以承受纵向（长度方向）剪切力和横向拉伸力。

C.1.6 采用穿条式的隔热铝合金型材，可根据C.1.3条分析，采用下列4款设计计算方案并选择适用高度：

1 不考虑隔热体承受和传递荷载。适用建筑高度应符合本标准第1章和第10章规定。

2 考虑隔热体仅承受隔热体外侧的构件自重和水平荷载，并传递至结构杆件的主截面。次截面不参与结构构件的整体受力。适用建筑高度不大于 180m,并应符合本标准第 1 章和第 10 章规定。

3 考虑隔热体参与受力,杆件主次截面按其抗弯刚度分配作用于刚度平面内的水平荷载,竖向荷载全部由主截面承担。适用建筑高度不大于 150m,并应符合本标准第 1 章和第 10 章规定。

4 考虑隔热体参与受力,隔热铝合金型材等效成整体截面后,作为杆件的计算截面。可按 C.5 节有关条款计算。适用建筑高度不大于 120m,并应符合本标准第 1 章和第 10 章规定。

C.1.7 横梁应按 C.1.6 条第 1 款或第 2 款设计。

C.1.8 穿条式隔热铝合金型材立柱可按 C.1.6 条规定选择应用。

C.1.9 按 C.1.6 条第 3 款计算时应完成以下计算内容:

1 按大小截面的惯性矩分配作用其上的水平荷载并计算各自的弯矩。

2 按作用的水平荷载验算隔热体的抗拉力,不应超过隔热体的允许拉力值(N/mm)。

3 将隔热条按与铝合金型材的弹性模量比值计算整个立柱的近似惯性矩,从而按立柱所承受的最大剪力验算隔热体的纵向剪力,其计算公式为

$$\tau = QS/J \leqslant [\tau] \tag{C.1.9}$$

式中:τ——隔热体立柱所承受的最大剪应力;

$[\tau]$——隔热体许可剪应力;

Q——最大组合剪力设计值;

S——最大静矩(沿隔热条根部截面);

J——计算惯性矩。

C.1.10 按 C.1.4 条或 C.1.6 条第 1 款设计时,隔热体外的荷载,应通过螺钉传递至主截面。螺钉直径不小于 6mm,螺钉间距经计算确定,不应大于 300mm。

C.1.11 按 C.1.6 条第 2~4 款设计时,隔热型材可设置构造定位螺钉,螺钉直径 6mm。建筑高度超过 80m 时,螺钉间距不大于

1800mm；建筑高度不大于 80m 时，每根杆件不少于 3 枚螺钉。在杆件两端，螺钉至杆件末端的距离不大于 250mm。

C.2 幕墙隔热构造

C.2.1 隔热铝合金型材中的隔热材料宜放置在靠近幕墙玻璃厚度中心线区域（图 C.2.1）。

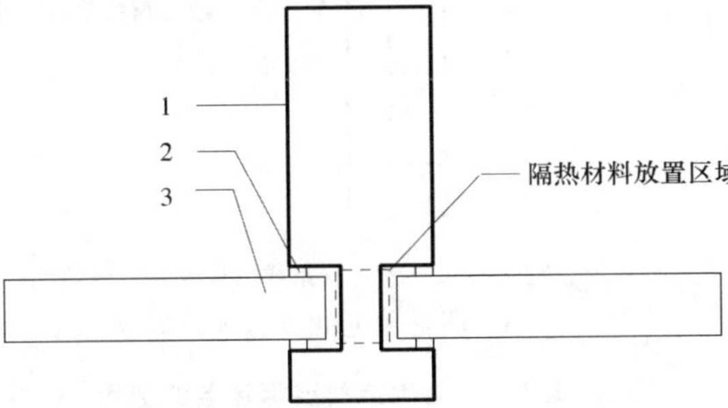

1—幕墙型材；2—密封胶条或结构胶；3—玻璃

图 C.2.1 典型幕墙隔热区域

C.2.2 明框构件式幕墙可采用卡接式或穿条式隔热铝合金型材隔热条（图 C.2.2）的隔热构造方式。隔热条应为连续条形。采用卡接式隔热条时，有效截面隔热高度不小于 8mm。当铝型材为开口 U 形槽时，按第 10 章和第 13 章要求处理。

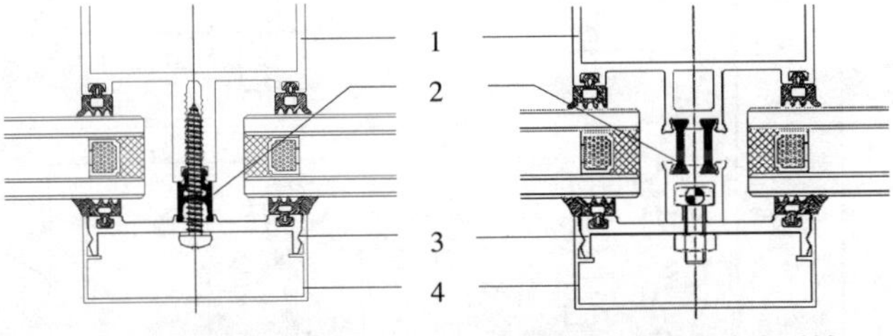

(1) 卡接式隔热条　　(2) 穿条式隔热铝合金型材

1—铝合金型材；2—隔热条；3—玻璃压板；4—外装饰条

图 C.2.2 明框构件式幕墙隔热方式

C.2.3 明框单元式幕墙用隔热铝合金型材隔热设计参照图 C.2.3,应根据隔热区域的构造宽度(d_0)选用不同类型的隔热条(表 C.2.3)。

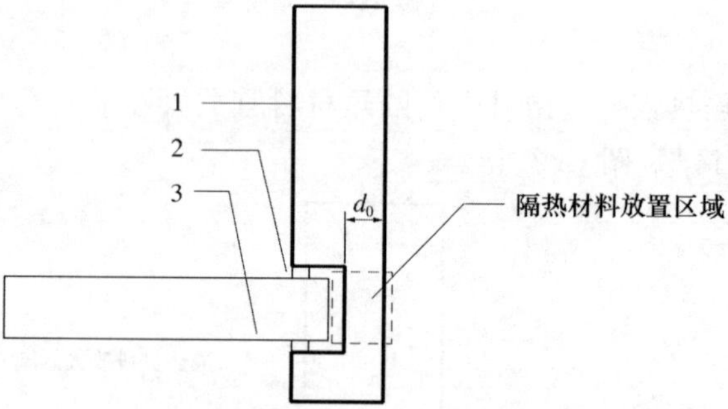

1—单元幕墙型材;2—密封胶条或结构胶;3—玻璃

图 C.2.3 明框单元式幕墙隔热区域

表 C.2.3 不同构造类型隔热条的选用

隔热构造宽度(mm)	隔热形式	典型构造图	典型铝材槽口
$d_0 \geqslant 13.9$	双排隔热条	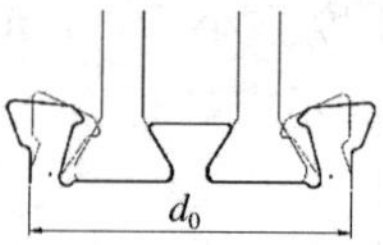	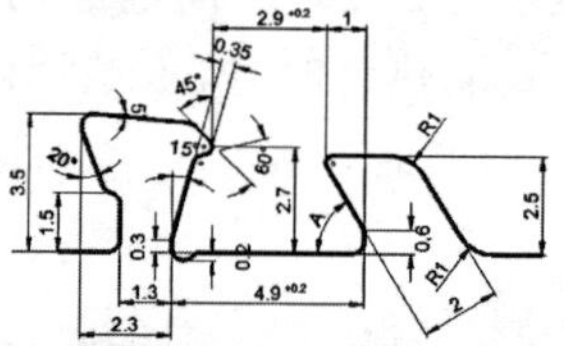
$13.9 \geqslant d_0 \geqslant 13$	单支隔热条(宽)	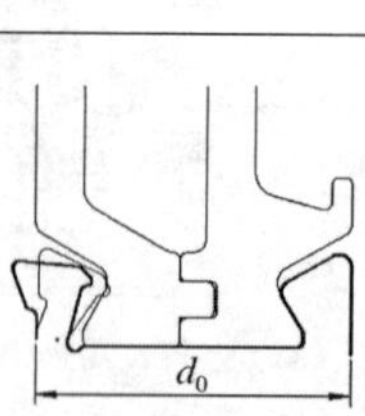	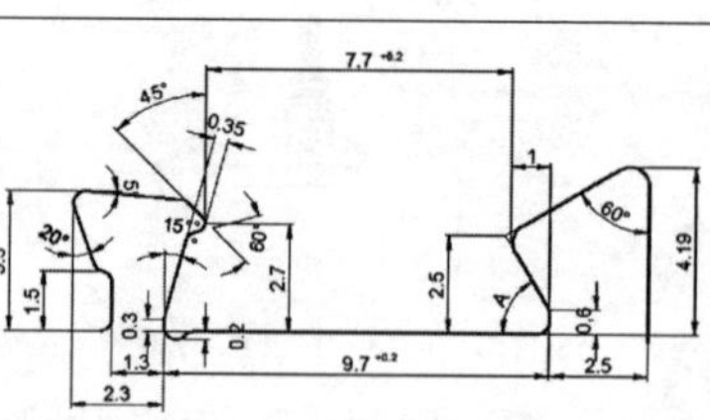

续表 C. 2. 3

隔热构造宽度(mm)	隔热形式	典型构造图	典型铝材槽口
$13 \geqslant d_0 \geqslant 10.5$	单支隔热条(中)	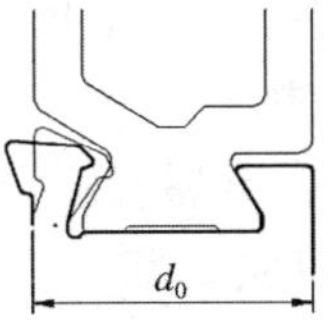	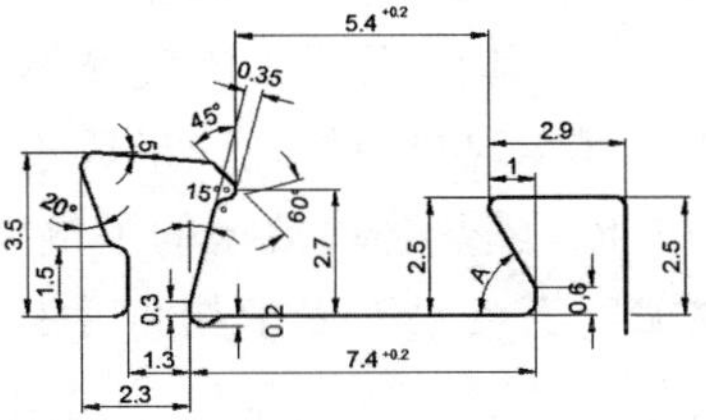
$10.5 \geqslant d_0 \geqslant 7.8$	单支隔热条(窄)	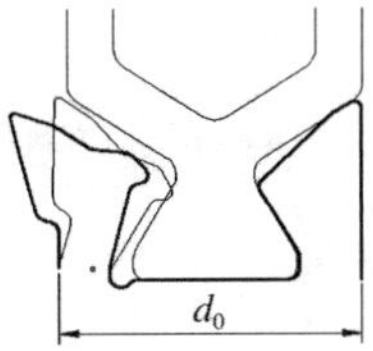	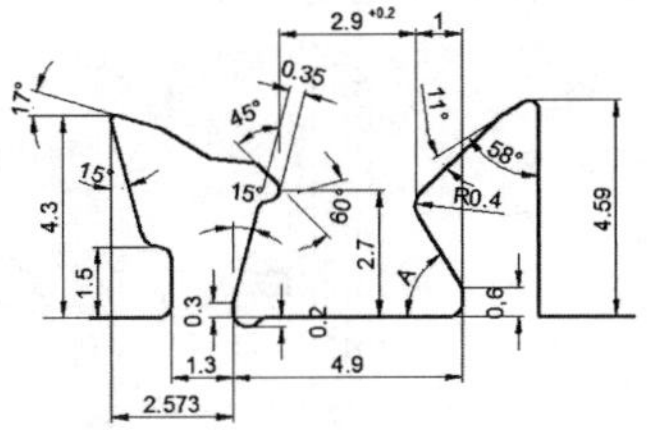

C. 2. 4 隐框单元式幕墙玻璃侧面的隔热设计,可采用尼龙隔热护边(图 C. 2. 4)或隔热铝合金型材等隔热构造。采用刚性护边时,玻璃与护边构件的间隙不宜小于 5mm,并宜有防脱落构造措施。

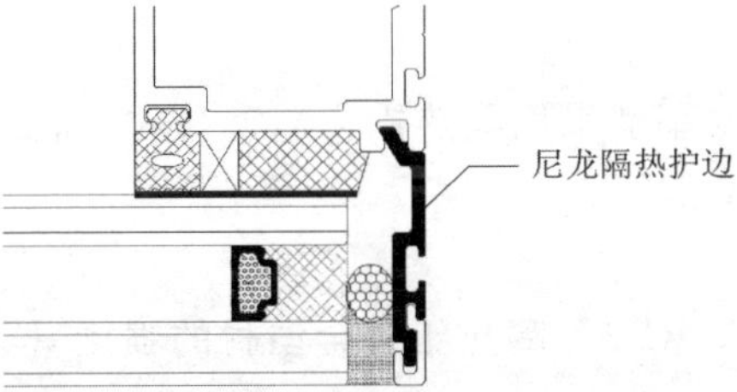

图 C. 2. 4 尼龙隔热护边

C.2.5 明框幕墙开启窗及开启窗与幕墙框架之间的过渡型材宜采用隔热铝合金型材或做隔热构造处理。

C.2.6 隐框形式的幕墙开启窗在玻璃侧面使用护边时，护边宜进行隔热设计，可采用尼龙隔热护边或隔热铝合金型材等隔热构造，并符合C.2.4条规定。

C.2.7 幕墙框架两侧玻璃不在同一个平面时，型材隔热构造设计应可实现与两侧玻璃形成连续隔热。

C.2.8 隔热幕墙玻璃的下端应设置金属托条(图C.2.8)。托条和玻璃面板水平支承构件主体之间应可靠连接。托条应能承受该分格玻璃的重力荷载，托条上应设置柔性衬垫。托条按本标准第13～14章规定设置。

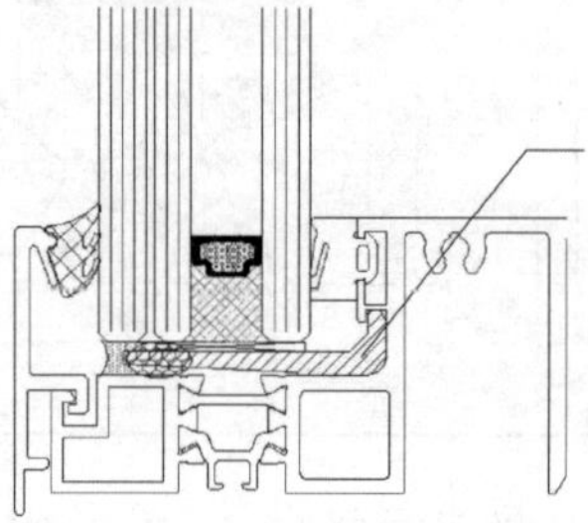

图C.2.8 金属托条

C.2.9 大尺寸外装饰条不应固定在隔热铝合金型材外侧铝材(次截面)上，可通过可靠的机械连接固定在内侧主铝合金型材(主截面)上。

C.2.10 单元式幕墙采用隔热铝合金型材时，面板玻璃宜使用结构胶与梁柱粘结加固。

C.3 隔热铝合金型材的强度

C.3.1 当隔热铝合金型材按C.1.6条第4款设计时，应根据荷载组合及与特征值有关的环境温度，对铝合金型材与隔热材料组合界面进行承载力验算，在荷载组合中应考虑冬季及夏季环境温差，取最不利条件作为验算依据。

条件 1：冬季，取全部风荷载和温差 $\theta=25℃$；

条件 2：夏季，取一半风荷载和温差 $\theta=35℃$。

C.3.2 隔热铝合金型材的横向抗拉抗剪强度测试检验值应满足本标准 3.3.4 条要求。

幕墙用铝合金隔热型材的隔热条横向抗拉强度应满足下列公式要求：

$$S_Q \leqslant Q_c / K_c \tag{C.3.2}$$

式中：S_Q——拉伸荷载效应（重力荷载、风荷载、地震作用和温度作用）组合的设计值（N/mm）；

Q_c——隔热型材横向抗拉性能（N/mm）；

K_c——材料强度安全系数，取 2.0。

C.3.3 铝合金型材的抗弯强度，针对金属型材实际应用中的受力情况，确定金属型材的任何部分在受到可能的最不利荷载组合时，应满足本标准第 10、13、14 章要求。

C.3.4 隔热铝合金型材隔热条在承受风荷载及温度变化引起的剪切力时应满足下列要求：

$$S_Q \leqslant T_c / K_c \tag{C.3.4}$$

式中：S_Q——最不利组合时的剪切力设计值（N/mm）；

T_c——隔热型材纵向抗剪强度性能（N/mm）；

K_c——材料强度安全系数，取 2.0。

C.4 隔热铝合金型材的挠度

C.4.1 应根据 C.1.6 条及外部荷载变化和隔热铝合金型材的截面特征验算隔热铝合金型材的挠度变形。

C.4.2 穿条式隔热铝合金型材的铝合金与隔热条复合后的组合弹性值 c，应依据铝合金型材与隔热条的断面组合，通过实际检测获得。

C.4.3 隔热型材的截面抗弯模量 W、穿条式隔热型材的等效惯性矩 I_{ef} 等截面参数可参照《铝合金型材截面几何参数算法及计算机程序要求》YS/T 437 计算方法计算得出。

C.4.4 隔热铝合金型材挠度按本标准第 10、13、14 章规定应满足下列要求：

$$d_t \leqslant d_{t,lim} \quad (C.4.4)$$

式中：d_t——隔热铝合金型材在各种荷载标准值作用下产生的挠度值（mm）；

$d_{t,lim}$——构件挠度限值（mm）。

C.5 穿条式隔热铝合金型材截面几何参数及强度计算方法

C.5.1 根据铝合金型材(如图 C.5.1 所示的穿条式隔热铝合金型材 1 区、2 区)与隔料材料的组合形式计算穿条式隔热铝合金型材的截面几何参数,并参照《铝合金型材截面几何参数算法及计算机程序要求》YS/T 437 计算其他组合截面的几何参数。

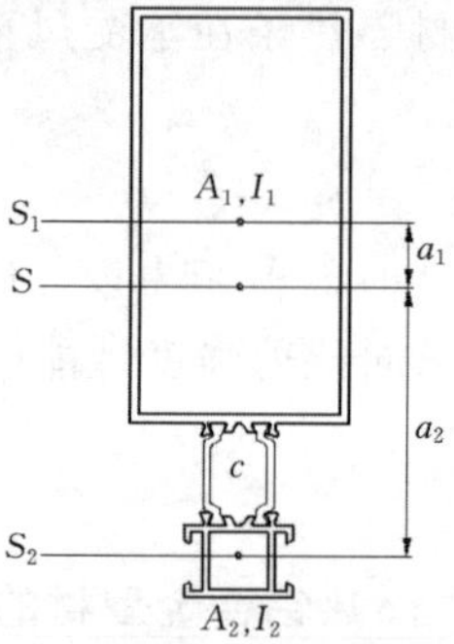

A_1—铝型材 1 区的截面积(主截面)；A_2—铝型材 2 区的截面积(次截面)；

S_1—铝型材 1 区的形心；S_2——铝型材 2 区的形心；S—隔热铝合金型材的形心；

I_1—1 区型材惯性矩；I_2—2 区型材惯性矩；a_1—1 区形心到隔热铝合金型材形心的距离；

a_2—2 区形心到隔热铝合金型材形心的距离

图 C.5.1 穿条式隔热铝合金型材截面

C.5.2 穿条式隔热铝合金型材的等效惯性矩 I_{ef} 按下列公式计算：

$$I_{ef}=\frac{I_s(1-\nu)}{1-\nu\beta} \tag{C.5.2-1}$$

$$I_s=I_1+I_2+A_1a_1^2+A_2a_2^2 \tag{C.5.2-2}$$

$$\nu=\frac{A_1a_1^2+A_2a_2^2}{I_s} \tag{C.5.2-3}$$

$$\beta=\frac{\lambda^2}{\pi^2+\lambda^2} \tag{C.5.2-4}$$

$$\lambda^2=\frac{ca^2L^2}{(EI_s)\nu(1-\nu)} \tag{C.5.2-5}$$

$$c=\frac{\Delta F}{\Delta\delta\cdot l} \tag{C.5.2-6}$$

式中：I_s——刚性惯性矩；

ν——作用参数；

β——组合参数；

λ——几何形状参数；

L——隔热型材的承载间距(横梁或立柱的计算跨度，单位mm)；

a——1 区形心与 2 区形心间距(mm)；

E——铝合金的弹性模量，取 $E=70000\text{N/mm}^2$；

c——组合弹性值(又称弹性常数)；

ΔF——在常温 20℃环境条件下的纵向抗剪试验中，负荷-位移曲线上弹性变形范围内的纵向剪切力增量(N)；

$\Delta\delta$——负荷-位移曲线上弹性变形范围内与纵向剪切力增量相对应的(两侧铝合金型材的)位移增量(mm)；

l——试样长度(mm)。

C.5.3 穿条式隔热铝合金型材等效惯性矩 I_{ef} 的简易计算方法见公式(C.5.3)。

$$I_{ef}=\mu \cdot I_s \tag{C.5.3}$$

式中：μ——等效惯性矩相对于刚性惯性矩的折减系数；

I_s——刚性惯性矩。

折减系数 μ 根据隔热铝合金型材的截面形状、承载间距、弹性常数 c、隔热材料截面高度等参数(图 C.5.3)，查表 C.5.3-1 和表 C.5.3-2 取值。

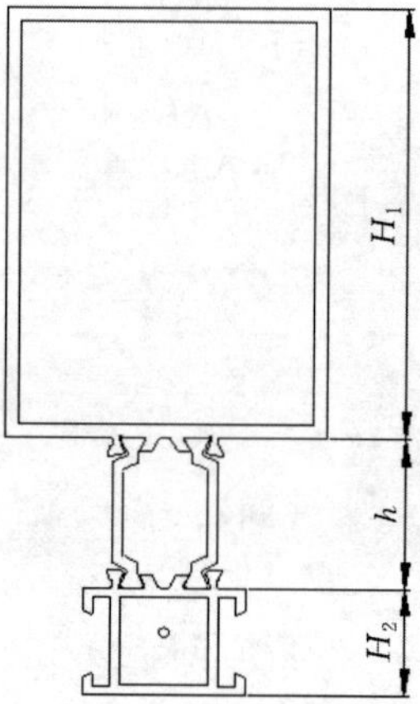

图 C.5.3 穿条式隔热型材截面参数

表 C.5.3-1 惯性矩折减系数 μ 取值（弹性常数 $c=50N/mm^2$）

隔热材料截面高度 h	隔热型材承载间距 L	大铝材与小铝材截面高度比值 $H_1:H_2$						
		1∶1	2∶1	3∶1	4∶1	5∶1	6∶1	7∶1
$h=H_2$	1.5m	0.62	0.67	0.72	0.75	0.77	0.79	0.80
	2m	0.74	0.77	0.80	0.82	0.83	0.85	0.86
	2.5m	0.81	0.83	0.85	0.87	0.88	0.89	0.89
	3m	0.86	0.87	0.89	0.90	0.91	0.91	0.92
	3.5m	0.89	0.90	0.91	0.92	0.93	0.93	0.94
	4m	0.91	0.92	0.93	0.94	0.94	0.95	0.95
	4.5m	0.93	0.94	0.94	0.95	0.95	0.96	0.96
$h=1.5H_2$	1.5m	0.60	0.64	0.69	0.72	0.74	0.77	0.78
	2m	0.72	0.75	0.78	0.80	0.82	0.83	0.84
	2.5m	0.80	0.82	0.84	0.85	0.86	0.88	0.88
	3m	0.85	0.86	0.88	0.89	0.90	0.91	0.91
	3.5m	0.88	0.89	0.90	0.91	0.92	0.93	0.93
	4m	0.91	0.92	0.92	0.93	0.94	0.94	0.95
	4.5m	0.93	0.93	0.94	0.94	0.95	0.95	0.96
$h=2H_2$	1.5m	0.58	0.61	0.65	0.68	0.71	0.74	0.76
	2m	0.71	0.73	0.75	0.77	0.79	0.81	0.82
	2.5m	0.79	0.80	0.82	0.83	0.85	0.86	0.87
	3m	0.84	0.85	0.86	0.87	0.88	0.89	0.90
	3.5m	0.88	0.88	0.89	0.90	0.91	0.92	0.92
	4m	0.90	0.91	0.92	0.92	0.93	0.93	0.94
	4.5m	0.92	0.93	0.93	0.94	0.94	0.95	0.95

表 C.5.3-2　惯性矩折减系数 μ 取值（弹性常数 $c=80N/mm^2$）

隔热材料截面高度 h	隔热型材承载间距 L	大铝材与小铝材截面高度比值 $H_1:H_2$						
		1∶1	2∶1	3∶1	4∶1	5∶1	6∶1	7∶1
$h=H_2$	1.5m	0.72	0.75	0.78	0.81	0.82	0.84	0.85
	2m	0.81	0.83	0.85	0.87	0.88	0.89	0.90
	2.5m	0.87	0.88	0.90	0.91	0.92	0.92	0.93
	3m	0.90	0.92	0.92	0.93	0.94	0.94	0.95
	3.5m	0.93	0.94	0.94	0.95	0.95	0.96	0.96
	4m	0.94	0.95	0.96	0.96	0.96	0.97	0.97
	4.5m	0.95	0.96	0.96	0.97	0.97	0.97	0.97
$h=1.5H_2$	1.5m	0.70	0.73	0.76	0.78	0.80	0.82	0.83
	2m	0.80	0.82	0.84	0.85	0.87	0.88	0.89
	2.5m	0.86	0.87	0.89	0.90	0.91	0.91	0.92
	3m	0.90	0.91	0.92	0.92	0.93	0.94	0.94
	3.5m	0.92	0.93	0.94	0.94	0.95	0.95	0.95
	4m	0.94	0.94	0.95	0.95	0.96	0.96	0.96
	4.5m	0.95	0.96	0.96	0.96	0.97	0.97	0.97
$h=2H_2$	1.5m	0.68	0.71	0.73	0.76	0.78	0.80	0.81
	2m	0.79	0.80	0.82	0.84	0.85	0.86	0.87
	2.5m	0.85	0.86	0.87	0.88	0.89	0.90	0.91
	3m	0.89	0.90	0.91	0.91	0.92	0.93	0.93
	3.5m	0.92	0.92	0.93	0.94	0.94	0.94	0.95
	4m	0.94	0.94	0.94	0.95	0.95	0.96	0.96
	4.5m	0.95	0.95	0.96	0.96	0.96	0.97	0.97

附录 D 预埋件及后置埋件设计与构造

D.1 一般规定

D.1.1 本附录主要描述用于幕墙、幕墙钢结构的预埋件和后置埋件的设计与构造要求，其中预埋件包括平板预埋件、槽式预埋件、板槽预埋件三部分内容。

D.1.2 预埋件和后置埋件，除了锚筋和不锈钢制品外，表面应热浸镀锌处理。镀锌厚度应符合《金属覆盖层　钢铁制件热镀锌层技术要求及试验方法》GB/T 13912 规定。

D.1.3 预埋件和后置埋件的使用年限应与建筑主体结构一致，不宜低于 50 年。

D.1.4 混凝土基材应坚实能承担被连接件的锚固和全部附加荷载。基材混凝土强度等级不应低于 C20，且不得高于 C60。安全等级为一级的后锚固连接，其基材混凝土强度等级不应低于 C30。

D.1.5 槽式埋件应有检测机构出具的产品检测报告。

D.2 平板预埋件设计与构造

D.2.1 平板预埋件的锚板宜采用 Q235B、Q345B 级钢，锚板厚度宜根据其受力和加劲肋设置情况按计算确定，不宜小于锚筋直径的 0.6 倍。受拉和受弯平板预埋件的锚板厚度宜大于 $b/8$，b 为锚筋的间距。锚板长宽尺寸宜大于被连接构件至少 50mm，以便调节和容差。

D.2.2 平板预埋件的锚筋应采用 HRB400 或 HPB300 级钢筋，严禁采用冷加工钢筋。受剪平板预埋件的直锚筋可采用 2 根，其他受力直锚筋不宜少于4根，且不宜多于4排；锚筋直径不宜小于8mm，且不宜大于25mm。平板预埋件的锚筋应放置在构件的外排主筋的内侧。

D.2.3 直锚筋与锚板应采用T型焊接。

1 直锚筋与锚板的焊接宜采用穿孔塞焊。对HPB300级钢筋宜采用E43型焊条，对HRB400级钢筋宜采用E55型焊条。当锚筋直径不大于20mm时，可采用压力埋弧焊或手工焊。压力埋弧焊宜采用HJ431型焊剂或其他性能相近的焊剂。

2 采用手工焊时，焊缝高度不宜小于6mm，且对HPB300级钢筋焊缝高度不宜小于0.5d，宜采用E43型焊条；对HRB400级钢筋焊缝高度不宜小于0.6d，宜采用E55型焊条。d为锚筋直径。

D.2.4 由锚板和对称配置的直锚筋所组成的受力平板预埋件（图D.2.4），其锚筋的总截面面积A_s应符合下列规定：

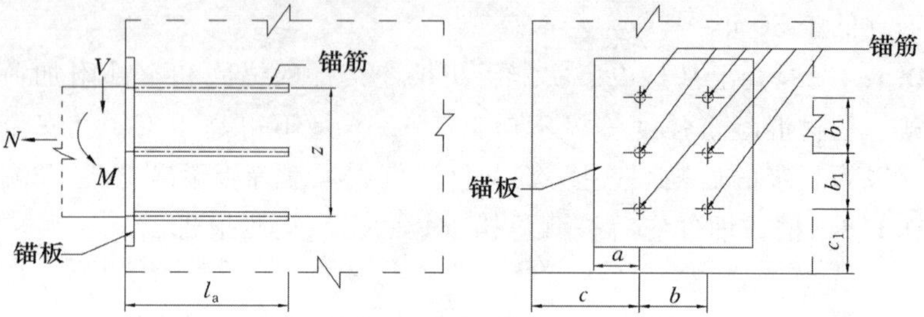

图D.2.4 锚板和直锚筋组成的平板预埋件

1 有剪力、法向拉力和弯矩共同作用时，应分别按公式(D.2.4-1)和(D.2.4-2)计算，并取二者的较大值：

$$A_s \geqslant \frac{V}{\alpha_r \alpha_v f_y} + \frac{N}{0.8\alpha_b f_y} + \frac{M}{1.3\alpha_r \alpha_b f_y z} \qquad (D.2.4\text{-}1)$$

$$A_s \geqslant \frac{N}{0.8\alpha_b f_y} + \frac{M}{0.4\alpha_r \alpha_b f_y z} \qquad (D.2.4\text{-}2)$$

2 有剪力、法向压力和弯矩共同作用时，应分别按公式

(D. 2. 4-3)和(D. 2. 4-4)计算，并取二者的较大值：

$$A_s \geqslant \frac{V-0.3N}{\alpha_r \alpha_v f_y} + \frac{M-0.4Nz}{1.3\alpha_r \alpha_b f_y z} \tag{D. 2. 4-3}$$

$$A_s \geqslant \frac{M-0.4Nz}{0.4\alpha_r \alpha_b f_y z} \tag{D. 2. 4-4}$$

$$\alpha_v = (4.0-0.08d)\sqrt{\frac{f_c}{f_y}} \tag{D. 2. 4-5}$$

$$\alpha_b = 0.6+0.25\frac{t}{d} \tag{D. 2. 4-6}$$

式中：V——剪力设计值(N)；

N——法向拉力或法向压力设计值(N)，当为法向压力设计值时不应大于 $0.5f_cA$，A 为锚板的面积(mm^2)；

M——弯矩设计值(N·mm)，M 小于 $0.4Nz$ 时取 M 等于 $0.4Nz$；

α_r——钢筋层数影响系数(锚筋等间距配置时，两层取 1.0，三层取 0.9，四层取 0.85)；

α_v——锚筋抗剪承载力系数，α_v 大于 0.7 时取 0.7；

α_b——锚板弯曲变形折减系数，当采取防止锚板弯曲变形的措施时，可取 α_b 等于 1.0；

d——锚筋直径(mm)；

t——锚板厚度(mm)；

z——沿剪力作用方向最外层锚筋中心线之间的距离(mm)；

f_c——混凝土轴心抗压强度设计值(N/mm^2)，按《混凝土结构设计规范》GB 50010 规定采用；

f_y——钢筋抗拉强度设计值(N/mm^2)，按《混凝土结构设计规范》GB 50010 规定采用，但不应大于 $300N/mm^2$。

3 有双向剪力、拉(压)力和双向弯矩共同作用时，可将另一方向剪力和弯矩需要的锚筋面积叠加到公式(D. 2. 4-1)～(D. 2. 4-4)中；但对于公式(D. 2. 4-3)和(D. 2. 4-4)，应将 N 用

0.5N代替。α_r 和 z 对于两个方向取不同值。

4 有比较大的扭矩作用时，应按照锚筋的布置计算锚筋的最大剪力，由此得出剪力最大的锚筋的附加面积，乘以锚筋的总颗数叠加到 A_s 中。

D.2.5 受拉直锚筋和弯折锚筋的锚固长度应符合下列要求：

1 受拉直锚筋的基本锚固长度应按下式计算：

$$l_{ab}=\alpha\frac{f_y}{f_t}d \tag{D.2.5-1}$$

式中：l_{ab}——受拉钢筋基本锚固长度(mm)；

f_y——钢筋抗拉强度设计值(N/mm^2)，见公式(D.2.4-5)；

f_t——混凝土轴心抗拉强度设计值，按《混凝土结构设计规范》GB 50010 规定取用，混凝土强度等级高于 C40 时按 C40 取值；

d——锚筋公称直径(mm)；

α——锚筋的外形系数，光圆钢筋取 0.16，带肋钢筋取 0.14。

2 锚筋的锚固长度可按下式折减，且不应小于 15d：

$$l_a=\zeta_a l_{ab} \tag{D.2.5-2}$$

式中：l_a——受拉钢筋锚固长度(mm)；

l_{ab}——受拉钢筋基本锚固长度(mm)，按公式(D.2.5-1)计算；

ζ_a——锚固长度修正系数。锚筋的实际配筋面积大于其设计计算面积时，修正系数取设计计算面积与实际配筋面积的比值。有抗震设防要求的结构构件不考虑此修正项。

3 锚筋末端采用弯钩或机械锚固措施时，包括弯钩和锚固端头在内的锚固长度(投影长度)可取基本锚固长度 l_{ab} 的 60%，弯钩和机械锚固的形式和技术要求应符合《混凝土结构设计规范》GB 50010 规定。如果此款锚固长度大于第 2 款规定，可按第 2 款取值。

4 抗震设计的幕墙，钢筋锚固长度应按照计算锚固长度放大 1.1 倍采用，且不得小于 200mm。

D.2.6 受剪和受压直锚筋的锚固长度不应小于 15 倍锚固钢筋直径。除受压直锚筋外，当采用 HPB300 级钢筋时，钢筋末端应作 180°弯钩，弯钩平直段长度不应小于 3 倍的锚筋直径，此弯钩不属于机械锚固措施。

D.2.7 当锚筋配置较多，锚筋总截面面积超过按本标准 D.2.4 条计算的截面面积的 1.4 倍时，锚固长度可适当减少，但不应小于 180mm。

D.2.8 锚筋中心至锚板边缘的距离 a 不应小于锚筋直径的 2 倍且不小于 20mm（图 D.2.4）。

对受拉和受弯预埋件，其钢筋的间距 b、b_1 和锚筋至构件边缘的距离 c、c_1 均不应小于锚筋直径的 3 倍且不小于 45mm（图 D.2.4）。

对受剪预埋件，其锚筋的间距 b、b_1 均不应大于 300mm，b_1 不应小于锚筋直径的 6 倍且不小于 70mm；锚筋至构件边缘的距离 c_1 不应小于锚筋直径的 6 倍且不小于 70mm。锚筋的间距 b、锚筋至构件边缘的距离 c，均不应小于锚筋直径的 3 倍且不小于 45mm（图 D.2.4）。

D.2.9 混凝土厚度不能满足锚筋的锚固长度要求时，可采用两侧都有埋板的对穿埋件。但应保证设计内力不超过混凝土的冲切承载力。

D.3 槽式预埋件设计与构造

D.3.1 槽式预埋件设计采用以概率理论为基础的极限状态设计方法，用承载力分项系数的设计表达式进行设计。

D.3.2 槽式预埋件设计承载力应按下列设计表达式验算所有可能的失效模式：

$$S \leqslant R_d \quad （无地震作用组合） \tag{D.3.2-1}$$

$$S \leqslant k \cdot R_d \quad （有地震作用组合） \tag{D.3.2-2}$$

$$R_d = R_k / \gamma_R \tag{D.3.2-3}$$

式中：S——承载能力极限状态下，槽式预埋件上作用组合的效应设计值，在本节各条中，S 用内力设计值（N_{Ed}，V_{Ed}）表示；

R_d——槽式预埋件承载力设计值；

R_k——槽式预埋件承载力标准值；

γ_R——槽式预埋件承载力分项系数，按 D.3.11 条取值；

k——地震作用下承载力降低系数。当地震作用效应不大于荷载效应组合值 S 的 20%时，k 值可取 1.0。当地震作用效应大于荷载效应组合值 S 的 20%时，宜根据试验或认证报告确定。

D.3.3 需要考虑平行于槽体长度方向剪力时，不应仅依靠 T 型螺栓与钢槽卷边之间的摩擦力来抗剪，螺栓应焊接定位或采用其他防滑移措施。

D.3.4 承载力标准值由产品型式检验报告或认证报告提供，测试方法可按照国家与行业相关标准执行。

D.3.5 槽式预埋件各部件示意见图 D.3.5。$h_{ch}/h_{ef} \leqslant 0.4$ 且 $b_{ch}/h_{ef} \leqslant 0.7$时，槽式预埋件的有效埋置深度可按图 D.3.5(a)取 h_{ef}；不满足上述条件时，槽式预埋件的有效埋置深度按图 D.3.5(b)取 h_{ef}^*。

I 内力计算

D.3.6 槽式预埋件受拉内力计算：

1 位于槽式预埋件任意位置的 T 型螺栓受拉时，槽式预埋件各锚筋的受力可沿集中力影响范围线性分配，每根锚筋所受拉力可按式(D.3.6)计算。当槽式预埋件受多处集中力时，锚筋所受拉力等于各集中力的线性分布力叠加值。若钢槽上集中受力

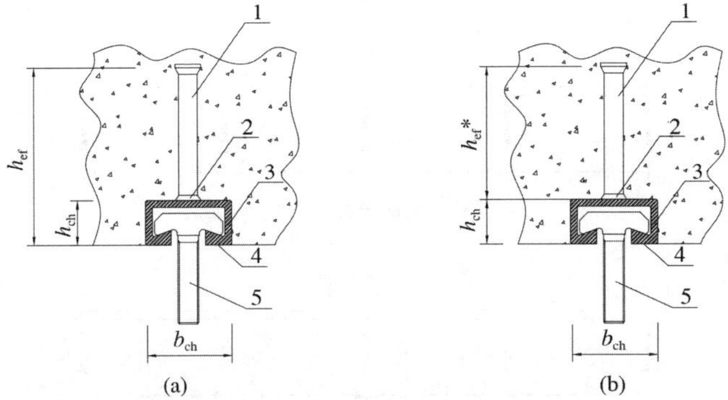

1—锚筋(锚腿);2—锚筋与槽体连接处;

3—槽体(又称钢槽);4—槽体卷边;5—T 型螺栓

b_{ch}—槽体宽度;h_{ch}—槽体高度;$h_{ef}^*=h_{ef}-h_{ch}$

图 D.3.5 槽式预埋件各部件示意图

的位置未知或可调,应根据不同破坏模式假定受力位置为最不利时对其进行验算。

$$N_{Ed,i}^{a}=k\cdot A_i'\cdot N_{Ed}^{cb} \tag{D.3.6}$$

式中:$N_{Ed,i}^{a}$——锚筋 i 受到的拉力设计值;

N_{Ed}^{cb}——槽式预埋件受到的拉力设计值,参见图 D.3.6;

A_i'——以荷载 N_{Ed}^{cb} 为高度单位 1.0,与其影响长度 $2l_i$ 形成一个三角形,锚筋 i 在该三角形内的高度或纵坐标值(mm);

k——荷载三角形内各 A_i' 总和的倒数,按 D.3.7 条计算。

图 D.3.6 中,l_i 为拉力作用对槽式预埋件的影响长度,可按 D.3.8 条计算。

2 位于槽式预埋件任意位置的 T 型螺栓受拉时,槽式预埋件会产生整体受弯,该弯矩设计值 M_{Ed}^{cb},可假定槽式预埋件是以锚筋为支点的简支梁进行计算。

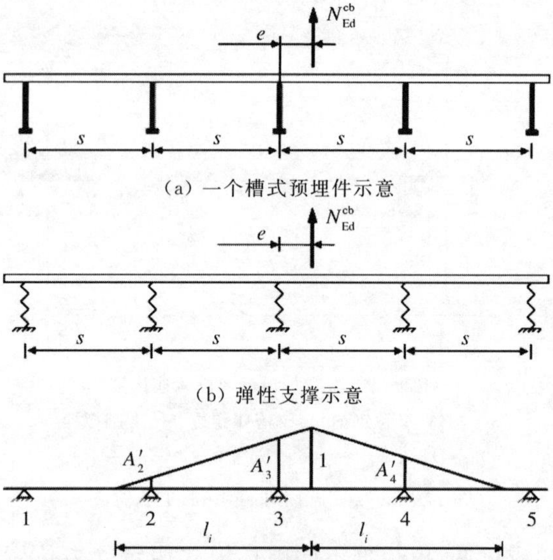

(a) 一个槽式预埋件示意

(b) 弹性支撑示意

(c) 荷载三角形分配计算方法

$A_2'=\frac{l_i-e-s}{l_i}$；$A_3'=\frac{l_i-e}{l_i}$；$A_4'=\frac{l_i-s+e}{l_i}$

$N_{Ed,2}^{a}=A_2'\cdot k\cdot N_{Ed}^{cb}$；$N_{Ed,3}^{a}=A_3'\cdot k\cdot N_{Ed}^{cb}$；$N_{Ed,4}^{a}=A_4'\cdot k\cdot N_{Ed}^{cb}$；$N_{Ed,1}^{a}=N_{Ed,5}^{a}=0$

图 D.3.6　槽式预埋件锚筋受力计算示意图

D.3.7　槽式预埋件受拉内力计算时，荷载三角形内各 A_i' 总和的倒数 k 可按下式计算：

$$k=\frac{1}{\sum_{1}^{n}A_i'} \qquad \text{(D.3.7)}$$

式中：n——拉力 N_{Ed}^{cb} 影响长度内的锚筋数量；

A_i'——见 D.3.6 条。

D.3.8　槽式预埋件受拉内力计算时，拉力作用对槽式预埋件的影响长度 l_i 可按下式计算：

$$l_i=13\cdot I_y^{0.05}\cdot s^{0.5}\geqslant s \qquad \text{(D.3.8)}$$

式中：I_y——钢槽截面惯性矩（mm^4），由相关产品型式检验报告或认证报告提供；

s——锚筋间距(mm)，见图 D.3.6。

D.3.9 槽式预埋件受剪力时的内力计算：

1 槽式预埋件受垂直于钢槽长度方向的剪力 $V_{Ed,y}$ 时，其内力可按照 D.3.6 条进行计算。

2 槽式预埋件受平行于钢槽长度方向的剪力 $V_{Ed,x}$ 时，仅由受力方向尾部的三根锚筋平均承担荷载，即尾部三根锚筋的力值均为 $V_{Ed,x}/3$；锚筋数量不大于 3 时，可将剪力 $V_{Ed,x}$ 平均分配到各锚筋上。

D.3.10 下列两个条件同时满足时，作用于钢槽的剪力可以认定为没有杠杆臂的纯剪切状态，否则应按照有杠杆臂受剪进行计算(图 D.3.10)。

1 被连接件材质为钢或铝合金，在其厚度范围内与 T 型螺栓全接触。

2 被连接件与混凝土基材直接接触。

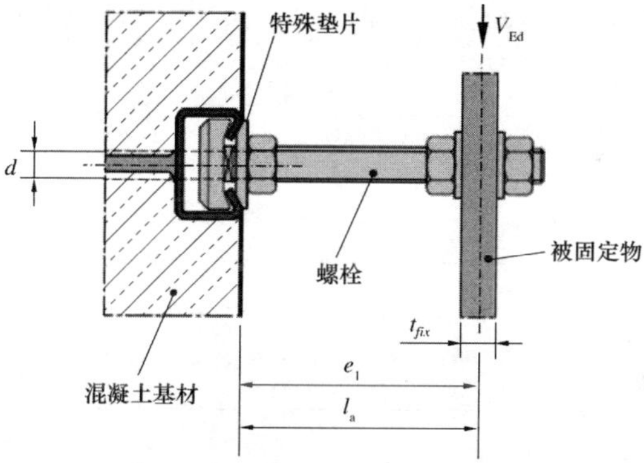

图 D.3.10 杠杆力臂长度示意图

Ⅱ 承载能力极限状态计算

D.3.11 槽式预埋组件设计，应分别对拉力和剪力引起的槽式预埋件及混凝土结构强度进行校核，并验算拉剪复合作用。

1 槽式预埋件应按照表 D.3.11-1 计算受拉承载力。

表 D.3.11-1 拉力作用下槽式预埋件的验算项目

	失效模式		钢槽	最不利的锚筋或螺栓	示意图
1	钢材破坏	锚筋受拉		$N_{\mathrm{Ed}}^{\mathrm{a}}\leqslant N_{\mathrm{Rd,s,a}}$ $=N_{\mathrm{Rk,s,a}}/\gamma_{\mathrm{Ms}}$	
2		锚筋与钢槽连接处受拉		$N_{\mathrm{Ed}}^{\mathrm{a}}\leqslant N_{\mathrm{Rd,s,c}}$ $=N_{\mathrm{Rk,s,c}}/\gamma_{\mathrm{Ms,ca}}$	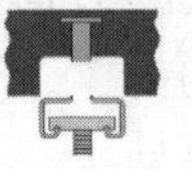
3		钢槽卷边受拉破坏(验算螺栓受力最大者)	$N_{\mathrm{Ed}}^{\mathrm{cb}}\leqslant N_{\mathrm{Rd,s,l}}$ $=N_{\mathrm{Rk,s,l}}/\gamma_{\mathrm{Ms,l}}$		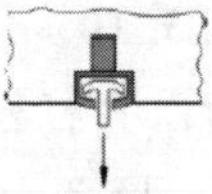
4		螺栓受拉		$N_{\mathrm{Ed}}^{\mathrm{cb}}\leqslant N_{\mathrm{Rd,s}}$ $=N_{\mathrm{Rk,s}}/\gamma_{\mathrm{Ms}}$	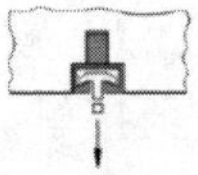
5		钢槽整体受拉弯曲破坏	$N_{\mathrm{Ed}}^{\mathrm{ch}}\leqslant M_{\mathrm{Rd,s,flex}}$ $=M_{\mathrm{Rk,s,flex}}/\gamma_{\mathrm{Ms,flex}}$		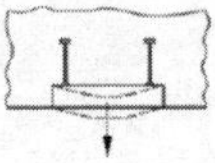
6	锚筋受拉拔出破坏			$N_{\mathrm{Ed}}^{\mathrm{a}}\leqslant N_{\mathrm{Rd,p}}$ $=N_{\mathrm{Rk,p}}/\gamma_{\mathrm{Mp}}$	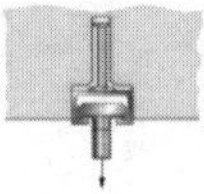
7	混凝土锥体破坏(不满足要求时,可考虑设置抗拉附加钢筋)			$N_{\mathrm{Ed}}^{\mathrm{a}}\leqslant N_{\mathrm{Rd,c}}$ $=N_{\mathrm{Rk,c}}/\gamma_{\mathrm{Mc}}$	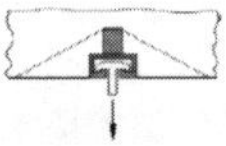
8	混凝土劈裂破坏			$N_{\mathrm{Ed}}^{\mathrm{a}}\leqslant N_{\mathrm{Rd,sp}}$ $=N_{\mathrm{Rk,sp}}/\gamma_{\mathrm{Msp}}$	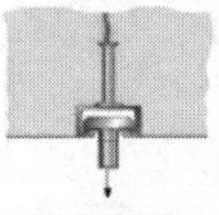
9	混凝土受拉边缘剥落破坏			$N_{\mathrm{Ed}}^{\mathrm{a}}\leqslant N_{\mathrm{Rd,cb}}$ $=N_{\mathrm{Rk,cb}}/\gamma_{\mathrm{Mc}}$	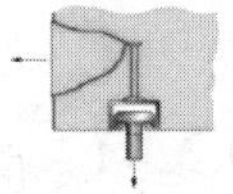

2 槽式预埋件应按照表 D.3.11-2 计算受剪承载力。

表 D.3.11-2 剪力作用下槽式预埋件的验算项目

	失效模式		钢槽	最不利的锚筋或螺栓	示意图
1	钢材破坏（无杠杆臂）	螺栓受剪		$V_{Ed}^{cb} \leqslant V_{Rd,s} = V_{Rk,s}/\gamma_{Ms}$	
2		锚筋受剪		$V_{Ed}^{a} \leqslant V_{Rd,s,a} = V_{Rk,s,a}/\gamma_{Ms}$	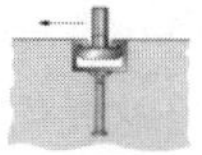
3		锚筋与钢槽连接处受剪		$V_{Ed}^{a} \leqslant V_{Rd,s,c} = V_{Rk,s,c}/\gamma_{Ms,ca}$	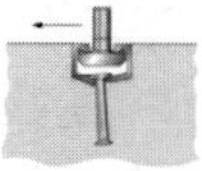
4		钢槽卷边受剪破坏	$V_{Ed}^{cb} \leqslant V_{Rd,s,l} = V_{Rk,s,l}/\gamma_{Ms,l}$		
5	钢材破坏（有杠杆臂）	螺栓受剪		$V_{Ed}^{cb} \leqslant V_{Rd,s,M} = V_{Rk,s,M}/\gamma_{Ms}$	
6	混凝土剪撬破坏			$V_{Ed}^{a} \leqslant V_{Rd,cp} = V_{Rk,cp}/\gamma_{Mc}$	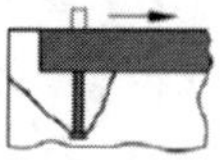
7	混凝土边缘破坏（不满足要求时，可考虑加密箍筋）			$V_{Ed}^{a} \leqslant V_{Rd,c} = V_{Rk,c}/\gamma_{Mc}$	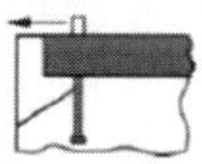

3 槽式预埋件与混凝土结构锚固连接的承载力分项系数，应按照表 D.3.11-3 采用。

表 D.3.11-3 槽式预埋件设计的承载力分项系数

破坏模式	分项系数代号	分项系数
槽式预埋件钢材破坏		
1 锚筋受拉、螺栓受拉	γ_{Ms}	1.5
2 锚筋受剪，螺栓受剪(有杠杆臂、无杠杆臂)	γ_{Ms}	1.25
3 锚筋与钢槽连接处受拉、受剪	$\gamma_{Ms,ca}$	1.8
4 钢槽卷边受拉、受剪	$\gamma_{Ms,l}$	1.8
5 钢槽整体受拉弯曲	$\gamma_{Ms,flex}$	1.15
混凝土破坏		
6 混凝土受拉锥体破坏、混凝土受拉边缘破坏、混凝土受剪边缘破坏、混凝土受剪剪撬破坏	γ_{Mc}	1.5
7 混凝土劈裂破坏	γ_{Msp}	1.5
锚筋受拉拔出破坏		
8 锚筋受拉拔出破坏	γ_{Mp}	1.5

D.3.12 槽式预埋件受拉钢材破坏：

1 锚筋的钢材破坏受拉承载力标准值 $N_{Rk,s,a}$ 按产品认证报告取值；若无认证报告，应经检测确定。$N_{Rk,s,a}$ 不应大于 $A_S \cdot f_{yk}$，其中 A_S 为锚筋受拉应力截面面积，f_{yk} 为锚筋屈服强度标准值。

2 锚筋与钢槽连接处钢材破坏受拉承载力标准值 $N_{Rk,s,c}$ 按产品认证报告取值；若无认证报告，应经检测确定。

3 钢槽卷边钢材破坏受拉承载力标准值 $N_{Rk,s,l}$ 按产品认证报告取值；若无认证报告，应经检测确定。设计时应保证相邻 T 型螺栓的轴心间距 $S_{chb} \geqslant 2 \cdot b_{ch}$（$b_{ch}$ 为槽式预埋件宽度，S_{chb} 为相邻 T 型螺栓轴心间距)，否则该承载力标准值应乘以折减系数：

$$0.5 \cdot \left(1+\frac{S_{chb}}{2 \cdot b_{ch}}\right) \leqslant 1.0$$

4 T 型螺栓的钢材破坏受拉承载力标准值 $N_{Rk,s}$ 按产品认证报告取值；若无认证报告，应经检测确定。$N_{Rk,s}$ 不得大于

$A_S \cdot f_{yk}$，其中 A_S 为 T 型螺栓受拉应力截面面积，f_{yk} 为 T 型螺栓屈服强度标准值。

5 钢槽受拉弯曲钢材破坏的抗弯承载力标准值 $M_{Rk,s,flex}$ 由产品认证报告提供；若无认证报告，可按下式计算：

$$M_{Rk,s,flex}=W_{pl,y} \cdot f_{yk} \quad (D.3.12)$$

式中：$W_{pl,y}$——槽式预埋件 y 轴向的塑性截面抵抗矩，由材料供应提供；

f_{yk}——钢槽材料的屈服强度标准值。

D.3.13 锚筋受拉拔出破坏承载力标准值可按下式计算：

$$N_{Rk,p}=k_2 \cdot f_{cu,k} \cdot A_h \quad (D.3.13)$$

式中：k_2——取 6.0（开裂混凝土），或取 8.4（非开裂混凝土）；

A_h——锚筋端部受力面积（mm^2），锚筋端部为圆头时，$A_h=\frac{\pi}{4} \cdot (d_h^2-d_a^2)$，$d_a$ 为锚筋平直段直径，d_h 为锚筋端部圆头直径，其中 d_h 不应大于（$6t_h+d_a$），t_h 为锚筋端部圆头的厚度（参考图 D.3.5）；

$f_{cu,k}$——混凝土立方体抗压强度标准值（N/mm^2）。

D.3.14 混凝土锥体破坏受拉承载力标准值计算：

单根锚筋发生混凝土锥体破坏受拉承载力标准值可按下式计算：

$$N_{Rk,c}=N_{Rk,c}^0 \cdot \Psi_{ch,s,N} \cdot \Psi_{ch,e,N} \cdot \Psi_{ch,c,N} \cdot \Psi_{re,N} \quad (D.3.14)$$

式中：$N_{Rk,c}^0$——单根锚筋受拉时，混凝土理想锥体破坏的受拉承载力标准值（N），可按 D.3.15 条计算；

$\Psi_{ch,s,N}$——相邻锚筋间距影响系数，可按 D.3.16 条计算；

$\Psi_{ch,e,N}$——混凝土基材边缘距离影响系数，可按 D.3.17 条计算；

$\Psi_{ch,c,N}$——混凝土基材边角影响系数，可按 D.3.18 条计算；

$\Psi_{Re,N}$——表层混凝土因密集配筋的剥离作用对受拉承载力的影响系数，可按 D.3.19 条计算。

D.3.15 槽式预埋件单根锚筋受拉时，混凝土理想锥体破坏的受拉承载力标准值可按下式计算：

$$N_{Rk,c}^{0}=k_1\cdot\sqrt{f_{cu,k}}\cdot h_{ef}^{1.5} \qquad (D.3.15)$$

式中：k_1——系数，开裂混凝土取 $7.9\cdot\alpha_{ch,N}$，非开裂混凝土取 $11\cdot\alpha_{ch,N}$，其中 $\alpha_{ch,N}=\left(\dfrac{h_{ef}}{180}\right)^{0.15}$ 且不大于1.0；

$f_{cu,k}$——混凝土立方体抗压强度标准值(N/mm^2)；

h_{ef}——槽式预埋件有效埋置深度。

D.3.16 相邻锚筋间距影响系数 $\Psi_{ch,s,N}$ 可按下式计算：

$$\Psi_{ch,s,N}=\frac{1}{1+\sum_{i=1}^{n}\left[\left(1-\dfrac{s_i}{s_{cr,N}}\right)^{1.5}\cdot\dfrac{N_i}{N_0}\right]}\leqslant 1.0 \qquad (D.3.16)$$

式中：s_i——相邻锚筋间的距离(mm)，见图D.3.16，其值不应大于锚筋的临界间距 $s_{cr,N}$；

$s_{cr,N}$——临界间距，可取 $s_{cr,N}=2\cdot\left(2.8-1.3\cdot\dfrac{h_{ef}}{180}\right)\cdot h_{ef}\geqslant 3h_{ef}$；

N_0——0号锚筋(进行验算的锚筋)所承受的拉力荷载(N)；

N_i——对0号锚筋有影响的单个锚筋所承受的拉力荷载(N)；

n——指定锚筋两侧临界距离($s_{cr,N}$)内的锚筋数量。

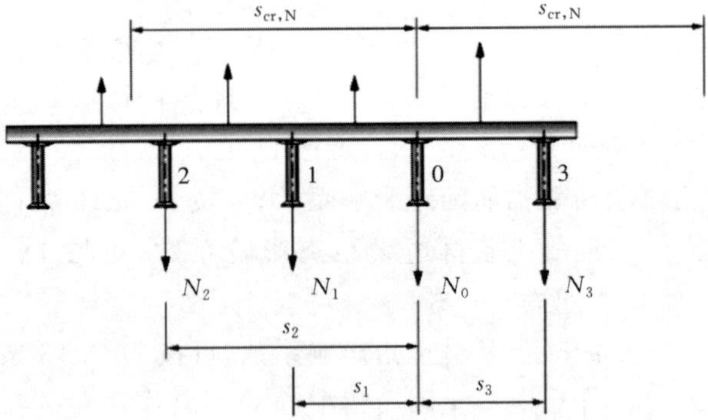

图D.3.16 槽式预埋件受拉示意图

D. 3. 17 混凝土基材边缘距离影响系数 $\Psi_{ch,e,N}$ 可按下式计算：

$$\Psi_{ch,e,N}=\left(\frac{c_1}{c_{cr,N}}\right)^{0.5}\leqslant 1.0 \tag{D. 3. 17}$$

式中：c_1——槽式预埋件的边距，见图 D. 3. 17，基材构件为狭窄构件时，取 $c_{1,1}$ 和 $c_{1,2}$ 的较小值；

$c_{cr,N}$——临界边距 $c_{cr,N}=0.5s_{cr,N}$，$s_{cr,N}$ 见 D. 3. 16 条。

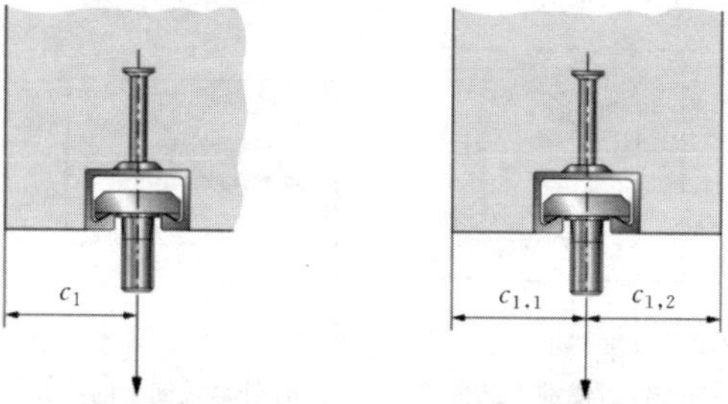

(a) 一侧为边缘　(b) 在一个狭窄构件中，两侧均为边缘

图 D. 3. 17　槽式预埋件边距示意图

D. 3. 18 混凝土基材边角影响系数 $\Psi_{ch,c,N}$ 可按下式计算；

$$\Psi_{ch,c,N}=\left(\frac{c_2}{c_{cr,N}}\right)^{0.5}\leqslant 1.0 \tag{D. 3. 18}$$

式中：c_2——所验算锚筋的边角距离，见图 D. 3. 18；

$c_{cr,N}$——临界边距 $c_{cr,N}=0.5s_{cr,N}$，$s_{cr,N}$ 见 D. 3. 16 条。

D. 3. 19 表层混凝土因密集配筋的剥离作用对受拉承载力的影响系数，可分两种情况考虑：

1 槽式预埋件有效埋深 $h_{ef}\leqslant 100$mm 时，可按式(D. 3. 19)计算。

$$\Psi_{re,N}=0.5+\frac{h_{ef}}{200}\leqslant 1.0 \tag{D. 3. 19}$$

下列情况下 $\Psi_{re,N}$ 可直接取 1.0：

1) 混凝土内箍筋间距大于 150mm；

2) 箍筋的直径不大于 10mm 且间距大于 100mm。

2 槽式预埋件的有效埋深 $h_{ef}>100$mm 时，取 $\Psi_{re,N}=1.0$。

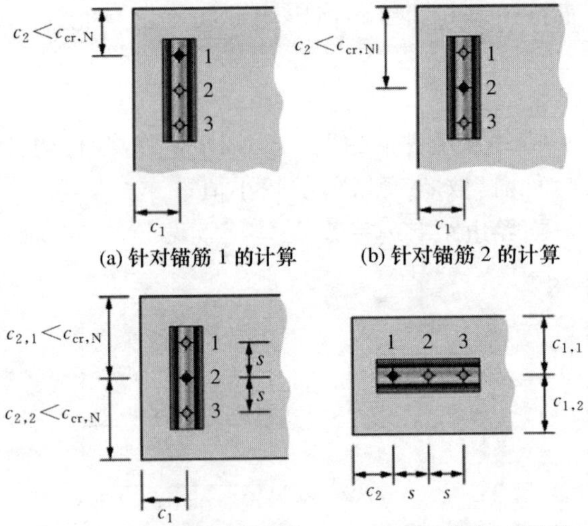

(a) 针对锚筋 1 的计算　(b) 针对锚筋 2 的计算

(c) 针对锚筋 2 的计算　(d) 针对锚筋 1 的计算

图 D. 3. 18　槽式预埋件边角距离 c_2 取值示意图

D. 3. 20　混凝土受拉劈裂破坏验算：

1　应满足最小边距 c_{min}、最小间距 s_{min}、混凝土基材最小厚度 h_{min} 和最小配筋等要求，避免安装过程中的混凝土劈裂破坏。

2　为避免荷载条件下的劈裂破坏，设计应满足下列条件之一：

1）任何方向的边距 $c \geqslant 1.2c_{cr,sp}$，且基材厚度 $h \geqslant h_{min}$。$c_{cr,sp}$ 为劈裂破坏临界边距，按产品认证报告或测试报告取值，无报告时可取 3 倍有效埋深（$c_{cr,sp} = 3h_{ef}$）。

2）计算混凝土受拉锥体破坏时，是按照开裂混凝土计算承载力的，且考虑劈裂力时基材裂缝宽度 $w_k \leqslant 0.3$mm，并设置有附加钢筋抵抗劈裂力，该附加钢筋应当在靠近每一个锚筋的地方对称设置，附加钢筋的数量可按下式计算：

$$A_{s,re} = 0.5 \cdot (N_{Ed}^{a} / f_{yk}) \cdot \gamma_{Ms,re} \qquad (D. 3. 20\text{-}1)$$

式中：$A_{s,re}$——一个锚筋边上抗劈裂附加钢筋的截面积，该槽式预埋件的每一个锚筋附近均应设置同样数量的附加钢筋；

N_{Ed}^{a}——槽式预埋件中受拉力最大的锚筋所承受的拉力；

f_{yk}——附加钢筋的屈服强度标准值；

$\gamma_{Ms,re}$——分项系数，可取 1.15。

3 不满足上述条件时，混凝土劈裂破坏承载力标准值应按下式计算：

$$N_{Rk,sp}=N_{Rk}^{0}\cdot\Psi_{ch,s,N}\cdot\Psi_{ch,e,N}\cdot\Psi_{ch,c,N}\cdot\Psi_{re,N}\cdot\Psi_{h,sp} \tag{D.3.20-2}$$

$$N_{Rk}^{0}=\min\{N_{Rk,p};N_{Rk,c}^{0}\} \tag{D.3.20-3}$$

$$\Psi_{h,sp}=(h/h_{min})^{2/3} \tag{D.3.20-4}$$

式中：$N_{Rk,p}$——拔出破坏承载力标准值，按 D.3.13 条计算；

$N_{Rk,c}^{0}$——混凝土受拉锥体破坏力标准值，按 D.3.15 条计算；

$\Psi_{h,sp}$——基材厚度影响系数，可按公式（D.3.20-4）计算，$\Psi_{h,sp}$不应大于 $\max\left\{1;\left(\frac{h_{ef}+c_{cr,N}}{h_{min}}\right)^{2/3}\right\}$，且不大于 2.0（临界边距 $c_{cr,N}$ 见 D.3.17 条）；

h——混凝土基材厚度；

h_{min}——混凝土基材最小厚度，本条验算取 $h_{min}=h_{ef}+30\text{mm}$ 或相关认证、测试报告中的 h_{min} 值。

另外，$\Psi_{ch,s,N}$、$\Psi_{ch,e,N}$、$\Psi_{ch,c,N}$、$\Psi_{re,N}$ 均按照 D.3.14 条相关公式计算，式中的临界边距 $c_{cr,N}$ 和临界间距 $s_{cr,N}$，应分别用 $c_{cr,sp}$ 和 $s_{cr,sp}$ 替代，其中劈裂破坏临界间距 $s_{cr,sp}=2c_{cr,sp}$。

D.3.21 混凝土受拉边缘剥落破坏验算：

1 槽式预埋件任一锚筋的任一边距不小于 $0.5h_{ef}$时，该破坏模式无需验算。

2 不满足上款要求时应作混凝土受拉边缘剥落破坏验算。混凝土受拉边缘剥落破坏承载力标准值 $N_{Rk,cb}$ 可按下式计算（当槽体垂直于混凝土基材边缘时，只需验算最靠近边缘的单个锚筋）：

$$N_{Rk,cb}=N_{Rk,cb}^{0}\cdot\Psi_{cb,s,Nb}\cdot\Psi_{cb,c,Nb}\cdot\Psi_{cb,h,Nb} \tag{D.3.21-1}$$

$$N_{Rk,cb}^{0}=k_5\cdot c_1\cdot\sqrt{f_{cu,k}}\cdot\sqrt{A_h} \tag{D.3.21-2}$$

$$\Psi_{ch,c,Nb}=\left(\frac{c_2}{c_{cr,Nb}}\right)^{0.5}\leqslant 1.0 \tag{D.3.21-3}$$

$$\Psi_{ch,h,Nb}=\frac{h_{ef}+f}{4c_1}\leqslant\frac{2c_1+f}{4c_1}\leqslant 1 \tag{D.3.21-4}$$

式中：$N_{RK,cb}^{0}$——单一锚筋的理想混凝土受拉边缘剥落破坏承载力标准值，按式(D.3.21-2)计算；

$\Psi_{ch,s,Nb}$——相邻锚筋间距影响系数，按 D.3.16 条公式计算，式中的 $s_{cr,N}$ 用 $s_{cr,Nb}=4c_1$ 替换；

$\Psi_{ch,c,Nb}$——混凝土基材边角影响系数，按公式(D.3.21-3)计算，如果一个锚筋同时受到基材两个边角的影响，见图 D.3.18(c)，应同时采用 $c_{2,1}$ 和 $c_{2,2}$ 来计算边角影响系数 $\Psi_{ch,c,Nb}$，并代入公式(D.3.21-1)中，最后取较小值；

$\Psi_{ch,h,Nb}$——基材厚度影响系数，锚筋顶端基材厚度 $f\leqslant 2c_1$ 时（见图 D.3.21），应考虑基材厚度影响系数，按公式(D.3.21-4)计算；

c_1——边距（见图 D.3.17）；

$f_{cu,k}$——混凝土立方体抗压强度标准值（N/mm^2）；

A_h——锚筋端部的受力面积（见 D.3.13 条），也可按认证报告取值；

k_5——取 7.8（开裂混凝土），或取 11.0（非开裂混凝土）；

c_2——所验算锚筋的边角距离，见图 D.3.18；

$c_{cr,Nb}$——临界边距，$c_{cr,Nb}=2c_1$；

h_{ef}——有效埋深，按图 D.3.5 取值；

f——锚筋顶端基材厚度，见图 D.3.21。

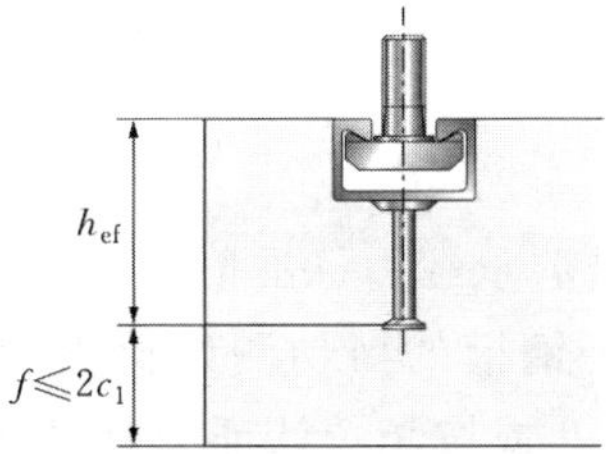

图 D.3.21　槽式埋件在较薄的混凝土基材中

D.3.22　槽式预埋件受剪钢材破坏（垂直于槽体剪力 $V_{Rk,y}$ 和平行于槽体剪力 $V_{Rk,x}$）：

1　垂直于钢槽长度方向剪力作用下，锚筋的钢材破坏受剪承载力标准值 $V_{Rk,s,a,y}$ 应按产品认证报告取值；若无认证报告，可经检测确定。平行于钢槽长度方向剪力作用下，锚筋的钢材破坏受剪承载力标准值 $V_{Rk,s,a,x}$ 应按产品认证报告或测试报告取值。以上 2 项，若无相关报告，可根据《混凝土结构后锚固技术规程》JGJ 145－2013 取 $0.5\cdot A_S\cdot f_{yk}$，其中 A_S 为锚筋受拉应力截面面积，f_{yk} 为锚筋屈服强度标准值。

2　垂直于钢槽剪力作用下，锚筋与钢槽连接处钢材破坏受剪承载力标准值 $V_{Rk,s,c,y}$，应取认证报告或相关标准中垂直于槽式预埋件的剪切测试给出的承载力标准值。平行于钢槽剪力作用下，锚筋与钢槽连接处的钢材破坏受剪承载力标准值 $V_{Rk,s,c,x}$，应按产品认证报告取值。若无相关报告，可按下式计算：

$$V_{Rk,s,c,x}=V_{Rk,s,a,x}\cdot\frac{N_{Rk,s,c}}{N_{Rk,s,a}}\leqslant V_{Rk,s,a,x}\qquad(D.3.22\text{-}1)$$

式中：$V_{Rk,s,a,x}$——按本条第 1 款取值；

$N_{Rk,s,c}$——按 D.3.12 条取值；

$N_{Rk,s,a}$——按 D.3.12 条取值。

3　垂直于钢槽剪力作用下，钢槽卷边钢材破坏受剪承载力标准值 $V_{Rk,s,l,y}$，应取认证报告或相关标准中垂直于钢槽的剪切测试给出的承载力标准值，设计时应保证相邻 T 型螺栓的轴心间距

$S_{chb} \geqslant 2 \cdot b_{ch}$（$b_{ch}$为槽式预埋件宽度），否则该承载力标准值应乘以折减系数$0.5 \cdot \left(1+\frac{S_{chb}}{2 \cdot b_{ch}}\right) \leqslant 1.0$。平行于钢槽剪力作用下，钢槽卷边钢材破坏受剪承载力标准值$V_{Rk,s,l,x}$，应取相关认证报告或相关标准中平行于钢槽的剪切测试给出的承载力标准值。分项系数按表D.3.11-3或按相关认证/测试报告取值。

4 无杠杆臂的纯剪切状态，垂直或平行于钢槽剪力作用下，T型螺栓的钢材破坏受剪承载力标准值$V_{Rk,s,y}$、$V_{Rk,s,x}$，应按认证报告取值。若无认证报告，可取相关标准中的受剪承载力标准值，或根据《混凝土结构后锚固技术规程》JGJ 145－2013取$0.5 \cdot A_S \cdot f_{yk}$，其中$A_S$为螺栓受拉应力截面面积，$f_{yk}$为螺栓屈服强度标准值。

5 有杠杆臂的弯剪复合受力（图D.3.10），平行于钢槽剪力作用下，T型螺栓的钢材破坏受剪承载力标准值$V_{Rk,s,M,x}$，应按测试报告取值。垂直于钢槽剪力作用下，T型螺栓的受剪承载力标准值可按下式计算（l_a见图D.3.10）：

$$V_{Rk,s,M,y}=\frac{\alpha_M \cdot M_{Rk,s}}{l_a} \tag{D.3.22-2}$$

$$M_{Rk,s}=M^0_{Rk,s} \cdot \left(1-\frac{N^{cb}_{Ed}}{N_{Rd,s}}\right) \tag{D.3.22-3}$$

$$N_{Rd,s}=N_{Rk,s}/\gamma_{Ms} \tag{D.3.22-4}$$

式中：α_M——被连接件约束系数，幕墙工程可取1.0；

$M_{Rk,s}$——抗弯承载力标准值；

$M^0_{Rk,s}$——槽式预埋件螺栓的理想抗弯承载力标准值，由认证报告提供；无相关认证报告时，可按《混凝土结构后锚固技术规程》JGJ 145－2013的公式$M^0_{Rk,s}=1.2 \cdot W_{el} \cdot f_{yk}$计算，且不应大于$0.5 \cdot N_{Rk,s,l} \cdot a$，其中$N_{Rk,s,l}$见D.3.12条，$a$为T型螺栓受剪时的内力臂长度（图D.3.22）。

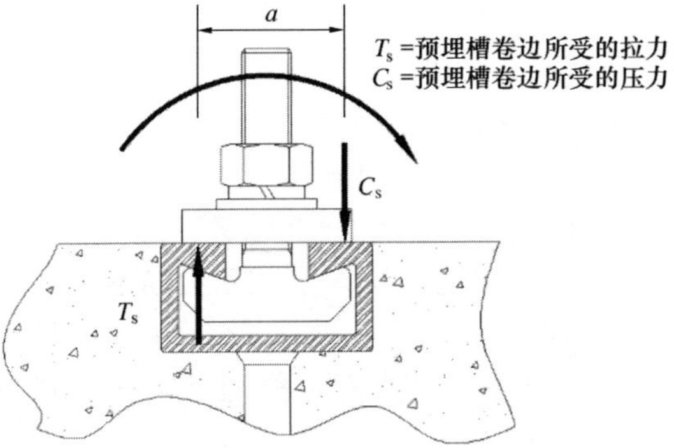

图 D.3.22　T 型螺栓受剪时的内力臂长度示意图

D.3.23　混凝土剪撬破坏承载力标准值,应选取槽式预埋件中的最不利锚筋按下式进行计算:

$$V_{Rk,cp,y}=k_8 \cdot N_{Rk,c} \quad \text{(剪力垂直于钢槽时)} \tag{D.3.23-1}$$

$$V_{Rk,cp,x}=k_8 \cdot N_{Rk,c} \quad \text{(剪力平行于钢槽时)} \tag{D.3.23-2}$$

式中:k_8——影响系数,由相关认证报告提供,没有认证报告时可按《混凝土结构后锚固技术规程》JGJ 145－2013 规定取 $k_8=2.0$(幕墙工程中有效埋深不小于 90mm);

$N_{Rk,c}$——混凝土锥体破坏受拉承载力标准值,按 D.3.14 条计算。

D.3.24　垂直于钢槽长度方向剪力作用下,混凝土边缘破坏受剪承载力标准值按下式计算:

$$V_{Rk,c,y}=V^0_{Rk,c} \cdot \Psi_{ch,s,V} \cdot \Psi_{ch,c,V} \cdot \Psi_{ch,h,V} \cdot \Psi_{ch,90^\circ,V} \cdot \Psi_{re,V} \tag{D.3.24}$$

式中:$V^0_{Rk,c}$——单根锚筋承受垂直于钢槽剪力时,混凝土理想边缘破坏承载力标准值(N),按 D.3.25 条计算;

$\Psi_{ch,s,V}$——相邻锚筋间的影响系数,可按 D.3.26 条计算;

$\Psi_{ch,c,V}$——混凝土基材边角影响系数，可按 D.3.27 条计算；

$\Psi_{ch,h,V}$——混凝土基材厚度影响系数，可按 D.3.28 条计算；

$\Psi_{ch,90°,V}$——考虑剪力与边缘平行时对受剪承载力的影响系数，如图 D.3.24 时取 2.5，其他条件下（不平行时）取 1.0；

$\Psi_{re,V}$——混凝土边缘有无配筋或所处位置对承载力的影响系数：

a）构件为开裂混凝土，且边缘无纵向钢筋或箍筋时，$\Psi_{re,V}=1.0$；

b）构件为开裂混凝土，在槽式预埋件和构件边缘之间有纵向钢筋，且直径不小于 12mm 时，$\Psi_{re,V}=1.2$；

c）构件为开裂混凝土，边缘有纵向钢筋和箍筋，且纵筋直径不小于 12mm，箍筋间距不大于 100mm 时，$\Psi_{re,V}=1.4$；

d）构件为非开裂混凝土时，$\Psi_{re,V}=1.0$。

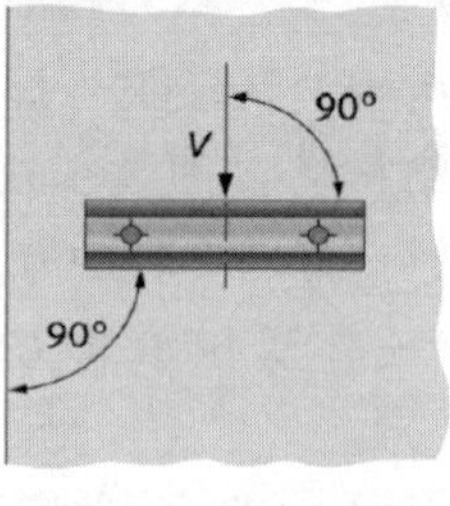

图 D.3.24　剪力方向与混凝土基材边缘平行示意图

D.3.25　单根锚筋承受垂直于钢槽剪力时，混凝土理想边缘破坏承载力标准值按下式计算：

$$V^{0}_{Rk,c}=k_{12}\cdot\sqrt{f_{cu,k}}\cdot c_{1}^{4/3} \qquad (D.3.25)$$

式中：k_{12}——系数，按相关认证报告中开裂或非开裂混凝土的取值（如无认证报告，开裂混凝土可取 $k_{12}=4.1$，非开

裂混凝土可取 $k_{12}=5.7$)；

$f_{cu,k}$——混凝土立方体抗压强度标准值(N/mm^2)；

c_1——沿剪力方向的边距。

D.3.26 相邻锚筋间的影响系数可按下式计算：

$$\Psi_{ch,s,V}=\frac{1}{1+\sum_{i=1}^{n}\left[\left(1-\frac{s_i}{s_{cr,V}}\right)^{1.5}\cdot\frac{V_i}{V_0}\right]}\leqslant 1.0 \tag{D.3.26}$$

式中：s_i——相邻锚筋与0号锚筋的间距(mm)，见图D.3.26，应 $s_i\leqslant s_{cr,V}$；

$s_{cr,V}$——锚筋的临界间距(mm)，$h_{ch}/h_{ef}\leqslant 0.4$ 且 $b_{ch}/h_{ef}\leqslant 0.7$时(见图D.3.5)取 $s_{cr,V}=4c_1+2b_{ch}$，上述条件不满足时 $s_{cr,V}$应由相关认证报告或测试报告提供且不小于($4c_1+2b_{ch}$)；

V_i——临界距离 $s_{cr,N}$内某个相邻锚筋所承受的剪力(N)；

V_0——指定锚筋所承受的剪力荷载(N)；

n——指定锚筋两侧临界距离($s_{cr,N}$)内的锚筋数量。

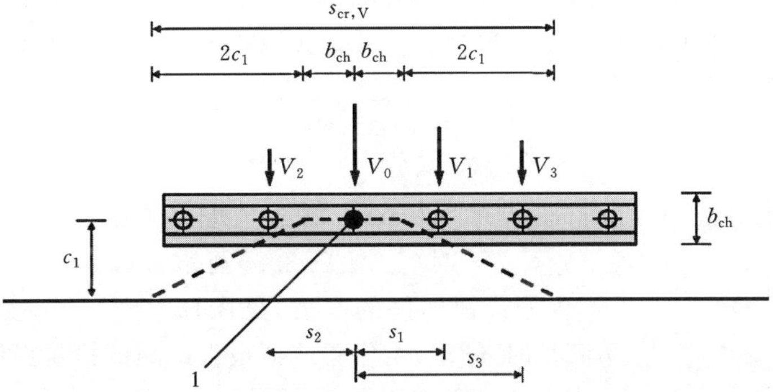

图D.3.26 垂直钢槽剪力作用下混凝土边缘破坏示意图

(1为进行验算的0号锚筋)

D. 3. 27 混凝土基材边角影响系数可按下式计算：

$$\Psi_{ch,c,V}=\left(\frac{c_2}{c_{cr,V}}\right)^{0.5}\leqslant 1.0 \quad (D.3.27)$$

式中：$c_{cr,V}$——临界边距，$c_{cr,V}=0.5s_{cr,V}$（$s_{cr,V}$为临界间距，见D. 3. 26条）；

c_2——垂直于剪力方向的边距，如果一个锚筋同时受到基材两个边角的影响，见图 D. 3. 27(b)，应同时采用$c_{2,1}$和$c_{2,2}$来计算边角影响系数$\Psi_{ch,c,V}$，并代入公式(D. 3. 24)中，最后取较小值。

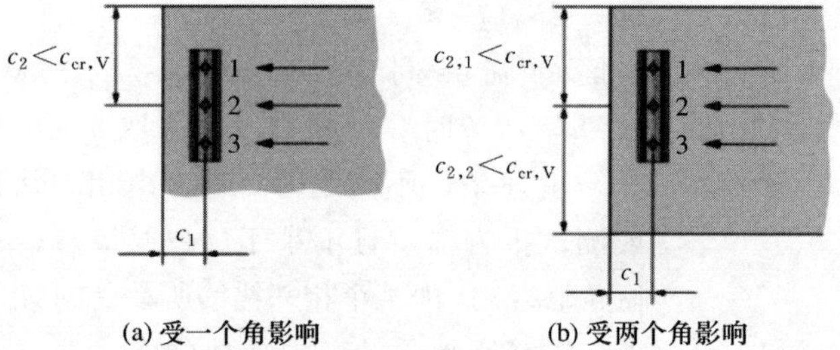

图 D. 3. 27 槽式预埋件锚筋受边角影响示意图

D. 3. 28 混凝土基材厚度影响系数的计算：

构件厚度$h\geqslant h_{cr,V}$时$\Psi_{ch,h,V}$可直接取 1. 0；$h<h_{cr,V}$时按下式计算：

$$\Psi_{ch,h,V}=\left(\frac{h}{h_{cr,V}}\right)^{0.5}\leqslant 1.0 \quad (D.3.28)$$

式中：$h_{cr,V}$——基材临界厚度(mm)，槽式预埋件$h_{ch}/h_{ef}\leqslant 0.4$且$b_{ch}/h_{ef}\leqslant 0.7$时（见图 D. 3. 5）可取$h_{cr,V}=2c_1+2h_{cb}$（$h_{cb}$为槽式预埋件的高度，见图D. 3. 28），上述条件不满足时$h_{cr,V}$应由相关认证报告或测试报告提供且不小于$2c_1+2h_{ch}$；

h——混凝土构件厚度。

D. 3. 29 在平行于钢槽长度方向的剪力作用下，最不利单根锚筋混凝土边缘破坏受剪承载力标准值，取公式(D. 3. 29-1)[图 D. 3. 29(a)]

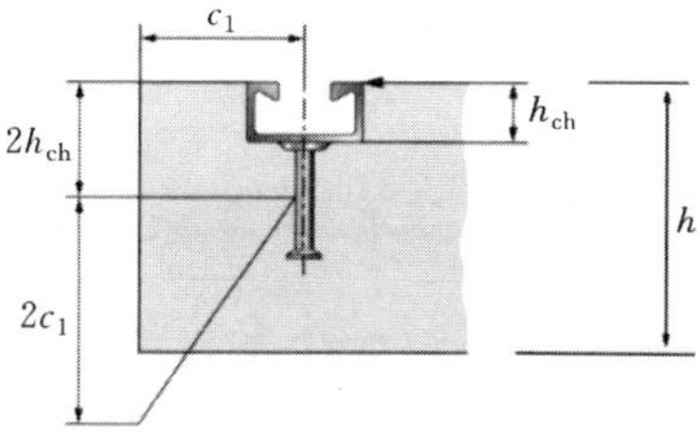

图 D.3.28　槽式预埋件锚筋受构件厚度影响示意图

和公式(D.3.29-2)[图 D.3.29(b)]的较小值。

$$V_{Rk,c,x}=V^0_{Rk,c,x}\cdot(A_{c,V}/A^0_{c,V})\cdot\psi_{s,V}\cdot\psi_{h,V}\cdot\psi_{re,V}\tag{D.3.29-1}$$

$$V_{Rk,c,x}=2\cdot V^0_{Rk,c,x}\cdot(A_{c,V}/A^0_{c,V})\cdot\psi_{s,V}\cdot\psi_{h,V}\cdot\psi_{re,V}/n_a\tag{D.3.29-2}$$

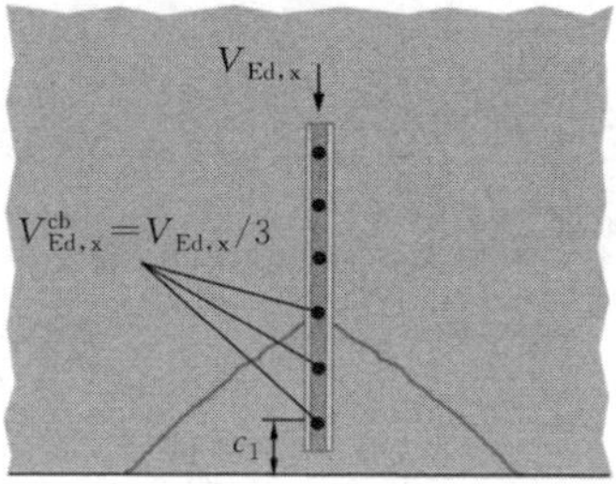

(a) 端部混凝土的边缘破坏

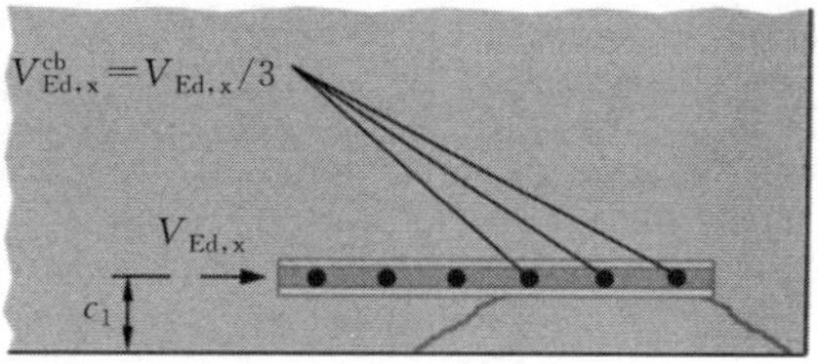

(b) 侧面混凝土的边缘破坏

图 D.3.29

式中：n_a为预埋槽的锚筋数量，当锚筋数量大于 3 时取 3；

其他参数均按照《混凝土结构后锚固技术规程》JGJ 145—2013 第 6.1.15 条计算。

D.3.30　槽式预埋件承受拉剪复合力时，应分四种情况验算：①T 型螺栓钢材破坏；②卷边破坏和钢槽受弯破坏；③锚筋破坏和锚筋与钢槽连接破坏；④混凝土破坏。

1　槽式预埋件承受拉剪复合力时，T 型螺栓的钢材破坏模式验算应满足公式(D.3.30-1)。螺栓承受的剪力存在有杠杆力臂情况时无需进行本验算。

$$\left(\frac{N_{\mathrm{Ed}}^{\mathrm{cb}}}{N_{\mathrm{Rd,s}}}\right)^2+\left(\frac{V_{\mathrm{Ed}}^{\mathrm{cb}}}{V_{\mathrm{Rd,s}}}\right)^2\leqslant 1.0 \quad (\mathrm{D.3.30\text{-}1})$$

式中：$N_{\mathrm{Ed}}^{\mathrm{cb}}$——分配到槽式预埋件T型螺栓的拉力(N)；

$N_{\mathrm{Rd,s}}$——槽式预埋件T型螺栓受拉破坏承载力设计值(N)；

$V_{\mathrm{Ed}}^{\mathrm{cb}}$——槽式预埋件T型螺栓上所分配到的剪切力(N)，即T型螺栓上所受垂直于钢槽轴向剪切力和平行于钢槽轴向剪切力的合力；

$V_{\mathrm{Rd,s}}$——槽式预埋件T型螺栓受剪破坏承载力设计值(N)。

2 槽式预埋件承受拉剪复合力时，其卷边破坏、钢槽受弯破坏模式的验算，应满足下列公式：

$$\left(\frac{N_{\mathrm{Ed}}^{\mathrm{cb}}}{N_{\mathrm{Rd,s,l}}}\right)^{k_{13}}+\left(\frac{V_{\mathrm{Ed,y}}^{\mathrm{cb}}}{V_{\mathrm{Rd,s,l,y}}}\right)^{k_{13}}\leqslant\left(1-\frac{V_{\mathrm{Ed,x}}^{\mathrm{cb}}}{V_{\mathrm{Rd,s,l,x}}}\right)^{k_{13}} \quad (卷边验算)$$

(D.3.30-2)

$$\left(\frac{M_{\mathrm{Ed}}^{\mathrm{cb}}}{M_{\mathrm{Rd,s,flex}}}\right)^{k_{13}}+\left(\frac{V_{\mathrm{Ed,y}}^{\mathrm{cb}}}{V_{\mathrm{Rd,s,l,y}}}\right)^{k_{13}}\leqslant\left(1-\frac{V_{\mathrm{Ed,x}}^{\mathrm{cb}}}{V_{\mathrm{Rd,s,l,x}}}\right)^{k_{13}} \quad (受弯验算)$$

(D.3.30-3)

式中：k_{13}——指数，$V_{\mathrm{Rd,s,l,y}}\leqslant N_{\mathrm{Rd,s,l}}$时取$k_{13}=2.0$，$V_{\mathrm{Rd,s,l,y}}>N_{\mathrm{Rd,s,l}}$时按相关认证报告取值(如无认证报告，可取$k_{13}=1.0$)，当考虑了抗震的相关计算时可取$k_{13}=1.0$；

$N_{\mathrm{Ed}}^{\mathrm{cb}}$——分配到槽式预埋件螺栓的拉力(N)；

$N_{\mathrm{Rd,s,l}}$——槽式预埋件钢槽卷边受拉破坏承载力设计值(N)；

$V_{\mathrm{Ed,y}}^{\mathrm{cb}}$——分配到槽式预埋件螺栓上垂直于槽式预埋件轴向的剪力(N)；

$V_{\mathrm{Ed,x}}^{\mathrm{cb}}$——分配到槽式预埋件螺栓上平行于槽式预埋件轴向的剪力(N)；

$V_{\mathrm{Rd,s,l}}$——槽式预埋件的钢槽卷边受剪破坏承载力设计值(N)；

M_{Ed}^{ch}——拉力作用下钢槽整体受弯的弯矩设计值(N·m),见 D.3.6 条;

$M_{Rd,s,flex}$——钢槽整体受拉弯曲的承载力设计值(N·m)。

3 槽式预埋件承受拉剪复合力时,其锚筋破坏、锚筋与钢槽连接破坏模式的验算,应满足下列公式:

$$\left[\max\left(\frac{N_{Ed}^{a}}{N_{Rd,s,a}};\frac{N_{Ed}^{a}}{N_{Rd,s,c}}\right)\right]^{k_{14}}+\left[\max\left(\frac{V_{Ed,y}^{a}}{V_{Rd,s,a,y}};\frac{V_{Ed,y}^{a}}{V_{Rd,s,c,y}}\right)\right]^{k_{14}}\leqslant \left[1-\max\left(\frac{V_{Ed,x}^{a}}{V_{Rd,s,a,x}};\frac{V_{Ed,x}^{a}}{V_{Rd,s,c,x}}\right)\right]^{k_{14}} \tag{D.3.30-4}$$

式中:k_{14}——指数,$\max(V_{Rd,s,a,y};V_{Rd,s,c,y})\leqslant\min(N_{Rd,s,a};N_{Rd,s,c})$ 时取 $k_{14}=2.0$,$\max(V_{Rd,s,a,y};V_{Rd,s,c,y})>\min(N_{Rd,s,a};N_{Rd,s,c})$ 时按相关认证报告取值(或取 $k_{14}=1.0$),当考虑了抗震相关计算时可取 $k_{14}=1.0$;

N_{Ed}^{a}——分配到槽式预埋件锚筋的拉力(N);

$N_{Rd,s,a}$——槽式预埋件锚筋的抗拉承载力设计值(N);

$N_{Rd,s,c}$——钢槽与锚筋连接处的抗拉承载力设计值(N);

$V_{Ed,y}^{a}$——分配到锚筋上垂直于槽式预埋件轴向的剪力(N);

$V_{Ed,x}^{a}$——分配到锚筋上平行于槽式预埋件轴向的剪力(N);

$V_{Rd,s,a,x}$——锚筋在平行于槽体轴向的抗剪承载力设计值(N);

$V_{Rd,s,a,y}$——锚筋在垂直于槽体轴向的抗剪承载力设计值(N);

$V_{Rd,s,c,x}$——钢槽与锚筋连接处平行于槽体轴向的抗剪承载力设计值(N);

$V_{Rd,s,c,y}$——钢槽与锚筋连接处垂直于槽体轴向的抗剪承载力设计值(N)。

4 槽式预埋件承受拉剪复合力时,混凝土破坏模式的验算应满足下列公式:

$$\left(\frac{N_{Ed}^{a}}{N_{Rd,i}}\right)^{\alpha}+\left(\frac{V_{Ed,y}^{a}}{V_{Rd,i,y}}\right)^{\alpha}+\left(\frac{V_{Ed,x}^{a}}{V_{Rd,i,x}}\right)^{\alpha}\leqslant 1.0 \tag{D.3.30-5}$$

式中：　a——指数，当考虑了抗震相关计算时可取1.0，当布置了附加钢筋承担拉力和剪力时可取1.0，当没有附加辅助钢筋承担拉力和剪力且未考虑抗震相关计算时可取1.5；

$N_{Rd,i}$——锥体破坏受拉承载力设计值$N_{Rd,c}$、锚筋受拉拔出破坏承载力设计值$N_{Rd,p}$、劈裂破坏$N_{Rd,sp}$或受拉边缘剥落破坏$N_{Rd,cb}$等4个模式，采用其中$\left(\dfrac{N_{Ed}^{a}}{N_{Rd,i}}\right)$的较大值；

$V_{Rd,i,y}$——应分别验算垂直于钢槽受剪情况下，混凝土边缘破坏、剪撬破坏等2个模式，采用其中$\left(\dfrac{V_{Ed}^{a}}{V_{Rd,i,y}}\right)$的较大值；

$V_{Rd,i,x}$——应分别验算平行于钢槽受剪情况下，混凝土边缘破坏、剪撬破坏等2个模式，采用其中$\left(\dfrac{V_{Ed}^{a}}{V_{Rd,i,x}}\right)$的较大值。

Ⅲ　构造措施

D.3.31　槽式预埋件的混凝土基材厚度不应小于200mm；槽式预埋件有效锚固深度h_{ef}不小于90mm；相邻锚筋间距不小于100mm，不大于250mm；槽式预埋件与混凝土构件的最小边距c_1和c_2均不小于50mm。按本标准10.5.7条规定埋设。

D.3.32　除锚筋和不锈钢制品外，槽式预埋件的表面应进行热浸镀锌处理，镀锌厚度应符合《金属覆盖层　钢铁制件热镀锌层　技术要求及试验方法》GB/T 13912规定。

D.3.33　槽式预埋件的密封条应填充密实，宜采用聚乙烯(LDPE)材料，浇注混凝土时不得漏浆，易于拆除。

D.3.34　幕墙立柱的连接件在槽式预埋件上每侧用一个螺栓时，

该螺栓实际净截面积按规定的计算面积至少应增加50%，并使用双螺帽固定。钢槽壁厚应满足D.3.12条、D.3.22条和D.3.30条规定的验算，且不小于2mm。

D.3.35 槽式预埋件的动载性能和遇火时的承载力设计，应通过相关认证测试。对有抗震设防要求的幕墙建筑，槽式预埋件宜采用带齿牙卷边优化槽体，及与之配套的带齿牙T型螺栓。

D.4 板槽预埋件设计与构造

D.4.1 板槽埋件应满足本附录D.2平板埋件设计与构造的要求，且锚板、T型连接螺栓应符合以下规定：

1 埋件的锚板宜采用Q235B、Q345B级钢，锚板厚度应根据板内受力情况计算确定，且不宜小于锚筋直径的60%；受拉和受弯预埋件的锚板厚度不应小于$b/8$，b为锚筋间距。锚筋应采用HRB400或HPB300级钢筋，严禁采用冷加工钢筋。

2 板槽埋件（如图D.4.1所示）的槽孔应沿锚筋或锚板中心对称布置，宜为长槽孔，且不通长、不连续开通。

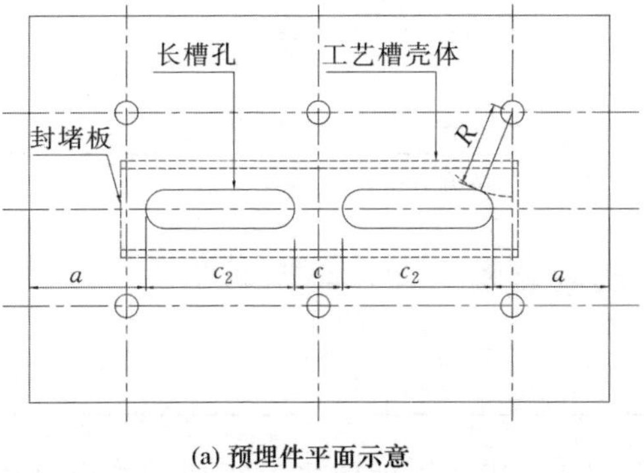

(a) 预埋件平面示意

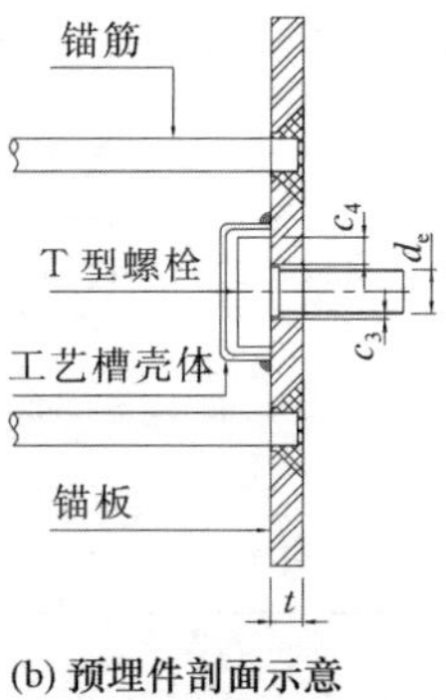

(b) 预埋件剖面示意

图D.4.1 板槽预埋件示意图

3 槽孔形式依照配置的螺栓外形及安装使用方便确定。根据孔内螺栓数量，长型孔长度c_2可取值50mm～110mm，槽孔累计长度不宜大于锚板边长的55%，并满足水平方向的偏差调整。长槽的宽度应与槽用连接螺栓的直径配合，螺栓与槽的间隙尺寸 c_3 不宜大于0.75mm。

4 锚板上两长型孔的水平间距 c 不应小于50mm。槽孔边缘与埋板边缘距离 a 不应小于外排锚筋中心与埋板边缘的距离，槽孔边缘与埋筋中心最小距离 R 应大于埋筋直径的2.5倍。

5 板槽埋件的工艺槽壳体宜采用厚度不小于1.5mm的钢板压制成型，并与锚板牢固焊接。

6 板槽埋件在安装浇筑混凝土时，板槽后的工艺槽壳体腔内不应漏浆，宜采用聚乙烯(LDPE)泡沫材料填充密实，或采用其他有效防漏措施。

7 板槽埋件槽内净高应适应螺帽设置的净空要求，宜采用槽用方颈螺栓或T型螺栓安装连接，应有防转动滑脱措施。

8 螺栓与板槽孔底部搭接尺寸 c_4 不应小于6.0mm。

9 根据幕墙连接安装和传力需要，板槽孔可设计成双孔双螺栓、双孔四螺栓或三孔三螺栓等形式。

D.4.2 板槽埋件的锚板厚度除满足D.4.1条规定外，受拉板槽的锚板厚度及承载力设计值应满足表D.4.2要求。

表D.4.2 板槽锚板厚度及承载力设计值

锚板厚度(mm)	拉力承载力设计值(kN)
10	25
12	45
14	60

D.4.3 幕墙安装调整就位后，其连接件应采取相应的抗滑移固定构造措施。采用焊接时，焊缝长度不宜小于40mm。有竖向装饰条悬挑长度大于200mm时，焊缝的长度及高度宜通过计算确定。采用铝合金连接件时，锚板局部承压强度不应大于

$0.35dtf_{ce}$，其中 d 为连接螺栓直径，t 为锚板厚度，f_{ce} 为锚板的抗压承载能力设计值。

D.5 后置埋件设计与构造

D.5.1 后置埋件设计与构造应符合本附录及《混凝土结构后锚固技术规程》JGJ 145 规定，其设计使用年限为 50 年。设计应按使用年限对材料选用、施工质量、检测检验和维护保养提出相应要求。

D.5.2 幕墙结构的后锚固应符合本标准 10.5.8 条规定。普通化学锚栓不应用于重要的或受力较大部位的锚固连接。

D.5.3 锚栓应有可靠的防腐蚀措施，锚栓防腐蚀标准应高于被连接构件的防腐蚀要求。碳素钢、合金钢机械锚栓表面应镀锌处理，电镀锌层平均厚度不应小于 5μm，热浸镀锌平均厚度不应小于 45μm。

D.5.4 锚栓的防火等级不应低于被连接结构的防火等级。重要连接部位的后锚固连接，应有可靠的防火措施。

D.5.5 后锚固连接除按规定计算外，尚应经现场拉拔试验确定其承载能力。

D.5.6 混凝土基材的厚度 h 应满足下列规定：

1 对于机械锚栓，h 不应小于 $2h_{ef}$，且 h 应大于 100mm。h_{ef} 为锚栓有效锚固深度。

2 对于胶粘型锚栓，h 不应小于 $h_{ef}+2d_0$，且 h 应大于 100mm。d_0 为钻孔直径。

D.5.7 群锚锚栓最小间距 s_{min} 和最小边距 c_{min}，应根据锚栓产品的认证报告确定，无认证报告时应符合表 D.5.7 规定。

表 D.5.7 锚栓最小间距 s_{min} 和最小边距 c_{min}

锚栓类型	最小间距 s_{min}	最小边距 c_{min}
扩底型锚栓	$6d_{nom}$	$6d_{nom}$
胶粘型锚栓	$6d_{nom}$	$6d_{nom}$

注 d_{nom} 为锚栓公称外径。

D.5.8 锚栓不应布置在混凝土保护层中，有效锚固深度 h_{ef} 不应包括装饰层或抹灰层。

D.5.9 承受扭矩的群锚，应采用胶粘剂将锚板上的锚栓孔间隙填充密实。

D.5.10 锚板孔径 d_f 应满足表 D.5.10 要求。

表 D.5.10 锚板孔径及最大间隙允许值(mm)

锚栓 d 或 d_{nom}	6	8	10	12	14	16	18	20	22	24	27	30
锚板孔径 d_f	7	9	12	14	16	18	20	22	24	26	30	33
最大间隙 Δ	1	1	2	2	2	2	2	2	2	2	3	3

D.5.11 扩底型锚栓的埋深应符合表 D.5.11 规定。

表 D.5.11 扩底型锚栓的埋深规定(mm)

锚栓直径	10	12	16	20	24
有效锚固深度 h_{ef}	≥60	≥80	≥100	≥150	≥180

D.5.12 特殊倒锥形胶粘型锚栓的埋深应符合表 D.5.12 规定。

表 D.5.12 特殊倒锥形胶粘型锚栓的埋深规定(mm)

锚栓直径	10	12	16	20	24	30
有效锚固深度 h_{ef}	≥60	≥100	≥125	≥170	≥200	≥280

附录E 金属板和石板弯矩系数

E.0.1 金属板的最大弯矩系数可按表E.0.1采用。

表E.0.1 金属板的最大弯矩系数 m

a/b	四边简支	三边简支 一长边固定	a 对边简支 b 对边固定
0.5	0.1022	−0.1212	−0.0843
0.55	0.0961	−0.1187	−0.0840
0.60	0.0900	−0.1158	−0.0834
0.65	0.0839	−0.1124	−0.0826
0.70	0.0781	−0.1087	−0.0814
0.75	0.0725	−0.1048	−0.0799
0.80	0.0671	−0.1007	−0.0782
0.85	0.0621	−0.0965	−0.0763
0.90	0.0574	−0.0922	−0.0743
0.95	0.0530	−0.0880	−0.0721
1.00	0.0489	−0.0839	−0.0698

a/b	三边简支 一短边固定	b 对边简支 a 对边固定
0.50	−0.1215	−0.1191
0.55	−0.1193	−0.1156
0.60	−0.1166	−0.1114
0.65	−0.1133	−0.1066
0.70	−0.1096	−0.1013
0.75	−0.1056	−0.0959
0.80	−0.1014	−0.0904
0.85	−0.0970	−0.0850
0.90	−0.0926	−0.0797
0.90	−0.0882	−0.0746
1.00	−0.0839	−0.0698

注：1 系数前的负号，表示最大弯矩在固定边。

2 a—短边，b—长边。

3 此表适用于泊松比为0.25～0.33。

4 弯矩 $M=mqa^2$，q 为荷载。

E.0.2 四点支承矩形石板弯矩系数可按表 E.0.2 采用。

表 E.0.2 四点支承矩形石板弯矩系数(ν=0.125)

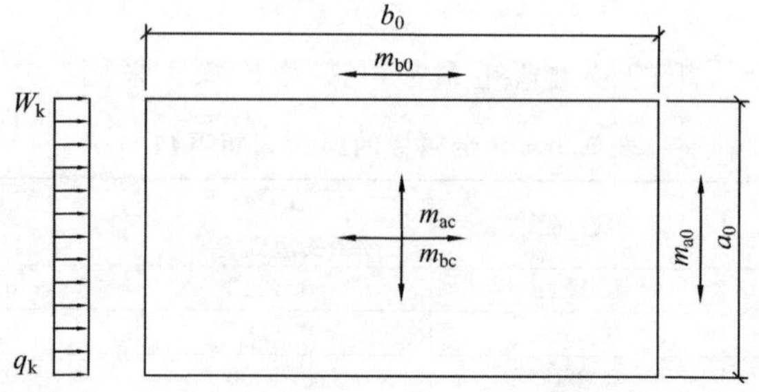

计算边长 a_0/b_0	m_{ac}	m_{bc}	m_{a0}	m_{b0}
0.50	0.0180	0.1221	0.0608	0.1303
0.55	0.0236	0.1212	0.0682	0.1320
0.60	0.0301	0.1202	0.0759	0.1338
0.65	0.0373	0.1189	0.0841	0.1360
0.70	0.0453	0.1177	0.0928	0.1383
0.75	0.0540	0.1163	0.1020	0.1408
0.80	0.0634	0.1149	0.1117	0.1435
0.85	0.0735	0.1133	0.1220	0.1463
0.90	0.0845	0.1117	0.1327	0.1494
0.95	0.0961	0.1100	0.1440	0.1526
1.00	0.1083	0.1083	0.1559	0.1559

附录 F　交叉肋的弯矩系数和剪力系数

F.0.1　金属屋面板加肋的弯矩、剪力和挠度可按表 F.0.1 计算。

表 F.0.1　交叉肋的计算系数表

肋分布图	b/a 梁号	0.8		1.0		1.2	
		M	V	M	V	M	V
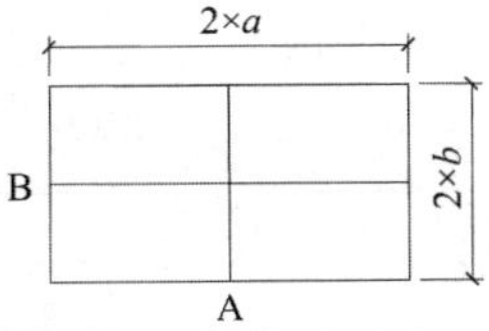	A	0.33	0.58	0.25	0.50	0.19	0.44
	B	0.17	0.42	0.25	0.50	0.32	0.57
	μ	0.057		0.084		0.107	
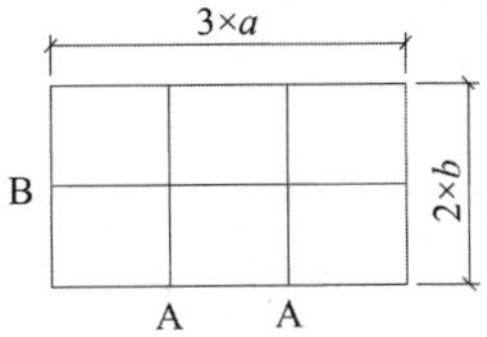	A	0.46	0.71	0.42	0.67	0.37	0.62
	B	0.09	0.34	0.16	0.41	0.26	0.51
	μ	0.08		0.15		0.23	
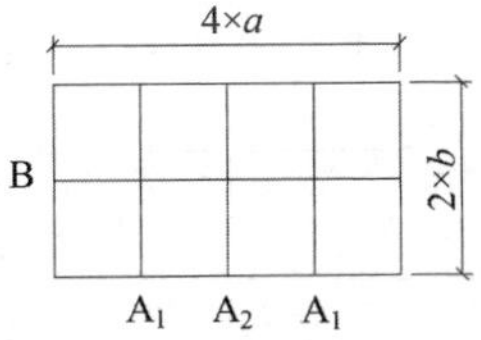	A_1	0.44	0.69	0.42	0.67	0.40	0.65
	A_2	0.56	0.81	0.55	0.80	0.53	0.78
	B	0.08	0.33	0.12	0.37	0.18	0.43
	μ	0.10		0.19		0.31	

续表 F. 0. 1

肋分布图	梁号 \ b/a	0.8		1.0		1.2	
		M	V	M	V	M	V
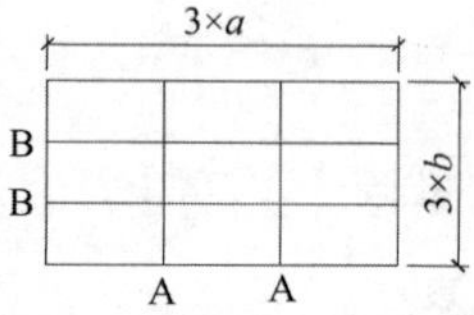	A	0.56	0.91	0.50	0.75	0.37	0.62
	B	0.34	0.59	0.50	0.75	0.63	0.88
	μ	0.31		0.44		0.55	
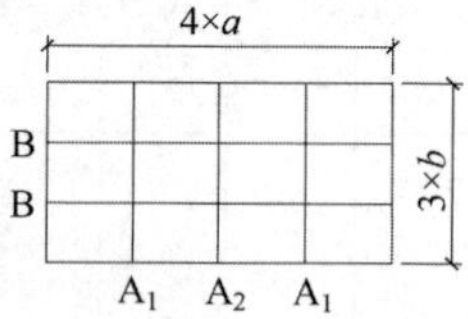	A_1	0.75	1.00	0.66	0.91	0.55	0.80
	A_2	1.02	1.27	0.91	1.16	0.78	1.03
	B	0.24	0.49	0.43	0.64	0.67	0.81
	μ	0.44		0.76		1.12	
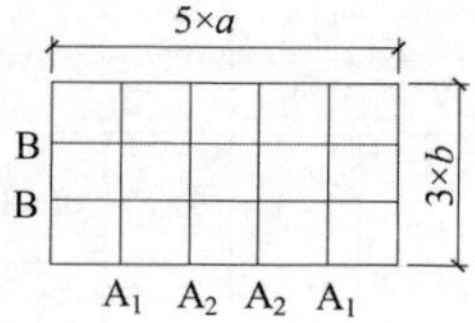	A_1	0.72	0.97	0.66	0.91	0.60	0.85
	A_2	1.07	1.32	1.02	1.27	0.95	1.20
	B	0.21	0.46	0.32	0.57	0.50	0.70
	μ	0.48		0.87		1.38	
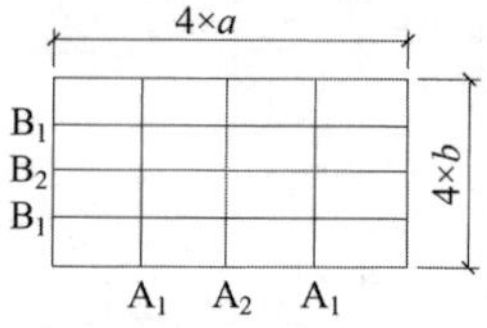	A_1	1.11	1.12	0.83	0.92	0.59	0.75
	A_2	1.58	1.46	1.17	1.17	0.84	0.94
	B_1	0.54	0.71	0.83	0.92	1.06	1.08
	B_2	0.77	0.89	1.17	1.17	1.51	1.41
	μ	1.29		1.90		2.41	

续表 F.0.1

肋分布图	梁号 \ b/a	0.8		1.0		1.2	
		M	V	M	V	M	V
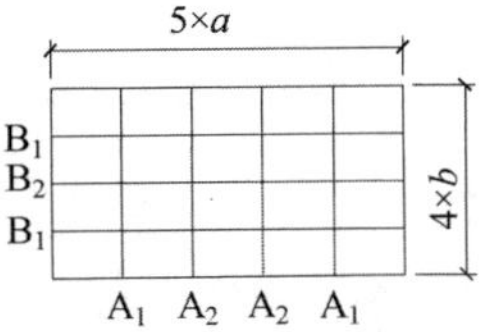	A_1	1.21	1.19	1.02	1.05	0.83	0.91
	A_2	1.91	1.69	1.64	1.50	1.34	1.29
	B_1	0.40	0.62	0.71	0.81	1.03	1.02
	B_2	0.57	0.76	1.00	1.03	1.46	1.31
	μ	1.57		2.63		3.75	
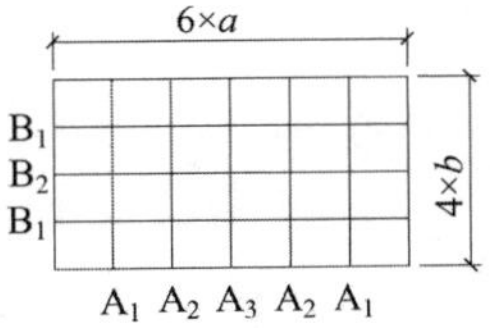	A_1	1.18	1.17	1.06	1.08	0.93	0.98
	A_2	1.95	1.72	1.79	1.60	1.59	1.46
	A_3	2.20	1.89	2.04	1.78	1.83	1.63
	B_1	0.26	0.57	0.54	0.73	0.89	0.91
	B_2	0.36	0.70	0.76	0.91	1.26	1.16
	μ	1.76		3.23		5.02	
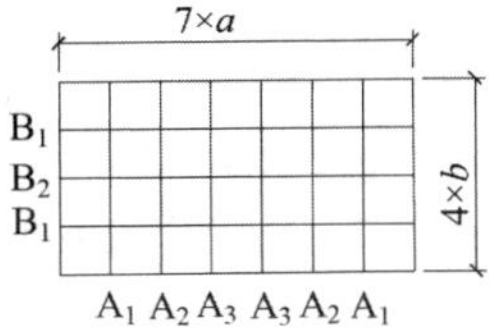	A_1	1.14	1.14	1.03	1.06	0.94	0.99
	A_2	1.90	1.68	1.79	1.60	1.66	1.51
	A_3	2.22	1.91	2.15	1.86	2.03	1.77
	B_1	0.16	0.56	0.38	0.86	0.69	0.83
	B_2	0.23	0.68	0.54	0.84	0.98	1.05
	μ	1.82		3.43		5.57	
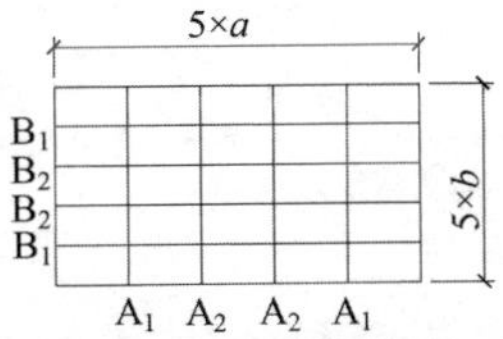	A_1	1.42	1.26	1.06	1.03	0.76	0.84
	A_2	2.29	1.82	1.72	1.47	1.25	1.18
	B_1	0.70	0.80	1.06	1.03	1.36	1.22
	B_2	1.15	1.12	1.72	1.47	2.19	1.76
	μ	3.02		4.41		5.58	

注:1　跨中最大弯矩分别按下式计算:

M_A、M_{A1}、M_{A2}、M_{A3}=(表中 M 栏系数)$\times qab^2$

M_B、M_{B1}、M_{B2}=(表中 M 栏系数)$\times qa^2b$

式中　a—相邻 A 肋的中心间距；

b—相邻 B 肋的中心间距；

q—板单位面积上的风荷载或地震作用标准值。

2　肋端剪力按下式计算：

V_A或V_B=(表中 V 栏系数)$\times qab$

3　肋的最大挠度按下式计算：

μ_{max}=(表中 μ 栏系数)$\times qa^4b/EI$

4　表中交叉肋之间连接应为刚接，交叉肋四周假定为简支。

附录G　多跨铰接梁弯矩、挠度和支座反力

G.0.1　均布荷载等截面单支座多跨铰接梁弯矩、挠度和支座反力系数见表G.0.1。

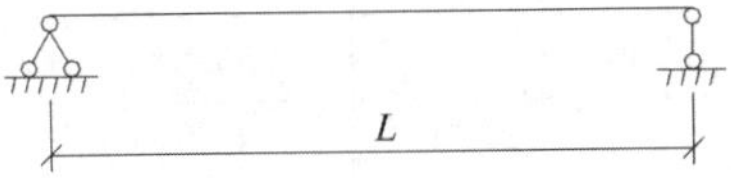

图G.0.1-1　简支梁示意图

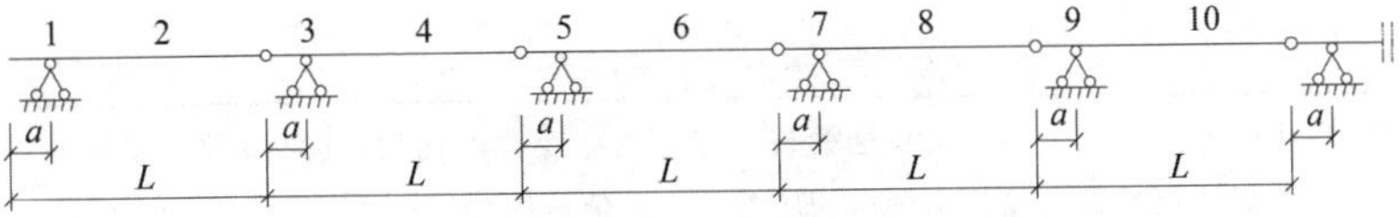

图G.0.1-2　单支座多跨铰接梁示意图
（图内显示无限长铰接梁的左端5跨）

表G.0.1　均布荷载等截面单支座多跨铰接梁弯矩、挠度和支座反力系数

a/L		0.075	0.1	0.125	0.15	0.175	0.2
支座反力系数	1	1.08	1.11	1.14	1.18	1.21	1.25
	3	2.07	2.10	2.12	2.15	2.17	2.19
	5	1.99	1.99	1.98	1.97	1.96	1.95
	7	2.00	2.00	2.00	2.00	2.01	2.01
	9	2.00	2.00	2.00	2.00	2.00	2.00
支座处弯矩系数	1	0.02	0.04	0.06	0.09	0.12	0.16
	3	0.30	0.40	0.49	0.58	0.67	0.76
	5	0.28	0.36	0.43	0.50	0.56	0.61
	7	0.28	0.36	0.44	0.51	0.58	0.65
	9	0.28	0.36	0.44	0.51	0.58	0.65

续表 G.0.1

a/L		0.075	0.1	0.125	0.15	0.175	0.2
挠度最大处弯矩系数	2	0.84	0.79	0.73	0.68	0.62	0.56
	4	0.71	0.62	0.54	0.46	0.39	0.32
	6	0.72	0.64	0.57	0.50	0.43	0.37
	8	0.72	0.64	0.56	0.49	0.42	0.36
	10	0.72	0.64	0.56	0.49	0.42	0.36
最大挠度系数	2	0.67	0.59	0.53	0.48	0.45	0.42
	4	0.52	0.41	0.32	0.25	0.19	0.15
	6	0.53	0.43	0.35	0.29	0.24	0.22
	8	0.53	0.43	0.34	0.28	0.23	0.21
	10	0.53	0.43	0.34	0.28	0.23	0.21

注:表中支座反力系数为多跨铰接梁与简支梁支座反力的比值,其余系数为多跨铰接梁各标注点参数与简支梁中点相应参数的比值。图外各跨系数与第5跨相同。

G.0.2 均布荷载等截面双支座多跨铰接梁弯矩、挠度和支座反力系数见表G.0.2。

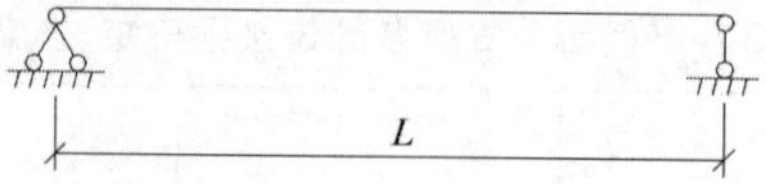

图 G.0.2-1 简支梁示意图

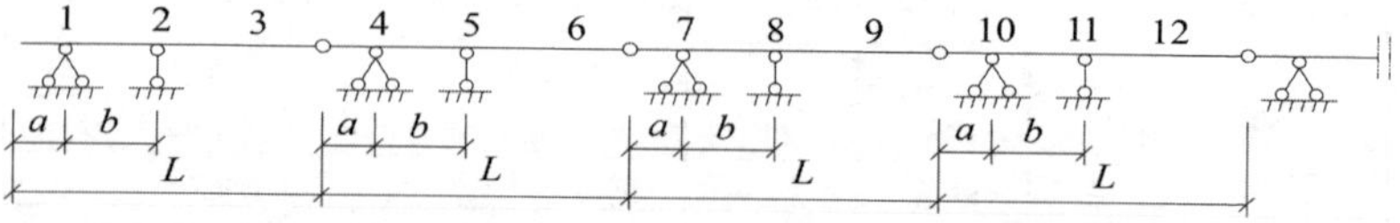

图 G.0.2-2 双支座多跨铰接梁示意图

(图内显示无限长铰接梁的左端4跨)

表 G.0.2 均布荷载等截面双支座多跨铰接梁弯矩、挠度和支座反力系数

b/L		0.08			0.1			0.12		
a/L		0.1	0.125	0.15	0.1	0.125	0.15	0.1	0.125	0.15
支座反力系数	1	−1.54	−1.32	−1.09	−1.05	−0.87	−0.68	−0.72	−0.56	−0.41
	2	2.91	2.71	2.50	2.43	2.27	2.11	2.11	1.98	1.84
	4	−0.08	0.29	0.65	0.22	0.52	0.81	0.43	0.67	0.91
	5	2.08	1.71	1.34	1.77	1.47	1.19	1.57	1.32	1.08
	7	−0.08	0.30	0.67	0.23	0.53	0.83	0.44	0.69	0.93
	8	2.08	1.70	1.33	1.77	1.47	1.17	1.56	1.31	1.07
	10	−0.08	0.30	0.67	0.23	0.53	0.83	0.44	0.69	0.93
	11	2.08	1.70	1.33	1.77	1.47	1.17	1.56	1.31	1.07
支座处弯矩系数	1	0.04	0.06	0.09	0.04	0.06	0.09	0.04	0.06	0.09
	2	0.62	0.59	0.56	0.58	0.55	0.52	0.54	0.51	0.49
	4	0.29	0.37	0.44	0.29	0.36	0.44	0.28	0.36	0.43
	5	0.61	0.58	0.55	0.57	0.53	0.50	0.52	0.49	0.46
	7	0.29	0.37	0.45	0.29	0.37	0.44	0.29	0.36	0.43
	8	0.61	0.58	0.55	0.57	0.53	0.50	0.52	0.49	0.46
	10	0.29	0.37	0.45	0.29	0.37	0.44	0.29	0.36	0.43
	11	0.61	0.58	0.55	0.57	0.53	0.50	0.52	0.49	0.46
挠度最大处弯矩系数	3	0.40	0.37	0.35	0.38	0.36	0.33	0.37	0.34	0.32
	6	0.40	0.38	0.35	0.39	0.37	0.34	0.38	0.35	0.33
	9	0.40	0.38	0.35	0.39	0.37	0.34	0.38	0.35	0.33
	12	0.40	0.38	0.35	0.39	0.37	0.34	0.38	0.35	0.33
最大挠度系数	3	0.22	0.20	0.19	0.21	0.19	0.18	0.19	0.18	0.17
	6	0.23	0.21	0.20	0.21	0.20	0.19	0.20	0.19	0.18
	9	0.23	0.21	0.20	0.21	0.20	0.19	0.20	0.19	0.18
	12	0.23	0.21	0.20	0.21	0.20	0.19	0.20	0.19	0.18

注:表中支座反力系数为多跨铰接梁与简支梁支座反力的比值,其余系数为多跨铰接梁各标注点参数与简支梁中点相应参数的比值。图外各跨系数与第 4 跨相同。

附录 H　开口铝合金立柱强度折减系数

H.0.1　表 H.0.1-1～表 H.0.1-4 为 6063-T5 开口铝合金立柱(图 H.0.1-1～图 H.0.1-4)的强度折减系数，当采用其他牌号或其他合金状态的铝合金型材时，应再乘以系数 $\sqrt{\frac{160}{f_b}}$，f_b 应选用《铝合金建筑型材　第1部分：基材》GB 5237.1 中抗拉强度 σ_b。L 为同一单元板块中最大的相邻横梁间距。中间值可用插值法求出。

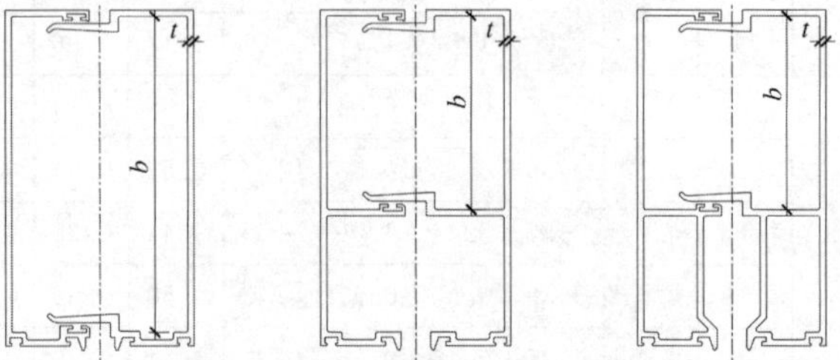

图 H.0.1-1　开口铝合金柱——A 类截面

表 H.0.1-1　开口铝合金立柱强度折减系数——A 类截面

L \ b/t	20	25	30	35	40	45	50
1000	0.840	0.838	0.836	0.834	0.832	0.830	0.828
1250	0.832	0.830	0.828	0.826	0.824	0.822	0.820
1500	0.823	0.821	0.819	0.817	0.815	0.812	0.810
1750	0.813	0.811	0.808	0.806	0.804	0.801	0.799
2000	0.802	0.799	0.796	0.794	0.792	0.789	0.787
2250	0.791	0.785	0.782	0.780	0.778	0.775	0.773
2500	0.779	0.770	0.767	0.765	0.762	0.759	0.757
2750	0.767	0.754	0.751	0.748	0.745	0.742	0.740
3000	0.755	0.737	0.733	0.730	0.727	0.724	0.722
3250	0.743	0.719	0.714	0.711	0.708	0.705	0.703
3500	0.731	0.700	0.694	0.691	0.688	0.685	0.683
3750	0.719	0.680	0.673	0.670	0.667	0.664	0.662
4000	0.706	0.659	0.651	0.648	0.645	0.642	0.640

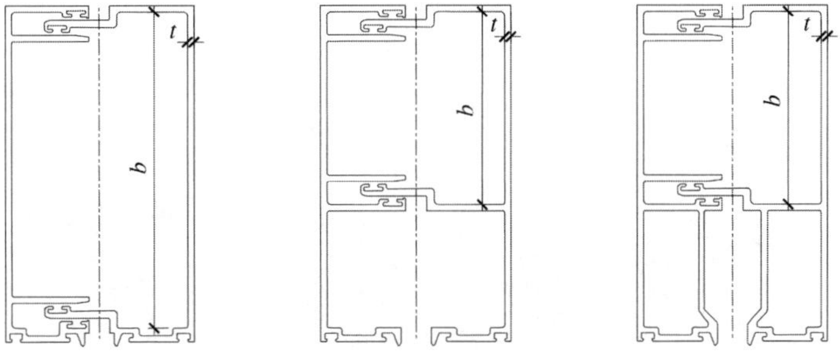

图 H.0.1-2 开口铝合金柱——B类截面

表 H.0.1-2 开口铝合金立柱强度折减系数——B类截面

L \ b/t	20	25	30	35	40	45	50
1000	0.843	0.839	0.836	0.833	0.830	0.827	0.824
1250	0.836	0.831	0.828	0.825	0.822	0.819	0.816
1500	0.828	0.822	0.819	0.816	0.813	0.810	0.807
1750	0.819	0.812	0.809	0.806	0.803	0.800	0.797
2000	0.810	0.801	0.797	0.794	0.791	0.788	0.785
2250	0.800	0.789	0.785	0.781	0.778	0.775	0.772
2500	0.789	0.776	0.771	0.767	0.764	0.761	0.758
2750	0.778	0.762	0.756	0.752	0.749	0.746	0.743
3000	0.767	0.747	0.740	0.736	0.733	0.730	0.727
3250	0.756	0.731	0.723	0.719	0.716	0.713	0.710
3500	0.745	0.714	0.705	0.701	0.698	0.695	0.692
3750	0.734	0.696	0.686	0.682	0.679	0.676	0.673
4000	0.722	0.677	0.666	0.662	0.659	0.656	0.653

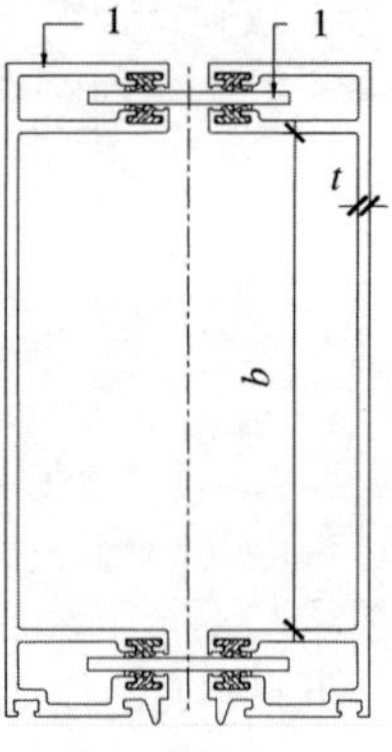

1—铝型材

图 H.0.1-3　开口铝合金柱——C类截面

表 H.0.1-3 开口铝合金立柱强度折减系数——C类截面

L \ b/t	20	25	30	35	40	45	50
1000	0.844	0.842	0.840	0.838	0.836	0.834	0.832
1250	0.837	0.832	0.830	0.828	0.826	0.823	0.821
1500	0.830	0.822	0.819	0.817	0.814	0.811	0.809
1750	0.822	0.811	0.808	0.805	0.801	0.798	0.796
2000	0.814	0.799	0.795	0.791	0.787	0.784	0.782
2250	0.805	0.786	0.781	0.776	0.772	0.769	0.767
2500	0.796	0.772	0.766	0.761	0.756	0.753	0.751
2750	0.787	0.758	0.750	0.745	0.740	0.736	0.734
3000	0.777	0.744	0.734	0.728	0.723	0.718	0.716
3250	0.767	0.729	0.717	0.711	0.705	0.699	0.697
3500	0.757	0.714	0.699	0.692	0.686	0.680	0.677
3750	0.747	0.699	0.681	0.673	0.666	0.660	0.656
4000	0.737	0.684	0.663	0.652	0.645	0.639	0.635

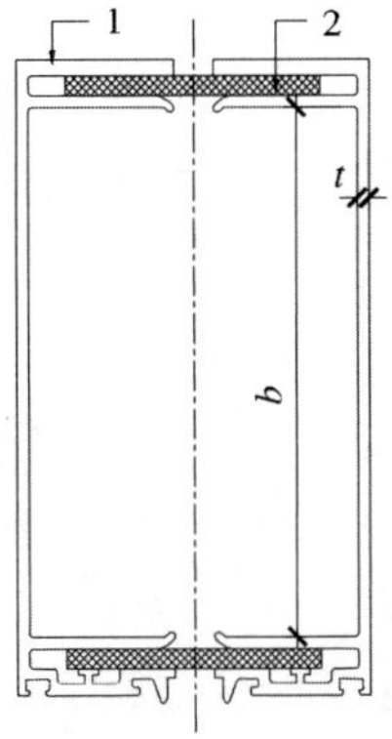

1—铝型材;2—EPDM 密封条

图 H.0.1-4　开口铝合金柱——D 类截面

表 H.0.1-4　开口铝合金立柱强度折减系数——D 类截面

L \ b/t	20	25	30	35	40	45	50
1000	0.817	0.814	0.811	0.809	0.807	0.805	0.803
1250	0.810	0.806	0.803	0.801	0.798	0.796	0.793
1500	0.803	0.797	0.793	0.791	0.788	0.786	0.783
1750	0.795	0.786	0.782	0.780	0.777	0.775	0.772
2000	0.786	0.774	0.770	0.768	0.765	0.763	0.761
2250	0.776	0.761	0.757	0.755	0.752	0.751	0.749
2500	0.766	0.747	0.743	0.741	0.739	0.738	0.736
2750	0.756	0.733	0.728	0.726	0.725	0.724	0.722
3000	0.746	0.718	0.713	0.711	0.710	0.709	0.707
3250	0.735	0.703	0.697	0.694	0.693	0.692	0.690
3500	0.724	0.687	0.680	0.675	0.674	0.673	0.671
3750	0.713	0.671	0.662	0.656	0.654	0.652	0.650
4000	0.702	0.655	0.643	0.636	0.633	0.630	0.628

附录J　双层幕墙隔声计算

J.0.1　双层幕墙隔声量 $R_{W,D}$ 按下式计算：

$$R_{W,D}=10\lg(m_{外}+m_{内})+11.5+R_{空}+\Delta R_{外}+\Delta R_{内} \tag{J.0.1}$$

式中：$m_{外}$——外层幕墙面密度（kg/m^2）；

$m_{内}$——内层幕墙面密度（kg/m^2）；

$R_{空}$——空气间层隔声量，取5dB；

$\Delta R_{外}$——外层幕墙附加隔声量，按表J.0.1采用；

$\Delta R_{内}$——内层幕墙附加隔声量，按表J.0.1采用。

表J.0.1　材料附加隔声量

材料		技术指标			
夹层玻璃	夹层胶膜（PVB,SGP,EVA）厚度（mm）	0.38	0.76	1.14	1.52
	附加隔声量（dB）	4	5.5	6	7
中空玻璃	中空气层厚度（mm）	6	9	12	16
	附加隔声量（dB）	1	2	2.5	3

双层幕墙的隔声计算，主要是参考了《民用建筑隔声设计规范》GB 50118和《建筑隔声评价标准》GB/T 50121等规范，根据双层幕墙系统的隔声机理，在单层幕墙隔声设计的基础上，演化出双层幕墙系统隔声计算理论公式。公式（J.0.1）中的 $m_{内}$、$m_{外}$ 表示内外幕墙单位面积的单位质量的倍数，在公式计算中是一个无量纲数值。

空气声隔声指数是将测得的构件隔声量频率特性曲线，与《建筑隔声评价标准》GB/T 50121规定的空气声隔声参考曲线按规定的方法相比较而得出的单值评价量。双层幕墙的隔声构件主要由外层幕墙、空气间层、内层幕墙组成，其中空气间层起着缓冲的弹性作用，但也能引起两层构件的共振，因此，双层幕墙的隔声量并非三层构件隔声量的叠加。因空气间层而增加的隔声量，在一定范围内同空气间层厚度成正比。通常，双层幕墙比同样重量的单层幕墙可增加隔声量 5dB 左右。

本标准用词说明

1 为便于在执行本标准条文时区别对待，对于要求严格程度不同的用词，说明如下：

1）表示很严格，非这样做不可的用词：

正面词采用“必须”；

反面词采用“严禁”。

2）表示严格，在正常情况下均应这样做的用词：

正面词采用“应”；

反面词采用“不应”或“不得”。

3）表示允许稍有选择，在条件许可时首先应这样做的用词：

正面词采用“宜”；

反面词采用“不宜”。

4）表示有选择，在一定条件下可以这样做的用词，采用“可”。

2 条文中指明应按其他有关标准、规范执行时，写法为“应符合……规定”或“应按……执行”。

引用标准名录

1 《建筑结构荷载规范》GB 50009
2 《混凝土结构设计规范》GB 50010
3 《建筑抗震设计规范》GB 50011
4 《建筑给水排水设计标准》GB 50015
5 《建筑设计防火规范》GB 50016
6 《钢结构设计标准》GB 50017
7 《冷弯薄壁型钢结构技术规范》GB 50018
8 《建筑采光设计标准》GB 50033
9 《建筑物防雷设计规范》GB 50057
10 《建筑结构可靠性设计统一标准》GB 50068
11 《民用建筑隔声设计规范》GB 50118
12 《建筑隔声评价标准》GB/T 50121
13 《民用建筑热工设计规范》GB 50176
14 《公共建筑节能设计标准》GB 50189
15 《混凝土结构工程施工质量验收规范》GB 50204
16 《钢结构工程施工质量验收规范》GB 50205
17 《建筑装饰装修工程质量验收标准》GB 50210
18 《民用建筑设计统一标准》GB 50352
19 《铝合金结构设计规范》GB 50429
20 《钢结构焊接规范》GB 50661
21 《建筑光伏系统应用技术标准》GB/T 51368
22 《建筑防火封堵应用技术标准》GB/T 51410
23 《紧固件　铆钉用通孔》GB 152.1
24 《紧固件　沉头螺钉用沉孔》GB 152.2

25 《紧固件　圆柱头用沉孔》GB 152.3

26 《普通螺纹公差》GB/T 197

27 《不锈钢棒》GB/T 1220

28 《铜及铜合金板材》GB/T 2040

29 《建筑玻璃可见光透射比、太阳光直接透射比、太阳能总透射比、紫外线透射比及有关窗玻璃参数的测定》GB/T 2680

30 《紧固件机械性能》GB/T 3098

31 《变形铝及铝合金化学成分》GB/T 3190

32 《不锈钢冷轧钢板和钢带》GB/T 3280

33 《钛及钛合金板材》GB/T 3621

34 《一般工业用铝及铝合金板、带材　第1部分：一般要求》GB/T 3880.1

35 《一般工业用铝及铝合金板、带材　第2部分：力学性能》GB/T 3880.2

36 《一般工业用铝及铝合金板、带材　第3部分：尺寸偏差》GB/T 3880.3

37 《耐候结构钢》GB/T 4171

38 《不锈钢冷加工钢棒》GB/T 4226

39 《不锈钢热轧钢板和钢带》GB/T 4237

40 《非合金钢及细晶粒钢焊条》GB/T 5117

41 《热强钢焊条》GB/T 5118

42 《铝合金建筑型材　第1部分：基材》GB/T 5237.1

43 《铝合金建筑型材　第2部分：阳极氧化型材》GB/T 5237.2

44 《铝合金建筑型材　第3部分：电泳涂漆型材》GB/T 5237.3

45 《铝合金建筑型材　第4部分：喷粉型材》GB/T 5237.4

46 《铝合金建筑型材　第5部分：喷漆型材》GB/T 5237.5

47 《铝合金建筑型材　第6部分：隔热型材》GB/T 5237.6

48 《自攻螺钉用螺纹》GB/T 5280

49 《工业用橡胶板》GB/T 5574

50 《建筑门窗空气声隔声性能分级及检测方法》GB/T 8485
51 《建筑材料及制品燃烧性能分级》GB 8624
52 《涂装前钢材表面锈蚀等级和除锈等级》GB/T 8923
53 《普通螺纹　中等精度、优选系列的极限尺寸》GB/T 9145
54 《不锈钢丝绳》GB/T 9944
55 《建筑构件耐火试验方法　第8部分：非承重垂直分隔构件的特殊要求》GB/T 9978.8
56 《3A分子筛》GB/T 10504
57 《铝及铝合金焊丝》GB/T 10858
58 《平板玻璃》GB 11614
59 《绝热用岩棉、矿渣棉及其制品》GB/T 11835
60 《中空玻璃》GB/T 11944
61 《镶玻璃构件耐火试验方法》GB/T 12513
62 《彩色涂层钢板及钢带》GB/T 12754
63 《金属覆盖层　钢铁制件热浸镀锌层　技术要求及试验方法》GB/T 13912
64 《硅酮和改性硅酮建筑密封胶》GB/T 14683
65 《钢结构防火涂料》GB 14907
66 《建筑幕墙气密、水密、抗风压性能检测方法》GB/T 15227
67 《建筑用安全玻璃　第1部分：防火玻璃》GB 15763.1
68 《建筑用安全玻璃　第2部分：钢化玻璃》GB 15763.2
69 《建筑用安全玻璃　第3部分：夹层玻璃》GB 15763.3
70 《建筑用安全玻璃　第4部分：均质钢化玻璃》GB 15763.4
71 《加工铜及铜合金板带材外形尺寸及允许偏差》GB/T 17793
72 《半钢化玻璃》GB/T 17841
73 《玻璃幕墙光热性能》GB/T 18091
74 《建筑幕墙层间变形性能分级及检测方法》GB/T 18250
75 《建筑幕墙抗震性能振动台试验方法》GB/T 18575
76 《天然板石》GB/T 18600

77 《天然花岗石建筑板材》GB/T 18601
78 《镀膜玻璃　第1部分：阳光控制镀膜玻璃》GB/T 18915.1
79 《镀膜玻璃　第2部分：低辐射镀膜玻璃》GB/T 18915.2
80 《建筑用岩棉绝热制品》GB/T 19686
81 《钢拉杆》GB/T 20934
82 《建筑幕墙》GB/T 21086
83 《建筑密封胶分级和要求》GB/T 22083
84 《石材用建筑密封胶》GB/T 23261
85 《建筑装饰用铝单板》GB/T 23443
86 《铝合金建筑型材用隔热材料　第1部分：聚酰胺型材》GB/T 23615.1
87 《铝合金建筑型材用隔热材料　第2部分：聚氨酯隔热胶》GB/T 23615.2
88 《防火封堵材料》GB 23864
89 《建筑门窗、幕墙用密封胶条》GB/T 24498
90 《不锈钢钢绞线》GB/T 25821
91 《建筑玻璃用功能膜》GB/T 29061
92 《建筑幕墙保温性能分级及检测方法》GB/T 29043
93 《建筑幕墙动态风压作用下水密性能检测方法》GB/T 29907
94 《建筑幕墙、门窗通用技术条件》GB/T 31433
95 《建筑采光顶气密、水密、抗风压性能检测方法》GB/T 34555
96 《天然花岗石荒料》JC/T 204
97 《聚氨酯建筑密封胶》JC/T 482
98 《干挂饰面石材及其金属挂件　第1部分：干挂饰面石材》JC 830.1
99 《干挂饰面石材及其金属挂件　第2部分：金属挂件》JC 830.2
100 《建筑装饰用微晶玻璃》JC/T 872
101 《幕墙玻璃接缝用密封胶》JC/T 882
102 《干挂石材幕墙用环氧胶粘剂》JC 887

103 《中空玻璃用丁基热熔密封胶》JC/T 914
104 《玻璃纤维增强水泥(GRC)装饰制品》JC/T 940
105 《釉面钢化及釉面半钢化玻璃》JC/T 1006
106 《玻璃纤维增强水泥外墙板》JC/T 1057
107 《真空玻璃》JC/T 1079
108 《中空玻璃间隔条　第1部分:铝间隔条》JC/T 2069
109 《中空玻璃用干燥剂》JC/T 2072
110 《超白浮法玻璃》JC/T 2128
111 《建筑门窗五金件　传动机构用执手》JG/T 124
112 《建筑门窗五金件　滑撑》JG/T 127
113 《建筑门窗五金件　撑挡》JG/T 128
114 《建筑玻璃点支承装置》JG/T 138
115 《吊挂式玻璃幕墙用吊夹》JG/T 139
116 《建筑铝合金型材用聚酰胺隔热条》JG/T 174
117 《建筑用隔热铝合金型材》JG 175
118 《自动门》JG/T 177
119 《建筑用不锈钢绞线》JG/T 200
120 《建筑幕墙用钢索压管接头》JG/T 201
121 《建筑门窗五金件　通用要求》JG/T 212
122 《建筑门窗五金件　旋压执手》JG/T 213
123 《建筑门窗五金件　多点锁闭器》JG/T 215
124 《建筑幕墙用瓷板》JG/T 217
125 《建筑装饰用搪瓷钢板》JG/T 234
126 《建筑幕墙用陶板》JG/T 324
127 《建筑装饰用石材蜂窝复合板》JG/T 328
128 《建筑外墙用铝蜂窝复合板》JG/T 334
129 《建筑幕墙热循环试验方法》JG/T 397
130 《建筑门窗幕墙用中空玻璃弹性密封胶》JG/T 471
131 《建筑幕墙用硅酮结构密封胶》JG/T 475

132 《高层建筑混凝土结构技术规程》JGJ 3
133 《空间网格结构技术规程》JGJ 7
134 《民用建筑电气设计规范》JGJ 16
135 《建筑机械使用安全技术规程》JGJ 33
136 《施工现场临时用电安全技术规范》JGJ 46
137 《网壳结构技术规程》JGJ 61
138 《建筑施工高处作业安全技术规范》JGJ 80
139 《建筑玻璃应用技术规程》JGJ 113
140 《金属与石材幕墙工程技术规范》JGJ 133
141 《夏热冬冷地区居住建筑节能设计标准》JGJ 134
142 《混凝土结构后锚固技术规程》JGJ 145
143 《建筑门窗玻璃幕墙热工计算规程》JGJ/T 151
144 《建筑钢结构防腐蚀技术规程》JGJ 251
145 《采光顶与金属屋面技术规程》JGJ 255
146 《索结构技术规程》JGJ 257
147 《人造板材幕墙工程技术规范》JGJ 336
148 《建筑玻璃膜应用技术规程》JGJ/T 351
149 《玻璃纤维增强水泥(GRC)建筑应用技术标准》JGJ/T 423
150 《不锈钢拉索》YB/T 4294
151 《铝幕墙板　第1部分:板基》YS/T 429.1
152 《铝幕墙板　第2部分:有机聚合物喷涂铝单板》YS/T 429.2
153 《铝及铝合金彩色涂层板、带材》YS/T 431
154 《铝合金型材截面几何参数算法及计算机程序要求》YS/T 437
155 《建筑橡胶密封垫——预成型实心硫化的结构密封垫用材料规范》HG/T 3099
156 《非接触食物搪瓷制品》QB/T 1855
157 《地弹簧》QB/T 2697
158 《建筑抗震设计规程》DGJ 08-9
159 《公共建筑节能设计标准》DGJ 08-107

160 《建筑节能工程施工质量验收规程》DGJ 08－113

161 《建筑锚栓抗拉拔、抗剪性能试验方法》DG/TJ 08－003

162 《建筑结构用索应用技术规程》DG/TJ 08－019

163 《玻璃幕墙安全性能检测评估技术规程》DG/TJ 08－803

164 《轻型钢结构技术规程》DG/TJ 08－2089

165 《建筑钢结构防火技术规范》CECS 200

上海市工程建设规范

建筑幕墙工程技术标准

DG/TJ 08－56－2019

J 12028－2019

条 文 说 明

2020　上海

目　次

1　总　则 …………………………………………………… 353
3　材　料 …………………………………………………… 354
3.1　一般规定 ……………………………………………… 354
3.2　材料力学性能 ………………………………………… 354
3.3　铝合金材料 …………………………………………… 355
3.4　钢材、钢制品 …………………………………………… 356
3.5　玻　璃 ………………………………………………… 356
3.6　金属板材 ……………………………………………… 357
3.8　人造板材 ……………………………………………… 357
3.9　复合板材 ……………………………………………… 357
3.10　金属连接件与紧固件 ……………………………… 358
3.11　结构胶与密封材料 ………………………………… 358
3.12　防火材料 …………………………………………… 359
3.13　保温隔热材料 ……………………………………… 359
3.14　其他材料 …………………………………………… 359
4　建筑设计 ………………………………………………… 360
4.1　一般规定 ……………………………………………… 360
4.2　性能设计 ……………………………………………… 361
4.3　安全措施 ……………………………………………… 362
4.4　构造设计 ……………………………………………… 362
4.5　建筑设计文件中的幕墙设计 ………………………… 362
4.6　幕墙专业设计文件 …………………………………… 363
5　幕墙光反射 ……………………………………………… 364
5.1　一般规定 ……………………………………………… 364

5.2　建筑设计 …………………………………………… 364
5.3　减少光反射影响的措施 ………………………… 365
6　幕墙热工设计 ……………………………………… 366
6.1　一般规定 …………………………………………… 366
6.2　构造与设计 ………………………………………… 367
7　幕墙防火构造 ……………………………………… 368
7.1　一般规定 …………………………………………… 368
7.2　构造设计 …………………………………………… 369
7.3　双层幕墙的防火设计 …………………………… 370
8　幕墙防雷 …………………………………………… 372
8.1　一般规定 …………………………………………… 372
8.2　防雷构造设计 ……………………………………… 373
8.3　其他防雷要求 ……………………………………… 373
9　幕墙防渗漏 ………………………………………… 374
9.1　一般规定 …………………………………………… 374
9.2　墙面构造措施 ……………………………………… 374
9.4　采光顶与金属屋面 ……………………………… 374
10　结构设计的基本规定 …………………………… 376
10.1　一般规定 ………………………………………… 376
10.2　荷载和地震作用 ………………………………… 377
10.3　作用效应计算 …………………………………… 377
10.4　作用效应组合 …………………………………… 378
10.5　幕墙及其与主体结构的连接构造 …………… 379
10.6　硅酮结构密封胶与玻璃面板安装 …………… 380
10.7　紧固件连接 ……………………………………… 382
11　面板设计 …………………………………………… 388
11.1　一般规定 ………………………………………… 388
11.2　玻璃面板 ………………………………………… 388
11.3　金属面板 ………………………………………… 393

11.4　石材面板 …………………………………… 396
11.5　人造面板 …………………………………… 397
11.6　复合面板 …………………………………… 398
12　幕墙门窗 ……………………………………… 399
12.1　一般规定 …………………………………… 399
12.2　幕墙门窗构造 ……………………………… 399
12.3　采光顶窗构造 ……………………………… 400
13　构件式幕墙 …………………………………… 401
13.1　一般规定 …………………………………… 401
13.2　横梁构造设计 ……………………………… 403
13.3　立柱构造设计 ……………………………… 406
13.4　横梁结构设计 ……………………………… 407
13.5　立柱结构设计 ……………………………… 419
14　单元式幕墙 …………………………………… 424
14.2　构造设计 …………………………………… 424
14.3　结构设计 …………………………………… 425
14.4　连接设计 …………………………………… 426
15　双层幕墙 ……………………………………… 427
15.1　一般规定 …………………………………… 427
15.3　通风量计算 ………………………………… 428
15.4　热工设计 …………………………………… 428
16　全玻璃幕墙 …………………………………… 429
16.1　一般规定 …………………………………… 429
16.2　构造设计 …………………………………… 430
16.3　结构设计 …………………………………… 430
17　点支承玻璃幕墙 ……………………………… 438
17.1　一般规定 …………………………………… 438
17.3　索结构设计 ………………………………… 439
17.4　索杆结构的构造和设计 …………………… 440

17.5 单层平面索网及单向拉索构造与结构设计 ……… 440
17.6 驳接装置构造与结构设计 ………………………… 441
18 采光顶、雨篷和金属屋面 ……………………………… 443
18.1 一般规定 ……………………………………………… 443
18.2 结构设计 ……………………………………………… 443
18.3 排水设计 ……………………………………………… 444
18.4 构造设计 ……………………………………………… 444
18.5 索结构采光顶 ………………………………………… 445
19 幕墙钢结构 ……………………………………………… 446
19.1 一般规定 ……………………………………………… 446
19.2 结构与构造 …………………………………………… 447
19.3 连接设计 ……………………………………………… 449
19.4 防腐蚀设计 …………………………………………… 449
20 光伏幕墙 ………………………………………………… 451
20.1 一般规定 ……………………………………………… 451
20.2 系统设计 ……………………………………………… 451
21 幕墙信息模型 …………………………………………… 452
21.1 一般规定 ……………………………………………… 452
21.2 模型创建 ……………………………………………… 452
21.3 模型应用 ……………………………………………… 452
22 检验与检测 ……………………………………………… 454
22.1 一般规定 ……………………………………………… 454
22.3 现场检测 ……………………………………………… 455
22.4 性能检测 ……………………………………………… 455
23 加工制作 ………………………………………………… 457
23.1 一般规定 ……………………………………………… 457
23.2 金属构件加工 ………………………………………… 457
23.3 玻璃面板加工 ………………………………………… 458
23.4 金属面板加工 ………………………………………… 459

23.5 石材及其他板材加工 …………………………………… 459
23.6 构件组装 ………………………………………………… 460
24 安装施工 ………………………………………………… 461
24.1 一般规定 ………………………………………………… 461
24.2 构件式幕墙安装 ………………………………………… 461
24.3 单元式幕墙安装 ………………………………………… 462
24.4 全玻璃幕墙安装 ………………………………………… 462
24.5 点支承玻璃幕墙安装 …………………………………… 463
24.6 光伏幕墙安装 …………………………………………… 463
24.7 安全规定 ………………………………………………… 464
25 工程验收 ………………………………………………… 465
25.1 一般规定 ………………………………………………… 465
25.2 进场验收 ………………………………………………… 465
25.3 中间验收 ………………………………………………… 465
25.4 竣工验收 ………………………………………………… 465
26 维护保养 ………………………………………………… 467
26.1 一般规定 ………………………………………………… 467
26.2 检查与维护 ……………………………………………… 467
26.3 保养和清洗 ……………………………………………… 468
附录 B 幕墙光反射环境评价方法 ……………………………… 469
附录 D 预埋件及后置埋件设计与构造 ………………………… 473
附录 G 多跨铰接梁弯矩、挠度和支座反力 …………………… 496

Contents

1 General provisions …… 353
3 Materials …… 354
3.1 General requirements …… 354
3.2 Mechanical properties …… 354
3.3 Aluminium …… 355
3.4 Steel …… 356
3.5 Glass …… 356
3.6 Metal panels …… 357
3.8 Artificial panels …… 357
3.9 Composite panels …… 357
3.10 Connection and fixings …… 358
3.11 Structural and weather sealant …… 358
3.12 Fireproofing materials …… 359
3.13 Thermal insulation materials …… 359
3.14 Others …… 359
4 Architectural design …… 360
4.1 General requirements …… 360
4.2 Performance-based design …… 361
4.3 Safety measures …… 362
4.4 Detailing …… 362
4.5 Curtain wall design in architectural document …… 362
4.6 Principles of curtain wall design document …… 363
5 Daylight reflection of curtain wall …… 364
5.1 General requirements …… 364

5.2 Architectural design ······ 364
5.3 Reduction measures of daylight reflection ······ 365
6 Thermal performance design ······ 366
6.1 General requirements ······ 366
6.2 Detailing ······ 367
7 Fireproofing ······ 368
7.1 General requirements ······ 368
7.2 Detailing ······ 369
7.3 Fireproofing design for double-skin facade ······ 370
8 Lightning protection ······ 372
8.1 General requirements ······ 372
8.2 Detailing ······ 373
8.3 Others ······ 373
9 Water penetration and leaking prevention ······ 374
9.1 General requirements ······ 374
9.2 Exterior walls detailing requirements ······ 374
9.4 Skylight and metal roofing ······ 374
10 Basic requirements for structural design ······ 376
10.1 General requirements ······ 376
10.2 Loads and earthquake actions ······ 377
10.3 Calculations of loads and earthquake actions ······ 377
10.4 Load combinations ······ 378
10.5 Curtain wall connection design ······ 379
10.6 Design for structural silicon sealant and glazing panel installation ······ 380
10.7 Design of fasteners connection ······ 382
11 Panel design ······ 388
11.1 General requirements ······ 388
11.2 Glass panels ······ 388

11.3 Metal panels …… 393
11.4 Stone panels …… 396
11.5 Artificial panels …… 397
11.6 Composite panels …… 398
12 Windows and doors …… 399
12.1 General requirements …… 399
12.2 Detailing …… 399
12.3 Detailing of operable windows on skylight system …… 400
13 Stick curtain wall …… 401
13.1 General requirements …… 401
13.2 Detailing: transom …… 403
13.3 Detailing: mullion …… 406
13.4 Structure design of transom …… 407
13.5 Structure design of mullion …… 419
14 Unitized curtain wall …… 424
14.2 Detailing …… 424
14.3 Structure design …… 425
14.4 Connection design …… 426
15 Double-skin facade …… 427
15.1 General requirements …… 427
15.3 Ventilation volume calculation …… 428
15.4 Thermal design …… 428
16 Full glass curtain wall …… 429
16.1 General requirements …… 429
16.2 Detailing …… 430
16.3 Structure design …… 430
17 Point supported glass curtain wall …… 438
17.1 General requirements …… 438

17.3 Design of cable structure …… 439
17.4 Design of tension rods or cable-rod truss supported structures …… 440
17.5 Design of one-way or two-way cable net supported structure …… 440
17.6 Joint design and glass fittings …… 441
18 Skylight, canopy and metal roofing …… 443
18.1 General requirements …… 443
18.2 Structure design …… 443
18.3 Drainage design …… 444
18.4 Detailing …… 444
18.5 Cable-structure supported skylight …… 445
19 Steel structure for curtain wall …… 446
19.1 General requirements …… 446
19.2 Structure design and detailing …… 447
19.3 Connection design …… 449
19.4 Corrosion protection …… 449
20 Photovoltaic curtain wall …… 451
20.1 General requirements …… 451
20.2 System design …… 451
21 Curtain wall information model …… 452
21.1 General requirements …… 452
21.2 Modeling …… 452
21.3 Model application …… 452
22 Inspection and testing …… 454
22.1 General requirements …… 454
22.3 Site inspection …… 455
22.4 Performance testing …… 455
23 Manufacture and fabrication …… 457

23.1 General requirements ······ 457
23.2 Fabrication of metal components ······ 457
23.3 Processing of glass panels ······ 458
23.4 Fabrication of metal panels ······ 459
23.5 Fabrication of stone and other panels ······ 459
23.6 Assembling ······ 460
24 Erection and construction ······ 461
24.1 General requirements ······ 461
24.2 Stick curtain wall ······ 461
24.3 Unitized curtain wall ······ 462
24.4 Full glass curtain wall ······ 462
24.5 Point supported glass curtain wall ······ 463
24.6 Curtain wall with PV system ······ 463
24.7 Safety requirements ······ 464
25 Acceptance inspection ······ 465
25.1 General requirements ······ 465
25.2 Site entering inspection ······ 465
25.3 Mid-term inspection ······ 465
25.4 Acceptance inspection ······ 465
26 Maintenance ······ 467
26.1 General requirements ······ 467
26.2 Investigation and repairing ······ 467
26.3 Maintenance and cleaning ······ 468
Appendix B Method for environmental evaluation of curtain wall daylight reflection ······ 469
Appendix D Design and details of embedment and post-installed fastenings ······ 473
Appendix G Coefficients of continuous beam with hinges ······ 496

1　总　则

1.0.1　本标准以外的材料和工艺技术应用建议通过专项技术论证。

1.0.2　建筑幕墙工程的新建、改建、扩建和既有幕墙工程的维护保养，均适用本标准。

1.0.3　本标准对各类幕墙的适用高度，是根据上海市已建成的幕墙建筑统计数据确定的。超过此高度的建筑幕墙，其可行性都通过了专项技术论证。

原《建筑幕墙工程技术规范》DGJ 08－56－2012 适用于高度不大于 280m 的玻璃幕墙、金属幕墙，高度不大于 120m 的花岗岩石材幕墙，高度不大于 80m 的其他面板材料的幕墙工程。根据本市幕墙工程实践，经技术修订，本标准适用于高度不大于 300m 的玻璃幕墙、金属幕墙，高度不大于 120m 的花岗岩石材幕墙，高度不大于 80m 的其他面板材料的幕墙工程。

幕墙面板种类多，新品种不断出现。在本标准 11.5.1 条中，列举了微晶玻璃、瓷板、陶板和玻璃纤维增强水泥外墙板在现有技术条件下适宜的安装高度。花岗岩以外石材幕墙适用高度见 11.4.2 条。

按照消防要求，本标准 7.3.3 条对整体式双层幕墙的建筑高度作了特别限定。

1.0.5　根据本市建筑幕墙 40 年的建设和使用情况，不易拆换的幕墙支承结构或构件，其使用年限按 50 年设计比较符合幕墙建筑的使用状况。

3 材 料

3.1 一般规定

3.1.1 材料是保证幕墙质量的物质基础。不同厂家或同一厂家不同产地的产品，常会存在质量差异。为保证幕墙安全可靠和满足使用要求，幕墙选用的材料必须满足设计要求并符合现行国家标准、行业标准和本市有关标准。

3.1.2 人员密集场所的建筑幕墙，安全性和环境影响成为社会关注的热点，幕墙应尽量选用安全性、耐久性好的材料，并应符合《建筑设计防火规范》GB 50016 规定。

3.1.3 统计结果表明，造成火灾中人员伤亡的主要原因之一是烟雾中的有毒气体。因此，幕墙应避免使用燃烧后或者高温环境下产生有毒有害气体的材料。

3.1.4 新材料的应用推动了幕墙行业发展，而材料标准往往滞后于新材料的应用。为了技术进步、节能减排，鼓励先进的、节约资源符合环保要求和可循环利用的、鉴定合格的新材料应用于建筑幕墙。

3.2 材料力学性能

3.2.2 铝合金材料强度设计值按铝合金材料力学性能标准值除以抗力分项系数确定。为了便于设计应用，将得到的数值结果取 5 的整数倍。本条参考《铝合金结构设计规范》GB 50429 制定。

3.2.7 不锈钢材料(管材、棒材、型材)主要用于幕墙的连接件和支承结构，其强度设计值比钢结构的安全度略有增大，总安全系数约为 1.6。因国内外对不锈钢材料牌号的命名差异较大，国内标准新旧牌号命名也有所不同，为方便应用对应列出。

3.2.9 现行国家、行业标准对幕墙所用牌号的单层铝板的强度设计值未作相应规定。根据实际工程经验，本条单层铝合金板抗拉强度设计值按《一般工业用铝及铝合金板、带材 第2部分：力学性能》GB/T 3880.2 规定的屈服强度标准值 $\sigma_{0.2}$ 除以系数1.286采用，抗剪强度设计值取其抗拉强度设计值的0.58倍，相当于总安全系数为1.8。

3.2.10 铝蜂窝复合板的种类很多，对其力学性能的研究尚不充分。为了便于实际工程使用，铝蜂窝复合板可根据厂家提供的强度试验平均值，除以材料抗力分项系数1.428后作为强度设计值。

3.2.12 花岗岩板是天然脆性材料，材质不均匀，强度离散性大，本条规定取总安全系数 $K=3.0$，材料抗力分项系数2.15。花岗岩板用于重要部位时，可根据实际情况提高总安全系数。石材剪切强度取弯曲强度的50%。石材抽样试验样本容量见22.1.4条条文说明。

3.2.13 瓷板、陶板和微晶玻璃等属于人造板材。根据实际工程经验，陶板和微晶玻璃取总安全系数 $K=2.8$，材料抗力分项系数2.0。用于重要部位时，可根据实际情况提高总安全系数。陶板和微晶玻璃的剪切强度取弯曲强度的20%。

3.2.14 GRC板抗弯、抗剪、抗裂强度设计值的确定是一个复杂的问题，涉及材料、养护、制作工艺、使用环境及维护等，《玻璃纤维增强水泥(GRC)建筑应用技术标准》JGJ/T 423 提出了完整的计算方法，但技术要求方面尚难落实，需要专项技术验证确定。

3.2.16 幕墙工程使用到后置埋件时，后锚固锚栓强度设计值可按《混凝土结构后锚固技术规程》JGJ 145 取用。

3.3 铝合金材料

3.3.1 铝合金型材尺寸允许偏差有普通级、高精级、超高精级三个级别。幕墙应采用高精级或超高精级的铝合金型材。

3.3.2 为防止大气中的酸性物质腐蚀铝合金型材表面，保证型材的外形美观和使用寿命，幕墙用铝合金型材应进行表面防护处理。常用的处理方法有阳极氧化、电泳涂漆、粉末喷涂和氟碳喷涂4种，不同的表面处理方法具有不同的耐腐蚀性能。幕墙工程设计时，可根据幕墙的使用环境、腐蚀介质、浸蚀性作用和使用年限合理选择。

3.3.3 幕墙的热工性能要求越来越受到重视，隔热型材已普遍用于明框幕墙。PVC材料的热膨胀系数比铝型材高，在高温和机械荷载下会产生较大的蠕变，导致型材变形。PA66GF25热膨胀系数与铝型材相近，机械强度高，耐高温、防腐蚀性能好，成为铝型材理想的隔热材料。为了保证隔热材料的质量，本条对隔热材料的材质作出规定。

3.3.4 隔热铝合金型材按其工艺分为穿条式和浇注式，采用穿条式和浇注式生产后的复合型材应符合《铝合金建筑型材　第6部分：隔热型材》GB/T 5237.6规定。

3.4 钢材、钢制品

3.4.6 奥氏体不锈钢材的防锈能力与其镍、铬含量有关，镍、铬含量越高防锈能力越好。常用的奥氏体不锈钢有S304××系列和S316××系列，可根据环境条件选用。与通常用于建筑上的奥氏体不锈钢相比，奥氏体-铁素体型双相不锈钢具有较高的强度和良好的耐腐蚀性能，其镍含量低于奥氏体型不锈钢。

3.5 玻　璃

3.5.4 目前国内外加工夹层玻璃的方法有干法和湿法两种。干法生产的夹层玻璃质量稳定可靠。湿法生产的夹层玻璃质量不如干法，不可用作幕墙玻璃，尤其不能作为安全玻璃用于隐框幕墙。本条特别指明，幕墙玻璃应采用聚乙烯醇缩丁醛胶片或离子性中间层胶片干法加工合成的夹层玻璃。

3.5.6 幕墙玻璃贴膜是改善既有建筑幕墙安全性、隔热性的方法之一，本条列出有关玻璃贴膜材料性能、质量要求和安全使用的现行国家及行业标准。

3.6 金属板材

3.6.1，3.6.2，3.6.5 上海地处沿海，并且属多酸雨地区，为保证铝板的防腐蚀能力和耐久性，铝板表面涂层厚度应符合规定。

3.8 人造板材

3.8.1～3.8.6 微晶玻璃、瓷板、陶板和玻璃纤维增强水泥板(GRC)在上海均有实际应用，但缺乏系统的归纳和总结。工程设计中需调查并了解生产企业的产品性能，符合本标准规定，必要时作试验验证。

3.9 复合板材

3.9.1～3.9.5 本节列出很多人造复合板材，工程实际中应根据设计要求和规范规定选用。材料选用中要根据工程使用部位不同，特别注意建筑防火设计要求。A级铝复合板、钛锌复合板、不锈钢复合板等新材料，虽有工程实际应用但尚缺乏系统的归纳和总结。不同厂家的产品质量不一，需调查了解生产企业的产品性能，根据设计要求对材料作必要的试验验证。

上海地处沿海，耐腐蚀性要求较高，3.9.1～3.9.2条对铝板表面氟碳树脂涂层厚度作了规定。

铝蜂窝复合板力学性能主要由上下面层铝板、铝蜂窝芯力学性能和铝合金板材与夹芯层的剥离强度决定，为保证铝蜂窝复合板的力学性能和质量，本条对上下面铝合金板厚度、铝蜂窝芯和铝合金板材与夹芯层的剥离强度作了规定。平拉强度和滚筒剥离强度试验方法见《夹层结构平拉强度试验方法》GB/T 1452 和《夹层结构滚筒剥离强度试验方法》GB/T 1457。

3.10 金属连接件与紧固件

3.10.6 背栓材料应采用不低于 316 奥氏体型不锈钢材质(《紧固件机械性能　不锈钢螺栓、螺钉和螺柱》GB/T 3098.6:A4－70 及以上)。背栓的力学性能直接影响到面板连接的安全可靠性，本条规定背栓应经力学性能检测确定其承载能力。

3.11 结构胶与密封材料

3.11.4 本次修订调整了 10.6.5 条的硅酮结构胶粘接厚度计算公式，因此本条增加了对结构胶拉伸应力应变曲线的要求。

3.11.6 硅酮结构密封胶和硅酮建筑密封胶的使用，关系幕墙的安全性、水密性和气密性。产品必须做相容性试验，硅酮结构密封胶还要做剥离粘结性试验和邵氏硬度试验。不得使用未经试验的产品、超过有效期的产品及相容性或其他指标不满足要求的产品。本条规定应严格执行。

硅酮建筑密封胶和硅酮结构密封胶在使用前，对与其相接触的材料(如间隔条、密封垫、定位块及其他有机材料)应做相容性试验。一旦使用了与密封胶不相容的材料，会导致密封胶的粘结性能下降或丧失，留下质量或安全隐患。由于硅酮结构密封胶是结构连接用材料，关乎建筑幕墙结构安全，应进行与面板、金属框架等接触材料的剥离粘结性试验以及拉伸粘接性试验、邵氏硬度试验，以保证结构粘接质量和安全性。

3.11.7 酸性硅酮结构密封胶会与金属结构或玻璃镀膜层内的金属元素发生化学反应，导致粘结破坏。

3.11.9 采光顶和超高层建筑幕墙平面位移量大，参考了《幕墙玻璃接缝用密封胶》JC/T 882 和《建筑密封胶分级和要求》GB/T 22083，本条规定采光顶和超高层建筑幕墙采用大变位硅酮耐候密封胶的位移能力应达到 100/50 级要求。

3.12 防火材料

3.12.2 在火灾高温作用下，防火封堵材料必须能保持整体稳定，不产生移位、脱落等现象，以保证其正常防火功能。玻璃纤维等耐高温性能差的材料，不适用于防火封堵。

3.13 保温隔热材料

3.13.1 因建筑节能需要，保温隔热材料在幕墙工程中大量使用。易燃或可燃的保温隔热材料不符合消防要求，因此选用岩棉、矿棉、玻璃棉等不燃材料作为幕墙的隔热保温材料。考虑健康环保的要求，保温材料不应采用含石棉的材料。

3.14 其他材料

3.14.1 硫化再生橡胶长期承压易变形，木片或其他吸水性材料会受潮膨胀，不得用作支承垫块。

4 建筑设计

4.1 一般规定

4.1.1 本条强调，在建筑设计方案阶段选择建筑幕墙类别，如玻璃幕墙、金属幕墙、石材幕墙或其他板材幕墙。在扩初设计或施工图设计阶段确定建筑幕墙类型，如明框、隐框、开缝等构造类型。

4.1.5 隐框玻璃幕墙应有防玻璃脱落的构造措施，高层建筑采用隐框玻璃幕墙时应经专项技术论证。

4.1.6～4.1.10 为了保障公共安全，须控制单片玻璃面积，选择玻璃品种。临街幕墙玻璃面板宜选用夹层玻璃。

钢化玻璃自爆已成为社会关注的问题。本标准规定钢化玻璃应有防自爆后坠落的措施。

根据工程实践，半钢化玻璃可以在建筑幕墙中使用。

对易受人体冲击部位的面板玻璃，本标准 4.3.6 条作了限定，比《建筑玻璃应用技术规程》JGJ 113－2015 第 7 章“建筑玻璃防人体冲击规定”7.1.1 条的玻璃最大许用面积更严格些。

4.1.7 条对于特别重要的建筑引入了抗爆设计概念，幕墙抗爆设计已有相应规范类文件可供参考。

人流密度大的重要公共建筑，如大型交通类建筑、大型商业建筑、重要文化娱乐类公共建筑，幕墙面板应采用夹层玻璃，确保安全。

玻璃板块的大小，4.1.6 条第 1 款 4.5m^2 和第 3 款 9.0m^2 的限定，是对本市工程实践最普遍的归纳，但两款也都作了除外的规定。

因建筑设计和使用要求不同，本市幕墙玻璃有突破 4.1.6 条规定的实践，单块面积甚至已超过 $20m^2$。出于安全考虑，本标准不建议超限，但超限板块仍可沿用本标准相应条款完成设计。四边支承板的弯矩、挠度可沿用表 11.2.6-1、表 11.2.6-2 和表 11.2.7的计算系数。挠度计算尚可参考美国和加拿大相关规范推荐的近似计算公式作校核。超限板块的防人体冲击验算，冲击荷载作用于板块中线上离楼地面高度 1.5m 处，荷载分项系数取 1.50，其余参数按本标准 4.3.6 条第 2 款规定取值。为简化计算，计算弯矩值可按弹性板弯矩的 70% 取用，冲击力不与其他荷载组合，也可不作挠度校核。玻璃板块的入槽深度可比本标准设定值适当加大。超限板块尚需考虑生产工艺、供货条件、交通运输、安装施工等因素，确保长期使用安全。

4.1.13 采用幕墙构造形式分层支承的采光单元，指在楼层间（包括底层地坪至上层楼盖）设置与幕墙连接构造相同的金属立柱、横梁等型材作为支承构件，并与面板组成建筑采光单元。

4.2 性能设计

4.2.2 本条符合《公共建筑节能设计标准》GB 50189 气密性不小于 3 级的要求。

4.2.3 本条规定了上海市建筑幕墙设计应达到的水密性要求，保证台风暴雨季节幕墙围护的严密性。

4.2.5 建筑幕墙层间变形性能指标值根据主体结构弹性层间位移角值计算确定。层间位移角值由主体设计提供，不宜直接按结构设计规范取用。

幕墙层间变形性能不小于小震作用下层间位移角的 3 倍，此性能指标值仅供模拟测试判定使用。测试不满足时，要调整连接构造设计。变形协调构造设计按本标准相应条款执行。

4.2.8 幕墙应区分透光幕墙和非透光幕墙的保温性能，且应满足主体建筑对建筑外墙和外窗的节能设计要求。

4.3 安全措施

4.3.3 玻璃肋宜选用夹层玻璃，包括全玻璃幕墙的玻璃肋以及点支承玻璃幕墙的支承构件为玻璃肋时。

4.3.5 为防止人体或物体撞击，保证临近楼地面周边部位玻璃板块的使用安全，根据现场情况采取防护措施。警示标志应醒目地设置在视线高度范围。

4.3.6 楼层外缘无实体墙的玻璃部位应设置防撞设施或醒目的警示标志，包括设置固定护栏以保证安全使用。同时，条文也规定了可以不设护栏的条件。

本条中的冲击验算，可不与其他荷载组合。

4.4 构造设计

4.4.4 幕墙保温层是幕墙系统的构造组成之一。实践中有少数工程拟采取幕墙保温层与幕墙体系拆分施工的组织形式，不利于保温层与幕墙构件之间的连接与密封。

4.5 建筑设计文件中的幕墙设计

幕墙设计是建筑设计不可分割的一部分，建筑设计文件外围护部分有关幕墙设计的内容是幕墙设计的基本依据，设计文件由文字说明和图纸组成，用以引导幕墙设计全面完整地表达和实现建筑设计的各项要求、满足和符合相应行政和技术规范的规定。

本节内容包含方案设计、初步设计和施工图设计阶段关于幕墙工程应提供的文件与资料，是针对建筑设计各阶段关于外围护体系概念性设计的不同深度要求，在设计深入过程中逐步完善。施工图设计文件是编制幕墙招投标文件的主要依据和组成部分，应完整地包含有关幕墙工程的平、立、剖面设计图，并含雨篷、女儿墙等设计部位的构造方式、外墙面留洞部位与形式、与相邻实体墙及楼地面的界面关系。以上内容在图中应标注清楚。

4.6 幕墙专业设计文件

幕墙设计应全面完整地表达和实现建筑设计文件外围护部分有关幕墙设计的各项要求，遵循相关技术规范，完成幕墙设计文件的编制。

本节内容包含建筑幕墙施工图设计阶段应完成的文件与资料。由幕墙设计单位根据建筑设计招标文件、建设方提供的有关审批文件和相关标准的规定与要求，全面完成外围护体系的施工图设计。该阶段通常称为幕墙工程深化设计阶段。

建筑幕墙抗风压性能、水密性能、气密性能、平面内变形性能、空气隔声性能、耐撞击性能等各项技术物理性能指标，透光幕墙的传热系数、非透光幕墙的传热系数等热工性能指标，幕墙玻璃的可见光反射比、可见光透射比、遮阳系数（或太阳得热系数）等主要光学性能指标，通常由建筑主体设计单位提出。

5 幕墙光反射

5.1 一般规定

5.1.1 玻墙比大于40%的非幕墙建筑立面，可比照玻璃幕墙作光反射环境影响分析和评价。

5.1.2 随着经济的发展，以玻璃幕墙作为建筑外围护的设计项目日益增多。幕墙玻璃因太阳光反射造成的环境影响逐渐显现。玻璃幕墙设计应重视幕墙光反射对环境的影响，符合有关规定。本章条文所述“玻璃幕墙”，均指由玻璃或玻璃与其他材料组成的建筑幕墙。

5.1.3 玻璃幕墙建筑设计方案需要通过环境影响分析和评价，将幕墙光反射对周边环境的影响控制在合理的范围内。本市结合多年来的管理和实践，形成了一套分析方法和评价体系，其主要内容见附录B。幕墙光反射对环境影响的分析方法和评价体系还在不断完善中。

5.2 建筑设计

5.2.1～5.2.2 玻墙比是衡量建筑立面外露玻璃数量的指标，玻墙比越大，对周边环境的影响越大。根据本市建筑实践，建筑立面玻墙比宜根据不同情况予以控制。

5.2.3 朝向敏感目标的玻璃幕墙须通过环评(附录B)。

5.2.4 必须避免反射光聚焦对人、车辆、绿化、设备及其他建筑物和构筑物造成不利影响。

5.2.7 玻璃制品易碎裂坠落，不宜在外立面作遮阳部件或装饰部件。

5.2.8 一般大堂、门厅和裙房玻璃用量较大，但大堂、门厅和裙房不高，其光反射影响范围小。本条规定裙房与主立面分别计算玻墙比。玻墙比计算时，立面上所有外露玻璃（幕墙玻璃和非幕墙范围的玻璃），均应计入。

5.3 减少光反射影响的措施

5.3.4 如难以避免弧形立面，宜采用平板玻璃折线拼接，可以降低光反射对环境的影响。

6 幕墙热工设计

6.1 一般规定

6.1.1 建筑幕墙是建筑外围护结构的组成部分。在幕墙设计阶段，主体建筑的节能设计已通过审查备案。因此，透明幕墙和非透明幕墙的热工性能指标，必须以建筑设计单位根据《公共建筑节能设计标准》GB 50189 权衡建筑围护结构各部位的保温隔热措施而提出来的热工性能为准。

6.1.2 非透光幕墙的热工性能须满足上海市节能设计标准对建筑外墙传热系数的规定限值，幕墙的保温层因立柱、横梁等幕墙框架而无法连续，故应考虑幕墙框架的冷热桥影响，可通过适当增加保温层厚度加以弥补，并应做好保温层与幕墙框架缝隙的保温密封。透光幕墙中玻璃和框材的传热系数不同，应按照其面积比例加权计算透光幕墙的整体平均传热系数，不能以玻璃自身的传热系数替代透光幕墙的传热系数。对于隐框玻璃幕墙，传热系数应按照玻璃之间的密封胶和玻璃的面积比例加权计算。透光幕墙的传热系数计算应符合《建筑门窗玻璃幕墙热工计算规程》JGJ/T 151 规定。

6.1.3 上海地处夏热冬冷地区，以夏季隔热为主，兼顾冬季采暖。空气外循环形式的双层幕墙内外层之间的间隔层进深较大，可在此空间利用空气流动和通风措施带走热量，并在间隔层设置活动遮阳设施，减少太阳辐射热，从而起到减少空调能耗的目的。

6.1.5 幕墙设置开启窗扇是为了满足室内空间通风换气的要求，但也应考虑高空开启窗扇的安全防坠落问题，可根据主体建筑设计对通风的要求，合理设置开启窗扇。

6.2 构造与设计

6.2.1 建筑物底层大堂可能难以避免局部采用单层幕墙玻璃，必须通过提高单层玻璃所在朝向的其他透明部分的热工性能，弥补单层玻璃的不足。控制单层玻璃的使用面积，是为了保证该朝向的透明幕墙整体传热系数可以控制在热工性能指标要求以内。单层玻璃幕墙所在朝向的透明幕墙应根据单层玻璃、中空玻璃和其他非玻璃面积加权计算传热系数。

6.2.2 非透光幕墙由透光或不透光面板、保温材料、墙体基层组成，面板可以是玻璃、金属板材、石材或其他材料。应按照不同材料相应的面积加权计算非透明幕墙的传热系数，其中应考虑非透光幕墙一般不设实体砌筑墙，故对其保温层提出热阻的最低要求，确保非透光幕墙的热惰性指标。幕墙的保温层作为幕墙体系整体的组成部分，不可采用薄抹灰保温系统。幕墙保温层要与幕墙一体化设计与施工，以保证非透光幕墙的保温性能与施工质量。避免保温层单独分包给非幕墙施工单位施工，造成幕墙后续施工时破坏保温层，甚至造成职责难界定。

6.2.3 明框幕墙的保温隔热由框架与玻璃共同承担，其型材要有隔热措施，减少冷热桥效应。

6.2.10 无保温层的非透明幕墙难以满足隔热保温要求。幕墙保温材料的内侧或外侧（至少一侧）应有不小于 50mm 的空气层。玻璃面板内侧应有不小于 50mm 的空气层。

6.2.12 近年来，建筑幕墙为了满足幕墙玻璃通透的效果，透光部位不设开启窗扇，而在非透明部位设置非透光材质的开启扇以解决室内空气质量、自然通风的需求，由于开启窗扇与外墙热工性能有关，因此有必要对此类开启窗扇作出规定。

7 幕墙防火构造

7.1 一般规定

7.1.2 建筑幕墙的防火封堵应符合《建筑设计防火规范》GB 50016规定。幕墙与建筑各层楼板边缘实体墙、防火区内的隔墙、实体墙面间的空腔及建筑洞口周边的缝隙均应采用防火封堵材料封堵。

7.1.3 玻璃幕墙防火封堵如图 7.1 所示。

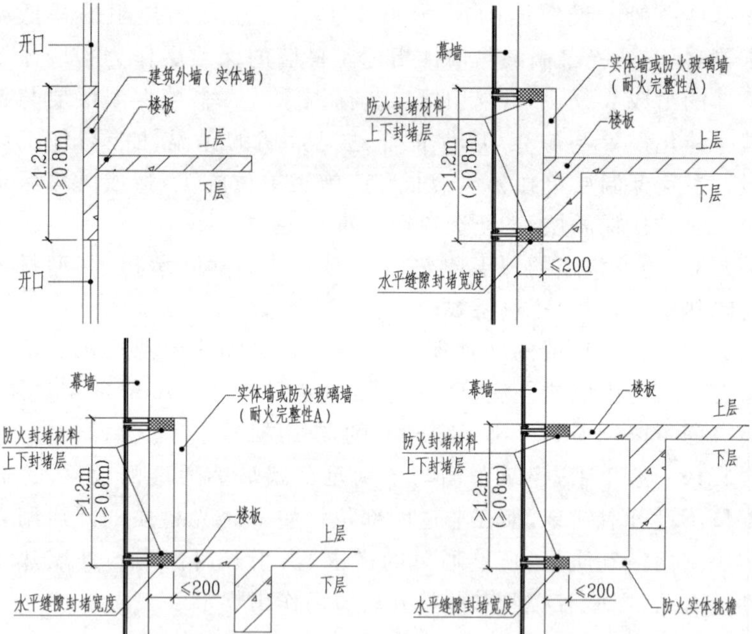

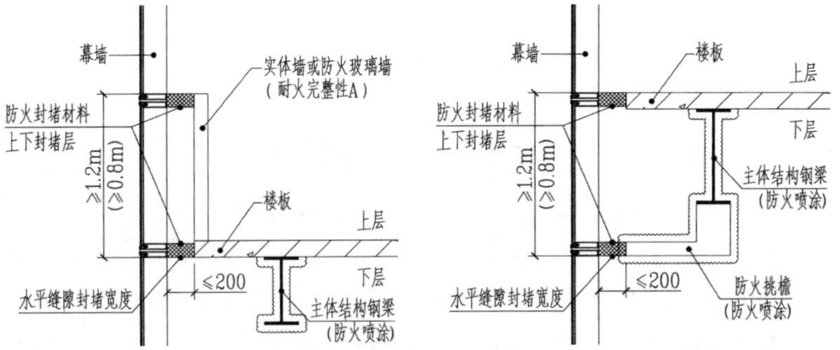

图 7.1　防火封堵示意图

7.1.4　幕墙防火封堵材料须在明火高温状态下不发生开裂、变形，不产生有毒有害物质。玻璃纤维棉是一种不燃烧材料，但它在明火高温状态下会收缩变形为玻璃团，不能作防火封堵材料。

7.1.6　每个防火分区消防救援窗不应少于 2 个。为保证快速救援并能使灭火消防水汽排泄顺畅，沿建筑物周边设置消防救援窗，各相邻救援窗间距不宜大于 20m。

消防工具在不断改进。经玻璃击碎试验验证，目前消防队员救援时携带的专用救援工具，对单片钢化玻璃击碎效果最好，对普通玻璃和夹层玻璃击碎效果较差。

7.1.8　《建筑设计防火规范》GB 50016－2014 第 6.3.7 条条文说明列举了一些措施，可防止火势通过玻璃采光顶蔓延至邻近建筑或设施。

7.2　构造设计

7.2.2～7.2.4　幕墙防火封堵的承托板或支承构架应与主体结构牢固连接，不应支撑在幕墙框构架上。当发生火灾时，玻璃几分钟就碎裂，铝合金型材融化。为了延缓火灾蔓延，幕墙的防火封堵构造应与主体结构牢固连接。因此，对防火封堵构造作了详细要求。

7.3 双层幕墙的防火设计

7.3.2～7.3.4 双层幕墙的内外层之间留有使空气流通的空腔，一旦火灾发生，此空腔的烟囱效应加速火灾蔓延；由于双层幕墙给灭火救援行动带来诸多不利因素，给消防人员破拆强攻救援增加了难度，因此有必要对双层幕墙的防火设计作出规定。

1 箱体式双层幕墙的防火分隔，横向设置在若干层间，竖向设置在若干段内，空气间层在横向和竖向被分隔（图 7.2）。

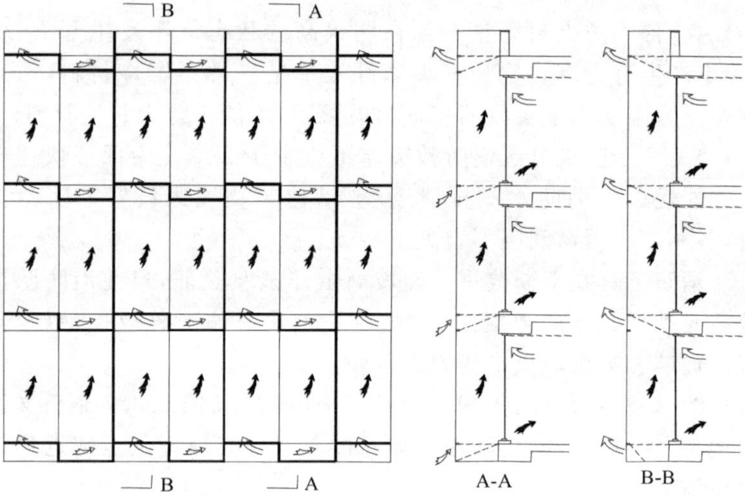

图 7.2 箱体式双层幕墙示意图

2 整体式双层幕墙没有横向和竖向约束措施，空气在内外层幕墙间流通（图 7.3）。

7.3.5 为了便于消防人员从室外通过救援窗进入建筑火场灭火并及时救援受困人员，在与外层应急击碎玻璃相对应的位置，内层幕墙应设置内外均可开启的门，内外层幕墙之间设置方便人员通行的连廊。

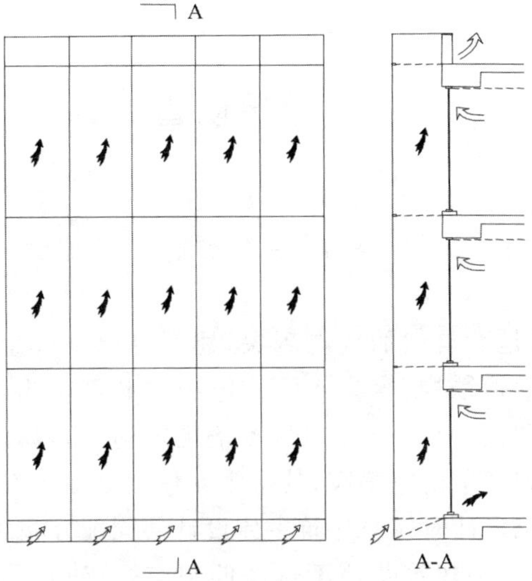

图 7.3　整体式双层幕墙示意图

8 幕墙防雷

8.1 一般规定

8.1.1 雷击是大自然的放电现象，建筑幕墙是大量应用金属构架组成的外围护结构，容易遭受雷电袭击和产生雷电感应，造成建筑物损坏和人身伤亡。因此，本条规定建筑幕墙应防直击雷、侧击雷袭击和产生雷电感应，其防雷系统设计是十分重要的。幕墙在防雷系统设计时应与建筑主体设计共同配合完成。

8.1.2 本条规定建筑幕墙不论高低都应按《建筑物防雷设计规范》GB 50057 中规定的第二类防雷要求设防。即幕墙表面按不大于 10m×10m 或 12m×8m 网格要求的幕墙金属框架作为接闪器，按防雷规范要求与主体结构的防雷系统相连接。幕墙体系兼作建筑主体（主体结构空缺）时，建筑幕墙须独立防雷接地。

8.1.3 非金属面板的幕墙，其面板因不具有导电性能，尤其是非金属面板隐框做法的玻璃幕墙、玻璃采光顶以及石材幕墙等，一旦遭到雷击，由于没有很快的雷电释放通路，会产生局部热膨胀，在雷电冲击波的作用下导致面板材料开裂、击穿、破坏而导致高空坠落，发生危险。因此，幕墙建筑防雷设计时，对外围护幕墙以及外挑功能性或装饰性部件等都应考虑防雷保护。譬如，在不影响或在满足建筑设计外立面效果的前提下，可在幕墙立面中敷设外凸的金属装饰嵌条，对板块周边包敷金属装饰边框；也可在相应的角部位设置高出面板的金属杆等方法替代防雷接闪器，并与主体结构的防雷系统连接贯通；又如在屋面应用隐框做法的玻璃采光顶以及包括屋面上的光伏组件等防雷措施都可以采取这样的方法预防直击雷、侧击雷和雷电感应。

8.2 防雷构造设计

8.2.1～8.2.2 幕墙横、竖金属构件相互间连接的接触面积不应小于 $50mm^2$，形成良好的电气贯通。幕墙型材有隔热构造时，应以等电位金属导体连接其内外侧金属材料，每一单元板块不少于2处，形成良好的电气通路。单元板块横竖向型材均设有密闭橡胶条时，型材插口拼装连接处应采用等电位金属材料跨接，形成良好的电气通路，并按本标准8.1.2条规定，与主体建筑防雷体系可靠连接。

8.2.3 雷击着落点具有一定的随机性。当雷击点落在玻璃上时，强大的雷电流流过玻璃表面，产生热效应，造成玻璃破碎。《上海市建(构)筑物防雷管理实施办法》(沪气发〔2017〕12号)提出，在高度大于120m时，应对面板玻璃作模拟抗雷电冲击的耐受性测试。

采光顶位于建筑的屋面，面积较大(参照第二类建筑物的接闪器网格尺寸)的玻璃采光顶及超高层建筑的玻璃采光顶更易遭受到雷击，其面板玻璃应作模拟抗雷电冲击的耐受性测试。安装光伏组件的采光顶更须采取防直击雷击和防雷电波侵入的措施。

8.3 其他防雷要求

8.3.3 不同材质金属接触时，应防止金属电位不相等而造成电偶腐蚀。

9 幕墙防渗漏

9.1 一般规定

9.1.2 幕墙防水构造比较复杂，特别是面积大、凹凸和转折面多、多种面材及不同系统组合交界处、多饰面拼接造型、幕墙系统不同支承结构的层间交错过渡面、单元幕墙防排水构造及十字交缝处、结构变形缝位置等重要和复杂构造，幕墙设计要绘制详细防排水构造图和排水路径示意图，且加专项说明并提交加工及安装指导书。

9.1.3～9.1.4 在设计幕墙水密性测试试件时，要针对该幕墙所存在的不同构造体系及涵盖相交部位的防排水系统构造，不要由于少、小或某种原因将其简化或避开。

9.2 墙面构造措施

9.2.5 在主体结构变形缝相对应的部位，幕墙构架应断开，装饰面板构造尺寸要满足主体结构的变形要求，并能遮挡雨水进入，幕墙内层需要设置能满足两侧结构变形的防水层。

9.2.12 明框幕墙压板采用干法密封时，随着时间推移密封胶条老化后将会导致幕墙渗漏问题。因此，本条规定在面板与型材槽口侧边缝隙处注胶密封或设置排水引流构造。

9.4 采光顶与金属屋面

9.4.4 汇水部位有几个方向的流水汇拢时，水的自重加上水流的冲击使其荷载增加，同样排水天沟也如此。因此，计算时除考虑最大汇水重量外，还应考虑流水冲击因素，适当提高安全度，确保系统结构刚度，满足排水功能要求。

9.4.7 采光顶与金属屋面部位设置开启窗或检修口时，要考虑积水和流水冲击因素，开启窗或检修口宜高出装饰面板层250mm，不可与采光顶、金属屋面面板层同标高。周边与面板层相交部位设置泛水，接缝要有效密封。

9.4.9 为避免主体结构体系的缺陷给系统带来不稳定因素，要避免采用变形不够稳定的结构体系，防止过大变形使面板密封胶开裂渗漏。如必须采用，结构验算时在变形满足的情况下，仍须加大胶缝宽度储备量和采用弹性模量大的密封胶，防止胶缝开裂造成渗漏。

10　结构设计的基本规定

10.1　一般规定

10.1.1　本条规定幕墙结构设计的基准期为50年。建筑幕墙的设计使用年限见1.0.5条。

10.1.5　建筑幕墙的抗震设防目标是：当遭受低于本地区抗震设防烈度的多遇地震影响时，幕墙结构不受损坏或局部轻微损坏，略经修整后可继续使用；当遭受相当于本地区抗震设防烈度(7度)的设防地震影响时，可能发生局部损坏，但经修理后仍可继续使用；当遭受高于本地区抗震设防烈度的罕遇地震影响时，部分面板可能碎裂，构架可能变形，但幕墙结构不会坍塌和整体脱落或发生危及生命的严重破坏。

10.1.7　温度作用取值在《建筑结构荷载规范》GB 50009中作了相关规定，上海市的基本气温为−4℃～36℃，玻璃幕墙工程相对主体而言有其自身特点：一是为外围护构件；二是除玻璃肋外，玻璃幕墙的支承结构通常为钢、铝等金属材料，对气温变化较敏感。因此，幕墙温度作用取值时，应考虑上述特点的影响，并需注意以下几点：

1　对变形不受约束的支承结构及构件(如一端固定铰接、一端沿轴向滑动铰接的构件)可以不考虑温度作用对构件内力的影响，但应作变形空间的检查校核。

2　对于温度作用敏感的幕墙结构，如索结构幕墙、大型钢结构幕墙等，应分别考虑施工阶段与使用阶段的温度作用影响。对于暴露于室外的结构或施工期间的结构，宜根据结构的朝向和表面吸热性质考虑太阳辐射的影响。面板材料的温度范围一般可取－4℃～80℃。在北立面以外的层间阴影盒位置和太阳辐射热敏感的非透明玻璃，最高温度甚至会更高。温度计算基准可以年均中点温度或支承结构安装温度为准。

10.2 荷载和地震作用

10.2.1 幕墙结构风荷载设计值通常由建筑主体设计单位提供，但不应小于按本标准规定计算所得的设计值。

10.2.2 要求高度大于200m的建筑进行风洞试验确保风荷载的准确性。目前的情况是风洞试验结果一致性较差，由两个非关联单位各自提供独立的风洞试验报告进行分析判断可修正部分错误。风洞试验已经有国家标准，风洞试验结果有差异时，应采信严格按照国家标准进行的试验结果，风洞试验结果经比较分析判别后才有条件确定最终取值。

10.2.3 高层建筑背风面负风压体型系数来自大量风洞试验。对于立面上密布的装饰条宜采用流体力学程序模拟风荷载环境确定其体型系数，或进行风洞试验。

10.2.4 此类情况工程中出现较多，本条给出计算规定。

10.2.5 雨篷的尺寸、所处位置及雨篷与水平面夹角不同，作用于雨篷上的正风压会存在较大差异，可根据《建筑结构荷载规范》GB 50009规定取值。雨篷正风压直接影响雨篷的安全使用，本条内容参考了部分风洞试验结果。

10.2.6 本条参考了《中国地震动参数区划图》GB 18306的相关内容。

10.3 作用效应计算

10.3.2 对于规则构件，如规则幕墙体系中的立柱、横梁、玻璃等，可按具体的边界条件和力学计算模型，直接根据其解析解公式计算作用效应(如弯矩、应力、位移等)。而对于具有复杂边界或荷载的构件,如三角形玻璃、梯形玻璃、变截面构件、空间复杂钢结构等,可通过有限元设计软件或分析软件计算其作用效应。

10.3.3 对于预应力拉索、预应力拉杆、索网式点支幕墙等支承结构体系,由于结构体系刚度相对较小,而变形大,结构内力和变形应采用考虑几何非线性的有限元软件进行分析。索/拉杆桁架刚度相对较大,非线性效应不显著,可以按照线性计算。

10.3.4 转角处幕墙构件通常45°布置,应将角部两个方向的荷载分解至构件主截面上(即主轴上),然后按强轴和弱轴分别验算强度和挠度。

10.4 作用效应组合

10.4.2 根据《建筑结构可靠性设计统一标准》GB 50068规定,幕墙结构计算可不再采用风荷载+地震荷载组合的计算模式。当无抗震设计要求时,只考虑持久设计状况和短暂设计状况即可。当有抗震设计要求时,需同时考虑持久设计状况、短暂设计状况和地震设计状况,幕墙结构体系应能满足最不利的设计状况。

10.4.3 《建筑结构可靠性设计统一标准》GB 50068－2018中所有可变荷载分项系数均为1.5。在新的《建筑抗震设计规范》颁行前,仍可按现行《建筑抗震设计规范》GB 50011－2010,针对地震设计状况下的可变荷载分项系数取1.4。

10.4.4 在实际工程应用中,可变荷载的情况是非常复杂的,条文中只针对一般情况作了规定。所有的可变荷载作用均可正可负,作用效应组合时应按实际可能发生的工况予以考虑,并选取最不利的组合进行计算和校核。有多个可变荷载时,可进行多荷载组合,组合系数依次为1.0、0.6、0.2、0。

10.5 幕墙及其与主体结构的连接构造

10.5.1 支承幕墙的主体结构必须具备承受幕墙作用的各种力和变形(含温度影响)的能力,主体结构设计时应充分考虑。幕墙的结构设计、幕墙和主体结构的连接构造设计应满足主体结构的变形,且不应影响幕墙的设计受力状态,同时幕墙的变形也不应影响主体结构的使用安全。

10.5.2 由于幕墙结构承受的荷载最终都要通过支承连接件传递给主体结构,在幕墙构件和连接件调整到位后需要固定,以保证连接牢固不松动,防止产生相对滑移、脱落的现象。

10.5.3 幕墙横梁与立柱的连接,立柱与设置在主体结构上锚固件的连接,通常通过螺栓、焊缝或铆钉实现。《钢结构设计标准》GB 50017 和《铝合金结构设计规范》GB 50429 对上述连接均作了规定。同时受拉、受剪的螺栓应作螺栓的拉、剪组合设计。螺纹连接的公差配合及构造,应符合国家规范的规定。

为防止偶然因素的影响而使连接破坏,每个连接件的每一连接处,受力螺栓、螺钉、铆钉不宜少于 2 个,主要连接节点处不应少于 2 个。

10.5.4 幕墙的连接与锚固必须可靠,其承载力应通过计算或实际试验予以确认,并要留有余地,防止偶然因素产生突然破坏。连接件与主体结构的锚固承载力应大于连接件本身的承载力,任何情况下不允许发生锚固破坏。采用钢质连接件时,钢板、角钢翼缘、热轧工字钢和槽钢腹板的厚度均不应小于 6mm。铝合金连接件厚度不应小于 8mm。单元式幕墙按 14.4.6 条采用。

仰焊焊接虽然不影响结构计算的要求,但由于其施工难度大,安全隐患多,因此在本标准中,建议慎用。

10.5.8 土建施工漏设预埋件、预埋件偏位、设计变更、旧建筑幕墙改造时,往往需使用后锚固螺栓连接。

1 采用后锚固螺栓(机械扩底螺栓或化学螺栓)时,应采取相应措施,保证连接的可靠性。化学螺栓和机械扩底螺栓的破坏机理有差异,不应混用。震动荷载(比如风荷载)能使普通膨胀螺栓脱出,故普通膨胀螺栓不能承受风荷载和地震作用。

2 幕墙用锚栓一般适用《混凝土结构后锚固技术规程》JGJ 145 中非结构构件连接的规定。重要工程适用《混凝土结构后锚固技术规程》JGJ 145 中结构构件连接的规定。

3 后置埋件应避免再焊接。如因保证后置埋件结构强度需要,可先定位确定锚栓位置,然后取下锚板与连接件焊接,再将其安装至结构上。

10.5.9 砌体结构平面外承载能力低,难以直接连接,应增设混凝土结构或钢结构连接构件。轻质隔墙承载力和变形能力低,不应作为幕墙的支承结构。

10.6 硅酮结构密封胶与玻璃面板安装

10.6.5 隐框幕墙玻璃面板与副框粘接,结构胶厚度的计算和确定与幕墙安装方式有关。本标准明确:支承隐框玻璃面板的立柱与主体结构间有可调节措施,横梁与立柱的连接、副框与横梁及立柱之间、压板端部与副框之间,均留有必要的间隙。

在风荷载或地震作用下,隐框幕墙随主体结构侧向位移时,面板与副框间的结构胶发生剪切位移,此项位移是结构胶厚度计算的基础。国内外有关规范和技术论文对此均有反映。中国建筑科学院等单位还专门开展模型试验和有限元分析,取得了很好的成果,为修订结构胶厚度计算方法提供了技术支持。本标准修订过程中也组织参编单位对此作了专题分析研究。科胜幕墙曾用数值积分推演了副框移动带动结构胶剪切位移的计算公式;远大铝业等提出当副框移动到预设的极限位置后,玻璃与副框间将产生剪切位移。

本条计算方法同时适用于隐框和半隐框幕墙。

事实上，支承幕墙面板的框架与主体结构间、框架自身、副框与横梁立柱间以及压板与副框间预留的间隙，均能协调主体结构的位移。设计中，首先应注重构造协调措施，而不是过多的计算分析。

根据中国建筑科学院对硅酮结构胶的专题研究，将玻璃面板直接采用结构胶粘接到金属框架上进行平面内位移试验，位移折减系数介于0.08～0.43，并与有限元模拟结果吻合较好。对于带有副框的隐框幕墙，层间位移基本都会被副框和压板间的间隙吸收，不会对结构胶厚度计算有实质影响。列入计算是为确保隐框幕墙的安全。

隐框单元式玻璃幕墙中，面板通过硅酮结构密封胶与横梁或立柱粘接；框架式隐框玻璃幕墙中，面板通过硅酮结构密封胶粘接在副框上，并利用压块固定于横梁或立柱。硅酮结构密封胶变形如图10.1所示。

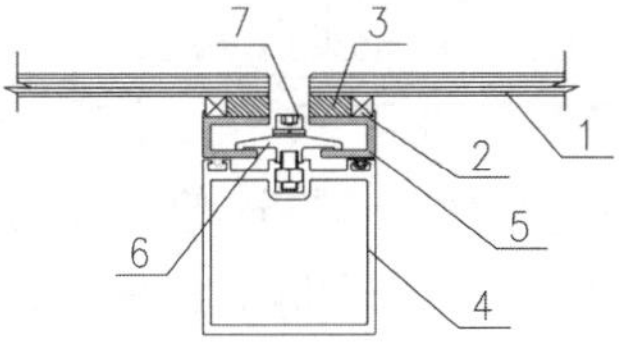

1—玻璃面板；2—双面胶条；3—硅酮结构密封胶；4—铝合金框；
5—副框；6—压块；7—螺栓

图10.1　硅酮结构密封胶变形示意图

$$u_s=[\alpha_1(T_1-T_0)-\alpha_2(T_2-T_0)]\cdot\sqrt{(l_1/2)^2+l_2^2}$$

其中：　u_s——硅酮结构密封胶在温度作用下的胶体剪切位移最大值(mm)；

α_1,α_2——结构胶一侧粘接框的线膨胀系数、玻璃线膨胀系数；

T_0——结构胶打胶粘接时的环境温度；

T_1,T_2——同一时刻下,粘接框、玻璃面板的温度值,(T_1-T_2)不宜小于25℃;

l_1——矩形玻璃面板下部托条支承边的边长,即玻璃面板宽度(mm);

l_2——矩形玻璃面板高度(mm)。

注:图10.1及公式引自欧标,只说明欧标的设计方向,仅供参考,不作为本标准依据。

10.6.6 硅酮结构密封胶承受永久荷载的能力很低,强度设计值f_2仅为$0.01N/mm^2$,而且有明显的变形。长期受力部位应设金属件支承。本条要求隐框幕墙及横隐幕墙玻璃应在玻璃底端设支承托,隐框幕墙的承托件应确保强度和刚度。承托件不能固定在副框上,且要与横梁机械连接固定。

10.6.8 建筑幕墙对主体结构层间位移有很强的适应能力(见10.6.5条条文说明)。关于建筑幕墙的层间变形性能,《建筑幕墙》GB/T 21086和本标准均以小震作用下主体结构弹性层间位移角的3倍作为指标值。工程实践和模拟测试证实,按构造要求进行幕墙设计即可满足性能要求。大量构件式幕墙等试件检测指标均符合规定,足以反映建筑幕墙的性能特征。

与主体结构相比,幕墙属于非结构构件。地震作用下幕墙玻璃损坏后可以更换修复。不要求玻璃这类脆性材料在地震作用下全部保持完好。

本标准4.2.5条规定,建筑幕墙层间变形性能指标值不应小于主体结构小震时弹性层间位移角控制值的3倍。测试不满足时,应调整幕墙连接构造设计。

10.7 紧固件连接

10.7.1 本条包含用于压型钢板连接或压型钢板与冷弯型钢构件连接的自攻螺钉或自钻自攻螺钉,其承载力可按《冷弯薄壁型钢结构技术规范》GB 50018 规定计算。

10.7.2 钉槽连接是国际通行的常规做法，有大量的工程实例证明其安全性，但此类连接方式的安全度取决于加工制作质量。为确保安全，本标准作了必要规定。采用自攻螺钉或自钻自攻螺钉，可引用 AAMA TIR A9—2014 和 AA ADM 2010 的相关公式。总体安全系数为 3.0。

单个自攻螺钉或自钻自攻螺钉与铝材的抗拉承载力设计值可按下列公式计算：

1 自攻螺钉通过合适的底孔或自钻自攻螺钉直接与铝材连接：

当 $2\text{mm} \leqslant L_e < 2P$ 时

$$R_n = 0.56 D L_e F_{ty}$$

当 $2P \leqslant L_e < 4P$ 时

$$R_n = 0.56 D F_{ty}(4P - L_e) + 1.52 D F_{tu}(L_e - 2P)$$

当 $4P \leqslant L_e \leqslant 8\text{mm}$ 时

$$R_n = 0.76 D L_e F_{tu}$$

式中：R_n——螺钉的抗拉承载力设计值(N)；

L_e——螺钉与铝材的完整螺纹咬合深度(mm)；

D——螺钉公称直径(mm)；

P——螺钉螺纹间距(mm)；

F_{ty}——铝合金型材拉伸屈服强度(N/mm^2)；

F_{tu}——铝合金型材拉伸极限强度(N/mm^2)。

2 自攻螺钉或自钻自攻螺钉攻入铝合金型材的长圆孔或U型自攻钉槽(图 10.2)时

$$R_{n1} = R_n R_e$$

$$R_e = R^2 \times \frac{\pi \times \dfrac{2 \times \cos^{-1}\left(\dfrac{r}{R}\right)}{180} - \sin\left[2 \times \cos^{-1}\left(\dfrac{r}{R}\right)\right]}{\pi \times (R^2 - r^2)}$$

式中：R_{n1}——螺钉与长圆孔或 U 型自攻钉槽连接的抗拉承载力设计值(N)；

R_e——螺钉的螺纹有效参与面积比，计算结果大于 0.35 时取 0.35；

R——螺钉螺纹大径的一半(mm)；

r——螺钉螺纹小径和 U 型自攻钉槽宽度(或长圆孔宽度)较大值的一半(mm)。

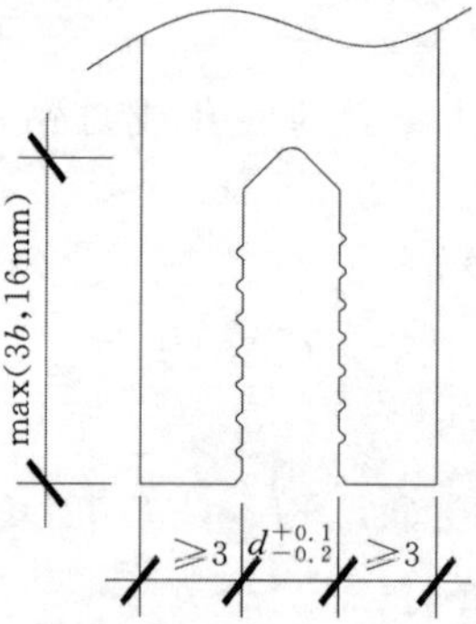

图 10.2　U 型自攻钉槽示意图

(对于 ST5.5 自攻螺钉，可取 $d=4$mm)

3　自攻螺钉或自钻自攻螺钉攻入铝合金型材的自攻钉槽(图 10.3)符合表 10.1，且螺钉与铝合金型材的完整螺纹咬合深度大于等于 2 倍螺钉公称直径时，抗拉拔承载力设计值可按下式计算：

$$R_n = 0.135 \times D \times L_e \times F_{tu}$$

其中：R_n——自攻螺钉外螺纹与型材的咬合承载力，对应的破坏状态是螺钉螺纹从铝合金型材中拔出，同 AAMA TIR A9—2014 的自攻螺钉抗拉拔承载力(Pullout resistance)。

4　以上各款计算中，铝合金型材的钉槽连接应满足下列要求：

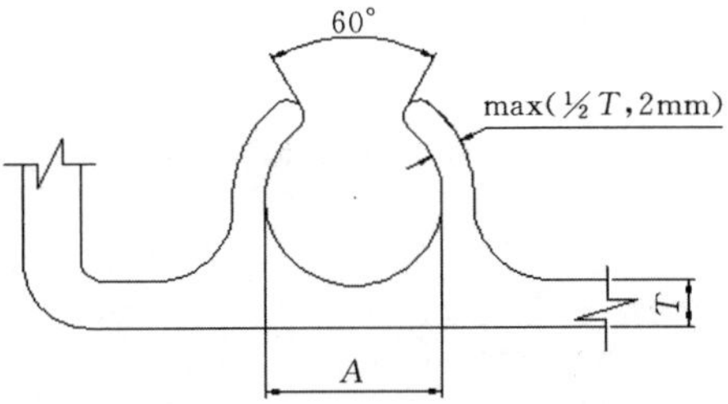

图 10.3　自攻钉槽设计尺寸图

表 10.1　自攻螺钉槽直径表

自攻螺钉规格	A
ST4.2	3.7mm±0.18mm
ST4.8	4.3mm±0.18mm
ST5.5	4.8mm±0.18mm
ST6.3	5.8mm±0.18mm

1）底孔尺寸要与铝合金型材厚度和自攻螺钉直径相适应。

自攻螺钉与型材的完整螺纹咬合深度等于自攻螺钉与型材的咬合深度减去自攻螺钉不完整螺纹的长度。自攻螺钉不完整螺纹的长度(图 10.4)可参考《自攻螺钉用螺纹》GB/T 5280 规定。

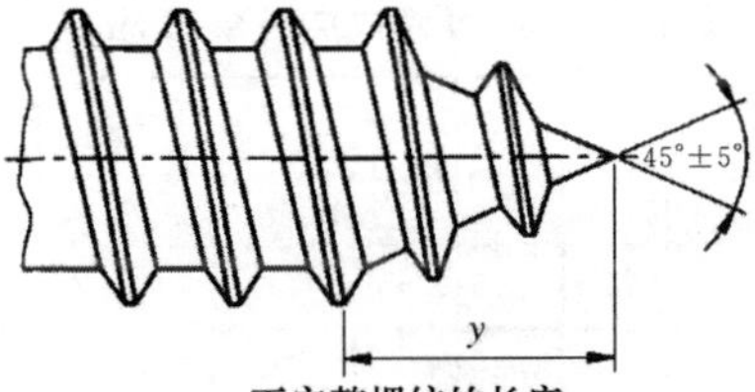

图 10.4　不完整螺纹长度

自攻螺钉底孔标准参考了 AA ADM 2010 规定。型材的拉伸屈服强度和型材的拉伸极限强度可参考《铝合金结构设计规范》GB 50429。

2）若自攻螺钉或自钻自攻螺钉攻入型材的长圆孔或型材的U型自攻钉槽，每圈完整的螺纹实际参与面积应折减。螺纹实际参与面积可按图10.5计算。

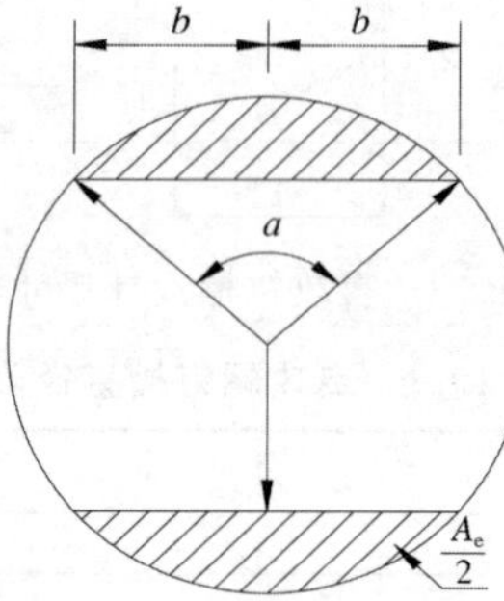

b—自攻螺钉或自钻自攻螺钉与型材的搭接长度；

a—自攻螺钉或自钻自攻螺钉与型材的搭接角度；

A_e—自攻螺钉或自钻自攻螺钉与型材的搭接总面积

图10.5　长圆孔或U型自攻钉槽螺纹参与面积折减图

3）长圆孔自攻螺钉槽的最小壁厚是相邻型材壁厚的一半和2mm二者中的较大值。

4）自攻螺钉底孔的尺寸要求与铝材厚度和自攻螺钉直径相适应。自攻螺钉底孔标准见表10.2。

表10.2　自攻螺钉底孔标准(mm)

	铝材厚度	1.22	1.52	1.91	2.67	3.18	3.43	4.17	4.75	4.93	5.08～9.53
ST4.2	底孔直径	3.25	3.45	3.56	3.73	3.73	3.78	3.86			
ST4.8	底孔直径	3.66	3.66	3.73	3.73	3.91	3.91	4.04	4.50		4.22
ST5.5	底孔直径	4.09	4.22	4.39	4.57	4.62	4.62	4.80	5.10		4.98
ST6.3	底孔直径		5.05	5.11	5.18	5.31	5.31	5.41	5.41	5.61	5.79

注：两条粗线框以内的值为优选推荐数据，以外的值不建议使用。

自攻螺钉的底孔直径在国内相关标准中没有明确规定，实验证明其对承载能力影响很大。自攻螺钉承载力不足情况，大都为设计或者加工过程中使用了错误的（往往是偏大的）自攻螺钉底孔直径造成的影响。当构件较厚时，采用过小的底孔容易造成自攻螺钉断钉和头部打滑。自攻螺钉是很容易被忽略的材料，个别项目使用劣质自攻螺钉，如外形尺寸、强度等方面不符合标准，也会影响承载力，故应加强产品质量控制。

10.7.3～10.7.5 机制螺钉承受往复荷载时会发生松动。大量工程中存在开启扇机制螺钉松脱现象，使机制螺钉固定的开启扇存在严重的安全隐患。

不同金属材质的接触部位会产生电化学腐蚀，腐蚀速度与金属之间的电位差以及环境工况密切相关。电化学腐蚀能使螺钉连接完全失效。螺钉（包括自攻螺钉）材质要与基材同质或采用等电位材质。螺钉连接安全度远低于螺栓，重要连接节点要使用螺栓，以确保安全。自攻螺钉或自攻自钻螺钉抗拉、剪承载力按10.7.1条条文说明中《冷弯薄壁型钢结构技术规范》GB 50018规定计算时，钢铝连接或铝铝连接中的材料抗拉强度设计值均取铝合金型材抗拉强度设计值，抗拉承载力还须按10.7.2条条文说明验算，并取二者的较小值作为承载力设计值。

11 面板设计

11.1 一般规定

11.1.1～11.1.4 幕墙设计是由建筑设计单位和幕墙设计单位先后完成的专项设计。幕墙概念设计阶段是建筑设计的重要内容。从建筑构思到幕墙立面方案确定，合理选择造型、色调、虚实组合、面板品种、线形与分格，具有创意和标识性，并协调幕墙与建筑整体、与周边环境的关系，创造室内外良好的空间氛围和视觉感受，是对幕墙的构造类别与用材规格提供概念性的设计要求，符合环境、节能、艺术及造价等方面的可操作性。在幕墙面板设计中，应根据面板材料的性能和实际操作过程中面板加工制作特点，选用合理的分格尺寸。

11.1.6 各种幕墙面板的相对挠度和绝对挠度，应符合正常使用极限状态下的规定。超过极限状态的变形，会降低幕墙的气密性能、水密性能及其他功能。

11.1.7 幕墙面板在使用过程中，会经受意外损坏或自然损坏，需要更换和维修。面板设计应满足正常维护和更换的需要。

11.2 玻璃面板

Ⅰ 面板设计

11.2.3 夹层玻璃和中空玻璃的两片玻璃是共同受力的，如果厚度相差过大，容易因受力不均匀而破裂。光伏幕墙表层玻璃指光伏幕墙组件的外片玻璃，相关规定见本标准 20.2.1 条。

11.2.4 玻璃由于存在硫化镍等结晶，在钢化后这种结晶随着时间的推移会发生晶态变化，可能导致钢化玻璃自爆。为了减少钢化玻璃使用过程中的自爆概率，宜对钢化玻璃二次热处理进行引爆。

钢化玻璃的二次热处理分为升温、保温和降温过程。按《建筑用安全玻璃　第4部分：均质钢化玻璃》GB 15763.4—2009规定，升温阶段为最后一块玻璃的表面温度从室温升至280℃的过程。保温阶段，所有玻璃的表面温度均达到(290±10)℃，保持不小于2h。降温阶段是从玻璃完成保温阶段后，温度降至70℃时的过程。大部分含硫化镍结晶的钢化玻璃在炉内炸碎。整个二次热处理过程应避免炉膛温度超过320℃、玻璃表面温度超过300℃，否则玻璃的钢化应力会由于过热而松弛，从而影响其强度。

11.2.5 颜色透视指数是光源(D65)透过玻璃后的一般显色指数，用Ra表示。物体在太阳光或白炽灯的照射下，显示出它的真实颜色，但在光源(D65)透过有色玻璃后，观察物体颜色就会有不同程度失真。为了对玻璃透视指数定量评价，引入颜色透视指数的概念。以光源透过无色透明玻璃为准，将其显色指数定为100，透过其他透明玻璃后的一般显色均低于100。显色指数用Ra表示，Ra值越大，玻璃显色性越好。

11.2.6 最大应力标准值可按几何非线性有限元方法计算，也可按本条公式计算。两种计算均可用时，可以公式计算为准。

11.2.8 由两片玻璃夹胶合片而成的夹层玻璃，在垂直于板面的风荷载和地震作用下，两片玻璃的挠度是相等的，玻璃的弯曲刚度 D 按下式计算：

$$D=\frac{Et^3}{12(1-\nu^2)}$$

两片玻璃按其刚度(或厚度的立方)分配荷载。

夹层玻璃的等效刚度可近似表示为两片玻璃弯曲刚度之和：$D=D_1+D_2$。

计算夹层玻璃挠度时，其等效厚度 t_e 可按两片玻璃厚度的立方和的立方根取用，也可分别按单片玻璃分配的荷载及相应的单片玻璃弯曲刚度计算挠度，所得结果相同。

原规范中利用刚度分配方法，将荷载分配到两层单片玻璃，计算等效厚度，忽略了夹层胶片对于受力性能的影响。根据中国建筑科学研究院与美国杜邦公司共同开展的夹层玻璃受弯性能试验研究结果以及国外的研究资料，夹层胶片自身的性能对夹层玻璃的受力性能影响很大。试验表明，传统的聚乙烯醇缩丁醛胶片由于自身刚度较小，粘结性也不高，尤其是温度升高至 30℃以上后，胶片的性能衰减较快。因此，可认为传统的聚乙烯醇缩丁醛胶片对夹层玻璃受力性能影响较小，计算时可以不予考虑。但近年来逐渐开始应用的离子性胶片，其粘接性与自身刚度均远高于聚乙烯醇缩丁醛胶片的性能（有厂家提供的离子性胶片的抗撕裂强度达到普通聚乙烯醇缩丁醛胶层的数倍，硬度甚至可达到普通聚乙烯醇缩丁醛胶层的数十倍），对夹层玻璃受力性能影响很大。在研究受弯承载力时，相同条件下，应用离子性胶片的夹层玻璃承载力远大于应用聚乙烯醇缩丁醛胶片的夹层玻璃。

根据国外规范（美国 ASTM1300、澳大利亚规范等）的最新发展成果以及试验研究复核，现将胶片的性能参数纳入夹层玻璃等效厚度计算中。由于国内对胶片性能研究尚处于起步阶段，目前还没有统一的测试方法和标准，因此，具体的胶片性能参数可由胶片的生产商提供，但应有一定的依据。

表 11.1～表 11.4 为美国杜邦公司提供的聚乙烯醇缩丁醛中间层和离子型中间层的材料性能参数在不同温度条件和持荷时间下的值（这些数据由美国杜邦公司提供，仅作参考）。

表 11.1 聚乙烯醇缩丁醛胶片的剪切模量 $G(N/mm^2)$

温度 \ 时间	3s	1min	1hr	1day	1mo.	>1yr
20℃	8.06	1.64	0.840	0.508	0.372	0.266
30℃	0.971	0.753	0.441	0.281	0.069	0.052
40℃	0.610	0.455	0.234	0.234	0.052	0.052
50℃	0.440	0.290	0.052	0.052	0.052	0.052

表 11.2 聚乙烯醇缩丁醛胶片的泊松比 v

温度 \ 时间	3s	1min	1hr	1day	1mo.	>1yr
20℃	0.4980	0.4996	0.4998	0.4999	0.4999	0.4999
30℃	0.4998	0.4998	0.4999	0.4999	0.4999	0.5000
40℃	0.4998	0.4999	0.4999	0.4999	0.5000	0.5000
50℃	0.4999	0.4999	0.5000	0.5000	0.5000	0.5000

表 11.3 离子型胶片的剪切模量 $G(N/mm^2)$

温度 \ 时间	3s	1min	1hr	1day	1mo.	>1yr
20℃	211	195	169	146	112	86.6
30℃	141	110	59.9	49.7	11.6	5.31
40℃	63.0	30.7	9.28	4.54	3.29	2.95
50℃	26.4	11.3	4.20	2.82	2.18	2.00

表 11.4 离子型胶片的泊松比 v

温度 \ 时间	3s	1min	1hr	1day	1mo.	>1yr
20℃	0.449	0.453	0.459	0.464	0.473	0.479
30℃	0.466	0.473	0.485	0.488	0.497	0.499
40℃	0.484	0.492	0.498	0.499	0.499	0.499
50℃	0.493	0.497	0.499	0.499	0.500	0.500

夹层玻璃受力分析时，中间胶片层材料的剪切模量取值非常关键。《建筑物中玻璃表面荷载作用确定方法》ASTM E1300－09a关于剪切模量取值要求如下：剪切模量值应根据美国标准ASTM－D4065的规定确定，剪切模量值的选取与温度和荷载持续时间是关联的，应通过ASTM－D4065中表1和图5要求的恒定振幅且固定频率的拉伸振荡试验来确定。供设计采用的典型荷载持续时间与温度的组合为：①风荷载，3s持荷时间、50℃；②雪荷载，30d/23℃。对立面幕墙而言，主要采用风荷载的对应项。

由于离子性胶片在国内尚处于应用初期阶段，其剪切模量取值宜保守些。竖直立面幕墙中查表确定离子性胶片剪切模量时，温度值可取50℃；风荷载起控制作用时，持荷时间可取1min。

11.2.9 中空玻璃的两片玻璃之间有气体层。根据试验结果，随着荷载的逐步增加，直接承受荷载的正面玻璃，挠度略大于间接承受荷载的背面玻璃。为保证安全和简化设计，将正面玻璃分配的荷载加大10%比较符合实际情况。

考虑到直接承受荷载的玻璃挠度大于按两片玻璃等挠度原则计算的挠度值，中空玻璃的等效厚度t_e取折减系数0.95。

11.2.10 夹层玻璃在垂直于板面的风荷载和地震作用下，两片玻璃的挠度是相等的，计算中空单面夹层玻璃的挠度时，其等效厚度t_e可按三片玻璃厚度的立方和的立方根取用。同中空玻璃一样考虑折减系数0.95。

Ⅱ 连接构造

11.2.14 幕墙玻璃下边缘与槽底间采用2块硬橡胶垫块承托，比全长承托效果好，但承托面积不能太小，以免压应力太大使橡胶垫块失效。垫块也不能太薄，否则可被压缩的量太小，玻璃位移将受到限制，甚至可导致玻璃开裂。

11.2.15 本条保证玻璃与框之间弹性接触，涉及型材槽口与胶条之间的配合，依靠胶条自身的弹性在槽内起密封作用，要求胶条具有耐紫外线、耐老化、永久变形小、耐污染等特性。

11.2.18 为避免结构胶长期处于受力状态，规定在玻璃面板底部的支承垫块部位设置金属承托件。承托件有效长度不大于支承垫块长度的2倍。由于玻璃大小不一，应对金属承托件的强度、挠度和连接构造的抗弯、抗剪进行验算。当不满足时，应加长支承垫块和承托件及加强连接构造。

11.2.21 利用中空玻璃的空气层厚度，把压板隐置在特设的槽内。本条归纳了本市在这方面的工程经验。结构胶宽度计算见11.2.20条。

11.3 金属面板

11.3.1～11.3.2 按照建筑设计要求选用不同材质的板材。金属板材料的选用通常为铝合金板、彩色钢板、不锈钢板和铜合金板等。在我国，幕墙较常用的面板材料为铝合金板、不锈钢板。随着建筑多样性的需要，搪瓷涂层钢板、铜板作为建筑外围护板材也取得了较好的装饰效果。目前在我国，金属面板使用的金属产品标准还不健全，有些产品尚未有国家和行业标准，在选用金属板材料时，可参照国外同类产品标准的性能指标和要求。

Ⅰ 面板设计

11.3.3 对于弧形或异型板在承受荷载作用时，板面边界承受荷载分配存在不规律性，采用常规的计算公式很难分析弧形或异型板的受力形式，在分析此类板时建议采用有限元方法模拟板的受力形式。一般情况下，弧形面板板块及单一折角且折角不小于90°的异型面板板块可按展开平面板块近似计算确定；非矩形面板板块可按外接矩形平面板块近似计算确定。

在厚度和展开面积相等的情况下，弧形面板板块的性能优于平面面板板块，其性能关系参见表11.5。半径R越小，应力和挠度越小。

表11.5 弧形面板的应力与挠度

半径R与应力和挠度		应力	挠度
平板		100.0%	100.0%
面板	R=120m	68.2%	66.8%
	R=80m	48.9%	47.0%
	R=50m	35.0%	25.0%
	R=30m	21.6%	9.9%
	R=20m	14.1%	4.3%
	R=10m	6.7%	1.1%
	R=6m	4.2%	0.5%
	R=3m	2.1%	0.1%
	R=2m	1.6%	0.05%
	R=1m	1.4%	0.02%

在厚度和展开面积相等的情况下，单一折角且折角不小于90°的异型面板板块的性能优于平面面板板块；单一折角在90°到150°之间变化，在同样的风荷载下，前者的最大应力是后者的80.0%左右，前者的最大挠度是后者的28.4%左右。

11.3.5 为保证金属面板的承载能力和工作效果，必要时用设置加强肋方式增加其刚度，保持板面平整。作为面板的支承结构，加强肋是面板区格的不动支承，所以应保证中肋与边肋、中肋与中肋的可靠连结，满足传力要求。一些工程中，中肋只与面板连结以此来保证面板的平整度，未与边肋或单层铝板的板边连结，中肋处于无支承的浮动状态，无法作为区格面板的支承边，该面板计算时不宜考虑中肋的支承作用。

11.3.6 金属板的周边，折边或肋的扭转刚度比较薄弱，在荷载作用下金属板在其位置均可以产生转动，可以作为简支边计算；

一般荷载作用是均匀分布的，中肋两侧的板区格同时受力，跨度相等或接近时，基本上不发生明显的板面转动，可作为固定边计算。采用非线性有限元方法计算带肋面板时，边肋的约束条件可以设定为垂直于面板方向的线位移等于零。

弹性薄板理论计算公式的假设条件，板的变形为小挠度，板只承受弯曲作用，只产生弯曲应力而面内薄膜应力忽略不计。因此，弹性薄板理论只适用于计算挠度不大于板厚（即 $d_f < t$）的条件。当面板的挠度大于板厚时，采用薄板理论计算公式将会产生显著的误差，随着挠度和板厚之比的加大，计算应力和挠度会偏大到工程不可接受的程度，失去了计算的意义，不仅会使材料用量大大增多，而且规定的应力和挠度控制条件也失去意义。

为此，对于金属面板计算，是在现有小挠度条件的应力和挠度计算中考虑了适当的折减系数。

Ⅱ　连接构造

11.3.12～11.3.16　金属面板采用铝单板四周折边，并设置角铝为耳攀连接件，采用机械连接方式连接在支承框架的构件上，是铝板幕墙的常规做法，也是面板与幕墙框主要连接构造之一，安装工艺比较成熟，连接的可靠度也比较能保证。但采用自攻螺钉或自钻自攻螺钉时，因质量上难以满足标准精度要求，影响铝板和幕墙支承框架连接的可靠性和安全度。在工程实例中，铝板块因遇恶劣气候，面板变形挠曲、大量紧固螺钉松动、松脱，甚至整块面板连同螺钉一起拔出脱落等情况时有发生。因此，条文中对于采用自攻螺钉或自攻自钻螺钉连接，要求除耳攀连接件、连接间距等应满足规定外，特别强调每一耳攀连接件上的连接螺钉不应少于 2 个。

11.3.18　在金属面板上种植螺钉是一种通电热铆焊的工艺过程。热铆焊种植后的承载强度和牢固与操作过程的电流、电压技术参数选用和控制以及对铆焊种植整体金属表面的要求有相当大的关系，存在一定的随机性。为保险起见，可采用种植螺钉和硅酮结构胶相结合的连接构造形式，确保其可靠性和安全性。

11.4 石材面板

11.4.1 石材宜选用火成岩（如花岗岩），其质地坚硬，有耐酸碱、耐腐蚀、耐高温、耐日晒雨淋、耐冰雪冻融、耐磨性好等特点。

11.4.2 为适应建筑设计需要，结合上海城市建设实践和气候条件，本次修订增加了部分非花岗岩石材的使用规定，并提出了适用高度。

Ⅰ 面板设计

11.4.3 石材的吸水率是由石材中空隙的大小、数量及颗粒间的排列方式等决定的。通常，质地紧密坚硬的石材吸水率小。

吸水率高的石材容易发生冻融现象。当石材毛细孔吸收足够的水分后，一旦气温降到 0℃以下，石材中的水分开始结冰，体积发生膨胀。当冰块的膨胀力大于石材的抗拉强度时，石材就会产生碎裂。

11.4.4 石材是天然形成的脆性材料，材质离散性大。为保证使用安全，必须按规定检测弯曲强度。

11.4.5 石材面板厚度如无特别说明，均指磨光面板厚度。

11.4.8 通常采用在石材背面粘结安全防护网加强，即使石材碎裂也不会坠落，以提高石材幕墙的安全性。

11.4.17 背栓螺栓抗拉承载力与石材材质、背栓螺栓形式、背栓孔加工质量等因素有关，难以得出比较适用的计算方法，应通过载荷试验方法确定。建议背栓抗拉试验结果按总安全系数 3.5～4.0 控制，可根据石材材质、施工工艺、加工精度等因素取舍，并与公式（11.4.17-2）作比较判断。

11.5 人造面板

Ⅰ 面板设计

11.5.2 人造面板是除了玻璃、石材、金属以外的幕墙面板材料。随着幕墙技术的发展，越来越多的材料应用于幕墙面板，有的已经颁布了规范，有的面板材料已经在实际工程中应用但还没有相应的规范。本条对人造面板的设计和使用作出了规定。

11.5.10 玻璃纤维增强水泥(GRC)板的厚度不宜太厚，也不宜太薄。这与GRC主要特性中的干湿变形有相当大的关系。壁厚会使其"干透"或"湿透"的程度及干湿变形的幅度变化较大，因此，GRC面板的厚度基本控制在12mm～15mm。本条也对GRC面板单块面积、厚度和单边极限长度作了相应的规定。

GRC板的材料和面板生产技术等，与通常的建筑幕墙技术存在着跨行业关系，但与建筑幕墙的应用又密切相关。

GRC材料中，起增强作用的玻璃纤维受水泥中碱的腐蚀影响，其增强作用会随时间而降低，抗弯极限强度也随之大幅度降低，因此，GRC须使用耐碱玻璃纤维。同时，GRC面板设计强度要考虑其衰减因素。

Ⅱ 连接构造

11.5.14 瓷板背栓连接可按11.4.17条和11.4.18条设计计算，并注意11.4.17条的荷载试验要求。

11.5.15 因风荷载、温度变化、主体结构位移和安装误差等影响，陶板幕墙需采用胶粘剂或弹性垫片填充挂件和面板之间的缝隙。

11.5.16 GRC板与钢龙骨框架连接采用的钢筋锚杆，一端连接在GRC背板上，另一端连接在龙骨上。锚杆也可称铰杆，相对于GRC板是铰支承。锚杆设计需确定其类型、间距、直径、净长度、连接方式，并进行强度和变形复核计算。垂直于GRC面板的锚杆主要承受水平风荷载。在水平风荷载的作用下，GRC板处于受弯状态。因此，承受这些荷载的锚杆称为抗弯曲锚杆。面板在垂直方向的自重，由设置在面板竖向上下端位置的承重锚杆承担。本条对GRC板采用锚杆连接的支承形式、所用材料、安装方式提出了要求，并对锚杆选用的材料和安装位置作了相应规定。

GRC平板构造要求与石材相同。

近年来，本市GRC板应用技术有较大发展，各种新的设计形式不断涌现，本标准内容尚未完全覆盖。

11.6 复合面板

Ⅰ 面板设计

11.6.4～11.6.7 按照幕墙的使用性质和耐久年限要求，可选用厚度为10mm、12mm、15mm、20mm和25mm的铝蜂窝板。

应根据耐久年限和外观装饰的要求，对石材蜂窝板表面作防护处理。背板的构造为石材蜂窝板特有，因此对目前已经测试的背板材料提出了规格及表面处理等要求。

Ⅱ 连接构造

11.6.12 胶缝的宽度是保证密封胶能承受较大变形的重要因素之一。胶缝过窄，当主体结构变形较大时，密封胶可能被拉裂。板缝宽度一般不宜小于8mm。硅酮建筑密封胶各项性能比较可靠，工艺技术相对成熟。当建筑立面设计要求有深缝效果时，胶缝可凹入面板表面6mm～8mm。

嵌条式板缝由压缩密封胶条产生密封效果，通常需采用2道或多道防水措施。构造上设置导排水系统，使渗入的雨水或冷凝水顺畅排出。纵横密封条交叉处是防水密封薄弱环节，应采取胶粘剂粘结等可靠措施，防止雨水渗漏。

12　幕墙门窗

12.1　一般规定

12.1.1　本章的窗仅指幕墙开启窗。

12.1.4　选择地弹簧型号时，除了适合门的重量和门扇宽度，还要校核门扇风荷载对门轴的力矩，避免风力作用使门意外启闭。

12.1.6　幕墙开启窗面积不宜过大，开启扇过大使用不便，启闭困难，五金件难以满足要求。为使用安全，对窗的开启角度、间距和面积作了限制。

12.1.8　消防排烟窗应符合本标准 7.2.9 条规定，并有防窗扇坠落的措施。火警发生后开启消防排烟窗时间紧迫，手动开启会增加操作人员多吸入有害烟气的危险。本条要求“采用电动或气动形式”并与消防自动报警系统联动，而不是《建筑防烟排烟系统技术标准》GB 51251 中“设置在高处不便于直接开启的可开启外窗，应在距地面高度 1.3m～1.5m 位置设置手动开启装置”。

12.1.9　窗框和型材构架的连接不当易造成开启窗渗水。窗框前端转折搭接在幕墙框架前端是一种较好的防渗漏连接方式(图 12.1)。

12.2　幕墙门窗构造

12.2.3　窗扇与窗框的连接件固定不良是开启扇整体脱落的主要原因，本条对此作了详细规定。

12.2.8　水密性直接关系到幕墙的使用功能和耐久性，缝隙内外气压差是雨水渗漏的主要动力，开启扇成为幕墙水密性的最薄弱部位。窗框下槛内外高差宜不小于 50mm，并设置泄水孔。

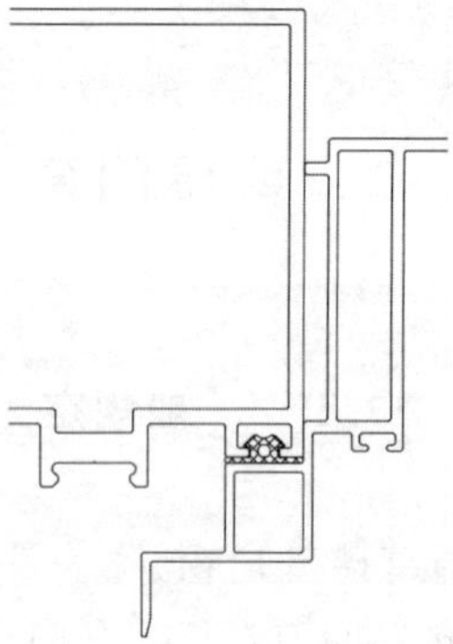

图 12.1　窗框与龙骨搭接

12.2.12　旋压执手易损坏，气密性差，规定开启扇对角线不超过0.7m是参照了旋压执手的行业标准《建筑门窗五金件　旋压执手》JG/T 213。锁点数量的合理选择，是保障门窗满足气密性、抗风压性能要求的重要因素。因此，本条对锁点设置作了相应要求。

12.2.13　对隐框开启扇中空外片玻璃整体脱落事故原因分析，系中空玻璃合片的第二道密封胶未采用硅酮结构胶所致。本条对隐框开启扇的第二道密封胶作了强调，并要求窗扇硅酮结构胶的位置应与中空玻璃硅酮结构胶位置对应。

12.3　采光顶窗构造

12.3.1　采光顶面设置开启窗，特别是在与采光顶面板同一层面上设置开启窗时，很容易产生渗漏。确需在采光顶面设置时，构造上应有防雨水渗漏及导排水措施。

13 构件式幕墙

13.1 一般规定

13.1.1 分层悬挂系统是指幕墙立柱分段悬挂于结构层间，幕墙结构的一层间单位，只有上部悬吊或下部支承直接附着在建筑主体结构上，幕墙的工作只有重量和荷载力作用在主体结构上，不存在幕墙工作应力、温度发生的变形等对主体结构的受力产生影响。

13.1.2 构件式幕墙设计应考虑因各方面因素而出现冷凝水或渗水，在构造上采取疏导引流措施。

13.1.4 幕墙构件的制作精度和安装精度高于主体结构的建造精度。为了幕墙安装完成后质量达到设计要求，幕墙立柱和主体结构连接应有消除主体结构施工允许偏差的调整措施。在构造上应有相应的防松、防滑动的措施。

13.1.5 竖向分层式设置的立柱，构造上应能消除层间高度内主体结构的变形和施工容许偏差等因素对幕墙的影响。

13.1.6 明框幕墙装饰条、扣板与压板之间的扣合连接可参考图 13.1。连接要求：铝压板厚度不小于 3mm，扣盖受力部位壁厚不小于 1.5mm，深度不大于 30mm，扣盖宽度不大于 80mm。扣合设置深度和侧向限档的尺寸超过上述范围时，宜作调整加强，提高连接强度。

13.1.8 开口截面横梁由于抗扭特性差，其幕墙面板外侧不宜设置外挑构件。

13.1.9 不同材料、不同的结构形式，建筑的允许变形是不一样的。幕墙设计时，其柱、梁的轴向可变形能力和转角可变形能力应大于主体结构按规范规定的变形要求和设计的变形要求，且有

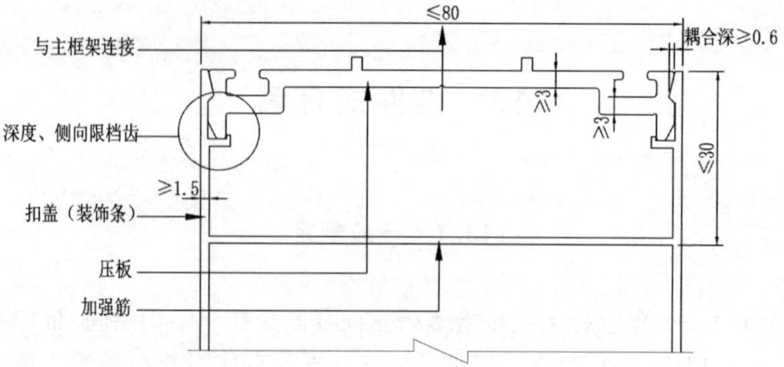

图 13.1　扣盖压板示意图

一定的余量。幕墙面板和幕墙梁柱的连接构造消化变形的能力，应大于幕墙平面由于主体结构的变形产生的跟随变形。构件式幕墙面板和幕墙梁、柱的连接：①明框构造采用由明框压板、密封胶条、面板同梁柱间设定的间隙和连接面的贴合实现密封和支承荷载力。间隙和密封胶条与面板间的可滑移，保证幕墙梁柱随主体结构侧向位移时面板不被挤坏。②隐框构造采用面板结构胶与面板副框粘结，副框与幕墙框架梁、柱固结连接。副框与幕墙梁柱间、副框与压块间均留有设定的间隙，当面板副框随幕墙梁、柱变形时，设定的间隙及结构胶的设计可剪变量用以消化此时副框所承受的剪变量，保证面板不被挤坏。

对跨越立柱层间分缝的面板，由于面板固定在两段立柱上，对面板应校核其平面内的适变量。

13.1.10　构件式幕墙平面或立面变化部位的强度和构造设计，应特别注意该部位外荷载的变化。强度和构造设计要按实际状况合理修正荷载强度。

13.1.11　根据不同情况，构件式幕墙也可以设计成仅有立柱或仅有横梁（大横梁）与主体结构连接的支承结构，并根据本章内容进行强度、刚度和构造设计。

13.1.12　应按主体结构变形缝要求完成幕墙的变形缝构造设

计。主体结构变形缝两侧的幕墙应设置独立的幕墙支承结构，即在变形缝处幕墙骨架和面板做断开处理，并且须与主体结构同步协调变形。幕墙构造缝宜采用柔性连接设计或滑动型连接设计，并采取易于修复的构造措施。变形缝设计中的变量尺寸，须可吸收主体结构变形缝的变量尺寸。

13.1.13 承载构件被腐蚀将损害结构的承载能力，但腐蚀的截面损失与时间的影响关系是很复杂的。为了简化，除满足基本的防腐蚀要求外，对钢结构可按基本计算截面再加1mm厚作为防腐蚀安全储备。同时，构件的连接安装设计应与构件防护的表面处理设计相一致。如采用热浸镀锌设计时，构件的焊接制作和切割工序应在热浸镀锌前完成，该构件与相应构件的连接不得再采用焊接构造，且不应有其他构件与其焊接连接。

13.2 横梁构造设计

13.2.1 薄壁构件在受弯时，截面中弯压部分，有发生局部屈曲的问题。控制薄壁构件的宽厚比，使构件截面在整体强度丧失之前不会发生局部屈曲，保证截面整体强度。亦可按《铝合金结构设计规范》GB 50429 及《冷弯薄壁型钢结构技术规范》GB 50018 相应条款计算检验。

13.2.3 幕墙横梁主要承受水平力和垂直力，由于垂直力主要为面板自重和外表装饰物的长期作用荷载，而面板常以偏心载荷形式作用于横梁上，由此产生的扭矩应予重视。横梁和立柱的连接宜采用柔性固接的连接构造，即一端铰接，另一端长孔铰接的连接构造。

横梁采用两端轴向自由式连接构造时，应特别重视绕横梁轴的扭转力。

13.2.5 高层、超高层建筑不仅风荷载值上升，且其动态效应也上升。销钉式固定方式属间隙式连接，梁柱连接采用此构造不利于幕墙面板承受动态风荷载。此外，销钉连接及横梁两端均可滑移的梁柱连接方式对幕墙系统的整体刚度不利，故本条对此作了明确的规定。

13.2.6 角码是小尺寸构件，却是传力的关键元件，控制其最小尺寸，保证在安装使用中不变形损坏。由于单个螺栓连接易扭转松动，规定每一连接处不少于2个。

13.2.7 螺钉与横梁直接连接时，需在母材壁上制出孔螺纹。局部加厚可参照图13.2。以下校核螺纹受力的算例供参考，不作为本标准依据。

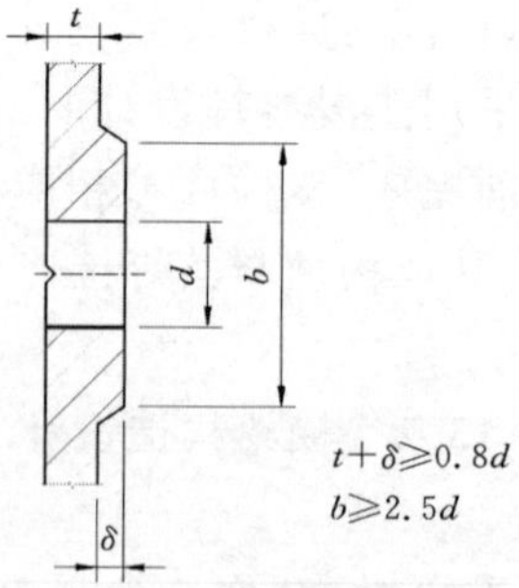

图 13.2 局部加厚简图

［示例］

截面厚度 $t=4$mm，材料：铝 6063-T5；$f=90\text{N/mm}^2$；$f_V=55\text{N/mm}^2$；$f_c^b=185\text{N/mm}^2$

螺钉直径 $d5$，螺钉有效截面面积 $A_s=14.2\text{mm}^2$

螺距 $p=0.8$mm

材料：A1-50 级不锈钢

$\sigma_b=500\text{N/mm}^2$

$[\sigma]=230\text{N/mm}^2$

$[\tau]=175\ \text{N/mm}^2$

验算螺钉与型材孔壁的连接强度：

1 螺钉抗拉力 N

$$N=A_s\cdot[\sigma]=14.2\times230=3266(\text{N})$$

2　螺钉剪切强度 V

$$V = A_s \cdot [\tau] = 14.2 \times 175 = 2485(\mathrm{N})$$

3　截面孔壁的挤压强度 F_1

$$F_1 = d \times t \times f_c^b = 5 \times 4 \times 185 = 3700(\mathrm{N})$$

4　螺钉螺纹和孔螺纹表面的挤压强度 F_2

$$F_2 = \pi \times D_2 \times \frac{p \cdot 5/8}{2 \times 0.866} \times \frac{t}{p} \times f_c^b$$

$$= 3.14 \times (5 - 0.6495 \times 0.8) \times \frac{p \cdot 5/8}{2 \times 0.866} \times \frac{4}{0.8} \times 185$$

$$= 3757(\mathrm{N})$$

螺纹中径 $D_2 = D - 0.6495 \times p = 4.48(\mathrm{mm})$
式中 D 为螺纹大径。

$\frac{5}{8} \times p = \frac{5}{8} \times 0.8 = 0.5(\mathrm{mm})$为螺纹牙高；

$\frac{t}{p} = \frac{4}{0.8} = 5$ 为螺纹啮合牙数。

5　孔螺纹牙根切出强度 Q

$$Q = \pi \times D \times \left(p - \frac{p}{8}\right) \times \frac{t}{p} \times f_v$$

$$= 3.14 \times 5 \times \left(0.8 - \frac{0.8}{8}\right) \times \frac{4}{0.8} \times 55$$

$$= 3022(\mathrm{N})$$

螺钉受拉时，孔螺纹的牙根受剪，其切出抵抗力 Q 稍低于螺钉抗拉力 N，$\frac{Q}{N} = \frac{3022}{3266} = 92.5\%$，相关的螺纹挤压抵抗力与螺钉抗剪力的比值为$\frac{F_1}{V} = \frac{3700}{2485} = 149\%$。

此例显示，在截面厚度不小于 $0.8d$，截面铝合金型材强度不低于 6063-T5 时，校核螺纹受力满足强度要求。

13.2.9　立柱和横梁采用钢结构时焊接连接较方便，刚度亦较大，横向一定长度设一轴向滑移连接，有利变形释放，避免横梁受胀缩约束,滑移连接点宜设于同一个结构剖面内。本次修订根据工程实际情况将间距调整为12m,应适当考虑温度对横梁与立柱连接和截面应力的影响。

13.3 立柱构造设计

13.3.1 幕墙结构的立柱相对于其横梁截面较强大,较主体结构构件还是很小,立柱安装时主体结构的各种变形还未完成或未发生。因此,立柱和主体结构的连接必须能适应主体结构在施工阶段和施工完成后的应力和各种变形,如伸缩、扭转和应力等。

13.3.2 一般来说,幕墙构件均较柔细,不利于受压工作,故采用上悬方式较有利,截面选择可省材。如采取下端支承,应计算其稳定性。立柱若有条件采用长短跨支承设计时,可减少立柱挠度。根据幕墙连接构造的特点,长短跨比不宜大于10;如果超过10,由于施工安装工艺原因,立柱在设计荷载作用下,其检测挠度值会超过计算值。

13.3.4 主体结构的非受力构造部位,未考虑幕墙的集中传力连接,如在此部位设置幕墙与主体的连接时,应按幕墙实际受力予以验算,作必要的加固,并征得主体设计单位认可。

13.3.8 立柱是幕墙的主要受力部件,关系幕墙的结构安全,其型材壁厚不得低于本条规定的最小值。其由构造要求和经验确定,本条规定应严格执行。

13.3.9 U形通槽型材的槽牙纹连接抵抗能力较弱,故对型材构造的尺寸、螺钉的连接布置和尺寸予以明确要求。

13.3.10～13.3.11 钢铝组合式截面的立柱构造,是利用铝合金和钢各自的特点作组合截面,发挥钢铝的各自优点。两种材料在组合时,应有防腐蚀的构造隔离措施。两种材料的线膨胀系数分别为2.35×10^{-5}和1.20×10^{-5}(1/K),几乎差一倍,因此必须考虑温度胀缩影响的构造处理。

钢铝间隔离材料可以采用包覆、支托，若采取穿插装配方式组合，须防止组合装配时隔离材料破损、移位导致隔离失效。

13.4 横梁结构设计

13.4.1 本条文说明仅提供一个横梁的计算过程供参考，所列公式、数字及内容不作为本标准的依据[按三维坐标定向，字母带括号表示横梁轴向为(x)，与横梁轴垂直的水平为(y)，与横梁轴垂直的竖向为(z)，图 13.3 中括号内为三维坐标系，不带括号的表示为平面坐标截面]。

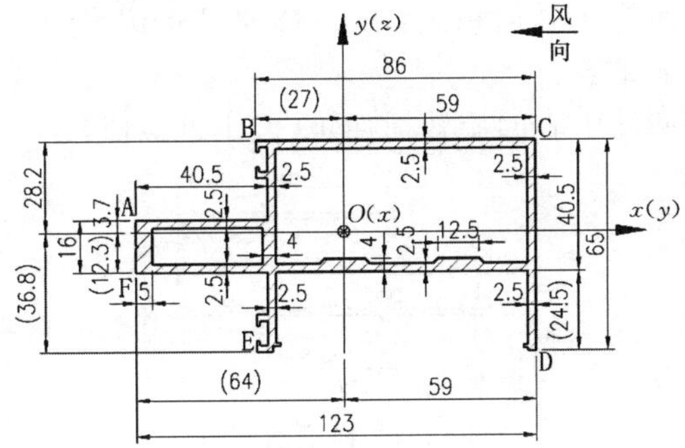

图 13.3 横梁剖面图

(A,B,C,D,E,F 为截面内应力验算点)

1 横梁型材截面特性(图 13.4)

材料：铝合金 6063-T5

型材强度设计值：$f_v = 55\text{N/mm}^2$，$f = 90\text{N/mm}^2$

x 轴惯性矩：$I_x = 32.9807\text{cm}^4$

y 轴惯性矩：$I_y = 162.3146\text{cm}^4$

各坐标点：$y_1 = 2.82\text{cm}$，$y_2 = 0.37\text{cm}$，$y_3 = 3.68\text{cm}$，

$y_4 = 1.23\text{cm}$

$x_1 = 6.4\text{cm}$，$x_2 = 2.7\text{cm}$，$x_3 = 5.9\text{cm}$

x 轴上部抵抗矩：$W_{x上1}=32.9807/2.82=11.6953\text{cm}^3$，

$W_{x上2}=32.9807/0.37=89.1370\text{cm}^3$

x 轴下部抵抗矩：$W_{x下1}=32.9807/3.68=8.9621\text{cm}^3$，

$W_{x下2}=32.9807/1.23=26.8136\text{cm}^3$

y 轴左部抵抗矩：$W_{y左1}=162.3416/6.4=25.3617\text{cm}^3$，

$W_{y左2}=162.3416/2.7=60.1165\text{cm}^3$

y 轴右部抵抗矩：$W_{y右}=162.3416/5.9=27.5109\text{cm}^3$

型材截面积：$A=10.6285\text{cm}^2$

型材计算校核处抗剪壁厚：$t=2.5\text{mm},4\text{mm},5\text{mm}$

型材截面绕 x 轴面积矩：$S_x=7.8604\text{cm}^3$

型材截面绕 y 轴面积矩：$S_y=18.2213\text{cm}^3$

塑性发展系数：$\gamma=1.0$

型材绕截面中心的旋转惯性矩（偏小近似值）：

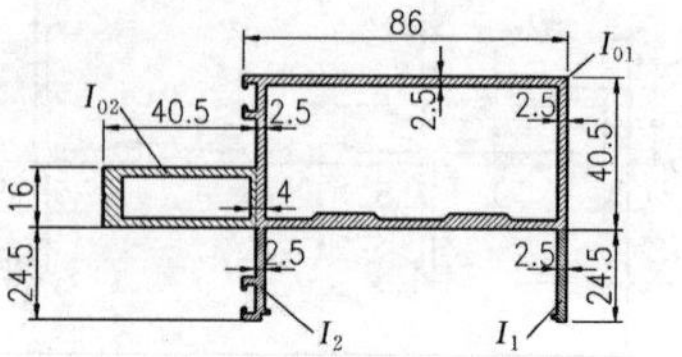

图 13.4　横梁剖面图

$$I_T=\sum I_{0i}+\sum I_i=I_{01}+I_{02}+I_1+I_2$$

$$I_T=\sum\frac{2\delta_{1i}\delta_{2i}\times(a-\delta_{1i})^2\times(b-\delta_{2i})^2}{a\delta_{1i}+b\delta_{2i}-\delta_{1i}^2-\delta_{2i}^2}+\sum\frac{1}{3}\left(\frac{c_i}{t_i}-0.63\right)\times c_i^4$$

$$=\frac{2\times2.5\times2.5\times(86-2.5)^2\times(40.5-2.5)^2}{86\times2.5+40.5\times2.5-2.5^2-2.5^2}+$$

$$\frac{2\times3.25\times2.5\times(40.5-3.25)^2\times(16-2.5)^2}{40.5\times3.25+16\times2.5-3.25^2-2.5^2}+$$

$$\frac{1}{3}\times\left(\frac{24.5}{2.5}-0.63\right)\times2.5^4+\frac{1}{3}\times\left(\frac{24.5}{2.5}-0.63\right)\times2.5^4$$

$=441100(\text{mm}^4)$

$=44.11(\text{cm}^4)$

2 横梁强度计算

跨中截面：截面内没有剪力，没有扭矩。

A、B、C、D、E、F 为截面应力验算点。

荷载控制值：

正风压：

标准值 $\omega_K^+ = S_{ZKP} = 1.118\text{kN/m}^2$

设计值 $q_{面}^+ = S_{ZP} = 1.708\text{kN/m}^2$

负风压：

标准值 $\omega_K^- = S_{ZKN} = -1.490\text{kN/m}^2$

设计值 $q_{面}^- = S_{ZN} = -2.229\text{kN/m}^2$

横梁截面强度计算按负风压绝对值控制。

1）水平荷载作用下的横梁受力（图 13.5～图 13.7）

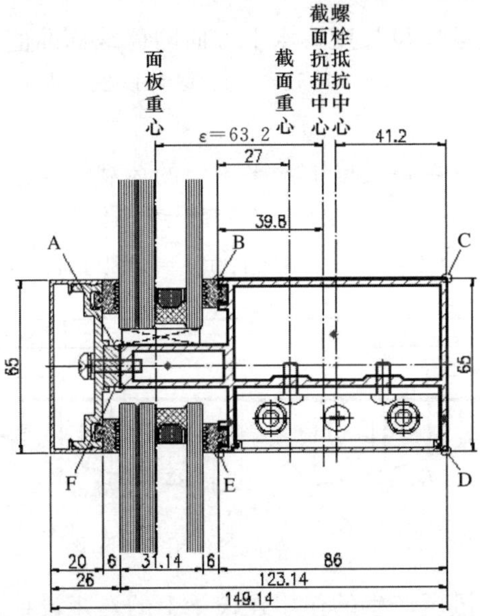

图 13.5 横梁端部连接图

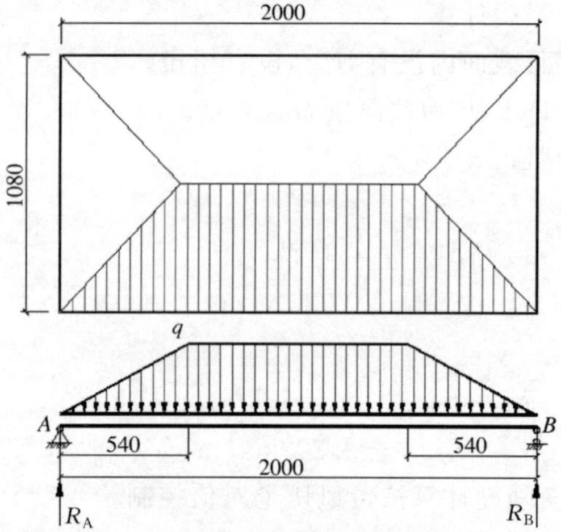

图 13.6　横梁受力模型

作用在横梁单位长度上水平方向的荷载标准值为

$$q_K^+ = \omega_K^+ \cdot b = 1.118 \times 1.08 = 1.207(\text{kN/m})$$

$$q_K^- = \omega_K^- \cdot b = -1.490 \times 1.08 = -1.610(\text{kN/m})$$

作用在横梁单位长度上水平方向的荷载设计值为

$$q^+ = q_{面}^+ \cdot b = 1.708 \times 1.08 = 1.8445(\text{kN/m})$$

$$q^- = q_{面}^- \cdot b = -2.229 \times 1.08 = -2.4079(\text{kN/m})$$

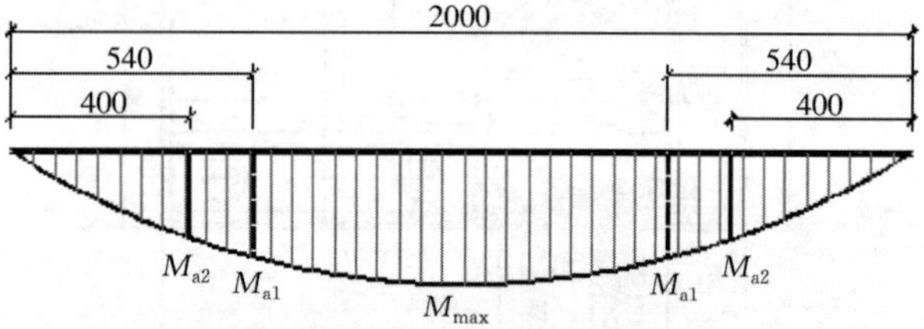

图 13.7　水平荷载作用下弯矩图

风荷载负风压产生的作用在横梁上的弯矩设计值为

$$M_{(z)} = M_{max} = \frac{ql^2}{24}(3-4\alpha^2) = \frac{2.4079 \times 2.00^2}{24}\left[3-4\left(\frac{540}{2000}\right)^2\right]$$

$$= 1.0869(\text{kN} \cdot \text{m})$$

风荷载负风压产生的作用在距端部(x)处及跨中弯矩公式为

$$M_{\alpha}=\frac{ql_{(x)}}{6}\left[3-3\alpha-\frac{(x)^2}{al}\right]$$

其中：$\alpha_1=\frac{a_1}{l}=\frac{0.54}{2.00}=0.27$，$\alpha_2=\frac{a_2}{l}=\frac{0.4}{2.00}=0.2$

风荷载负风压产生的作用在距端部 0.54m 处的弯矩设计值为(脚标为弯矩方向)

$$M_{(z)540}=\frac{2.4079\times2.00\times0.54}{6}\times\left(3-3\times0.27-\frac{0.54^2}{0.54\times2.00}\right)$$

$$=0.9322(\mathrm{kN\cdot m})$$

风荷载负风压产生的作用在距端部 0.400m 处的弯矩设计值为(脚标为弯矩方向)

$$M_{(z)400}=\frac{2.4079\times2.00\times4.00}{6}\times\left(3-3\times0.2-\frac{0.40^2}{0.54\times2.00}\right)$$

$$=0.7230(\mathrm{kN\cdot m})$$

剪力(支座反力)水平方向为

$$V_{(y)\max}=R_{\mathrm{A}}=R_{\mathrm{B}}=\frac{1}{2}ql-\frac{1}{2}qa$$

$$=\frac{1}{2}\times2.0479\times2.0-\frac{1}{2}\times2.4079\times0.54=1.7577(\mathrm{kN})$$

2）垂直荷载作用下的横梁受力(图 13.8～图 13.10)

玻璃基本分格尺寸 $a\times b=2000\mathrm{mm}\times1080\mathrm{mm}$

玻璃与横梁单位面积垂直力为

$$G_{\mathrm{AK}}=0.55\mathrm{kN/m^2}$$

$$G=1.2\cdot G_{\mathrm{AK}}=1.2\times0.55=0.66(\mathrm{kN/m^2})$$

作用在横梁单位长度上垂直方向的集中荷载标准值为

$$P_{\mathrm{GK}}=G_{\mathrm{AK}}\cdot a\cdot b/2=0.55\times2.0\times1.08/2=0.5940(\mathrm{kN})$$

作用在横梁单位长度上垂直方向的集中荷载设计值为

$$P_{\mathrm{G}}=G\cdot a\cdot b/2=0.66\times2.0\times1.08/2=0.7128(\mathrm{kN})$$

垂直力产生的作用在横梁上的弯矩为(脚标为弯矩方向)

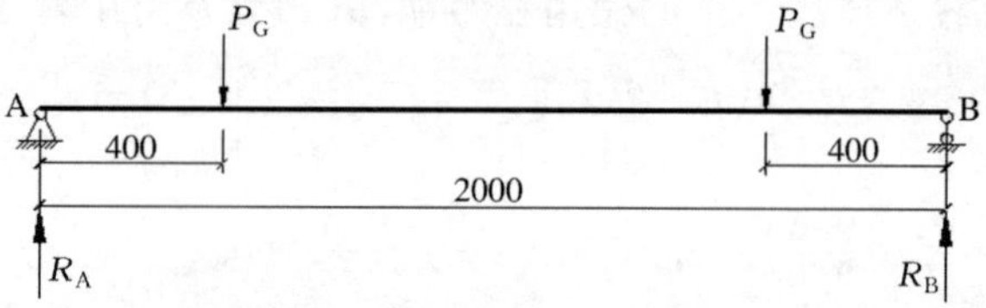

图 13.8　垂直荷载

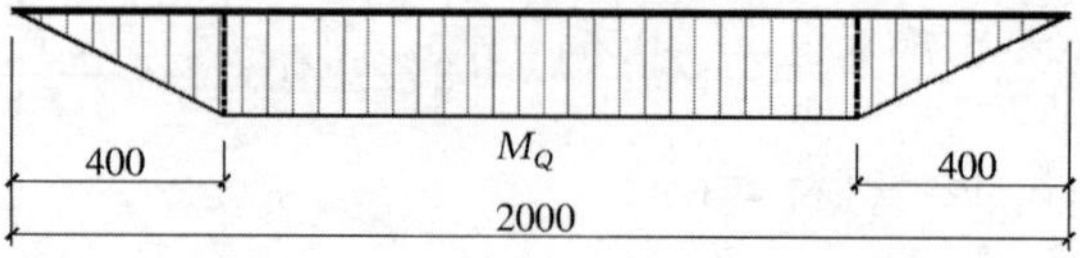

图 13.9　垂直荷载作用下的弯矩图

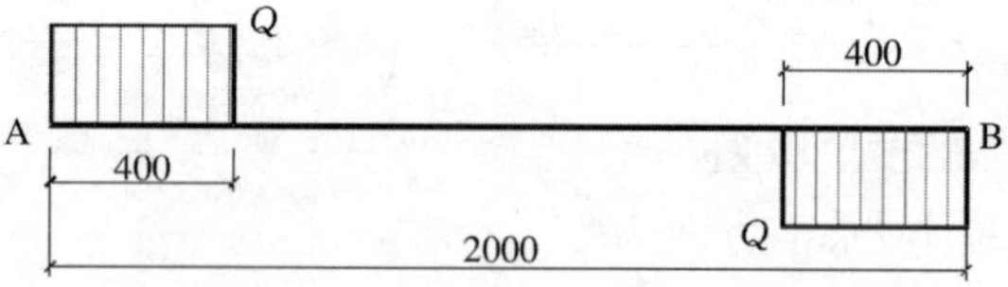

图 13.10　垂直荷载作用下的剪力图

$$M_{(y)Q}=P_G \cdot a=0.7128\times 0.40=0.2851(\mathrm{kN}\cdot\mathrm{m})$$

剪力(支座反力)为

$$Q=V_{(z)\max}=R_A=R_B=P_G=0.7128\mathrm{kN}$$

3)偏心垂直荷载作用下的扭矩(图 13.11、图 13.12)

$$M_T=P_G \cdot e=0.7128\times 0.0632=0.045(\mathrm{kN}\cdot\mathrm{m})$$

$$M_{Tk}=P_{Gk} \cdot e=0.5940\times 0.0632=0.03754(\mathrm{kN}\cdot\mathrm{m})$$

3　在负风压和垂直荷载作用下横梁于靠墙外侧和下侧截面受拉,其相对侧受压。横梁跨中截面内无剪力和无扭矩。

对应于横梁断面(y)轴的弯矩 $M_{(y)}=M_Q=0.2851\mathrm{kN}\cdot\mathrm{m}$

对应于横梁断面(z)轴的弯矩 $M_{(z)}=M_{\max}=1.0869\mathrm{kN}\cdot\mathrm{m}$

A 点:$W_{x上2}=89.1370\mathrm{cm}^3$,$W_{y左1}=25.3617\mathrm{cm}^3$

B 点:$W_{x上1}=11.6953\mathrm{cm}^3$,$W_{y左2}=60.1165\mathrm{cm}^3$

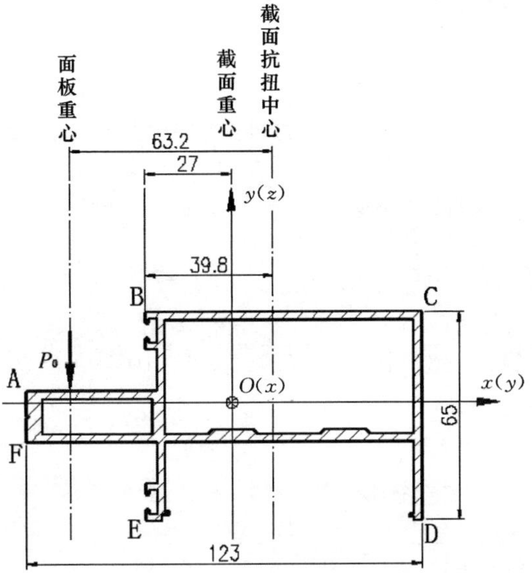

图 13.11　偏心垂直作用下的荷载图

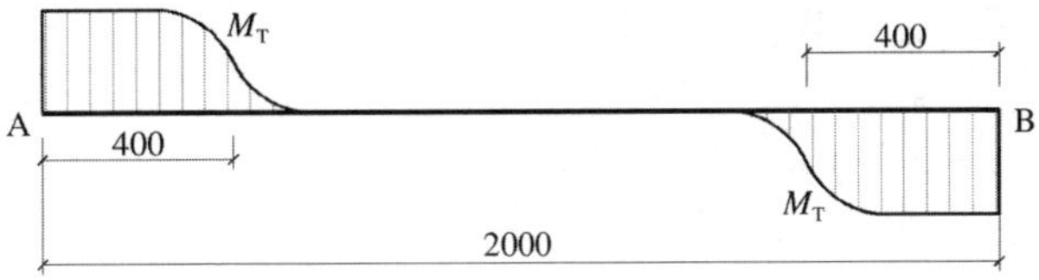

图 13.12　偏心垂直作用下的受扭图(考虑玻璃下方有垫块)

C 点：$W_{x上1}=11.6953\text{cm}^3$，$W_{y右}=27.5109\text{cm}^3$

D 点：$W_{x下1}=8.9621\text{cm}^3$，$W_{y右}=27.5109\text{cm}^3$

E 点：$W_{x下1}=8.9621\text{cm}^3$，$W_{y左2}=60.1165\text{cm}^3$

F 点：$W_{x下2}=26.8136\text{cm}^3$，$W_{y左1}=25.3617\text{cm}^3$

$$\sigma_A=\frac{M_{(y)}}{\gamma W_{x上2}}+\frac{M_{(z)}}{\gamma W_{y左1}}$$

$$=\frac{-0.2851\times10^6}{1\times89.1370\times10^3}+\frac{1.0869\times10^6}{1\times25.3617\times10^3}$$

$$=39.6576(\text{N/mm}^2)$$

$$\sigma_B=\frac{M_{(y)}}{\gamma W_{x上1}}+\frac{M_{(z)}}{\gamma W_{y左2}}$$

$$=\frac{-0.2851\times10^6}{1\times11.6953\times10^3}+\frac{1.0869\times10^6}{1\times60.1165\times10^3}$$

$$=-6.2974(\text{N/mm}^2)$$

$$\sigma_C=\frac{M_{(y)}}{\gamma W_{x上1}}+\frac{M_{(z)}}{\gamma W_{y右}}$$

$$=\frac{-0.2851\times10^6}{1\times11.6953\times10^3}+\frac{-1.0869\times10^6}{1\times27.5109\times10^3}$$

$$=-63.8853(\text{N/mm}^2)$$

$$\sigma_D=\frac{M_{(y)}}{\gamma W_{x下1}}+\frac{M_{(z)}}{\gamma W_{y右}}$$

$$=\frac{0.2851\times10^6}{1\times8.9621\times10^3}+\frac{-1.0869\times10^6}{1\times27.5109\times10^3}$$

$$=-7.6962(\text{N/mm}^2)$$

$$\sigma_E=\frac{M_{(y)}}{\gamma W_{x下1}}+\frac{M_{(z)}}{\gamma W_{y左2}}$$

$$=\frac{0.2851\times10^6}{1\times8.9621\times10^3}+\frac{1.0869\times10^6}{1\times60.1165\times10^3}$$

$$=49.8916(\text{N/mm}^2)$$

$$\sigma_F=\frac{M_{(y)}}{\gamma W_{x下2}}+\frac{M_{(z)}}{\gamma W_{y左1}}$$

$$=\frac{0.2851\times10^6}{1\times26.8136\times10^3}+\frac{1.0869\times10^6}{1\times25.3617\times10^3}$$

$$=53.4886(\text{N/mm}^2)$$

跨中截面处应力绝对值最大值为：截面 C 点处应力受压 -63.8853N/mm^2，截面 F 点处应力受拉 53.4886N/mm^2（正为受拉，负为受压）。

4 横梁离端部 400mm 处，此处有水平方向平面内的荷载弯矩 $M_{(z)400}$，垂直力于垂直方向平面内的荷载弯矩 $M_{(y)400}$，以及水平、垂直剪力和绕横梁轴的扭转力矩。

$M_{(z)400}=0.7230\text{kN}\cdot\text{m}$， $M_T=0.0450\text{kN}\cdot\text{m}$，

$M_{(y)400}=M_{(y)Q}=0.2851\text{kN}\cdot\text{m}$

$R_A=R_B=Q_{(y)}=V_{(y)\max}=1.7577\text{kN}$，

$V=P_G=Q_{(z)}=V_{(z)\max}=0.7128\text{kN}$

A 点：$W_{x上2}=89.1370\text{cm}^3$， $W_{y左1}=25.3617\text{cm}^3$

B 点：$W_{x上1}=11.6953\text{cm}^3$， $W_{y左2}=60.1165\text{cm}^3$

C 点：$W_{x上1}=11.6953\text{cm}^3$， $W_{y右}=27.5109\text{cm}^3$

D 点：$W_{x下1}=8.9621\text{cm}^3$， $W_{y右}=27.5109\text{cm}^3$

E 点：$W_{x下1}=8.9621\text{cm}^3$， $W_{y左2}=60.1165\text{cm}^3$

F 点：$W_{x下2}=26.8136\text{cm}^3$， $W_{y左1}=25.3617\text{cm}^3$

$$\sigma_A=\frac{M_{(y)}}{\gamma W_{x上2}}+\frac{M_{(z)}}{\gamma W_{y左1}}=\frac{-0.2851\times10^6}{1\times89.1370\times10^3}+\frac{0.7230\times10^6}{1\times25.3617\times10^3}=25.3092(\text{N/mm}^2)$$

$$\sigma_B=\frac{M_{(y)}}{\gamma W_{x上1}}+\frac{M_{(z)}}{\gamma W_{y左2}}=\frac{-0.2851\times10^6}{1\times11.6953\times10^3}+\frac{0.7230\times10^6}{1\times60.1165\times10^3}=-12.3507(\text{N/mm}^2)$$

$$\sigma_C=\frac{M_{(y)}}{\gamma W_{x上1}}+\frac{M_{(z)}}{\gamma W_{y右}}=\frac{-0.2851\times10^6}{1\times11.6953\times10^3}+\frac{-0.723\times10^6}{1\times27.5109\times10^3}=-50.6578(\text{N/mm}^2)$$

$$\sigma_D=\frac{M_{(y)}}{\gamma W_{x下1}}+\frac{M_{(z)}}{\gamma W_{y右}}=\frac{0.2851\times10^6}{1\times8.962\times10^3}+\frac{-0.723\times10^6}{1\times27.5109\times10^3}$$

$$=5.5312(\text{N/mm}^2)$$

$$\sigma_E=\frac{M_{(y)}}{\gamma W_{x下1}}+\frac{M_{(z)}}{\gamma W_{y左2}}$$

$$=\frac{0.2851\times10^6}{1\times8.9621\times10^3}+\frac{0.723\times10^6}{1\times60.1165\times10^3}$$

$$=43.8383(\text{N/mm}^2)$$

$$\sigma_F=\frac{M_{(y)}}{\gamma W_{x下2}}+\frac{M_{(z)}}{\gamma W_{y左1}}$$

$$=\frac{0.2851\times10^6}{1\times26.8136\times10^3}+\frac{0.723\times10^6}{1\times25.3617\times10^3}$$

$$=39.1403(\text{N/mm}^2)$$

距支承端(x)=400mm 处，横梁截面内最大正应力的绝对值为：截面 C 点受压 $-50.6578\ \text{N/mm}^2$，截面 E 点处受拉 43.8383N/mm^2(正为受拉，负为受压)。

$\because S_{(y)}=S_x=7.8604\text{cm}^3$，$S_{(z)}=S_y=18.2213\text{cm}^3$

$$\therefore \tau_{400(y)C}=\frac{Q_{(y)}S_{(z)}}{I_y b}=\frac{1.7577\times10^3\times18.2213\times10^3}{162.3146\times10^4\times(2.5+2.5)}$$

$$=3.9464(\text{N/mm}^2)(水平方向)$$

$$\tau_{400(z)C}=\frac{Q_{(z)}S_{(y)}}{I_x b}=\frac{0.7218\times10^3\times7.8604\times10^3}{32.9807\times10^4\times(2.5+2.5)}$$

$$=3.3977(\text{N/mm}^2)(垂直方向)$$

横梁距支座端部在 400mm 处的扭矩 $M_T=0.0450\text{kN}\cdot\text{m}$，

$$\tau_{400(y)T}=\frac{M_T}{2\times2.5\times(86-2.5)\times(40.5-2.5)}$$

$$=\frac{0.0450\times10^6}{2\times2.5\times83.5\times38}$$

$$=2.8364(\text{N/mm}^2)$$

$$\tau_{400(z)T}=\frac{M_T}{2\times2.5\times(86-2.5)\times(40.5-2.5)}$$

$$=\frac{0.0450\times10^6}{2\times2.5\times83.5\times38}$$

$=2.8364(N/mm^2)$

由扭矩在 400mm 处产生的剪应力和(y)、(z)方向剪力产生的剪应力最大处在封闭截面边缘的中部,可与(y)、(z)方向剪力产生的剪应力方向相同,但不完全相加,且

$\tau_{400(y)T} < \tau_{400(y)C} = 3.9464N/mm^2$, $\tau_{400(z)T} < \tau_{400(z)C} = 3.3977N/mm^2$

在 400mm 处的剪力和扭矩产生的最大合成剪应力

$$\tau_{400max} < \sqrt{(3.9464+2.8364)^2+(3.3977+2.8364)^2}$$
$$=9.2125(N/mm^2)$$

截面(x)=400mm 处有正应力和剪应力矢量合成,按第四强度理论控制得

$$[\sigma_E]=\sqrt{\sigma_E^2+3\tau_{max}^2}$$
$$=\sqrt{43.8383^2+3\times 9.2125^2}$$
$$=44.7958(N/mm^2)(受拉)$$

$$[\sigma_C]=\sqrt{\sigma_C^2+3\tau_{max}^2}$$
$$=\sqrt{50.6577^2+3\times 9.2125^2}$$
$$=51.4857(N/mm^2)(受压)$$

截面 400mm 处,正应力和综合应力均低于 T5 强度设计值 $f_a=90N/mm^2$,剪应力低于 $f_v=55N/mm^2$。

5 横梁变形计算[按三维坐标定向,横梁轴向为(x),与横梁轴垂直的水平方向为(y),与横梁轴垂直的竖直方向为(z)]。

1) 水平方向变形

$$d_{(y)}=\frac{q_k l^4}{240EI}\left(\frac{25}{8}-5\alpha^2+2\alpha^4\right)$$

$l=2000mm$, $q_k=1.49\times 1.08=1.610(N/mm)$,

$\alpha=\frac{540}{2000}=0.27$, $I_y=162.3146\times 10^4 mm^4$

$$d_{(y)}=\frac{1.610\times 2000^4}{240\times 70000\times 162.3146\times 10^4}\times\left(\frac{25}{8}-5\times 0.27^2+2\times 0.27^4\right)$$

$=2.6178(\text{mm})$

2）垂直方向变形

$$d_{(z)}=\frac{P_{Gk}\times a\times l^2}{24EI}(3-4\alpha^2)$$

$P_{Gk}=0.5940\text{kN}$

$a=400\text{mm}$

$E=70000\text{N/mm}^2$

$$\alpha=\frac{400}{2000}=0.2, I_x=32.9807\times10^4\text{mm}^4$$

$$d_{(z)}=\frac{0.5940\times10^3\times400\times2000^2}{24\times70000\times32.9807\times10^4}\times(3-4\times0.2^2)=4.8714(\text{mm})$$

3）绕横梁轴的旋转角

$$\theta=\frac{M_{Tk}\times a}{G\times I_T}$$

$M_{Tk}=P_{Gk}\cdot e=0.5940\times0.0632=0.03754(\text{kN}\cdot\text{m})$

$=3.754\times10^4(\text{N}\cdot\text{mm})$

$a=400\text{mm}$

$$G=\frac{E}{2\times(1+\nu)}=\frac{70000}{2\times(1+0.33)}=2.6315\times10^4(\text{N/mm}^2)$$

$I_T=44.11\text{cm}^4$

$$\theta=\frac{M_{Tk}\times a}{G\times I_T}=\frac{3.754\times10^4\times400}{2.6315\times10^4\times44.11\times10^4}=0.0012936$$

$d_{(z)\theta}=0.0012936\times(31.14+6+39.8)=0.09953(\text{mm})$

前端鼻部(z)轴向(垂直)总挠度

$d_{(z)t}=d_{(z)}+d_{(z)\theta}=4.8714+0.09953=4.9709(\text{mm})$

前端鼻部(y)方向(水平)变形

$d_{(y)}=2.6178\text{mm}$

横梁最大变形为

$$d_k=\sqrt{d_{(y)}^2+d_{(z)t}^2}=\sqrt{2.6178^2+4.9709^2}=5.618(\text{mm})$$

6 结论:经验算,横梁相关截面内(距端部 400mm 处及跨中)正应力绝对值小于 T5 铝合金型材强度设计值 $f=90\text{N/mm}^2$，剪应力小于设计值 $f_v=55\text{N/mm}^2$，挠度 $d_{(z)t}=4.9709\text{mm}$，$d_{(y)}=2.6178\text{mm}$，$d_k=5.618\text{mm}$，均小于 $2000/180=11.11$ (mm)。因此，所选横梁截面符合要求。

说明：横梁的截面特性，习惯按水平右向为 x，垂直向上为 y；横梁三维受力引入的坐标右向为(x)，纸面向内为(y)，垂直向上为(z)，遵循右手法则。故横梁计算时引入三维坐标表达，如：$I_x \rightarrow I_{(y)}$；$I_y \rightarrow I_{(z)}$；$W_x \rightarrow W_{(y)}$；$W_y \rightarrow W_{(z)}$ 以此类推。

13.4.2 公式 $\frac{M_x}{\gamma W_{nx}}+\frac{M_y}{\gamma W_{ny}}\leqslant f$ 适用于对称矩形截面。对于非对称矩形或开口式型材，可按斜弯曲或弯扭原理计算。强硬化铝型材和钢的后期强度储备较充裕，故取 $\gamma=1.05$。

铝合金材料的强屈比 $f_u/f_{0.2}\leqslant 1.2$ 时为弱硬化合金，状态 $T6$ 的铝合金为弱硬化；铝合金材料的强屈比 $f_u/f_{0.2}>1.2$ 时为强硬化合金。f_u 为铝合金材料的抗拉极限强度，$f_{0.2}$ 为铝合金材料的名义屈服强度。本公式仅可用于对称矩形截面，非对称矩形截面将有很大偏差。

13.4.4 横梁挠度计算时，风荷载与重力荷载可以分别计算满足限值而不叠加。幕墙面板对横梁的偏心距较大，如弧形横梁尚要考虑凸弧或凹弧矢高对扭矩 M_T 的影响，在安装阶段曾有横梁向下扭转而面板下垂的情形。横梁的挠度计算应考虑扭矩的附加影响。横梁跨度较大时要严格控制挠度。

13.4.6 螺栓、螺钉、铆钉与型材连接时，连接强度应以紧固件和型材间较弱的材质来作为强度控制。

13.5 立柱结构设计

13.5.6 本条文说明仅提供一个立柱的计算过程供参考，所列公式、数字及内容不作为本标准的依据。

受弯立柱的侧向稳定验算及板式梁(柱)侧向稳定(屈曲)算例:

1　受弯立柱的侧向稳定验算

本段理论推导可见 1955 年版高等教育出版社《结构理论(第三卷)》,普洛柯费耶夫、斯密尔诺夫著。

作用在幕墙面上的风荷载应是其离地面高度的函数,但其渐变梯度很小,于其验算范围内可认为是均布的。

1) 实腹式矩形截面(图 13.13)

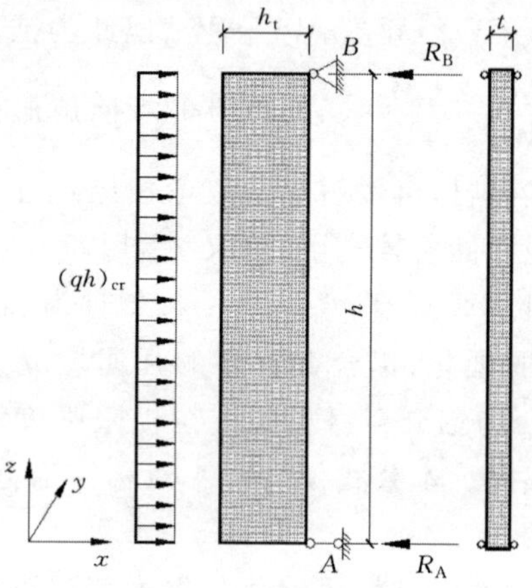

图 13.13　支承状态

临界荷载如下:

$$(qh)_E=\frac{28.3EI_t}{h^2}\sqrt{\frac{GC}{EI_t}}$$

式中:$(qh)_E$——侧向稳定强度值(N);

E——梁(柱)材料的弹性模量(N/mm^2);

G——梁(柱)材料的剪切模量(N/mm^2),可取 $G=\frac{E}{2(1+\nu)}$,ν 为梁(柱)材料泊松比;

C——梁(柱)截面抗扭参数(mm^4),$C=\frac{h_t\cdot t^3(1-0.63t/h_t)}{3}$;

I_t——梁(柱)侧向惯量(mm^4),$I_t=\dfrac{h_t\cdot t^3}{12}$,$t$ 为构件厚度(mm)。

2)工字型截面(图 13.14)

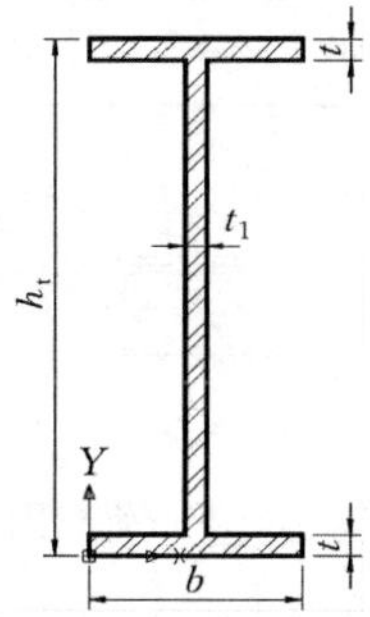

图 13.14 工字型钢截面

临界荷载如下:

$$(qh)_E=k\frac{EI_t}{h^2}\sqrt{\frac{GC_1}{EI_t}}$$

表 13.1 稳定系数 *k*

γ	0.4	4	8	16	32	64	128	400	∞
k	143	53	42.6	36.3	32.6	30.5	29.4	28.6	28.3

$$C_1=\frac{2}{3}bt^3+\frac{1}{3}h_t t_1^3$$

$$D=\frac{tb^3}{12}$$

$$\gamma=\frac{2GC_1h^2}{EDh_t^2}(\text{mm}^4)$$

式中:b——工字型截面翼宽度;

t——工字型截面翼厚度;

h_t——工字型截面腹板高度;

t_1——工字型截面腹板厚度;

k——稳定系数(表 13.1)。

2 板式梁(柱)侧向稳定(屈曲)算例

1)玻璃梁(柱)的特性和荷载(图 13.15)

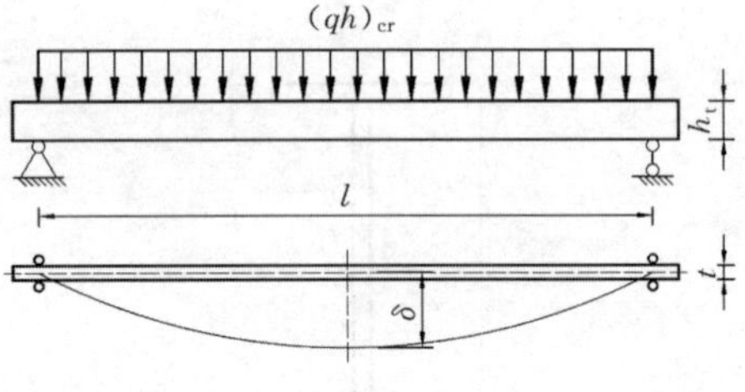

δ—干扰挠度

图 13.15 荷载图

玻璃梁(柱)跨度 $l=9.60\text{m}=9\,600\text{mm}$,实际玻璃梁(柱)跨度 $l=9.445\text{m}$

厚度 $t=2\times15\text{mm}=30\text{mm}$(为两块 15mm 厚的玻璃粘合)

梁(柱)深度 $h=700\text{mm}$

荷载设计值及标准值 $q=2.1\text{kN/m}=2.10\text{N/mm}$,

$q_k=1.61\text{kN/m}=1.61\text{N/mm}$

该梁(柱)的挠度计算值为 3.3mm,试验值为 2.5mm。

2)平面外屈曲计算

$$(qh)_{cr}=\frac{28.3EI}{l^2}\sqrt{\frac{GC}{EI}}$$

$$=\frac{28.3\times0.72\times10^5\times1.58\times10^6}{9600^2}\times\sqrt{\frac{0.3\times10^5\times6.13\times10^6}{0.72\times10^5\times1.58\times10^6}}$$

$$=44364(\text{N})$$

$$=44.36(\text{kN})$$

其中:$E=0.72\times10^5\text{N/mm}^2$,为玻璃梁(柱)的弹性模量;

$G=\frac{E}{2(1+\nu)}=\frac{0.72\times10^5}{2(1+0.2)}=0.3\times10^5(\text{N/mm}^2)$,为玻璃的剪切模量,$\nu$ 为玻璃柏松系数;

C 为矩形截面的参数，

$$C=\frac{ht^3}{3}\left(1-0.630\frac{t}{h}\right)$$

$$=\frac{700\times30^3}{3}\left(1-0.630\times\frac{30}{700}\right)$$

$$=6.13\times10^6(\mathrm{mm}^4);$$

I 为玻璃梁(柱)平面外惯性矩，

$$I=\frac{h\times t^3}{12}=\frac{700\times30^3}{12}=1.58\times10^6(\mathrm{mm}^4)。$$

$$q_{cr}=\frac{(qh)_{cr}}{l}=\frac{44.36\mathrm{kN}}{9.60\mathrm{m}}=4.61(\mathrm{kN/m})$$

$$K=\frac{q_{cr}}{q}=\frac{4.61}{2.1}=2.19 \quad (平面外屈曲安全度)$$

3）玻璃作梁(柱)受力时，支点构造上必须做到在梁(柱)受力平面内是静定铰支，支点不允许屈出受力平面。玻璃梁(柱)的平面外屈曲稳定安全度，可取不小于1.5～2.0。

13.5.9 钢铝组合截面中铝合金型材处于外壳，荷载先从外传至内芯钢材，铝合金型材处于受力不利位置。另外，由于铝合金型材的力学特性，强度、延伸率均不如钢材。调整系数 $\gamma_F=1.05$ 提高铝材的计算荷载，加大铝合金型材的计算截面。

钢铝共同受力的立柱设计，应考虑二者的剪力传递，经计算确定抗剪螺栓的设置。

实际工程中通常只计钢型材受力。

13.5.10 建筑物转角部位采用单立柱时，应满足本条设计要求。参照10.2.4条验算。

14 单元式幕墙

14.2 构造设计

14.2.1 单元式幕墙的构造设计关系到系统的水密性能。在单元式幕墙的接缝处要求按压力平衡原理设计，阻止雨水进入等压腔。等压腔的纵、横相交处应考虑内排水的导向。

14.2.2 同层排水是缩短内排水距离的有效措施。水平导排构造应有一定的坡度，坡度的前后高差需考虑安装误差及型材的加工精度。

14.2.4 单元板块宽度大于 2.5m 或高度大于 5m 时，立柱及顶、底横梁的搭接长度要相应增大，因此需要计算搭接长度。根据工程实际情况，本次修订调整为“单元板块宽度大于 2.5m”时需计算左右立柱搭接长度。

过桥型材与顶横梁间的间隙，应能满足温度及地震作用下的变形要求，且密封胶不允许被拉裂而失去密封功能。

14.2.5 对接式单元式幕墙的气密性取决于最后一道密封条的对接质量，取计算结果的 1.5 倍，主要是考虑密封条在最小压缩状态下尚应有一定的压力，以满足气密性能的要求。

14.2.13 明框单元板块在运输和吊装过程中，面板相对于框架之间易发生位移导致玻璃损坏，应设置柔性垫块防止板块受损。

14.2.15 由于环境多尘，板块接缝间隙积尘遇小雨顺板面形成“挂灰”。采用三元乙丙挡尘板等措施可防止板面“挂灰”。

14.3 结构设计

14.3.2 在归纳本市工程实践的基础上，本条对单元式幕墙立柱与横梁截面提出了可供选择的数据。

14.3.7 插接式组合单元左右立柱的荷载分配取决于组合构造。试验表明，在通常的插接方式下左右立柱协同作用不明显，设有专门的拉结扣件时具有显著的协同作用。

14.3.9 开口型材的稳定性计算比较复杂，能供计算开口型材的整体稳定性的有限元软件也有限，而且一般均需要实体建模进行计算。《铝合金结构设计规范》GB 50429 中对受弯构件的整体稳定计算作了详细规定，但其计算复杂。本标准附录 H 将开口型材分类，根据《铝合金结构设计规范》GB 50429 规定，计算各种截面尺寸（腹板宽厚比 20～50）的整体稳定系数，得出强度折减近似值。

14.3.12 本条规定了大型单元板块所需要的技术措施。大型单元板块可通过加强节点连接刚度及借用玻璃面板刚度来增加板块的整体刚度：①大型板块尤其要注意对角部加强；②玻璃面板与单元框架可用结构胶粘接，借用玻璃面板刚度来增加板块的整体刚度。

14.3.15 单元式幕墙立柱在弱轴方向刚度较小，而装饰构件上侧向风荷载一般都是作用于立柱的弱轴方向，因此对装饰构件的悬挑尺度作出规定。装饰构件的变形与立柱、横梁不协调，很难进行整体性分析，本条规定立柱、横梁独立承受包括装饰构件作用于它上面的所有荷载及效应。装饰构件对立柱或横梁会产生较大的扭矩，插接部位的构造应充分考虑此因素。在装饰构件侧向荷载作用下，立柱产生侧向变形，因此结构胶及玻璃四周的间隙也应充分考虑此因素，防止玻璃受挤压。

装饰构件悬挑 300mm～600mm 时已有较大的设计难度。本条对装饰构件的设置作了相应规定。

玻璃与铝合金型材之间采用结构胶连接时，结构胶的变位能力需不小于立柱与玻璃之间的侧向相对变形值、温度作用伸缩量、地震作用变形量、加工误差等值之和。

14.3.17 玻璃板块与单元框架不使用结构胶粘接时，玻璃板块不能对单元板块的整体刚度提供支持。

14.4 连接设计

14.4.1 单元式幕墙与主体结构的连接方式、单元板块左右立柱的插接方式、单元板块上下的插接方式等，有利于协调主体结构的侧向位移，一般可不必过度强调其平面内位移能力。如有需要，可按本条计算校核。

14.4.3～14.4.6 单元式幕墙挂件计算时，侧向荷载常作用于构件的弱轴上，单元连接构件一般为板式构件，抗扭能力较差，因此计算时不能忽略弱轴上的弯矩及扭矩的作用。因单元板块挂件均为小尺寸构件，荷载偏心对计算结果影响非常明显，甚至有时还起控制作用，因此计算时需重视此因素。

单元板块与主体结构一般采用悬挂连接，通过转接件与主体结构上的锚固件固定。此连接是确保单元式幕墙安全使用的重要环节，为此，14.4.4条指出连接设计的荷载传递宜作为悬挂模式，将板块自重及其他荷载直接作用在主体结构锚固件上。如果设计采用非悬挂模式，须有充分的技术措施验证。

15 双层幕墙

15.1 一般规定

15.1.6 双层幕墙是由外层玻璃幕墙与内层玻璃幕墙构成的幕墙。两层幕墙之间的空气间层，以自然通风或机械通风方式引导空气有序流通，有效地调节和提高了幕墙功能，满足室内舒适度要求（图 15.1）。

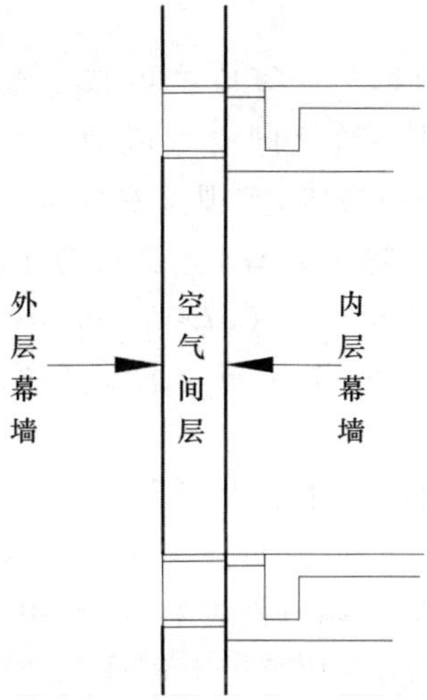

图 15.1 双层幕墙示意图

根据加拿大国家研究协会（National Research Council Canada）的试验和承压分配所得外通风双层幕墙中内层幕墙承受风荷载所占比例的图表，并经查阅国内外相关资料得知，内层幕墙承压分配比例跟腔体体积与有效通风面积之比值（m）存在一定的关系。

标准中定义的有效面积即为进风口或出风口的有效通风面积。由于内层幕墙承受风荷载所占比例比较复杂，所以也可按照双层幕墙结构形式采用风洞试验，测得的数据应分析判断，合理选用。

15.3 通风量计算

本标准给出的双层幕墙通风量计算理论公式和计算方法，主要是针对外通风双层幕墙系统及其通风方式计算，也适用于内通风双层幕墙的计算。

15.4 热工设计

双层幕墙系统的热工计算应考虑其正常运作与使用过程中内层幕墙与外层幕墙系统之间空气流动的特性。由空气的流动形成通风换气和烟囱效应等，实现了双层幕墙系统的功能。本节关于双层幕墙系统的热工计算，主要参考了 *Thermal performance of curtain walling — Calculation of thermal transmittance*—BS EN 13947:2006，按照动态设计理论的热工计算，有利于节能评估。

系统的节能评价指标主要由双层幕墙系统的热工性能决定。衡量双层幕墙系统热工性能时，应与单层玻璃幕墙热工性能相权衡与比较，主要考虑以下两方面内容：①与单层玻璃幕墙相比，通过遮阳系数 Sc 的评定，双层幕墙太阳能总透射率相对较小；②与单层玻璃幕墙相比，通过传热系数 U 值的评定，双层幕墙传热系数相对较小。

16 全玻璃幕墙

16.1 一般规定

16.1.1 全玻璃幕墙的玻璃面板和玻璃肋，厚度以 12mm～19mm 较多，如果采用下部支承，则在自重作用下，面板和肋板都处于偏心受压状态，容易出现平面外的稳定问题，玻璃表面也容易变形，影响美观。因此，较高的全玻璃幕墙应吊挂在上部水平结构上，使其面板和肋所受的轴向力为拉力。

16.1.2 全玻璃幕墙的玻璃面板面积较大，通常为对边简支，风荷载和地震作用产生的弯矩和挠度值都大于相同尺寸框支承幕墙四边简支玻璃板。因此，面板不宜太薄。

16.1.3 全玻璃幕墙玻璃肋类似楼盖结构支承梁的作用，玻璃面板所承受的风荷载和地震作用传到玻璃肋上。玻璃肋需保证必要的刚度和承载能力，截面尺寸不能太小。

16.1.4 玻璃肋开孔后会降低开孔处强度，为保证玻璃孔边有足够的承载力，应采用钢化或半钢化(夹层)玻璃。采用夹层玻璃可以保证其中一片玻璃破坏的情况下，玻璃肋仍有部分支承作用，防止整片塌落。

16.1.5 吊挂玻璃的吊具顶部通常采用螺杆吊接方式，因而只能承受竖向重力，不能承担水平荷载，也不能承担偏心荷载。吊挂式全玻璃幕墙承受风荷载和地震作用时，上部吊具受到水平推力，该推力会使幕墙产生水平移动，因此要有水平约束，设置刚性水平传力构件等支承。

16.2 构造设计

16.2.2 为防止玻璃挤压破坏，全玻璃幕墙的面板及玻璃肋板不得与其他刚性材料直接接触。面板与装修面或结构面之间应留有足够的空隙，以适应玻璃的温度变形和其他受力变形，防止因变形受限而使玻璃开裂。

16.2.3 针对玻璃肋的开孔连接进行了大量试验，特别是孔内注胶试验。玻璃孔的叠片误差、胶固化后的弹性模量、胶的抗挤压强度都会影响玻璃孔的承载能力。根据试验和工程实践经验，建议螺栓和玻璃孔周边的间隙可取 5mm～7mm，玻璃孔的叠片误差不宜大于 1.0mm（见本标准 23.3.2 条）。本条中的玻璃总厚度不包括夹层玻璃的胶片厚度。

试验中玻璃孔的破坏形态表明，玻璃破坏是拉应力所致。虽然目前计算是按照玻璃孔受挤压控制的，但规定孔至玻璃边的距离和孔间距仍十分重要。

16.3 结构设计

16.3.3～16.3.4 在水平荷载作用下，全玻璃幕墙的工作状态犹如竖直的楼盖，玻璃面板如同楼板，玻璃肋如同楼板梁。面板将所承受的风荷载和地震作用传递到玻璃肋上，玻璃肋受力状态类似简支梁。16.3.3 条和 16.3.4 条的公式就是从简支梁的应力和挠度计算公式演化而来。

16.3.5 玻璃肋的本身刚度很大，本次修订挠度限值调整为 1/300。

16.3.8 玻璃肋在平面外的刚度较小，有发生横向屈曲的可能性。当玻璃受到正风压作用使玻璃肋产生弯曲时，玻璃肋受压部位有玻璃面板作为平面外的支撑；当玻璃受到负风压作用时，受压部位在玻璃肋的自由边有可能产生平面外屈曲。设计时，跨度大的玻璃肋须考虑其侧向稳定性要求，必要时进行稳定性验算并采取横向支撑或横向拉结等构造措施。玻璃肋稳定性验算可采用有限元分析方法。稳定措施可采用在玻璃肋的后端设置拉杆等稳定构件的方案。

以下是澳大利亚规范 AS 1288－2006(A2)附录 C 中玻璃肋的稳定性验算方法。

根据玻璃肋的不同支承边界条件，按照公式(16.1)～公式(16.3)计算玻璃肋弹性临界屈曲弯矩 M_{CR}，其值须大于玻璃肋承受弯矩荷载设计值的 1.14 倍。不满足时需修改玻璃肋设计。

A. 有连续侧向约束的玻璃肋稳定性计算

与面板玻璃通过结构胶连接的玻璃肋，可视为连续侧向约束的形式，其弹性屈曲稳定性计算如下：

在侧向约束的作用下，玻璃肋的屈曲临界弯矩 M_{CR} 为

$$M_{CR}=\frac{\left(\frac{\pi}{L_{ay}}\right)^2\cdot(EI)_y\cdot\left(\frac{d^2}{12}+y_0^2\right)+(GJ)}{2y_0+y_h} \tag{16.1}$$

式中：M_{CR}——屈曲临界弯矩(N·mm)；

L_{ay}——有效的防失稳刚性扭转约束间距，可取玻璃的计算跨度；

y_0——荷载作用点至玻璃肋中性轴距离(mm)，见图 16.1；

$(EI)_y$——玻璃肋绕弱轴方向抗弯刚度(N·mm^2)；

(GJ)——玻璃肋抗扭刚度(N·mm^2)，其中 G 为玻璃的剪切模量(取 30 000N/mm^2)，J 为玻璃肋抗扭惯性矩[$J=db^3(1-0.63b/d)/3$，b 为玻璃肋截面的等效厚度]；

d——玻璃肋截面高度；

y_h——y_h 的绝对值等于荷载作用点至玻璃肋中性轴距离

(mm)，正负号根据不同的荷载作用方向取值，详见图16.1。

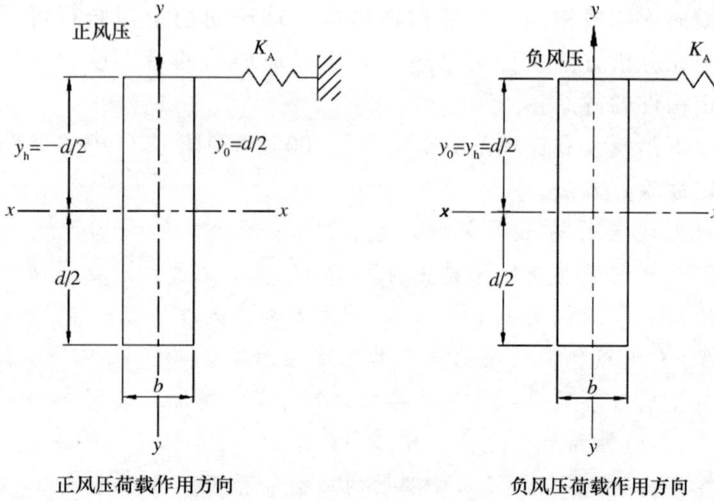

图16.1　不同荷载作用方向玻璃肋稳定计算

B. 无侧向约束的玻璃肋稳定性计算

在荷载作用下，玻璃面板对玻璃肋的稳定不起作用时，玻璃肋视为无侧向约束，其弹性屈曲稳定性计算如下：

$$M_{CR}=\left(\frac{g_2}{L_{ay}}\right)\cdot\sqrt{(EI)_y(GJ)}\cdot\left[1-g_3\left(\frac{y_0}{L_{ay}}\right)\sqrt{\frac{(EI)_y}{(GJ)}}\right] \tag{16.2}$$

式中：M_{CR}——弹性临界屈曲弯矩(N·mm)；

L_{ay}——有效的防失稳刚性约束间距，通常取玻璃肋的跨度(mm)；

y_0——荷载作用点至玻璃肋中性轴距离(mm)，见图16.1；

$(EI)_y$——玻璃肋绕弱轴方向抗弯刚度(N·mm^2)；

(GJ)——玻璃肋抗扭刚度(N·mm^2)；

g_2，g_3——屈曲系数，取值见表 16.1。

表 16.1　无侧向约束时玻璃肋屈曲系数

荷载	弯矩(M)	端部 y—y 轴方向抗扭约束的状态	屈曲系数	
			g_2	g_3
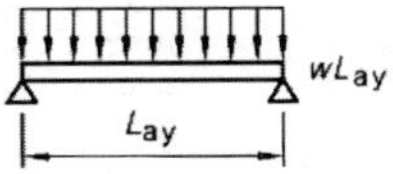	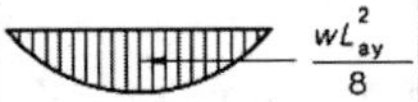	自由 固定	3.6 6.1	1.4 1.8
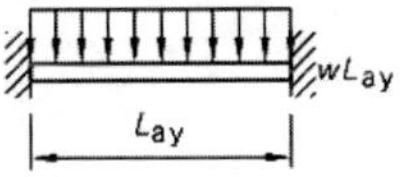		自由 固定	4.1 5.4	4.9 5.2
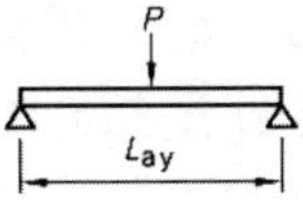	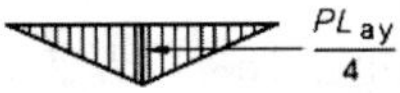	自由 固定	4.2 6.7	1.7 2.6
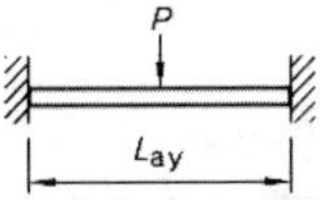	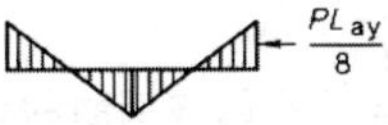	自由 固定	5.3 6.5	4.5 5.3
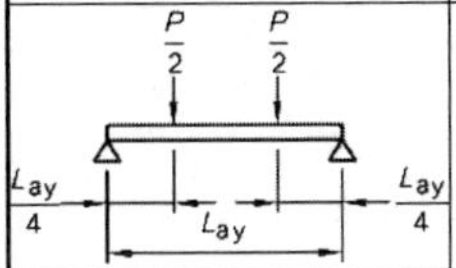	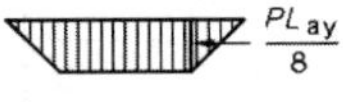	自由 固定	3.3 —	1.3 —
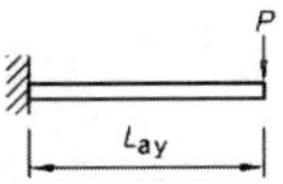		固定	4.0	2.0
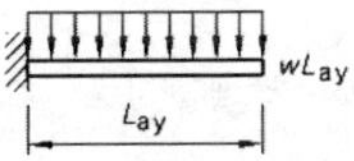	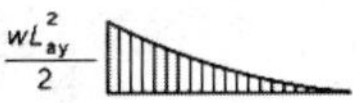	固定	6.4	2.0

注：1　表中 g_2 和 g_3 的取值假定玻璃肋仅在顶底有侧向约束。

2　“自由”约束和“固定”约束情况是指在约束点位置绕 y—y 轴旋转的可能性，当玻璃肋的两端约束有效抗扭刚度大于 $20GJ/L$ 时，其约束条件视为固定状态，其他条件视为自由状态，其中 GJ 是玻璃肋截面的扭转刚度，L 是玻璃肋的长度。

C. 中部有间隔侧向约束玻璃肋的稳定性计算

玻璃肋通过拉杆或其他有效的连接方式，对玻璃肋提供间隔的侧向约束时，可视为中部有间隔侧向约束玻璃肋，其屈曲临界弯矩 M_{CR} 计算如下：

$$M_{CR}=\left(\frac{g_1}{L_{ay}}\right)\cdot\sqrt{(EI)_y(GJ)} \tag{16.3}$$

式中：M_{CR}——屈曲临界弯矩（N·mm）；

g_1——长细比系数，按表 16.2 取值；

L_{ay}——有效防侧向失稳的屈曲约束的间距；

$(EI)_y$——玻璃肋绕弱轴方向抗弯刚度（$N\cdot mm^2$）；

(GJ)——玻璃肋抗扭刚度（$N\cdot mm^2$），其中 G 为玻璃的剪切模量（取 30 000N/mm^2），J 为玻璃肋抗扭惯性矩［$J=db^3(1-0.63b/d)/3$，d 和 b 为玻璃肋截面的高度和等效厚度］。

表 16.2　带有间隔侧向约束的玻璃肋的长细比系数

弯矩系数(β)*	长细比系数(g_1)	
	自由约束情况**	固定约束情况
1.0	3.1	6.3
0.5	4.1	8.2
0.0	5.5	11.1
−0.5	7.3	14.0
−1.0	8.0	14.0

注　* β 见图 16.2(c)。

** 防失稳的约束必须防止玻璃肋绕 $z—z$ 轴旋转。“自由”约束和“固定”约束情况是指在约束点位置绕 $y—y$ 轴旋转的可能性。

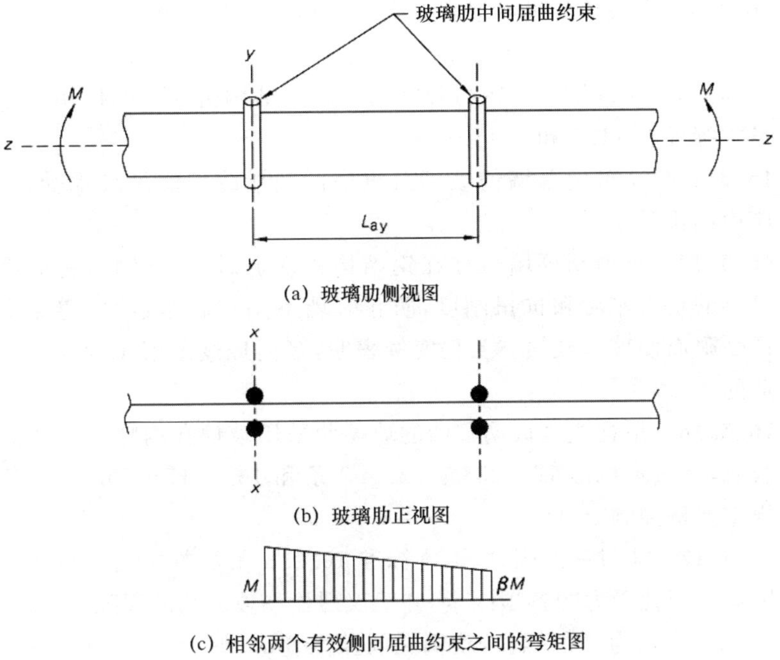

图 16.2　间隔的玻璃肋侧向约束

D. 防失稳约束力的计算

玻璃肋有一系列防止侧向失稳约束时，侧向约束所受力的设计值 P_R 可按以下公式计算：

$$P_R=\frac{0.1M_a}{d(n+1)}g_4 \tag{16.4}$$

式中：M_a——作用在玻璃肋上的弯矩；

g_4——取 $(m+1)/2$ 和 5 之间的较小值，m 为由该防侧向失稳约束连接的玻璃肋数量；

d——玻璃肋截面高度；

n——玻璃肋上侧向约束的数量。

16.3.9 由玻璃肋沿对边直接支承面板的全玻璃幕墙，面板承受的荷载和作用要通过胶缝传递给玻璃肋，胶缝承受剪力或拉、压力，必须采用硅酮结构密封胶粘结。硅酮结构密封胶的使用规定见本标准3.11.6和3.11.7条。

16.3.12 全玻璃幕墙的玻璃自重应由底槽或玻璃吊具承受，不应由结构胶承受。

16.3.14 全玻璃幕墙悬挂在钢结构构件上时，支承钢结构应有足够的抗弯刚度和抗扭刚度，防止幕墙下垂和转角过大，避免变形受限而使玻璃破损。工程实例表明，竖向挠度限值1/400是合适的。

16.3.16 吊挂式全玻璃幕墙的玻璃肋采用玻璃孔内螺栓传递荷载时，须按本标准16.2.3条、23.3.2条和16.3.17～16.3.20条规定严格控制。

16.3.17 通过一系列试验，本标准16.2.3条及条文说明归纳了影响玻璃孔受力的各项因素，并建议螺栓和玻璃孔的间隙5mm～7mm。直径为d的螺栓，玻璃孔间隙取6mm时，孔径为$D=d+12$(mm)，或$D=1.4d$，二者中取较大值。一般夹层玻璃合片误差较大，影响玻璃孔的承载能力，本标准23.3.2条对用于螺栓吊挂的夹层玻璃，要求合片后孔壁不平整度不宜大于1.0mm。玻璃孔壁不平整度不满足时，除按本条作强度验算外，还需附加安全措施（见16.3.21条）。

16.3.18 本标准修订过程中，分别选用三种专用胶作为玻璃孔填充材料，经一系列试验，不同填充胶的力学性能差异较大。使用填充胶时，应以试验结果作为设计依据，可将抗压极限强度试验值除以总安全系数1.50作为设计值。

填充剂通常为双组分胶，胶的储存和使用环境（温度）、注胶操作方法及养护，严重影响胶的固化及其抗压性能。本标准修订过程中对玻璃孔填充胶所做的一系列试验，其中就有多次失败的教训，而在实际工程中这种情况是不能允许的。

16.3.21 螺栓承力的吊挂式全玻璃幕墙玻璃肋，玻璃孔采用填充胶时，螺栓位置要准确，孔隙注胶饱满，养护得当，填充胶固化后强度符合本标准规定，满足设计要求。

玻璃孔壁的不平整度大于1.0mm，但相应孔群各孔的孔壁的不平整度不大于设计计算孔间隙的1/3时，如按本标准设计，相应部位的连接除螺栓承力外，应有附加安全措施。可在连接钢板与玻璃间采用粘结剂，但应试验合格后使用。粘结剂应符合《混凝土结构加固设计规范》GB 50367和《工程结构加固材料安全性鉴定技术规范》GB 50728规定。

不满足本条第2款或第4款时，该玻璃肋不能使用。

17 点支承玻璃幕墙

17.1 一般规定

17.1.1 点支承幕墙的支承结构可有玻璃肋和各种钢、索结构。面板承受的荷载与作用，通过支承装置传递给支承结构。幕墙设计时，支承结构应单独进行结构分析。玻璃面板的胶缝变形影响其平面内受力性能，本标准规定玻璃面板不应兼作支承结构的一部分。体系计算分析时不计面板刚度的影响。

17.1.2 点支承幕墙面板采用开孔支承装置时，玻璃面板在孔边会产生较高的应力集中。孔洞距板边不宜太近，以防止玻璃破裂，确保安全。

17.1.4 玻璃面板之间的缝宽，要满足幕墙在温度变化和主体结构发生位移时玻璃面板不相互碰触的要求。同时，在胶缝受拉时，其自身拉伸变形也要满足温度变化和主体结构位移使胶缝变宽的要求。因此，胶缝宽度不宜过小。有气密和水密要求的点支承幕墙的板缝，应采用硅酮建筑密封胶密封。

17.1.5 点支承玻璃幕墙一般情况下采用四点支承装置，玻璃在支承部位应力集中明显，受力复杂。因此，点支承玻璃的厚度应具有比其他幕墙玻璃更严格的要求，其夹层玻璃和中空玻璃中的单片厚度也不应小于 8mm。

17.1.7 在安装和使用过程中，玻璃面板的破损难以避免，因此幕墙的玻璃面板应能单独更换，便于幕墙的保养维护。玻璃面板损坏或更换将会引起支承结构的负荷变化，此部分负荷变化在设计过程中应予考虑，使其不会导致支承结构破坏。

17.1.8 点支承玻璃幕墙与主体结构的连接，既要保证支承体系所受的荷载能可靠地传递到主体结构，也要考虑主体结构变形时不会使幕墙受损，连接部位须能适应主体结构的位移。拉杆和拉索系统施加预应力后才能形成受力体系，因此一般拉杆幕墙或拉索幕墙都会使主体结构承受附加的作用力，在主体结构设计时必须加以考虑。

17.1.9 四边形玻璃拟合曲面，可以利用玻璃本身的弹性。但是玻璃角部必须允许转动变形才能降低玻璃因强制变形造成的应力。由于玻璃是脆性材料，因此必须限制玻璃的变形量和玻璃应力才能保证安全。

17.3 索结构设计

17.3.1 拉索通常采用不锈钢绞线，不必做防腐蚀处理。当拉索采用碳钢绞线时，钢丝自身不具备防腐蚀能力，必须采取防腐蚀措施。

17.3.3 以冷作硬化提高强度的材料不可焊接，焊接部位强度会严重下降；以热处理提高强度的高合金钢材料焊接部位强度也会大幅下降。因此，高强度拉杆和拉索索体及与外部连接均不得焊接。非高强度的拉杆不建议使用。拉索和拉杆都通过端部连接件与节点连接。连接件通常在拉杆端部直接制作，或通过锚具与拉索连接。

17.3.4 拉索的连接耳板是索的重要传力部件，耳板的焊接经常涉及仰焊、立焊和平焊组合，焊接质量直接影响索结构的安全。

17.3.5 平面索结构连接点需考虑面材的重力。曲面索网结构交叉点两侧索力的差值不可造成连接点的滑动。连续索的相交节点两侧，索体的受力一般都不相等。为保证结构的几何稳定，在夹具与索体之间，拉索与夹具的摩擦力应大于夹具两侧的索力之差。

17.3.6 索只能受拉不能受压。单层索网及单拉索支承结构只有在受拉状态下才能形成稳定的受力体系，拉索在任何荷载作用情况下均应保持受拉状态。预拉力保持装置使单层索网及单拉索支承结构在遇到支座位移、温差作用等不利情况时，可保证拉索预拉力始终维持在一个较小的范围内变化，保障幕墙正常工作。索杆桁架和索网支承体系的刚度来自截面刚度和拉索拉力影响两部分，结构分析应采用几何非线性方法。

17.3.7 零状态计算是指确定结构各个构件的加工放样尺寸和结构拼装时的节点几何计算；初始预应力状态计算是指在设计预拉力作用下的结构平衡内力或结构节点几何计算；工作状态计算是指在荷载组合作用下的结构稳定、强度和变形计算。

17.4 索杆结构的构造和设计

17.4.1～17.4.4 索杆体系支承结构的变形，对结构本身的内力和变形都有较大影响，可能会产生较大的附加内力，也可能使部分索段松弛而退出工作。

拉杆幕墙及拉索幕墙中，拉杆或拉索通常对称布置，施加预拉力形成稳定的结构体系，预拉力大小对减少挠度的作用不大。预拉力不必过大，保证在荷载、地震、温度作用下杆索体系还存在一定的拉力、不至于松弛即可。在钢绞线拉索折线处，为保证钢绞线平滑过渡，避免应力集中，连续穿孔处应采用弧形过渡。

索杆桁架宜由主桁架、稳定索和竖向承重索构成空间系统，以加强索杆桁架体系的整体刚度。

17.5 单层平面索网及单向拉索构造与结构设计

17.5.1 施工工况、断索、主体结构变形及支座不均匀沉降等对单层索网及单向拉索幕墙结构体系影响较大，必须予以充分考虑，保证结构整体安全。

17.5.2 单层平面索网及单向拉索结构在荷载作用下，索结构的变形比较大，造成同一块玻璃四个角点不在一个平面上，玻璃翘曲引起玻璃产生很大应力，特别是刚性结构与柔性索结构结合处的面板玻璃应力集中更为明显。

17.5.3 实际工程和“三性”试验表明，单层平面索网或单向拉索体系即使有1/40的位移量仍能保持玻璃和支承结构完好，水密性和气密性满足要求。因此，挠度限值取其短跨支承点距离的1/50是安全可靠的。

17.6 驳接装置构造与结构设计

17.6.1 为减少支承点处玻璃的应力集中，点式驳接头须能适应玻璃面板在支承点处的转动变形。钻孔点支承玻璃面板的点连接处，宜采用活动铰连接来适应玻璃面板的转动变形。无孔点支承则应在驳接头与玻璃面板之间设置柔性垫片或球铰结构。对于索结构幕墙，无孔点支承系统要适应索结构因风荷载导致幕墙变形造成相邻玻璃之间的角度变化。图17.1为钻孔点支承活动铰示意图。图17.2为无孔点支承驳接件(球铰)示意图。

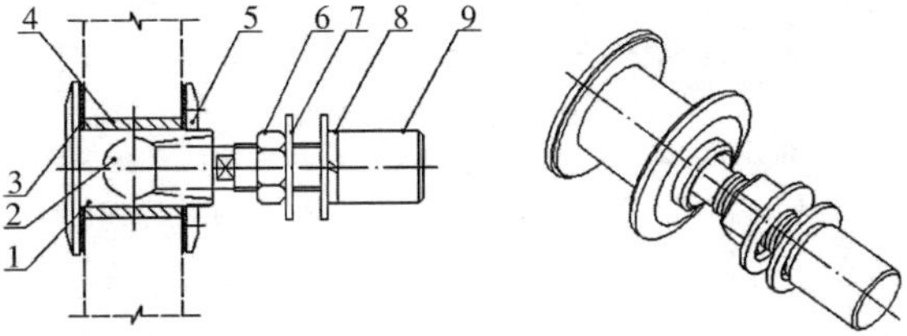

1—带压板承座；2—球头支承螺杆；3—垫片；4—衬套；
5—后压板；6—螺母；7—偏心垫圈；8—弹簧垫圈；9—异型嵌装螺母

图17.1 钻孔点支承装置

17.6.7 大板块玻璃常使用六点支承结构，六点支承造成中间支承点玻璃应力增加。无论玻璃开孔还是无孔点支承系统实现六点支承均存在这个问题，因此应采取措施。图17.3和图17.4是两种中间支承点支承结构示意图。

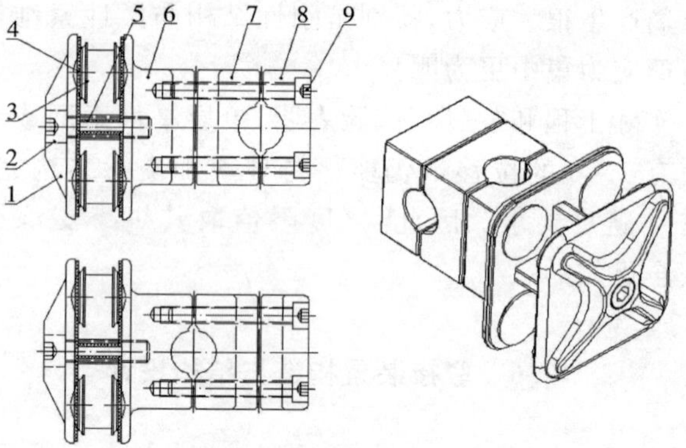

1—前压板；2—前压板固定螺钉；3—转动球铰；4—压板垫片；5—支撑板垫片；
6—夹具后压板；7—中部夹索压块；8—后部夹索压块；9—连接压板螺钉

图 17.2　无孔点支撑装置

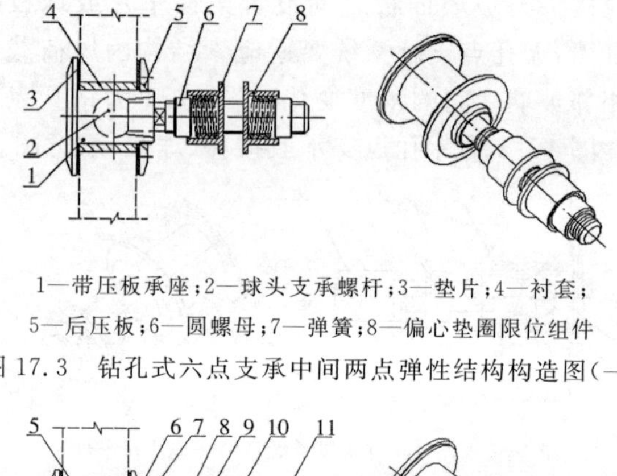

1—带压板承座；2—球头支承螺杆；3—垫片；4—衬套；
5—后压板；6—圆螺母；7—弹簧；8—偏心垫圈限位组件

图 17.3　钻孔式六点支承中间两点弹性结构构造图(一)

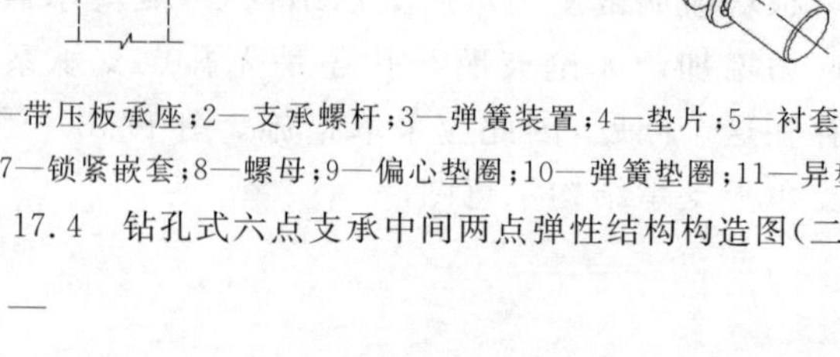

1—带压板承座；2—支承螺杆；3—弹簧装置；4—垫片；5—衬套；
6—后压板；7—锁紧嵌套；8—螺母；9—偏心垫圈；10—弹簧垫圈；11—异型嵌装螺母

图 17.4　钻孔式六点支承中间两点弹性结构构造图(二)

18 采光顶、雨篷和金属屋面

18.1 一般规定

18.1.2 主体结构在荷载、地震、温度作用下会产生三维方向形变，采光顶棚和金属屋面要适应主体结构变形，并保持其稳定性、密封性。采光顶、雨篷和金属屋面的结构计算，可不另行考虑主体结构变形的影响。

18.1.3 冷凝水滞留和雨水渗入会影响采光顶日常使用，可设置冷凝水和雨水收集排放系统，从构造上导排引流。

18.1.5 不同功能的建筑所允许的噪声等级可根据《民用建筑隔声设计规范》GB 50118 规定确定。

18.1.6 采光顶、金属屋面作为建筑的外围护结构，应具有良好的密封性，并应满足实用、美观和节能的要求。如果开启窗扇数量设置过多、开启面积过大，会增加雨水渗漏隐患和空调能耗。

18.1.9 为安全起见，人员密集的建筑不宜采用点支承采光顶棚，不应采用倒置式点支承玻璃采光顶棚，以防玻璃板块破碎掉落。本市曾发生过此类事故，故本标准作出明确规定。

18.1.10 采光顶棚的设计应确保使用安全，满足屋面排水需要，便于维护和清洗。

18.2 结构设计

18.2.2 玻璃板块种类及厚度与玻璃强度设计相关。风荷载和地震作用为短期荷载，重力荷载为长期荷载。长期荷载作用下玻璃强度呈下降趋势。普通玻璃与钢化、半钢化玻璃的强度折减值不同，在长期荷载和短期荷载作用下强度值也不同。上人采光顶应校核长期荷载作用下玻璃的中部和边缘强度。

18.2.7 锥形或拱形采光顶钢结构应做好连接节点的构造设计、玻璃板块的合理分格、环向构件和主杆水平推力传递，验算采光顶平面内外强度和稳定性。

18.3 排水设计

18.3.1 屋面雨水排放系统设计的重现期，应根据建筑物的重要程度、气象特征、屋面汇水区域等因素综合确定。

18.3.2 采光顶、金属屋面的檐口宜设置天沟和落水管，必要时可设置溢流口，防止遭受特大暴雨时发生倒灌或屋面积水。

18.4 构造设计

18.4.1 采光顶的支座宜支承在钢结构或钢筋混凝土构件上，不宜通过焊缝间接传递荷载，确保长期安全使用。采光顶系外露结构，玻璃易碎裂坠落伤人。人流密集处及其他重要部位应有安全措施，例如在采光顶下设置防护网，明框支承的玻璃板块以结构胶粘结在构架上等。

18.4.6 采光顶支座在构造上应采取有相对位移可能的技术措施，减少因主体结构及采光顶自身收缩蠕变和温度变形的影响。

18.4.7 雨篷是幕墙工程中常见的设计内容。归纳本市的实践经验，本条对雨篷设计与构造作出规定。悬挑尺度大于 4.2m 时要设置拉杆或压杆。压杆是刚性杆件，用以防止负风压作用把轻质雨篷掀翻。拉压杆是保证雨篷安全的主要杆件，其与主体结构的连接构造尤为重要。幕墙设计应要求主体结构提供专门的连接构造（转接件），不宜在施工现场直接焊接连接。

在幕墙体系的钢柱或钢梁上设置外挑雨篷时，悬挑长度不宜超过 2m。否则,对幕墙钢结构在构造上产生较大影响,不利于安全使用。

面板倒挂的雨篷玻璃应有防碎裂坠落措施。

18.5 索结构采光顶

18.5.8 索结构采光顶的索拉力较大,其与主体结构的连接构造是保证采光顶安全的关键,宜专门设计,不宜采用在施工现场焊接连接的做法。

18.5.9 应重视拉杆之间及拉索之间连接节点。采用单销钉连接时,应提高销钉连接的安全度。螺栓连接时可采用两个螺栓,因条件不具备而只能使用一个螺栓连接时,应提高其安全度并采用双螺帽紧固。

19 幕墙钢结构

19.1 一般规定

19.1.1 幕墙钢结构与主体结构的连接构造，要使幕墙钢结构不会对主体结构提供附加刚度。兼作主体结构的幕墙钢结构，要与主体结构同时设计。

幕墙是围护体系，属于非结构构件范畴。钢结构在幕墙结构设计中很常见。与一般钢结构相比，作用于幕墙钢结构上的自重和风荷载较小。幕墙钢结构与其他类型幕墙结构一样，支承在主体结构上，仅向主体结构传递荷载而不承受主体结构的荷载和变形。

幕墙钢结构与主体结构的连接构造设计，要实现仅传递荷载而不增加主体结构的刚度。可将幕墙与主体结构的连接做成铰接。为与主体结构的变形相协调，连接节点设计成可位移或可转动的构造形式。

如果幕墙钢结构属于主体结构的一部分，则应与主体结构协同分析，建立统一的计算模型。

19.1.2 幕墙钢结构设计应符合《钢结构设计标准》GB 50017 和《冷弯薄壁型钢结构技术规范》GB 50018 规定，并满足相关的结构设计、材料、焊接、加工制作、施工安装和质量验收等规范和规程的技术要求。本标准第 12～18 章中所列幕墙、结构和构件凡采用钢材的，除应符合其所在章节的条款规定外，还须满足本章（第 19 章）的要求。

19.1.4 主体钢结构与幕墙钢结构的界面划分是明确的。主体结构或主体结构中用钢构件或系统、体系承受及传递荷载和作用的钢结构为主体钢结构，而幕墙钢结构属于主体结构（或主体钢结构)的外围护体系。本条所列钢结构以及19.2.10条所列的出屋面围护结构和女儿墙,均属主体钢结构,应由主体建筑设计单位完成钢结构设计,其覆面设计由幕墙设计完成。

19.2 结构与构造

19.2.1 当横梁为受弯构件,立柱为拉弯、压弯构件计算模型时,横梁的计算内容包括强度计算,含抗弯强度、抗剪强度、局部承压强度;稳定性计算,含整体稳定性、局部稳定性(受压翼缘宽厚比限值、腹板高厚比限值、配置加劲肋);刚度和挠度计算。立柱的计算内容包括强度计算;压弯构件或大跨拉弯构件的稳定性计算,含整体稳定、局部稳定(受压翼缘宽厚比、腹板高厚比);立柱的水平变形、长细比等计算。立柱尚应验算仅在水平荷载作用下的整体稳定。有较大扭转荷载时,梁柱还要验算扭转作用的影响。

19.2.4 幕墙是安装在主体结构上的围护体系,主体结构变形过大将影响幕墙体系的正常使用及安全,因而必须使二者相协调。

19.2.5～19.2.6 幕墙钢结构中不建议采用厚板焊接构件,也不建议采用单块厚板矩形梁柱构件。扶手、栏杆等建筑类构件除外。

19.2.9 竖向支承的柱或桁架宜采用上端吊挂、下端可竖向滑动的支座形式。如主体结构不具备上端吊挂条件,可设计成下座形式铰接构造。

水平支承的桁架,非支承边宜设置吊杆或撑杆。是否需要设置吊杆,可根据计算条件和构造情况判定。为提高梁、柱及桁架的侧向稳定性,可设置辅助杆件体系。稳定计算时,幕墙板块不能视为负风压作用下的侧向约束构件,支承在两端均可滑移杆件的幕墙板块不能视为正风压作用下的侧向约束构件。主要支承结构的梁、柱或桁架,尚应验算不计阵风系数的风荷载标准值作用下的挠度。

主体结构可能产生竖向或横向变形，幕墙支承结构与主体结构的连接节点应能消除主体结构变形对幕墙体系的不利影响。尺度较大的支承结构体系连接节点，尚应考虑释放温度变形的措施。

悬吊体系水平荷载由横梁承担，竖向荷载由吊杆承担，吊杆间距根据玻璃板块尺度和建筑立面设计确定，常用材料为钢索或钢棒。吊杆只是拉力杆件。横梁除承担水平荷载外，计算模型上还是一根多支点弹性支承的连续梁，弹性支座由吊杆提供。为避免横梁扭转，吊杆宜设在竖向静载的重心位置；无法设在重心位置时，建议设抗扭转的平衡杆。平衡杆在幕墙顶部层间可不设，但应连续拉结至幕墙最下端横梁后再延伸并予以固定。为便于安装施工，建议吊杆分层设置分层调节。

19.2.10 建筑设计常沿屋顶周边设置女儿墙，有些工程女儿墙甚至高达10m以上。如需作屋顶幕墙钢结构设计，尤其要注意女儿墙的幕墙与主体结构幕墙位于同一立面时的结构构造设计。主体结构侧向刚度大，平面内变形小。而女儿墙幕墙钢结构侧向刚度小，平面内变形大。在风荷载或地震作用下，出屋面钢结构应有较好的抗侧移能力，设置适当的支撑系统，以适应幕墙平面内变形的性能要求。做好梁柱的支承和连接设计，校核板缝间隙以及板块与支承梁、柱之间的间隙。

女儿墙风荷载体型系数远大于主体结构体型系数，女儿墙各部件设计均须满足强度和变形要求。

19.2.11 大门框架梁柱铰接可以简化节点构造，也可根据刚度需要设计为刚接。为减少横梁在幕墙平面内、外的计算跨度或门扇安装需要，大门框架内可设置辅助柱，辅助柱上下端按设计需要可为铰接或刚接。

门框横梁上附设雨篷时，雨篷悬挑长度不宜大于2m。横梁为空间格构式时可适当放大。

19.2.14 幕墙钢结构应有明确的计算模型，钢结构节点和构造设计应与计算模型吻合(刚接、铰接)。在确保体系不失稳条件下，构件连接宜设计成铰接节点。刚接节点除满足设计计算强度和刚度外，尚应满足构造要求。构造复杂的重要节点应通过有限元分析确定其承载力，必要时应通过试验验证。当构件在节点偏心相交时，尚应考虑局部弯矩的影响。

19.2.15 幕墙钢结构中，焊接节点是刚接还是铰接往往难以判别。本标准指出一般杆件与杆件的焊接只能视为铰接，矩形管端部围焊宜视为铰接。

幕墙装饰性钢支架设计，常采用小截面热轧角钢、槽钢和工字钢相互焊接形成构架，此种杆件与杆件的焊接一般应视为铰接。如必须设计成刚接以承受弯矩，宜加焊肋板。加焊肋板有困难时，也可校核焊接受力，形成力偶，抵抗弯矩，但在构造上须确保节点的可靠性。此类情况建议仅在受力较小、结构传力简单明确时采用。

19.3 连接设计

19.3.3 幕墙设计应按制图标准标注焊缝技术要求。施工现场应有确保焊接质量的操作空间，尽量避免仰焊。焊缝厚度和长度应符合规定。

19.3.10 构件焊接时应有临时支承或加焊支承部件，无经确认的有效技术措施，不宜在幕墙施工现场直接施焊。

19.3.12 构件的连接设计应具备施工操作的可行性。施工现场的构件间焊接，应有临时支承或加焊支承部件。

19.4 防腐蚀设计

19.4.1 钢结构腐蚀是一个电化学过程，腐蚀速度与环境条件、钢铁质量、钢结构构造等有关。环境中水气和电解质含量越高，腐蚀速度越快。选择防腐蚀方案时应考虑施工条件，避免选择可能会造成施工困难的防腐蚀措施。

应权衡设计使用年限中一次投入和维护费用的高低，选择合理防腐蚀设计年限。一般钢结构防腐蚀设计年限低于建筑物设计使用年限。建筑物寿命期内通常需要对钢结构防腐蚀措施进行维修。选择防腐蚀方案时，应考虑维修条件。维修有困难的钢结构，防腐蚀方案应予以加强。同一结构不同部位的钢结构，可采用不同的防腐蚀设计年限。

19.4.3 不同金属材料之间存在电位差，直接接触时会发生电偶腐蚀，电位低的金属会被腐蚀。如铁与铜直接接触时，由于铁的电位低于铜，铁会发生电偶腐蚀。弹簧垫圈存在缝隙，水气和电解质易积留，产生缝隙腐蚀。

避免采用双角钢组成的T型截面。型材材质及防锈措施要与其防腐蚀设计年限相匹配。

20 光伏幕墙

20.1 一般规定

20.1.2 本标准仅对光伏幕墙的组件安装部分作了规定，不涉及电气及控制系统。并网发电的光伏幕墙的电气及控制系统应作为建筑电气工程设计的一部分，并应采取可靠的安全保护措施，保证电网安全运行。

20.2 系统设计

20.2.1 光伏组件一般设计为串连，一片玻璃面板的破损将导致串连电池组整体失效。采用超白玻璃并对边部三边研磨，可有效减少玻璃自爆及边部应力集中导致的玻璃碎裂。

20.2.3 如气体层厚度太小，中空玻璃空腔内温度升高过快而影响光伏发电效率。同时，为了防止空气对流，中间空气层也不宜太大，以不大于16mm为宜。

20.2.4 为防止热斑效应，要避免装饰条在太阳能电池上产生阴影。当确需采用明框时，装饰条凸出玻璃面不宜大于20mm。

20.2.5 规定光伏组件与墙体之间的距离，是为了防止光伏组件背后的温度过高影响发电效率。对晶硅电池，光伏组件表面温度不可高于80℃。

21 幕墙信息模型

21.1 一般规定

21.1.1 本章节制定的目的在于推进幕墙信息模型在幕墙工程中的可用性，提高上海地区幕墙行业对幕墙信息模型相关技术的应用能力。幕墙信息模型作为建筑信息模型的一个子项，应与建筑信息模型的管理要求一致。幕墙信息模型可根据具体工程项目的需求单独创建。对于空间关系复杂的曲面异形幕墙，建议创建并应用幕墙信息模型。

21.2 模型创建

21.2.3 信息模型应清晰描述幕墙与相关专业间的交接界面、接口做法，确定符合管理要求的模型传递路径。对设计方案不明确处应做记录并加以汇总，要求设计补充完善方案。

21.3 模型应用

21.3.2 可视化应用是信息模型最直接、最简单的应用，贯穿幕墙设计与建造的各个阶段，如外立面效果确认、幕墙构造空间关系检查、关联专业或设计施工交底等。

21.3.3 将需作碰撞检查的不同模型或构件通过软件进行空间关系分析，并快速得出碰撞体之间空间关系的量化结论。

21.3.4 算量统计是基于对幕墙信息模型中包含的信息和几何数据进行分类统计进而获得所需的指定量化数据。

21.3.5 施工进度模拟是基于幕墙信息模型中包含的安装时间信息，通过模拟软件按现场施工顺序逐个显示该时间点安装的幕墙构件或单元板块。

21.3.6 施工工艺模拟是基于包含施工现场工况、施工机具及设备设施的信息模型，利用软件对整体或局部区域的幕墙施工过程进行机具动作及安装路径设定并展示。

21.3.7 建筑施工对幕墙工作面的精度要求有可能不完全了解，有时存在诸多施工界面不协调问题。利用信息模型进行现场问题预判与协调，及时发现并解决问题，避免损失。在复杂幕墙建筑的施工阶段，尚可利用航拍设备等手段记录与幕墙相关工作面的施工过程及完成状况，并与理论建筑信息模型作定性对比。如发现问题，可实际测量、定量分析，评估相关工作面偏差对幕墙的影响。

22 检验与检测

22.1 一般规定

22.1.2 本条根据《建筑幕墙安全性能检测评估技术规程》DG/TJ 08－803－2013 修订。

22.1.4 根据《建筑幕墙》GB/T 21086 和《建筑结构检测技术标准》GB/T 50344，幕墙工程性能和质量中间检验随机抽样检测项目的样本容量及正常一次性抽样检测结果判定见表 22.1 和表 22.2。

表 22.1 幕墙工程性能和质量中间检验随机抽样检测项目的最小样本容量

检验批容量	最小样本容量		检验批容量	最小样本容量	
	A类 一般检验	B类 严格检验		A类 一般检验	B类 严格检验
2～8	2	2	501～1200	32	80
9～15	2	3	1201～3200	50	125
16～25	3	5	3201～10000	80	200
26～50	5	8	10001～35000	125	315
51～90	5	13	35001～150000	200	500
91～150	8	20	150001～500000	315	800
151～280	13	32	＞500000	500	1250
281～500	20	50	—	—	—

注：1 石材弯曲强度试验的检验批容量不应大于 8000 件，同一种挂装组合单元挂装承载力试验的检验批容量不应大于 30000 件，均为严格检验。

2 同一种石材挂装系统结构承载力试验的检验批容量不应大于 5000 件，为严格检验且每批抽样不少于 9 件。

3 胶的相容性试验、粘结试验、切开剥离试验按《建筑用硅酮结构密封胶》GB 16776执行。

表 22.2 幕墙工程性能和质量中间检验正常一次性抽样检测结果判定

样本容量	合格判定数	不合格判定数	样本容量	合格判定数	不合格判定数
2～5	1	2	32	7	8
8	2	3	50	10	11
13	3	4	80	14	15
20	5	6	≥125	21	22

注：1 不合格数不大于“合格判定数”，且不合格值不影响安全和正常使用，则可判定检验批合格。

2 结构胶厚度、宽度检验应全部合格才判定检验批合格。

22.3 现场检测

22.3.3 压力箱系统通常安装在幕墙检测区域的室内侧，利用密封板(或透明膜)及其支承系统与被测幕墙形成一个相对密闭空间。压力箱系统应能承受试验压差的作用，且在检测过程中能观察到幕墙检测区域室内侧的渗漏情况。淋水系统安装在幕墙检测区域的室外侧，应布置适当的喷嘴，使得淋水量满足试验要求。

22.4 性能检测

22.4.1 《采光顶与金属屋面技术规程》JGJ 255－2012 第 4.2.10 条规定，沿海地区或承受较大负风压的金属屋面，还应进行抗风掀检测，其性能应符合设计要求。

22.4.3 本条根据《建筑幕墙层间变形性能分级及检测方法》GB/T 18250－2015 修订，增加了垂直方向变形性能检测及平面外变形性能检测。

22.4.4 本条对各项性能的检测方法作了规定。其中，抗冷凝性能试验的最低设计室外温度根据《建筑幕墙热循环试验方法》JG/T 397－2012 的规定，推荐值定为－5℃～－10℃。“过多的结露”是指在幕墙表面有超过5%的区域存在可见水滴，或聚积的水滴在幕墙表面任意流动。

擦窗机集中力荷载试验值根据美国标准 *Window Cleaning Safety*(《窗户清洁安全》)ANSI/IWCA I14.1 规定，取2700N。

22.4.5 无幕墙构件的防火玻璃墙，按《建筑构件耐火试验方法 第8部分：非承重垂直分隔构件的特殊要求》GB/T 9978.8 规定检测。

23 加工制作

23.1 一般规定

23.1.1 建筑幕墙在施工前要绘制零部件加工图，绘制加工图不能直接依据施工图。因为建筑施工有误差，所以幕墙构件的加工图应以施工图和现场测量的主体结构尺寸为依据。

23.1.2 加工设备、计量器具的精度，直接决定幕墙构件的精度。设备、计量器具应按要求定期检验和计量认证。

23.1.4 为保证产品的可追溯性，对加工完成的构件编号是工厂加工后必不可少的一道工序。

23.1.5 受场地和环境限制，施工现场加工组装条件不如工厂。为保证精度和质量，应在工厂加工、组装、注胶。

23.2 金属构件加工

23.2.1～23.2.3 预埋件是建筑幕墙重要的构件之一，其加工工艺直接影响预埋件的加工质量，必须规范操作。

预埋件加工参照了《混凝土结构工程施工质量验收规范》GB 50204规定。锚筋、锚板只要控制负偏差即可，一般可不控制正偏差。

为保证锚筋与混凝土的握裹力，预埋件的锚筋不应做防腐蚀处理。

23.2.5 型材的直线度直接影响幕墙安装质量，特别是明框幕墙。规定型材的直线度有利于保证建筑幕墙的质量。

23.2.7～23.2.8 型材的加工精度是影响幕墙质量的关键因素，

必须控制型材加工精度。

23.2.9 为方便安装施工，在幕墙型材加工时要控制其槽口、豁口、榫头的偏差。比如：槽口和豁口长度和宽度只允许正偏差，不允许负偏差，以防发生装配受阻；中心离边部距离可以是负偏差或正偏差；榫头截面的长度和宽度只允许负偏差，不允许正偏差。

23.2.10 随着建筑幕墙的发展，圆弧幕墙越来越多，需要弯加工的型材增多。为控制拉弯型材的精度，制定弯加工后的构件表面尺寸允许偏差。表23.2.10是根据多个拉弯厂家提供的经验数据整理而成。为便于掌握，表格以数字表述拉弯构件的质量。

23.3 玻璃面板加工

23.3.4 硅酮结构密封胶在使用前，应进行与其接触材料的相容性试验，相容性试验合格才能使用。如果使用了与结构胶不相容的材料，将会导致结构胶的粘结强度和其他粘结性能的下降或丧失，留下安全隐患。

23.3.5 隐框、半隐框幕墙制作过程中，对玻璃和支撑构件的清洁工作是关系到幕墙组件加工质量的关键步骤之一，要规范操作。如清洗不干净，将对组件的质量与安全留下隐患。应坚持两块布清洗的方法，一块布只用一次，不允许重复使用。在溶剂完全挥发之前，用第二块干净的布将表面擦干。应将溶剂倒在干净的布上，不允许将布浸入溶剂中。玻璃槽口可用干净的布包裹油灰刀进行清洗。清洗工作应两人一组，一人用溶剂清洗玻璃及其支承件，另一人用干净的布在溶剂未完全干燥前，将表面的溶剂、松散物、尘埃、油渍和其他污物清除干净。

23.3.6 双组分硅酮结构密封胶应在打胶机注胶前进行混匀性试验和拉断试验。混匀性试验可以测试双组分硅酮结构密封胶是否充分混合；拉断试验可以测试双组分硅酮结构密封胶的基剂与固化剂的配合比是否符合设计要求。这两项测试指标非常重要，决定着注胶的质量。

23.3.7 玻璃面板注胶时，粘结基层是否净化及施工场所是否符合要求将决定硅酮结构胶的粘结质量。注胶场所要求清洁、无尘，室内温度不宜低于15℃、不高于27℃，相对湿度不宜低于50%。

23.3.9 硅酮结构密封胶在长期重力荷载作用下的承载力很低（强度设计值仅为0.01N/mm^2），为避免硅酮结构密封胶在长期重力荷载作用下受到剪力作用，应在面板底边加承托构件。

23.3.11 硅酮结构密封胶有一定的固化时间，固化期间如受到震动，对粘结性和固化质量有很大影响。由硅酮结构密封胶粘结固定的玻璃面板必须经静置养护。未达到承载力要求前不可搬动，以免影响结构胶的粘结力。

23.3.15 吊挂玻璃通常采用专用强力胶粘剂将楔形夹板与玻璃双面对称粘结，静置养护固化。一般72h后方可移动，确保夹板与玻璃粘结强度满足设计要求。

23.4 金属面板加工

23.4.2 折弯半径过小会使金属板的强度降低，而且会使转弯半径处的外表色泽发生变化。

金属板耳攀是将面板荷载传递到幕墙结构的关键部位，铆接时可使用不锈钢铆钉或实芯铝铆钉。抽芯铝铆钉难以满足幕墙的设计使用年限。

23.5 石材及其他板材加工

23.5.1 幕墙用石材一般为天然石材，板材表面不可避免有色差、内部有暗裂缺陷现象。为了保证石材的表面质量和建筑幕墙安全，应认真挑选。

23.6 构件组装

23.6.1 遇恶劣天气或经长期启闭使用情况下，幕墙开启扇容易发生损坏。幕墙开启扇要严格按标准加工和安装。

带挂钩的开启扇容易左右滑动，导致一边间隙过小，影响开启扇的灵活性。所以带挂钩的开启扇应加防窜块。采用铰链连接的开启扇和框之间，间隙要符合规定。

实际工程中，施工人员采用自攻钉直接自攻自钻时有发生。由于自攻钉的旋转角较大，容易退丝，故装配不应现场自钻自攻。为保证螺钉与型材可靠连接，规定开启扇附件处的型材局部壁厚不小于螺钉的公称直径；不满足时，扇框内壁可加衬板。

23.6.6 为防止安装错误，单元板应编号并注明安装方向、顺序。单元板重量比较大，吊挂件厚度和螺栓直径应计算确定，挂件厚度最小不应小于 5mm，以确保安全。硅酮结构胶抗紫外线能力弱，不应暴露在外，防止硅酮结构胶过早老化。为了便于维修，单元板构造应可更换。

24 安装施工

24.1 一般规定

24.1.1 为保证幕墙安装质量,要求主体结构工程应满足幕墙安装的基本条件,特别是主体结构的垂直度和外表面平整度及结构的尺寸偏差,应与主体结构设计相符,并经验收,满足验收规范要求。

24.2 构件式幕墙安装

24.2.2 预埋件的安装位置如出现偏离、倾斜,受力状况会发生改变,承载力下降。安置预埋件时,应采取措施防止预埋件偏移。幕墙防雷一般都采用共同接地方式,有防雷接地要求的预埋件,必须与主体结构的接地导体连接成电气通路。

24.2.4 立柱安装的情况直接影响整个幕墙的安装质量,是幕墙安装施工的关键之一。为了增强立柱的抗扭能力,立柱与埋件连接的角码应双边固定。安装过程中应注意轴线的允许偏差,特别是建筑平面呈弧形、圆形和四周封闭的幕墙,其内外轴线距离关系幕墙的周长,影响面板的封闭。

24.2.5 考虑横梁的受力和温差变形,铝合金横梁与立柱连接应至少有一端留出伸缩间隙。留出的间隙可以注胶,也可以采用弹性橡胶垫。橡胶垫应有 20%～35%的压缩变形能力,以适应和消除横向温度变形的影响。

24.2.6 幕墙防火不仅是防火,更重要的是防烟。防火材料除了铺设平整并可靠固定外,拼装处应不留缝隙。幕墙保温需要隔热,阻断空气对流,拼装处也应不留缝隙。开放式幕墙面板缝隙不封闭,雨水可进入内侧,由于幕墙面板遮挡,侵入的雨水不能如暴露在外那样快速蒸发,钢构架表面尽管经热镀锌处理,但时间久了也会锈蚀,因此钢构架不应暴露在防水层外。

24.2.10 硅酮密封胶的施工应严格按照施工工艺进行。夜晚光照不足,注胶质量得不到保证;雨天板缝内表面潮湿,硅酮密封胶与注胶面不能有效粘接,容易造成日后渗漏。

24.2.11 幕墙安装现场与试验室情况不完全一样,为了保证幕墙的水密性能,安装过程中应通过现场淋水试验来检验幕墙的水密性。

24.3 单元式幕墙安装

24.3.5～24.3.6 单元式幕墙须按设定顺序安装。为避免差错,单元板块在装卸、运输、堆放过程中要按施工顺序编号操作。单元板块的精度和板块的完好直接影响安装和单元幕墙的质量,在装卸、运输、堆放过程中应采取措施,避免单元板块受损、变形。

24.3.7 单元板块吊装是安装施工过程中的重要环节,吊装机具是完成吊装和保证安全的前提条件。吊装机具应经检测合格并满足设计要求,设备配置应能保证吊装安全和防止单元构件受损,确保单元幕墙吊装质量。

24.3.8～24.3.9 起吊与就位的安装过程中禁止超重起吊。作业人员应严格安全防护。雨、雪、雾和风力5级及以上天气不得吊装。吊装单元板块时,各吊装点应受力均匀,匀速、缓慢移动。在板块未固定前,吊具不得拆除,防止意外坠落。

24.4 全玻璃幕墙安装

24.4.1 全玻璃幕墙的嵌槽不清洁会直接影响注密封胶质量,甚至造成玻璃损坏。因此,全玻璃幕墙安装过程中应做好清洁和槽口保护工作。

24.4.4 不同的结构体由于构造不同,其受力后的变形也不同。如果全玻璃幕墙的同一块玻璃吊在不同的结构体上,就会因吊点受力不均匀导致玻璃破裂。因此,一块玻璃应吊在同一结构体上。

24.5 点支承玻璃幕墙安装

24.5.1 支承构件是点支承幕墙的主要受力结构,其位置、形状、外观质量、承载能力和变形能力均有严格要求,在装卸、运输、存放和安装施工过程中都应注意,防止支承结构受损、变形。大型支承结构的吊装设计应包含吊装受力计算、吊点设计、必要的附件设计、就位和固定方案及就位后的在位调整等。支承结构就位后应及时紧固定位。对将被隐蔽的部位应及时完成隐蔽工程验收手续。

24.5.2 拉杆、拉索预拉力的大小,施加拉力的顺序和控制,对于支承结构的安全性及外形的准确性至关重要。因此,在安装过程中必须严格控制。

24.6 光伏幕墙安装

24.6.5 安装光伏组件时,在太阳能电池受光面铺遮光板,防止电击危险。

24.6.7 接通电路后局部遮挡光伏组件会产生热斑效应,因此不得局部遮挡光伏组件。

24.7 安全规定

24.7.1 建筑幕墙安装施工应遵守国家有关劳动安全、卫生法规和技术标准的规定，并结合工程实际情况，制定详细的安全操作守则，确保施工安全。

24.7.3～24.7.4 采用外脚手架进行幕墙的安装施工时，脚手架应经过设计和必要的计算，在适当部位与主体结构应可靠连接，并经验收合格后方可使用。在安装施工中，不得随意拆除脚手架设施，以保证其足够的承载力、刚度和稳定性，也不得在脚手架上堆放物料或超载，避免酿成安全事故。

施工中需要拆除脚手架与主体结构的部分连接时，应采取措施防止脚手架坍塌。

24.7.5 在幕墙的安装施工过程中，与主体结构或其他施工单位发生上下交叉作业时，很容易发生物料坠落现象。为了防止发生高空坠落伤人损物事故，根据建筑施工高处作业有关安全技术管理规定，本条必须严格执行。

25 工程验收

25.1 一般规定

为了确保幕墙工程的质量，必须做好施工全过程的质量控制。进场验收把好材料质量关，中间验收把好施工过程质量关，竣工验收把好幕墙工程总体质量关，这是质量控制全过程必须要做好的工作。要及时保存各类记录，建立完整的技术资料档案。

25.2 进场验收

为保证使用的材料符合幕墙工程要求，对所有进场材料要分别检查有关质量保证资料，对有些材料还应现场取样进行复验。对于不合格产品或不符合设计要求的材料不得进场使用。切实把好材料质量关。

25.3 中间验收

为了全过程把好质量关，应随施工进度完成中间验收。施工过程中，往往前道工序被后道工序覆盖，工序被覆盖前应进行检查，并作好隐蔽工程验收记录。

25.4 竣工验收

本节规定了各类型幕墙竣工验收时应具备的技术资料以及应达到的安装质量要求。须检查的“其他质量保证资料”是本节中未提及的与工程质量相关的资料，如经业主或监理签字的技术变更单等。

26 维护保养

26.1 一般规定

26.1.1 为了使幕墙在使用过程中达到和保持设计要求的功能，确保安全，规定承建方应向业主提供《幕墙使用维护说明书》，作为工程竣工交付内容的组成部分，指导幕墙的使用和维护。

26.1.2 幕墙交付使用前，幕墙承建方应对业主方作使用技能培训。

26.1.4 幕墙交付使用后，业主（或物业）应根据《幕墙使用维护说明书》的相关要求制定幕墙的维护、保养制度与计划。

26.1.9 业主（或物业）应及时做好日常检查、维护记录，收集整理检测和幕墙维修、改造资料，建立幕墙使用全过程的档案资料。

26.2 检查与维护

26.2.1 幕墙在使用过程中定期检查和维护很重要，本条对此作了明确的规定，特别是幕墙使用10年后。根据上海市《关于开展本市既有玻璃幕墙建筑专项整治工作的通知》（沪建交联〔2006〕553号）规定，对使用满10年的幕墙进行检查作为本市对既有幕墙日常管理的工作内容之一。

拉杆或拉索结构的幕墙工程随时间推移会产生拉力损失。为了保证这类幕墙的性能稳定和使用安全，拉杆或拉索幕墙在工程竣工验收后6个月时，必须进行一次全面的拉力检查和调整，以后每3年检查1次。

26.3 保养和清洗

26.3.2 业主(或物业)应根据幕墙表面保洁需要,确定清洗次数,每年不少于1次。

附录 B　幕墙光反射环境评价方法

B.2　光反射环境影响的评价方法

B.2.2　表 B.1 和表 B.2 是正北为 0°，按顺时针方向计算的太阳方位角。

表 B.1　上海市太阳方位角(上午，正北为 0°，顺时针计算方位角)

月	日	5：00	6：00	7：00	8：00	9：00	10：00	11：00	12：00
1	1	—	—	117.24	125.70	135.89	148.37	163.32	180.00
	11	—	—	116.31	124.83	135.11	147.74	162.95	180.00
	21	—	—	114.83	123.44	133.85	146.71	162.35	180.00
2	1	—	—	112.62	121.34	131.91	145.11	161.39	180.00
	11	—	—	110.14	118.95	129.67	143.22	160.24	180.00
	21	—	—	107.28	116.16	127.00	140.89	158.79	180.00
3	1	—	—	104.78	113.68	124.56	138.72	157.38	180.00
	11	—	—	101.45	110.31	121.18	135.58	155.27	180.00
	21	—	—	97.97	106.72	117.46	131.98	152.71	180.00
4	1	—	86.27	94.08	102.62	113.07	127.49	149.27	180.00
	11	—	82.93	90.60	98.86	108.92	123.00	145.50	180.00
	21	—	79.79	87.27	95.21	104.76	118.26	141.08	180.00
5	1	—	76.94	84.22	91.79	100.77	113.45	136.08	180.00
	11	—	74.47	81.53	88.75	97.13	108.87	130.72	180.00
	21	—	72.44	79.31	86.21	94.04	104.83	125.45	180.00

续表 B.1

月	日	5:00	6:00	7:00	8:00	9:00	10:00	11:00	12:00
6	1	—	70.81	77.51	84.13	91.48	101.39	120.53	180.00
	11	62.65	69.91	76.52	82.98	90.06	99.45	117.56	180.00
	21	62.37	69.62	76.19	82.60	89.58	98.78	116.52	180.00
7	1	62.65	69.92	76.52	82.99	90.07	99.45	117.57	180.00
	11	—	70.81	77.51	84.13	91.48	101.39	120.53	180.00
	21	—	72.25	79.10	85.96	93.74	104.43	124.90	180.00
8	1	—	74.41	81.46	88.67	97.04	108.75	130.57	180.00
	11	—	76.81	84.08	91.64	100.59	113.23	135.83	180.00
	21	—	79.58	87.05	94.96	104.47	117.92	140.75	180.00
9	1	—	82.93	90.59	98.85	108.91	123.00	145.49	180.00
	11	—	86.15	93.96	102.49	112.93	127.34	149.15	180.00
	21	—	89.47	97.36	106.09	116.79	131.31	152.22	180.00
10	1	—	—	100.72	109.56	120.41	134.86	154.77	180.00
	11	—	—	103.94	112.84	123.73	137.96	156.88	180.00
	21	—	—	106.96	115.85	126.69	140.62	158.62	180.00
11	1	—	—	109.96	118.79	129.51	143.08	160.16	180.00
	11	—	—	112.34	121.07	131.66	144.90	161.27	180.00
	21	—	—	114.32	122.96	133.40	146.35	162.13	180.00
12	1	—	—	115.86	124.41	134.73	147.43	162.77	180.00
	11	—	—	116.92	125.40	135.63	148.16	163.19	180.00
	21	—	—	—	125.93	136.10	148.54	163.41	180.00

注:1 太阳方位角,在不同地理坐标处,数值稍有误差。

2 表中时间为真太阳时,与“北京时间”稍有误差。

表 B.2　上海市太阳方位角(下午,正北为 0°,顺时针计算方位角)

月	日	12：00	13：00	14：00	15：00	16：00	17：00	18：00	19：00
1	1	180.00	196.68	211.63	224.11	234.30	242.76	—	—
	11	180.00	197.05	212.26	224.89	235.17	243.69	—	—
	21	180.00	197.65	213.29	226.15	236.56	245.17	—	—
2	1	180.00	198.61	214.89	228.09	238.66	247.38	—	—
	11	180.00	199.76	216.78	230.33	241.05	249.86	—	—
	21	180.00	201.21	219.11	233.00	243.84	252.72	—	—
3	1	180.00	202.62	221.28	235.44	246.32	255.22	—	—
	11	180.00	204.73	224.42	238.82	249.69	258.55	—	—
	21	180.00	207.29	228.02	242.54	253.28	262.03	—	—
4	1	180.00	210.73	232.51	246.93	257.38	265.92	273.73	—
	11	180.00	214.50	237.00	251.08	261.14	269.40	277.07	—
	21	180.00	218.92	241.74	255.24	264.79	272.73	280.21	—
5	1	180.00	223.92	246.55	259.23	268.21	275.78	283.06	—
	11	180.00	229.28	251.13	262.87	271.25	278.47	285.53	—
	21	180.00	234.55	255.17	265.96	273.79	280.69	287.56	—
6	1	180.00	239.47	258.61	268.52	275.87	282.49	289.19	—
	11	180.00	242.44	260.55	269.94	277.02	283.48	290.09	297.35
	21	180.00	243.48	261.22	270.42	277.40	283.81	290.38	297.63
7	1	180.00	242.43	260.55	269.93	277.01	283.48	290.08	297.35
	11	180.00	239.47	258.61	268.52	275.87	282.49	289.19	—
	21	180.00	235.10	255.57	266.26	274.04	280.90	287.75	—
8	1	180.00	229.43	251.25	262.96	271.33	278.54	285.59	—
	11	180.00	224.17	246.77	259.41	268.36	275.92	283.19	—
	21	180.00	219.25	242.08	255.53	265.04	272.95	280.42	—

续表 B.2

月	日	12：00	13：00	14：00	15：00	16：00	17：00	18：00	19：00
9	1	180.00	214.51	237.00	251.09	261.15	269.41	277.07	—
	11	180.00	210.85	232.66	247.07	257.51	266.04	273.85	—
	21	180.00	207.78	228.69	243.21	253.91	262.64	270.53	—
10	1	180.00	205.23	225.14	239.59	250.44	259.28	—	—
	11	180.00	203.12	222.04	236.27	247.16	256.06	—	—
	21	180.00	201.38	219.38	233.31	244.15	253.04	—	—
11	1	180.00	199.84	216.92	230.49	241.21	250.04	—	—
	11	180.00	198.73	215.10	228.34	238.93	247.66	—	—
	21	180.00	197.87	213.65	226.60	237.04	245.68	—	—
12	1	180.00	197.23	212.57	225.27	235.59	244.14	—	—
	11	180.00	196.81	211.84	224.37	234.60	243.08	—	—
	21	180.00	196.59	211.46	223.90	234.07	—	—	—

注：1　太阳方位角，在不同地理坐标处，数值稍有误差。

2　表中时间为真太阳时，与“北京时间”稍有误差。

附录D　预埋件及后置埋件设计与构造

D.3　槽式预埋件设计与构造

本节内容主要参照欧洲EOTA标准TR047的2015版本，涉及抗震及平行于钢槽剪力作用的内容主要参照美国ICC标准AC232的2015版本。结合中国相关标准的要求和工程使用习惯，略有调整。

【槽式预埋件算例】

上海某新建办公建筑采用玻璃幕墙，幕墙与主体结构的连接构造如图D.1所示。混凝土强度等级C30，$f_{cu,k}=30\text{N/mm}^2$，边梁尺寸$b\times h=300\text{mm}\times200\text{mm}$，上下对称配置纵筋3$\Phi$14，箍筋$\Phi$8@150。拟在梁顶设置槽式预埋件，以承受幕墙传递来的荷载，2个T型螺栓布置见图D.1。经计算，拉力设计值$N=10\text{kN}$，垂直于钢槽长度方向的剪力设计值$V_y=20\text{kN}$，平行于钢槽长度方向的剪力设计值$V_x=4.5\text{kN}$，试进行槽式预埋件设计。

Ⅰ. 基本条件和相关因素

1　混凝土基材：按照开裂混凝土进行设计。该办公建筑的边梁为钢筋混凝土连续梁，混凝土受拉区会出现在梁的部分区段，参照《混凝土结构后锚固技术规程》JGJ 145－2013的条文说明，视混凝土基材为开裂混凝土。

2　防腐蚀措施：本工程槽式预埋件的使用条件为室内环境，考虑到幕墙结构在湿度高及温度变化大时会出现结露现象，本工程拟选用符合耐久性要求的碳素钢，采用热浸镀锌，镀锌层厚度55μm以上。

3　T型螺栓强度：考虑螺栓上受到的剪力和拉力值较大，拟

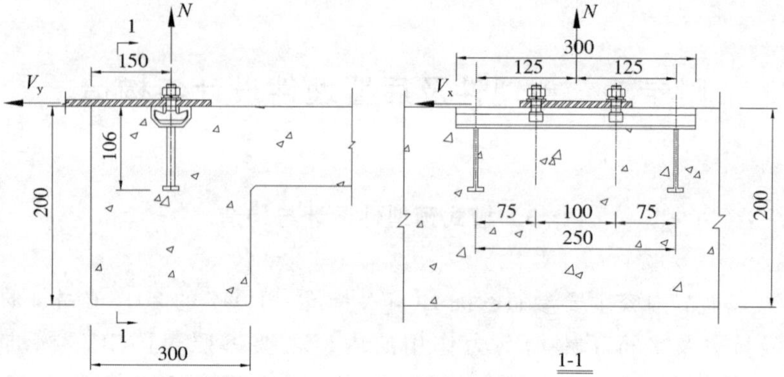

图 D.1　幕墙与主体结构连接构造示意图

采用 8.8 级碳钢螺栓。

Ⅱ. 槽式预埋件设计参数

根据设计经验和相关槽式预埋件设计软件的使用经验，本工程拟采用 2 个锚筋的槽式预埋件产品，产品详细信息见表 D.1。

表 D.1　产品详细信息

基本信息		备注
混凝土基材强度等级	C30	
混凝土基材类别	开裂混凝土	
剪力设计值 V	垂直于槽体 20kN， 平行于槽体 4.5kN	
拉力设计值 N	10kN	
槽式预埋件代号	HAC—50 106/300F	F 代表热浸镀锌，106 代表有效埋深
钢槽长度 l_{ch}	300mm	
钢槽宽度 b_{ch}	41.5mm	
钢槽高度 h_{ch}	31mm	
有效埋置深度 h_{ef}	106mm	

续表 D.1

基本信息		备注
钢槽截面惯性矩 I_y	33125mm^4	内力计算时需要该数据
锚筋数量 n	2	
锚筋间距 s	250mm	
T 型螺栓代号	HBC-C-N 8.8F M16×80	N 代表可抵抗平行剪力，8.8 代表钢材强度等级
螺栓长度	80mm	
螺栓直径	16mm	

Ⅲ. 槽式预埋件内力计算(受拉内力)

1 T 型螺栓受拉计算：共 2 个 T 型螺栓，螺栓所受拉力设计值 $N_{Ed}^{cb}=5kN$。

2 锚筋受拉计算：

根据本工程条件，可按荷载居于 2 个锚筋正中进行计算。拉力沿集中力影响范围按线性分配。由公式(D.3.8)求得拉力作用对槽式预埋件的影响长度：

$$l_i=13\cdot l_y^{0.05}\cdot s^{0.5}=13\times 33\,125^{0.05}\times 250^{0.5}=345(mm)>s$$

得锚筋受力示意图(图 D.2)。

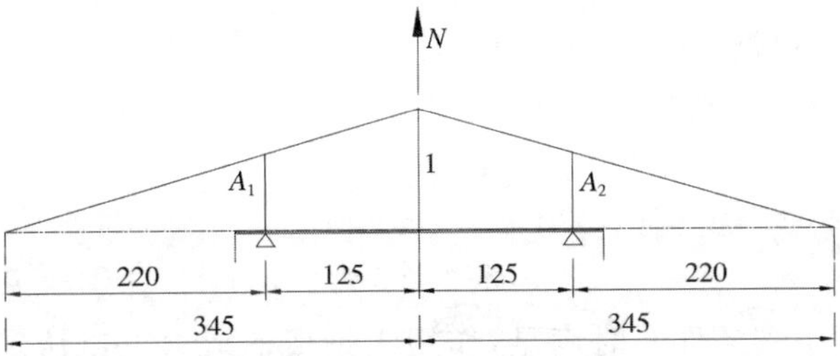

图 D.2 锚筋受力示意图

按附录 D 图 D.3.6，锚筋 1 和锚筋 2 的受力影响高度 $A_1=A_2=220/345=0.63$，得权重系数：

$$k=1/(0.63+0.63)=0.793$$

锚筋1分配到的拉力：

$$N_{Ed,1}^{a}=0.793\times0.63\times10=5(kN)$$

锚筋2分配到的拉力：

$$N_{Ed,2}^{a}=0.793\times0.63\times10=5(kN)$$

3 T型螺栓受拉时引起槽式预埋件产生整体受弯，该弯矩设计值 M_{Ed}^{ch}，可假定槽式预埋件是以锚筋为支点的简支梁进行计算。按图D.1所示，该弯矩设计值

$$M_{Ed}^{ch}=5\times0.075=0.375(kN\cdot m)$$

Ⅳ. 槽式预埋件内力计算(受剪内力)

1 T型螺栓受剪计算：共2个T型螺栓，每个螺栓受垂直槽体剪力设计值 $V_{Ed,y}^{cb}=10kN$，平行于槽体剪力设计值 $V_{Ed,x}^{cb}=2.25kN$。

2 锚筋受剪计算一：槽式预埋件受垂直于钢槽方向的剪力，根据本标准其内力可参照拉力的分配进行计算。

锚筋1分配到的剪力：

$$V_{Ed,y,1}^{a}=0.793\times0.63\times20=10(kN)$$

锚筋2分配到的剪力：

$$V_{Ed,y,2}^{a}=0.793\times0.63\times20=10(kN)$$

3 锚筋受剪计算二：槽式预埋件受平行于钢槽方向的剪力，其内力可根据本标准D.3.9条求得。

锚筋1分配到的剪力：

$$V_{Ed,x,1}^{a}=4.5/2=2.25(kN)$$

锚筋2分配到的剪力：

$$V_{Ed,x,2}^{a}=4.5/2=2.25(kN)$$

4 下列条件同时满足，作用于钢槽的剪力可以认定为没有杠杆臂的纯剪：

a. 被连接件材质为钢或铝合金，在其厚度范围内与T型螺栓全接触；

b. 被连接件直接接触混凝土基材，没有其他垫层。

Ⅴ. 受拉承载能力极限状态计算一(受拉钢材破坏、锚筋受拉拔出破坏验算)

1 锚筋钢材破坏受拉承载力标准值 $N_{Rk,s,a}$：根据产品供应提供的认证报告，该标准值 52.5kN(无认证报告时，可按规定计算或测试)。查表 D.3.11-3，分项系数 $\gamma_{Ms}=1.5$，得 $N_{Ed}^{a}=5kN<\frac{52.5}{1.5}=35(kN)$，本验算满足要求。

2 锚筋与钢槽连接处受拉钢材破坏受拉承载力标准值 $N_{Rk,s,c}$：根据产品供应提供的认证报告，该标准值 35.0kN(无认证报告时，可按规定测试)。查表 D.3.11-3，分项系数 $\gamma_{Ms,ca}=1.8$，得 $N_{Ed}^{a}=5kN<\frac{35}{1.8}=19.4(kN)$，本验算满足要求。

3 钢槽卷边钢材破坏受拉承载力标准值 $N_{Rk,s,l}$：根据产品供应提供的认证报告，该标准值 35.0kN(无认证报告时，可按规定测试)。2 个 T 型螺栓，折减系数：

$0.5[1+100/(2\times41.5)]$，取 1.0。查表 D.3.11-3，分项系数 $\gamma_{Ms,l}=1.8$，得 $N_{Ed}^{cb}=5kN<\frac{35\times1.0}{1.8}=19.4(kN)$，本验算满足要求。

4 T 型螺栓钢材破坏受拉承载力标准值 $N_{Rk,s}$：根据产品供应提供的认证报告，该标准值 125.6kN。查表 D.3.11-3，分项系数 $\gamma_{Ms}=1.5$，得 $N_{Ed}^{cb}=5kN<\frac{125.6}{1.5}=83.7(kN)$，本验算满足要求。

5 钢槽受拉弯曲钢材破坏的抗弯承载力标准值 $M_{RK,s,flex}$：根据产品供应提供的认证报告，该标准值 1345N·m。查表D.3.11-3，分项系数 $\gamma_{Ms,flex}=1.15$，得 $M_{Ed}^{cb}=375N\cdot m<\frac{1345}{1.15}=1169(N\cdot m)$，本验算满足要求。

6 锚筋受拉拔出破坏验算：

锚筋受拉拔出破坏承载力标准值可按公式(D.3.13)计算：

$$N_{Rk,p}=k_2\cdot f_{cu,k}\cdot A_h$$

式中 k_2 取 6.0，$f_{cu,k}=30$；按材料供应提供的锚筋 d_a、d_h 等数据，可求出锚筋受拉拔出破坏承载力标准值 $N_{Rk,p}$。本工程查相关认证报告，$N_{Rk,p}=48.2\text{kN}$。查表 D.3.11-3，分项系数 $\gamma_{Mp}=1.5$，得 $N_{Ed}^{a}=5\text{kN}<\dfrac{48.2}{1.5}=32.1(\text{kN})$，本验算满足要求。

Ⅵ. 受拉承载能力极限状态计算二(混凝土锥体破坏)

1 本工程槽式预埋件 $h_{ch}/h_{ef}=31/106=0.29<0.4$，且 $b_{ch}/h_{ef}=41.5/106=0.391<0.7$，因此槽式预埋件取有效埋置深度$h_{ef}=106\text{mm}$。

2 槽式预埋件单根锚筋发生混凝土锥体破坏受拉承载力标准值，可按公式(D.3.14)计算：

$$N_{Rk,c}=N_{Rk,c}^{0}\cdot\Psi_{ch,s,N}\cdot\Psi_{ch,e,N}\cdot\Psi_{ch,c,N}\cdot\Psi_{re,N}$$

式中：

$$N_{Rk,c}^{0}=k_1\cdot\sqrt{f_{cu,k}}\cdot h_{ef}^{1.5}=7.29\times\sqrt{30}\times106^{1.5}=43.2(\text{kN})$$

注：其中 k_1 取 $7.9\cdot\alpha_{ch,N}$，而 $\alpha_{ch,N}=\left(\dfrac{h_{ef}}{180}\right)^{0.15}=(106/180)^{0.15}=0.923$

相邻锚筋间距影响系数 $\Psi_{ch,s,N}$ 可按下式计算：

$$\Psi_{ch,s,N}=\frac{1}{1+\sum_{i=1}^{n}\left[\left(1-\frac{s_i}{s_{cr,N}}\right)^{1.5}\cdot\frac{N_i}{N_0}\right]}\leqslant1.0$$

$$\Psi_{ch,s,N}=\frac{1}{1+\sum_{i=1}^{1}\left[\left(1-\frac{250}{430}\right)^{1.5}\cdot\frac{5}{5}\right]}=0.787$$

其中 $s_i=250\text{mm}$，$s_{cr,N}=2\times\left(2.8-1.3\times\dfrac{h_{ef}}{180}\right)\times h_{ef}=430\text{mm}$；$N_i$ 取 5kN；N_0 取 5kN。

混凝土基材边缘距离影响系数 $\Psi_{ch,e,N}$ 可按下式计算：

$$\Psi_{ch,e,N}=\left(\frac{c_1}{c_{cr,N}}\right)^{0.5}=(150/215)^{0.5}=0.835$$

其中 c_1 为槽式预埋件的边距，取 150mm；临界边距

$$c_{cr,N}=0.5s_{cr,N}=430/2=215(\text{mm})。$$

混凝土基材边角影响系数 $\Psi_{ch,c,N}$ 可按下式计算(本题 c_2 为无穷大，该系数取 1.0)：

$$\Psi_{ch,c,N}=\left(\frac{c_2}{c_{cr,N}}\right)^{0.5}\leqslant 1.0$$

表层混凝土因密集配筋的影响系数 $\Psi_{Re,N}$：有效埋深 $h_{ef}>100$mm，按标准取 $\Psi_{re,N}=1.0$。

综合以上系数，单根锚筋发生混凝土锥体破坏受拉承载力标准值：

$$\begin{aligned}N_{Rk,c}&=N_{Rk,c}^{0}\cdot\Psi_{ch,s,N}\cdot\Psi_{ch,e,N}\cdot\Psi_{ch,c,N}\cdot\Psi_{re,N}\\&=43.2\times0.787\times0.835\times1\times1\\&=28.4(\text{kN})\end{aligned}$$

查表 D.3.11-3，分项系数 $\gamma_{Mc}=1.5$，得 $N_{Ed}^{a}=5\text{kN}<\frac{28.4}{1.5}=18.9(\text{kN})$，本验算满足要求。

Ⅶ. 受拉承载能力极限状态计算三(混凝土劈裂破坏)

1 安装过程中混凝土劈裂破坏不会发生：因为本工程满足产品供应认证报告上给出的最小边距 $c_{min}=50$mm、最小间距 $s_{min}=100$mm，混凝土基材最小厚度 $h_{min}=125$mm 和最小配筋等要求。

2 荷载条件下混凝土劈裂破坏验算，按 D.3.20 条计算：

$$N_{Rk,sp}=N_{Rk}^{0}\cdot\Psi_{ch,s,N}\cdot\Psi_{ch,e,N}\cdot\Psi_{ch,c,N}\cdot\Psi_{re,N}\cdot\Psi_{h,sp}$$

式中 $N_{Rk}^{0}=\min\{N_{Rk,p},N_{Rk,c}^{0}\}=\min\{48.2;43.2\}=43.2(\text{kN})$；

相邻锚筋间距影响系数 $\Psi_{ch,s,N}$ 按下式计算：

$$\Psi_{ch,s,N}=\frac{1}{1+\sum_{i=1}^{n}\left[\left(1-\frac{s_i}{s_{cr,sp}}\right)^{1.5}\cdot\frac{N_i}{N_0}\right]}\leqslant 1.0$$

查产品供应的认证报告 $c_{cr,sp}=318mm$，$s_{cr,sp}=318\times2=636(mm)$，并将锚筋间距 $s_1=250mm$ 代入公式，得

$$\Psi_{ch,s,N}=\frac{1}{1+\sum_{i=1}^{1}\left[\left(1-\frac{250}{636}\right)^{1.5}\cdot\frac{5}{5}\right]}=0.68$$

混凝土基材边缘距离影响系数 $\Psi_{ch,e,N}$ 按下式计算：

$$\Psi_{ch,e,N}=\left(\frac{c_1}{c_{cr,sp}}\right)^{0.5}=(150/318)^{0.5}=0.687$$

其中 c_1 为槽式预埋件边距，取 150mm；临界边距 $c_{cr,sp}=318mm$。

混凝土基材边角影响系数 $\Psi_{ch,c,N}$ 按下式计算：

$$\Psi_{ch,c,N}=\left(\frac{c_2}{c_{cr,sp}}\right)^{0.5}\leqslant1.0,$$

因 $c_2=\infty$，该系数取 1.0。

表层混凝土因密集配筋影响系数 $\Psi_{Re,N}$：有效埋深 $h_{ef}=106mm>100mm$，按标准取 $\Psi_{re,N}=1.0$。

基材厚度影响系数 $\Psi_{h,sp}$ 按下式计算（其中查产品供应认证报告 $h_{min}=125mm$）：

$$\Psi_{h,sp}=(h/h_{min})^{2/3}=(200/125)^{2/3}=1.37$$

该基材厚度影响系数应不大于下列二者的较大值，且不大于 2.0（其中，查前面的计算 $c_{cr,N}=215mm$，$h_{min}=125mm$）：

$$\Psi_{h,sp}\leqslant\max\left\{1,\left(\frac{h_{ef}+c_{cr,N}}{h_{min}}\right)^{2/3}\right\}=\max\left\{1,\left(\frac{106+215}{125}\right)^{2/3}\right\}$$

$$=\max\{1,1.87\}$$

比较结果取 $\Psi_{h,sp}=1.37$。

综合以上系数，单根锚筋发生混凝土锥体破坏受拉承载力标准值：

$$N_{Rk,sp}=N_{Rk}^{0}\cdot\Psi_{ch,s,N}\cdot\Psi_{ch,e,N}\cdot\Psi_{ch,c,N}\cdot\Psi_{re,N}\cdot\Psi_{h,sp}$$

$$=43.2\times0.68\times0.687\times1\times1\times1.37=27.6(kN)$$

查表 D. 3. 11-3，分项系数 $\gamma_{Msp}=1.5$，得 $N_{Ed}^{a}=5kN<27.6/1.5=18.4(kN)$，本验算满足要求。

Ⅷ. 受拉承载能力极限状态计算四(混凝土受拉边缘剥落破坏)

按标准，槽式预埋件边距应满足 $c\geqslant0.5h_{ef}$，本工程边距 $c=150mm$，$h_{ef}=106mm$，满足要求，无需验算。

Ⅸ. 受剪承载能力极限状态计算一(钢材破坏模式验算)

本工程要考虑垂直于槽体的剪力 $V_{Rk,y}$ 和平行于槽体的剪力 $V_{Rk,x}$。

1 锚筋的钢材破坏受剪承载力

根据产品供应提供的认证报告，垂直于钢槽的剪力作用下锚筋的钢材破坏受剪承载力标准值 $V_{Rk,s,a,y}=47.5kN$，查表D. 3. 11-3，分项系数 $\gamma_{Ms}=1.25$，得 $V_{Ed,y}^{a}=10kN<\frac{47.5}{1.25}=38(kN)$，本验算满足要求。

根据产品供应提供的认证报告，平行于钢槽的剪力作用下锚筋的钢材破坏受剪承载力标准值 $V_{Rk,s,a,x}=30kN$，查表 D. 3. 11-3，分项系数 $\gamma_{Ms}=1.25$，得 $V_{Ed,x}^{a}=2.25kN<30/1.25=24(kN)$，本验算满足要求。

2 锚筋与钢槽连接处钢材破坏受剪承载力

据产品供应提供的认证报告，垂直于钢槽的剪力作用下锚筋与钢槽连接处钢材破坏受剪承载力标准值 $V_{Rk,s,c,y}=47.5kN$，查表 D. 3. 11-3，分项系数 $\gamma_{Ms,ca}=1.8$，得 $V_{Ed,y}^{a}=10kN<\frac{47.5}{1.8}=26.3(kN)$，本验算满足要求。

据产品供应提供的认证报告，平行于钢槽的剪力作用下锚筋与钢槽连接处钢材破坏受剪承载力标准值 $V_{Rk,s,c,x}=23.3kN$。查表 D. 3. 11-3，分项系数 $\gamma_{Ms,ca}=1.8$，得 $V_{Ed,x}^{a}=2.25kN<\frac{23.3}{1.8}=12.9(kN)$，本验算满足要求。

3 钢槽卷边钢材破坏受剪承载力

根据产品供应提供的认证报告，垂直于钢槽的剪力作用下钢槽卷边钢材破坏受剪承载力标准值 $V_{Rk,s,l,y}=47.5kN$，参照受拉时的计算，2 个 T 型螺栓间距引起的折减系数为 1.0。查表 D.3.11-3，分项系数 $\gamma_{Ms,l}=1.8$，得 $V_{Ed,y}^{cb}=10kN<\frac{47.5\times1.0}{1.8}=26.3(kN)$，本验算满足要求。

根据产品供应提供的认证报告，平行于钢槽的剪力作用下钢槽卷边钢材破坏受剪承载力标准值 $V_{Rk,s,l,x}=19.7kN$，参照受拉时的计算，2 个 T 型螺栓间距引起的折减系数为 1.0。查表D.3.11-3，分项系数 $\gamma_{Ms,l}=1.8$，得 $V_{Ed,x}^{cb}=2.25kN<19.7\times1.0/1.8=10.9(kN)$，本验算满足要求。

4 垂直或平行于钢槽的剪力作用下，本工程同时满足 D.3.10条规定的两个条件，可以认定为没有杠杆臂的纯剪。现在求 T 型螺栓的钢材破坏受剪承载力标准值 $V_{Rk,s,y}$，$V_{Rk,s,x}$：

根据产品供应提供的认证报告，该标准值 62.8kN（无认证报告时，应按规定进行测试）。查表 D.3.11-3，分项系数 $\gamma_{Ms}=1.25$，验算较大荷载值，得 $V_{Ed,y}^{cb}=10kN<62.8/1.25=50.2(kN)$，本验算满足要求。

Ⅹ. 受剪承载能力极限状态计算二（混凝土剪撬破坏模式验算）

槽式预埋件单根锚筋上没有设置附加钢筋，混凝土剪撬破坏承载力标准值按下式计算：

$$V_{Rk,cp}=k_8\cdot N_{Rk,c}=2.0\times28.4=56.8(kN)$$

式中，取 $k_8=2.0(h_{ef}=106>60mm)$；$N_{Rk,c}$ 为混凝土锥体破坏受拉承载力标准值，按照前面的计算取值。查表 D.3.11-3，分项系数 $\gamma_{Mc}=1.5$，得 $V_{Ed}^{a}=10kN<56.8/1.5=37.9(kN)$，本验算满足要求。

Ⅺ. 受剪承载能力极限状态计算三（混凝土受剪边缘破坏，垂直于槽体的剪力）

混凝土边缘破坏受剪承载力标准值按公式（D.3.24）计算：

$$V_{Rk,c}=V_{Rk,c}^{0}\cdot\Psi_{ch,s,V}\cdot\Psi_{ch,c,V}\cdot\Psi_{ch,h,V}\cdot\Psi_{ch,90°,V}\cdot\Psi_{re,V}$$

式中：$V_{Rk,c}^{0}$为单根锚筋（取左边锚筋进行验算）受剪时，混凝土理想边缘破坏承载力标准值，按下式计算：

$$V_{Rk,c}^{0}=k_{12}\cdot\sqrt{f_{cu,k}}\cdot c_1^{4/3}=7.5\times0.9\times\sqrt{30}\times150^{4/3}=29.4(\text{kN})$$

其中系数 $k_{12}=7.5\times0.9$（7.5 取自相关认证报告，0.9 为混凝土强度的转换系数），$c_1=150\text{mm}$。没有认证报告时，可取 $k_{12}=4.1$。

$\Psi_{ch,s,V}$为相邻锚筋间的影响系数，按下式计算：

$$\Psi_{ch,s,V}=\frac{1}{1+\sum_{i=1}^{n}\left[\left(1-\frac{s_i}{s_{cr,V}}\right)^{1.5}\cdot\frac{V_i}{V_0}\right]}$$

$$\Psi_{ch,s,V}=\frac{1}{1+\sum_{i=1}^{1}\left[\left(1-\frac{250}{683}\right)^{1.5}\cdot\frac{10}{10}\right]}=0.667$$

其中：$s_i=250\text{mm}$；$s_{cr,V}=4c_1+2b_{ch}=683\text{mm}$。$V_i$ 为临界距离 $s_{cr,N}$ 内某个相邻锚筋所承受的剪力，取 10kN；V_0 为指定验算的锚筋所承受的剪力荷载，取 10kN。

$\Psi_{ch,c,V}$为混凝土基材边角影响系数，可按下式计算：

$$\Psi_{ch,c,V}=\left(\frac{c_2}{c_{cr,V}}\right)^{0.5}\leqslant1.0$$

本工程 $c_2=\infty$，取 $\Psi_{ch,c,V}=1.0$。

$\Psi_{ch,h,V}$为混凝土基材厚度影响系数，本工程构件厚度 $h=200\text{mm}<h_{cr,V}[h_{cr,V}=2c_1+2h_{ch}=300+62=362(\text{mm})]$，该系数按下式计算：

$$\Psi_{ch,h,V}=\left(\frac{h}{h_{cr,V}}\right)^{0.5}=\left(\frac{200}{362}\right)^{0.5}=0.743$$

$\Psi_{re,V}$为混凝土构件内钢筋对承载力的影响系数，本工程按开裂混凝土，边缘有主筋和箍筋，箍筋间距较密，且预埋槽高度 h_{ch} 小于 40mm，取 $\Psi_{re,V}=1.2$。

$\Psi_{ch,90°,V}$为剪力与边缘平行时受剪承载力影响系数，本工程取 $\Psi_{ch,90°,V}=1.0$。

综合以上系数，混凝土边缘破坏受剪承载力标准值：

$$V_{\mathrm{Rk,c}}=V^{0}_{\mathrm{Rk,c}}\cdot\Psi_{\mathrm{ch,s,V}}\cdot\Psi_{\mathrm{ch,c,V}}\cdot\Psi_{\mathrm{ch,h,V}}\cdot\Psi_{\mathrm{ch,90^{\circ},V}}\cdot\Psi_{\mathrm{re,V}}$$
$$=29.4\times0.667\times1\times0.743\times1\times1.2=17.5(\mathrm{kN})$$

查表 D.3.11-3，分项系数 $\gamma_{\mathrm{Mc}}=1.5$，得 $V^{\mathrm{a}}_{\mathrm{Ed,y}}=10\mathrm{kN}<\dfrac{17.5}{1.5}=11.65(\mathrm{kN})$，本验算满足要求。

Ⅻ. 受剪承载能力极限状态计算四（混凝土受剪边缘破坏，平行于槽体的剪力）

在平行于槽体的剪力作用下，混凝土边缘破坏受剪承载力标准值可按 D.3.29 条计算。考虑本工程平行受剪时的边距 c_1 较大，承载力较高，本条免于验算。

ⅩⅢ. 拉剪复合承载能力极限状态验算

本工程受拉、受剪的单项验算结果汇总见表 D.2。

表 D.2 本工程受拉、受剪的单项验算结果汇总

拉力计算				剪力计算			
破坏模式	拉力设计值	承载力设计值	二者的比值	破坏模式	剪力设计值	承载力设计值	二者的比值
钢材破坏				钢材破坏			
锚筋(kN)	5	35	0.143	垂直槽体剪力下的锚筋(kN)	10	38	0.263
锚筋与槽体连接处(kN)	5	19.4	0.258	垂直槽体剪力下的锚筋与槽体连接处(kN)	10	26.3	0.380
槽体卷边(kN)	5	19.4	0.258	垂直槽体剪力下的槽体卷边(kN)	10	26.3	0.380
螺栓(kN)	5	83.7	0.060	螺栓(kN)	10	50.2	0.199
槽体受拉弯曲(N·m)	375	1169	0.321	平行槽体剪力下的锚筋(kN)	2.25	24	0.094
				平行槽体剪力下的锚筋与槽体连接处(kN)	2.25	12.9	0.174
				平行槽体剪力下的槽体卷边(kN)	2.25	10.9	0.206
混凝土破坏				混凝土破坏			
锚筋受拉拔出破坏(kN)	5	32.1	0.156	剪撬破坏(kN)	10	37.8	0.265
混凝土锥体破坏(kN)	5	18.9	0.265	受剪边缘破坏(kN)	10	11.65	0.858
混凝土劈裂破坏(kN)	5	18.4	0.272				

1 拉剪复合验算一(T 型螺栓钢材破坏),按公式(D. 3. 30-1):

$$\left(\frac{N_{Ed}^{cb}}{N_{Rd,s}}\right)^2+\left(\frac{V_{Ed}^{cb}}{V_{Rd,s}}\right)^2=0.06^2+0.205^2<1.0\text{,满足要求。}$$

其中 $V_{Rd,s}=50.2kN$,$V_{Ed}^{cb}=(10^2+2.25^2)^{0.5}=10.27(kN)$,$V_{Ed}^{cb}/V_{Rd,s}=10.27/50.2=0.205$。

2 拉剪复合验算二(卷边和钢槽受弯破坏模式),按公式(D. 3. 30-2)和(D. 3. 30-3):

卷边验算:$\left(\frac{N_{Ed}^{cb}}{N_{Rd,s,1}}\right)^{k_{13}}+\left(\frac{V_{Ed,y}^{cb}}{V_{Rd,s,1,y}}\right)^{k_{13}}\leqslant\left[1-\left(\frac{V_{Ed,x}^{cb}}{V_{Rd,s,1,x}}\right)\right]^{k_{13}}$

本工程 $V_{Rd,s,l,y}=26.3kN>N_{Rd,s,l}=19.4kN$,根据 D. 3. 30 条,取 $k_{13}=1.0$,上式结果为

$(0.257)^{1.0}+(0.38)^{1.0}<(1.0-0.206)^{1.0}$,满足要求。

受弯验算:$\left(\frac{M_{Ed}^{ch}}{M_{Rd,s,flex}}\right)^{k_{13}}+\left(\frac{V_{Ed,y}^{cb}}{V_{Rd,s,l,y}}\right)^{k_{13}}\leqslant\left[1-\left(\frac{V_{Ed,x}^{cb}}{V_{Rd,s,l,x}}\right)\right]^{k_{13}}$

即$(0.321)^{1.0}+(0.38)^{1.0}=0.701<1.0-0.206=0.794$,满足要求。

3 拉剪复合验算三(锚筋破坏、连接处破坏模式),按公式(D. 3. 30-4):

$$\max\left(\frac{N_{Ed}^{a}}{N_{Rd,s,a}},\frac{N_{Ed}^{a}}{N_{Rd,s,c}}\right)^{k_{14}}+\max\left(\frac{V_{Ed,y}^{a}}{V_{Rd,s,a,y}},\frac{V_{Ed,y}^{a}}{V_{Rd,s,c,y}}\right)^{k_{14}}$$
$$\leqslant\left[1-\max\left(\frac{V_{Ed,x}^{a}}{V_{Rd,s,a,x}},\frac{V_{Ed,x}^{a}}{V_{Rd,s,c,x}}\right)\right]^{k_{14}}$$

本工程中

$\max(V_{Rd,s,a,y};V_{Rd,s,c,y})=38kN>\min(N_{Rd,s,a};N_{Rd,s,c})=19.4kN$,根据 D. 3. 30 条,取 $k_{14}=1.0$,上式结果为

$(0.257)^{1.0}+(0.38)^{1.0}=0.637<1.0-0.174=0.826$,满足要求。

4 拉剪复合验算四(混凝土破坏模式),按公式(D. 3. 30-5):

$$\left(\frac{N_{Ed}^{a}}{N_{Rd,c}}\right)^{\alpha}+\left(\frac{V_{Ed,y}^{a}}{V_{Rd,i,y}}\right)^{\alpha}+\left(\frac{V_{Ed,x}^{a}}{V_{Rd,i,x}}\right)^{\alpha}\leqslant1.0$$

即$(0.272)^{1.5}+(0.858)^{1.5}+0=0.935<1.0$，满足要求。

注：没有附加钢筋承担拉力和剪力时，α 可取 1.5。

XIV. 构造要求核对

1 混凝土基材的厚度 200mm，满足 D.3.31 条的构造要求。

2 槽式预埋件的有效锚固深度为 106mm＞90mm，满足标准要求。

3 相邻锚筋间距为 250mm，不小于 100mm，不大于 250mm，满足要求。

4 槽式预埋件与混凝土构件的边距为 150mm，大于 50mm，符合产品供应给出的最小边距 $c_{min}=50\text{mm}$，满足要求。

D.4 板槽预埋件设计与构造

【板槽预埋件算例】

板槽埋件采用 Q235B-300×200 埋板，埋筋采用 6-Q10 和 HRB400 级，采用 2 颗 M16 螺栓与其连接，计算采用埋板最小厚度及连接螺栓承载能力，埋板尺寸如图 D.3。幕墙板块对连接件作用荷载：

$$F_y=15\text{kN} \quad （重力方向）$$

$$F_x=30\text{kN} \quad （垂直于面板方向）$$

Ⅰ. 连接螺栓计算

连接螺栓采用 2-M16，A3-70 不锈钢连接螺栓，有效截面面积：$A_e=156.67\text{mm}^2$

允许抗拉强度设计值：$f_{ty}=320\text{N/mm}^2$

允许抗剪强度设计值：$f_{tv}=245\text{N/mm}^2$

连接螺栓承受剪力：$V=F_x=30\text{kN}$

三角形受力形心距离：$a=2\times\frac{e_2}{3}=80\text{mm}$

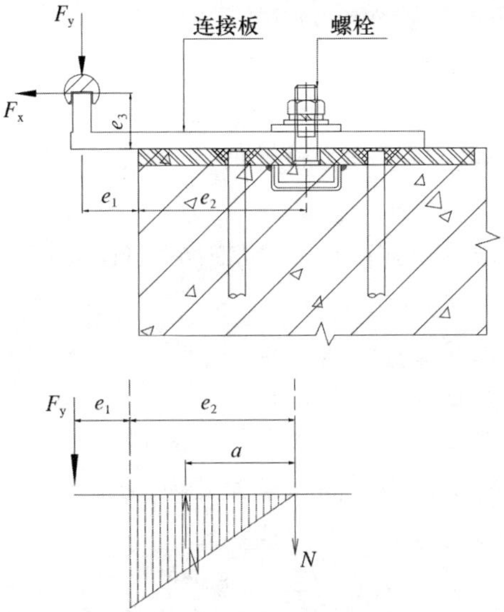

$e_1=40\text{mm}; e_2=120\text{mm}; e_3=40\text{mm}$

图 D.3　板槽埋件示意图

连接螺栓承受拉力为

$$N=\frac{F_y\times\left(e_1+\frac{e_2}{3}\right)+F_x\times e_3}{a}=30\text{kN}$$

单颗螺栓承受的剪应力为

$$\tau=0.5V/\mathrm{A_e}=95.74\text{N/mm}^2<f_{tv}$$

单颗螺栓承受拉应力为

$$\sigma=0.5N/\mathrm{A_e}=95.74\text{N/mm}^2<f_{ty}$$

连接螺栓拉力和剪力复合计算：

$$\sqrt{\left(\frac{\tau}{f_{tv}}\right)^2+\left(\frac{\sigma}{f_{ty}}\right)^2}=0.552<1$$

符合连接螺栓承载能力极限要求。

Ⅱ. 埋板计算

埋板承受剪力为：$V=30\text{kN}$

埋板承受拉力为：$N=30\text{kN}$

1 埋筋面积计算

按照本标准 D.2 节计算埋筋总面积：

f_c——混凝土抗压强度设计值，混凝土为 C30，

$f_c=14.30\text{N/mm}^2$；

f_y——锚筋抗拉强度设计值，锚筋为 HRB400，

$f_y=300.00\text{N/mm}^2$；

t——锚板厚度，$t=12\text{mm}$；

d——锚筋直径，$d=12\text{mm}$；

z——外层锚筋中心间距，$z=100\text{mm}$；

α_r——外层锚筋中心间距系数，锚筋分为两层，$\alpha_r=1.00$；

α_b——锚板的弯曲变形折减系数，

$\alpha_b=0.6+0.25t/d=0.850$；

α_v——锚筋的受剪承载力系数，

$\alpha_v=(4.0-0.08d)\sqrt{f_c/f_y}=0.664$。

$A_{s1}=V/(\alpha_r\alpha_v f_y)+N/(0.8\alpha_b f_y)=297.7\text{mm}^2$

$A_{s2}=N/(0.8\alpha_b f_y)=147.1\text{mm}^2$

所需锚筋总截面面积　$A_s=\max(A_{s1},A_{s2})=297.7\text{mm}^2$

现配锚筋总截面面积　$A_{s0}=6\pi d^2/4=678.6\text{mm}^2\geqslant A_s$，满足要求。

2 埋板计算

根据本标准 D.4 节及表 D.4.2 规定，12mm 厚埋板承受最大拉应力为 45kN，大于实际埋板承受荷载 $N=30\text{kN}$，符合埋板承载能力极限要求。

D.5 后置埋件设计与构造

【幕墙后锚固算例】

某办公建筑选用玻璃幕墙，幕墙与主体结构的连接采用后补埋件形式（图 D.4）。混凝土等级 C30，梁截面厚度 200mm，梁高 600mm。拟采用后补埋件，以承受幕墙传来的荷载。已知最终作用于锚板上的拉力设计值 $N=20\text{kN}$，剪力设计值 $V=10\text{kN}$，弯矩 $5\text{kN}\cdot\text{m}$。试进行后锚固设计。

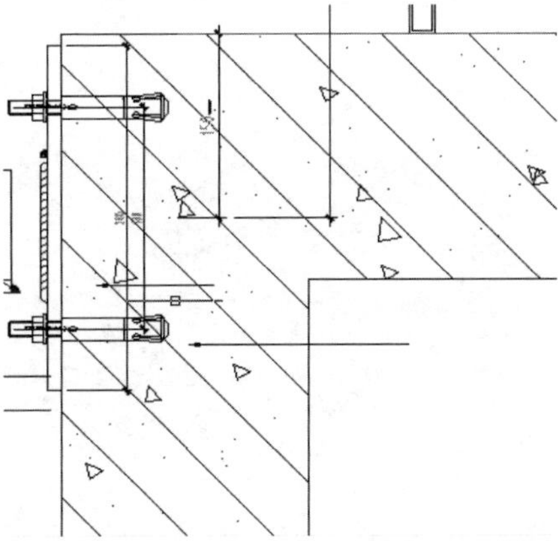

图 D.4　后置埋件示意图

Ⅰ. 基本条件和相关因素

1　混凝土基材：该办公建筑为钢筋混凝土连续梁，混凝土受拉区会出现在梁的部分区段，故应按开裂混凝土进行设计（参照《混凝土结构后锚固技术规程》JGJ 145－2013 的条文说明，此混凝土基材视为开裂混凝土）。

2　防腐蚀措施：本工程后锚件的使用条件为室内环境，考虑幕墙结构在湿度高及温度变化大时会出现结露现象，本工程拟采用符合耐久性要求的碳素钢，采用热浸镀锌，镀锌层厚度 45μm

以上。

3 其他要求:考虑上海建筑幕墙标准的其他要求,拟采用锚固件应有抗震认证和耐火性能的认证报告。

Ⅱ. 锚栓选型及布置

根据设计经验和幕墙锚栓使用要求,锚板拟采用四颗22×100 M16/60 后扩底锚栓,有效锚固深度 100mm,钻孔直径22mm,外露螺杆直径 16mm,最大被锚固物厚度 60mm。采用2×2对称布置,锚栓间距均为 200mm,锚板尺寸 300mm×300mm(图D.5)。

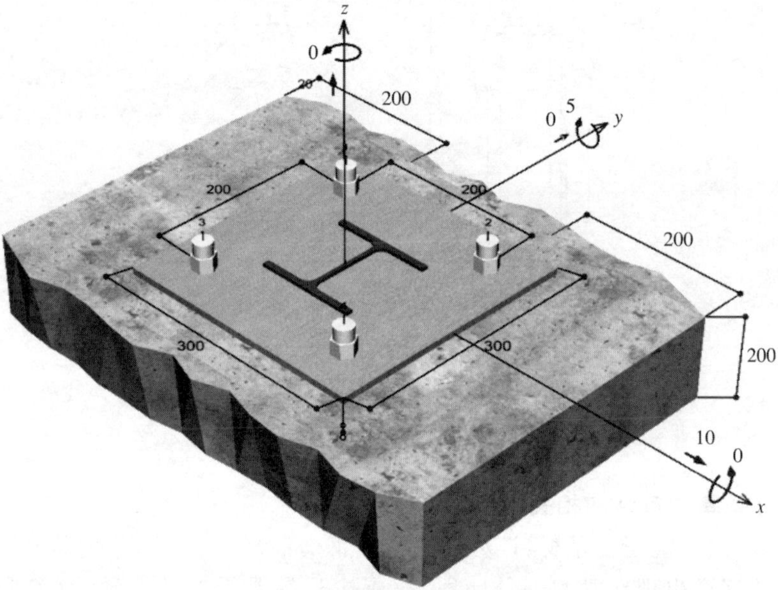

尺寸/荷载/单位刻度 mm,kN,kN·m

设计值(荷载分项安全系数已经考虑在内)

图 D.5　锚栓配置

Ⅲ. 设计荷载

N_{Sd} (kN)	V_{Sd} (kN)	$V_{Sd,x}$ (kN)	$V_{Sd,y}$ (kN)	$M_{Sd,y}$ (kN·m)	$M_{T,Sd}$ (kN·m)	荷载类型
20.0	10.0	10.0	0	5.0	0	静态或者准静态

注：已包含荷载分项安全系数。

Ⅳ. 锚栓所受荷载(图 D.6)

根据软件有限元分析，得出各个锚栓的受力情况。

锚栓编号	拉力作用 (kN)	剪力作用 (kN)	剪力作用(x) (kN)	剪力作用(y) (kN)
1	16.14	2.50	2.50	0.00
2	1.03	2.50	2.50	0.00
3	16.14	2.50	2.50	0.00
4	1.03	2.50	2.50	0.00

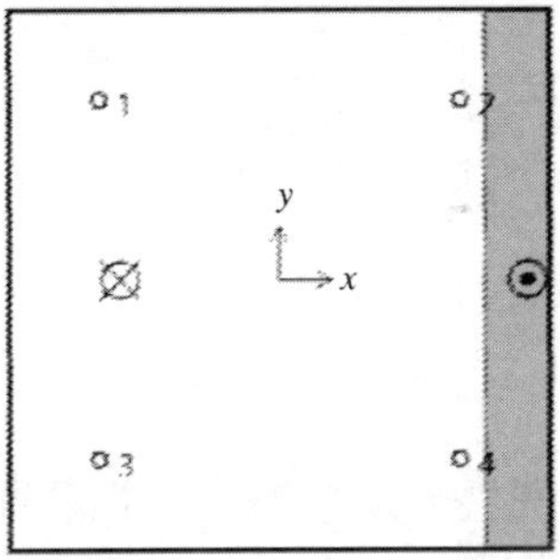

图 D.6 锚栓所受荷载

1 抗拉承载力设计

1) 钢材破坏

$$N_{Rd,s}=\frac{N_{Rk,s}}{\gamma_{Rs,N}}$$

$$N_{Rk,s}=f_{yk}A_s=400\text{kN/mm}^2\times157\text{mm}^2=62.8\text{kN}$$

$N_{Rk,s}$ (kN)	$\gamma_{Rs,N}$	$N_{Rd,s}$ (kN)	N_{Sd} (kN)	$\beta_{N,s}$ (%)
62.8	1.2	52.33	16.14	30.84

2）混凝土锥体破坏(图 D.7)

$$N_{Rd,c}=\frac{N_{Rk,c}}{\gamma_{Rc,N}}$$

$$N_{Rk,c}=N_{Rk,c}^0\frac{A_{c,N}}{A_{c,N}^0}\psi_{s,N}\psi_{re,N}\psi_{ec,N}$$

$$\begin{aligned}N_{Rk,c}^0&=7.0\times\sqrt{f_{cu,k}}h_{ef}^{1.5}\\&=7.0\times\sqrt{30}\times100^{1.5}\\&=38.34(\text{kN})\end{aligned}$$

$$\begin{aligned}A_{c,N}&=(1.5h_{ef}+200+1.5h_{ef})^2\\&=250\,000(\text{mm}^2)\end{aligned}$$

$$\begin{aligned}A_{c,N}^0&=S_{cr,N}^2=(3h_{ef})^2\\&=90\,000(\text{mm}^2)\end{aligned}$$

图 D.7　混凝土锥体破坏

$\psi_{s,N}=0.7+0.3\dfrac{c}{c_{cr,N}}\leqslant1,c=\infty$,该值取 1

$\psi_{re,N}=0.5+\dfrac{h_{ef}}{200}\leqslant 1$,该值取 1

$\psi_{ec,N}=1$

$$N_{Rk,c}=38.34\text{kN}\times\frac{250\,000}{90\,000}\times1\times1\times1=106.5\text{kN}$$

$N_{Rk,c}$ (kN)	$\gamma_{Rc,N}$	$N_{Rd,c}$ (kN)	N_{Sd} (kN)	$\beta_{N,c}$ (%)
106.5	1.80	59.17	34.34	58.0

根据《混凝土结构后锚固技术规程》JGJ 145－2013 第 6.1.11

条，设计方案采用适用于开裂混凝土的锚栓，且按照开裂计算，裂缝宽度不大于 0.3mm。因此，不考虑荷载条件下的劈裂破坏。

2 抗剪承载力设计

1）无悬臂的钢材破坏（图 D.8）

图 D.8 无悬臂钢材破坏

$$V_{Rd,s}=\frac{V_{Rk,s}}{\gamma_{Rs,V}}$$

$$V_{Rk,s}=0.5f_{yk}A_s$$

$$=0.5\times400\text{kN/mm}^2\times157\text{mm}^2$$

$$=31.4\text{kN}$$

$V_{Rk,s}$ (kN)	$\gamma_{Rs,V}$	$V_{Rd,s}$ (kN)	V_{Sd} (kN)	$\beta_{V,s}$ (%)
31.4	1.2	26.17	2.50	9.5

2）混凝土剪撬破坏（图 D.9）

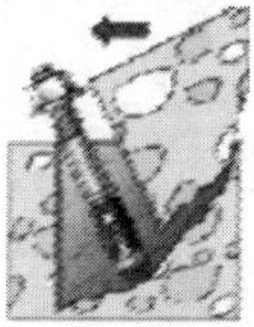

图 D.9 混凝土剪撬破坏

$$V_{Rd,cp}=\frac{V_{Rk,cp}}{\gamma_{Rcp}}$$

$V_{Rk,cp}=kN_{Rk,c}$（$h_{ef}\geqslant60$mm，取 $k=2$）

$V_{Rk,cp}=2\times106.5=213$(kN)

$V_{Rk,cp}$ (kN)	γ_{Rcp}	$V_{Rd,cp}$ (kN)	V_{Sd} (kN)	$\beta_{V,cp}$ (%)
213	1.50	142	10.00	7.0

3）混凝土边缘破坏（图 D.10）

图 D.10 混凝土边缘破坏

$$V_{Rd,c}=\frac{V_{Rk,c}}{\gamma_{Rc,V}}$$

$$V_{Rk,c}=V^0_{Rk,c}\frac{A_{c,v}}{A^0_{c,v}}\psi_{s,V}\psi_{h,v}\psi_{\alpha,V}\psi_{ec,V}\psi_{re,V}$$

$$V^0_{Rk,c}=1.35\times d^{\alpha}_{nom}h^{\beta}_{ef}\sqrt{f_{cu,k}}\times c_1^{1.5}$$

$$=1.35\times22^{0.071}\times100^{0.064}\times\sqrt{30}\times200^{1.5}=34.97\text{(kN)}$$

$\alpha=0.1(l_f/c_1)^{0.5}=0.1\times(100/200)^{0.5}=0.071$

$\beta=0.1(d_{nom}/c_1)^{0.2}=0.1\times(22/200)^{0.2}=0.064$

$A_{c,V}^0=4.5c_1^2=180\,000\text{mm}^2$

$A_{c,V}=(1.5c_1+200+1.5c_1)h=160\,000(\text{mm}^2)$

$$\psi_{s,V}=0.7+0.3\frac{c_2}{1.5c_1}=1\leqslant 1$$

$$\psi_{h,V}=\left(\frac{1.5c_1}{h}\right)^{1/2}=1.225$$

$$V_{Rk,c}=34.97\times\frac{160\,000}{180\,000}\times1.0\times1.225\times1.0=38.08(\text{kN})$$

$$V_{Rd,c}=\frac{V_{Rk,c}}{\gamma_{Rc,V}}=\frac{38.08}{1.5}=25.38(\text{kN})$$

$V_{Rk,c}$ (kN)	$\gamma_{Rc,V}$	$V_{Rd,c}$ (kN)	V_{Sd} (kN)	$\beta_{V,c}$ (%)
38.08	1.50	25.38	10.00	39.4

验算	荷载(kN)	承载力(kN)	利用率 β_V(%)
无悬臂的钢材破坏	2.50	26.17	9.5
混凝土剪撬破坏	10.00	142	7.0
混凝土边缘破坏	10.00	25.38	39.4

3 拉剪组合验算

拉力荷载	利用率 β_N(%)	剪力	利用率 β_V(%)
钢材破坏	30.8	无悬臂的钢材破坏	9.5
混凝土锥体破坏	58.0	混凝土剪撬破坏	7.0
		混凝土边缘破坏	39.4

拉剪组合作用下存在混凝土破坏，按《混凝土结构后锚固技术规程》JGJ 145－2013 公式（6.1.29-1）：

$$\left(\frac{N_{\mathrm{Sd}}}{N_{\mathrm{Rd,c}}}\right)^{1.5}+\left(\frac{V_{\mathrm{Sd}}}{V_{\mathrm{Rd,c}}}\right)^{1.5}=0.58^{1.5}+0.39^{1.5}=0.685\leqslant 1$$

验算满足要求。

附录 G　多跨铰接梁弯矩、挠度和支座反力

[例]　图 G.1 为单支座多跨铰接梁示意图，均布荷载 $q=1.5\text{N/mm}$，梁为 120 × 60 × 3 铝合金方管，惯性矩 $I=1973052\text{mm}^4$，求该梁的弯矩、挠度及支座反力。

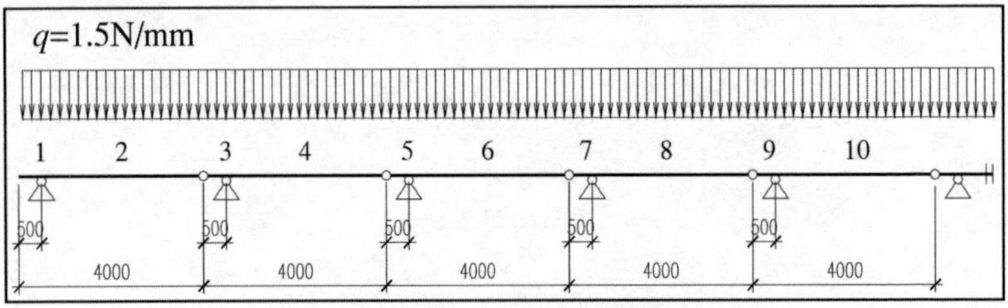

图 G.1　单支座多跨铰接梁示意图

表 G.1　均布荷载等截面单支座多跨铰接梁弯矩、挠度和支座反力

项目	i	系数 $\zeta_i(a/L=0.125)$	$\zeta_i R_0$(N)	$\zeta_i M_0$(N·m)	$\zeta_i d_{f0}$(mm)
支座反力	1	1.14	3420	—	—
	3	2.12	6360	—	—
	5	1.98	5940	—	—
	7	2.00	6000	—	—
	9	2.00	6000	—	—
支座处弯矩	1	0.06	—	180000	—
	3	0.49	—	1470000	—
	5	0.43	—	1290000	—
	7	0.44	—	1320000	—
	9	0.44	—	1320000	—

续表 G.1

项目	i	系数 $\zeta_i(a/L=0.125)$	$\zeta_i R_0$(N)	$\zeta_i M_0$(N·m)	$\zeta_i d_{f0}$(mm)
挠度最大处弯矩	2	0.73	—	2190000	—
	4	0.54	—	1620000	—
	6	0.57	—	1710000	—
	8	0.56	—	1680000	—
	10	0.56	—	1680000	—
最大挠度	2	0.53	—	—	19.2
	4	0.32	—	—	11.6
	6	0.35	—	—	12.7
	8	0.34	—	—	12.3
	10	0.34	—	—	12.3

表 G.1 中，R_0、M_0 和 d_{f0} 分别为跨度 4000mm 简支梁的支座反力及跨中弯矩与挠度：

$$R_0=\frac{qL}{2}=\frac{1.5\times 4000}{2}=3000(\text{N})$$

$$M_0=\frac{qL^2}{8}=\frac{1.5\times 4000^2}{8}=3000000(\text{N}\cdot\text{mm})$$

$$d_{f0}=\frac{5qL^4}{384EI}=\frac{5\times 1.5\times 4000^4}{384\times 70000\times 1973025}=36.2(\text{mm})$$

由图 G.1 知，$a=500\text{mm}$，$L=4000\text{mm}$，

$$a/L=500/4000=0.125。$$

表 G.1 中其他参数见附录 G 表 G.0.1。

图 G.2～图 G.4 分别为用 Sap2000 验算的支座反力、弯矩和挠度。

Joint Text	F3 N
1	3428.57
3	6367.35
5	5947.52
7	6007.5
9	5998.93

图 G. 2　Sap2000 验算支座反力

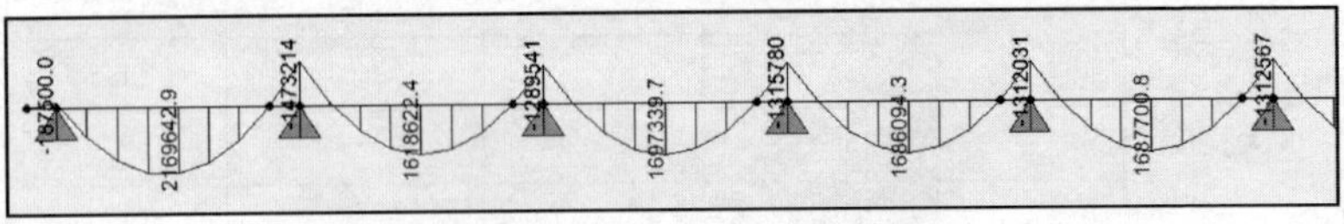

图 G. 3　Sap2000 验算弯矩

Joint Text	U3 mm
2	-19.253512
4	-11.668048
6	-12.751686
8	-12.59688
10	-12.618996

图 G. 4　Sap2000 验算挠度